二氧化碳炼钢理论与实践

Theory and Practice of CO$_2$ Utilization in Steelmaking

朱 荣 著

科学出版社

北 京

内 容 简 介

本书介绍将 CO_2 资源化利用于炼钢工艺的理论基础与生产实践。通过 CO_2 应用于转炉、LF 炉、RH 炉、AOD 炉等工业生产实践情况，解析 CO_2 与钢液中元素反应的热力学及动力学、冶炼的物料和热平衡等炼钢的理论基础。

本书可供冶金工程专业师生、科研人员及从事炼钢生产的工程技术人员参考。

图书在版编目（CIP）数据

二氧化碳炼钢理论与实践 = Theory and Practice of CO_2 Utilization in Steelmaking/ 朱荣著. —北京：科学出版社，2019.2

ISBN 978-7-03-056718-5

Ⅰ. ①二… Ⅱ. ①朱… Ⅲ. ①二氧化碳–应用–炼钢–研究 Ⅳ. ①TF7

中国版本图书馆 CIP 数据核字（2018）第 044556 号

责任编辑：李 雪 / 责任校对：王 瑞
责任印制：吴兆东 / 封面设计：无极书装

科 学 出 版 社 出版
北京东黄城根北街 16 号
邮政编码：100717
http://www.sciencep.com

北京厚诚则铭印刷科技有限公司 印刷
科学出版社发行 各地新华书店经销
*
2019 年 2 月第 一 版 开本：787×1092 1/16
2023 年 3 月第四次印刷 印张：23 1/2
字数：560 000
定价：180.00 元
（如有印装质量问题，我社负责调换）

前　言

1983 年，我从江西冶金学院(现江西理工大学)毕业后到江西钢厂(现新余钢铁集团有限公司)工作，先后担任炉前工、炉长、值班长、车间主任等。1990 年考取北京科技大学钢铁冶金专业硕士研究生，1996 年博士研究生毕业后留校任教。20 多年一直从事冶金工程专业"炼钢学"教学及炼钢相关领域的科学研究工作。

《二氧化碳炼钢理论与实践》一书追其来源要感谢一次炼钢课堂教学，有学生提问："为什么炼钢过程顶吹氧会产生烟尘？能否不产生或少产生烟尘呢？"关于第一个问题，通常认为炼钢产生烟尘的主要原因是吹氧大量放热，形成局部达到 2500～3000℃的高温火点区，而铁的沸点为 2700℃左右，造成金属铁的大量蒸发；铁蒸气与熔池上方过剩氧迅速反应生成大量微细含 FeO 的粉尘，并随高温烟气排出。但关于"能否不产生或少产生烟尘呢？"这一问题确实难以给学生解答。这是"炼钢学"中尚未触及的研究领域，是烟尘从源头治理的思路，这大大激发了我的研究热情。查遍了国内外相关文献，除减少供氧强度和采用底吹氧工艺，鲜有从源头治理，降低烟尘产生的研究报道。

既然吹氧产生局部高温形成火点，能否采用某种方法降低炼钢火点区温度，而又不影响冶炼节奏呢？经苦思冥想及实验尝试，我采用了在氧气中掺入粉剂或气体，试图通过物理及化学降温降低氧气吹炼火点区温度，最终发现仅有 CO_2 具备这一特质。在 O_2 中掺入 5%的 CO_2 可降低熔池火点区温度 300～400℃，减少烟尘排放 5%～10%。相关研究先后在 1t、30t、300t 转炉完成，证实了这一奇思妙想。

工业示范期间，我意外发现 CO_2 可提高煤气总量及煤气中 CO 的浓度，降低终渣 FeO、氧、氮、磷含量等，以此展开了 CO_2 用于炼钢反应的机理探究及工程应用研究。在多项国家自然科学基金、国家科技支撑计划及校企合作项目的支持下，从 2004 年开始，我完成了 CO_2 应用于炼钢的基础理论及工业示范研究。涉及转炉(basic oxygen furnace，BOF)、电弧炉(electric arc furnace，EAF)、钢包精炼炉(ladle furnace，LF)、真空脱气炉(vacuum degassing furnace，VD)/真空循环脱气炉(rheinsahl-heraeus，RH)等工序，完成了部分工业试验验证，为工业应用积累了数据。

本书共 9 章，详细介绍了我及团队成员的研究成果，是国内外第一部关于 CO_2 资源化应用于炼钢领域的学术专著。本书从 CO_2 与钢液中元素的反应热力学及动力学，物料和能量平衡等多方面解析了 CO_2 应用于炼钢的机理，利用 FactSage 热力学软件计算分析 CO_2、硅、锰、磷、铬、镍、钒等元素的热力学条件，分析了 CO_2 同时氧化多种元素时的选择性氧化规律；在动力学方面，使用气相质谱-同位素气体交换技术分析 CO_2 的界面反应机理，研究 CO_2-渣-金间氧的传递过程及传递速率；在物料及能量平衡方面，主要介绍了利用 CO_2 的高温特性控制熔池温度，改善熔池反应条件，减少铁液蒸发，降低炼钢过程的烟尘产生量；以试验数据为基础，建立了 CO_2 应用于炼钢的单元操作理论模型，包括脱碳、脱磷、脱氮、脱碳保铬、提钒保碳反应模型，并开始应用于炼钢生产工艺；

迈出了从理论到实践的重要一步，为钢铁生产流程节能降耗及钢液洁净化开辟了全新的解决方案，推动了炼钢技术的进步。

参加本书写作的老师主要有胡晓军(3.1.2 小节，3.2.2 小节的第 1 部分)、吕明(4.2节)、李宏(第 6 章)、王海娟(第 7 章)、王雨(第 8 章)，其余章节由朱荣完成。同时对参加本研究工作的刘润藻老师、董凯老师，所有研究生、企业工程技术人员及书稿整理人员韩宝臣、武文合等一并表示感谢。对积极参与及资助"CO_2 资源化应用于炼钢的基础研究"的福建三钢(集团)有限责任公司、西宁特殊钢股份有限公司、首钢京唐钢铁联合有限责任公司、天津天管特殊钢有限公司、宝山钢铁股份有限公司、南京钢铁股份有限公司、北京科米荣诚能源科技有限公司等单位及研究人员表示崇高的敬意。

令我欣慰的是，随着国家对 CO_2 减排的重视，越来越多的钢铁企业关注 CO_2 在钢铁生产流程的资源化应用技术，在本书出版之时，该技术发明已在转炉及电弧炉实现工业化应用及示范。2018 年 5 月，中国金属学会一致认为该技术发明总体成果达到国际领先水平。

本书内容丰富，注重现代检测技术、冶金物理化学及炼钢工艺的相互联系，书中附有大量试验数据，完善了炼钢过程热力学及动力学理论，为 CO_2 炼钢的工程化应用提供了帮助。

本书的出版得到国家自然科学基金重点项目的资助，也得到钢铁冶金新技术国家重点实验室的资助，特此感谢！

由于作者水平有限，书中如有不妥之处，敬请读者批评指正。

2018 年 6 月

目　　录

第1章 绪　　论

本章介绍 CO_2 排放现状、CO_2 回收技术及其在转炉、电弧炉(EAF)、精炼等方面的研究状况及发展。

1.1　CO_2 的排放现状

随着能源消耗的增加，CO_2 排放已成为全球关注的重点。我国政府于 2009 年 11 月 26 日公布了控制温室气体排放的行动目标，即到 2020 年全国单位国内生产总值 CO_2 排放比 2005 年下降 40%～45%。2017 年，中国钢产量约为 8 亿 t，CO_2 排放量如按吨钢 2.1t 计算，年排放量已达到 16.8 亿 t，约占工业排放量的 16%。因此，钢铁行业寻求减少 CO_2 排放或资源化利用 CO_2 的新技术刻不容缓。

王克等[1]利用 LEAP China 模型模拟了 3 个不同情景下中国钢铁行业 2000～2030 年 CO_2 排放量及其减排潜力。张春霞等[2]指出，我国钢铁工业碳排放量仅次于电力部门和建筑材料部门，排第 3 位，并比较分析了我国钢铁工业碳排放和发达国家的差距。蔡九菊等[3]建立了吨钢 CO_2 排放量的计算模型及物质流和能量流对 CO_2 排放的影响模型。从国内外研究情况来看，钢铁工业的 CO_2 排放是国际关注的焦点之一。

1990～2008 年世界各国及地区 CO_2 排放量见表 1-1。

表 1-1　1990～2008 年世界各国及地区 CO_2 排放量　　　（单位：亿 t）

年份	中国	美国	印度	欧盟 15 国	俄罗斯	日本	其他	世界
1990	23.1	48.9	11.1	32.2	22.5	11	57.2	206
2000	33.3	57.5	15.7	32.6	15.4	12.1	56.4	223
2005	55.7	58.7	18.6	33.8	15.9	12.5	63.8	259
2007	60.5	59	20.7	33.2	16.7	12.5	66.7	269.3
2008	70	59	22	33.1	16.7	12.4	67	280.2

2007 年中国 CO_2 排放量占世界总量的 22.47%，美国占 21.91%，中国成为最大 CO_2 排放国。但从人均排放量看，至 2008 年中国人均 CO_2 排放量仅为美国的 27.4%，欧盟和日本的 55%，略高于世界平均水平，远低于发达国家。

CO_2 减排主要有三种途径[4]：一是开发新工艺、新能源，减少化石能源的使用；二是开发 CO_2 封存技术；三是将 CO_2 作为资源循环利用。目前冶金过程的 CO_2 减排主要依赖第一种方法，即工序节能及余热利用等[5]。若将 CO_2 作为资源循环利用，在冶金过程中实现节能减排，一举两得。

现有炼钢工艺及理论存在问题如下。炼钢过程脱碳、脱磷、升温及终点控制等工艺环节主要依赖于熔池供氧。随着冶炼节奏加快、供氧强度不断提高，烟尘排放加大，金属料消耗增加；同时冶炼过程的控制难度也增加，脱磷效果不稳定及钢液过氧化等已成为影响钢液质量的重要因素，具体问题如下。

（1）炼钢烟尘：炼钢高强度吹氧造成火点区温度高达 2500～2700℃，部分有价元素蒸发被炉气带走，产生大量烟尘，因此，在保证冶炼效果的前提下，寻求一种降低烟尘的方法是节能环保及降低消耗的迫切需求。

（2）终点碳、氧控制：终点成分的稳定控制是炼钢工艺的难点，通常采用调整供氧强度及强化搅拌等方法，但降低终点供氧强度会影响熔池升温及冶炼节奏，同时也受喷吹元件寿命及供气稳定性等限制，影响搅拌效果。

（3）脱磷工艺：由于转炉冶炼前期硅、锰、碳等的氧化，熔池升温较快，而脱磷需要较低的熔池温度，因此传统的单渣法工艺影响了脱磷反应高效稳定进行。为了提高脱磷效率，转炉炼钢通常采用双渣法或双联法工艺，但此方法易受生产节奏及工艺条件的限制。

（4）不锈钢冶炼：铬镍等合金元素易被氧化进入渣中，为减少铬镍损失，通常采用后还原的方法，但需消耗大量还原剂，影响冶炼节奏并增加生产成本。

（5）脱氮：炼钢过程氮的稳定控制是技术瓶颈，通过研究 CO_2、Ar、N_2 气泡在钢液的上升规律，研究底吹气体气泡脱氮机理，证实了 CO_2 的脱氮能力。

（6）氩气搅拌：炼钢过程采用氩气强化搅拌，但吹氩的物理搅拌能力有限，且氩气价格高，大量稳定供应也受到限制，寻找可提高熔池搅拌强度的廉价气源也是炼钢节能降耗需关注的。

为解决上述工艺问题，可采用一定比例 CO_2 代替氧气进行 CO_2-O_2 混合喷吹炼钢的思路[6]。如图 1-1 所示，当添加一定比例的 CO_2 时，将取得铁蒸发量降低等较好的冶金效果，但也可能存在影响冶炼节奏等尚不明确的问题。已有的实验结果表明，利用 CO_2 的吸热效应，通过调节 CO_2-O_2 的混合比例，将射流火点区温度由 2500～2700℃ 降低到约 2100℃，减少了铁的蒸发量（纯铁的沸点为 2750℃），实现了烟尘的减排。另外，通过

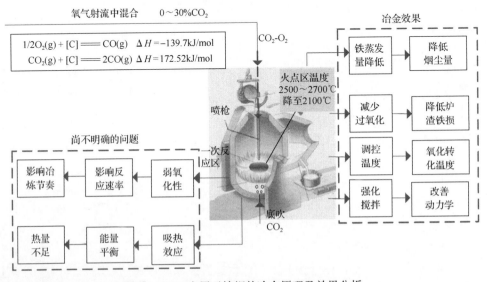

图 1-1　CO_2 应用于炼钢的冶金原理及效果分析

喷吹一定比例 CO_2 的方法可调控熔池温度，强化熔池搅拌，为熔池提供良好的脱磷热力学及终点碳、氧、氮的控制条件。此外，喷吹一定比例 CO_2 用于不锈钢冶炼，有利于脱碳保铬，同时减少镍的氧化损失等。

通过 CO_2-O_2 混合喷吹炼钢的初步试验研究，取得了烟尘降低 15%、脱磷率提高 10%、脱氢量显著提高、铬镍回收率分别提高 5% 及 10% 等冶金效果。在炼钢精炼炉进行的底吹 CO_2 代替氩气搅拌的工业试验中，发现供气强度不变的条件下，搅拌强度明显高于氩气，钢中夹杂物显著降低，同时吨钢节约氩气 $1.2Nm^3$，初步证实了利用 CO_2 可实现节能减排的思路，为 CO_2 应用于炼钢工艺提供了可能。

1.2 CO_2 回收技术研究

目前，国内外 CO_2 分离回收技术主要有溶剂吸收法、变压吸附法[7]、有机膜分离法和吸附精馏法。

1.2.1 溶剂吸收法

溶剂吸收法包括物理溶剂吸收法和化学溶剂吸收法，这种方法在气源中 CO_2 浓度为 12%～50%时最适用。物理溶剂吸收法是利用 CO_2 气体与其他气体在某一种溶液中的溶解度不同而进行分离的方法，如在加压条件下 CO_2 在水、碳酸丙烯酯、环丁砜等溶液中溶解度增大，在降温条件下 CO_2 在甲醇、N-甲基吡咯烷酮等溶液中的溶解度增大，利用这些条件都可以把 CO_2 从其他混合气体中分离出来。

目前低浓度的 CO_2 回收主要采用化学溶剂吸收法[8]。该方法的特点为：①CO_2 回收率高，溶液循环量相对较小，能耗较低；②热稳定性好，不易溶解，溶剂挥发性小，溶液对碳钢设备腐蚀性弱；③工艺成熟，操作简便，系统控制完全自动化；④系统安全可靠，近年来应用广泛。

该方法的技术原理和流程[9]为：含有 CO_2 的原料气由鼓风机引入水洗脱硫塔，进行脱硫除尘降温，温度降至 40℃，经增压风机升压至 12kPa，然后进入化学吸收塔中，CO_2 被化学吸收液吸收，未被吸收的尾气在吸收塔上部经洗涤水冷却至 36～40℃，再经塔顶高效除沫器除掉夹带的溶液后直接排入大气。洗涤液返回洗涤液槽，再经洗涤液泵加压后经水冷却器冷却至≤40℃后入吸收塔洗涤段循环。

吸收 CO_2 达到平衡的溶液称为富液。从吸收塔底过来的富液，经过贫、富液换热器升温后，送到再生塔的顶部，从上向下流过填料层。被向上的塔釜蒸汽加热后，富液中的 CO_2 从溶液中解吸出来，从塔顶排出塔外，进入 CO_2 精制工序；流到塔釜的基本不含 CO_2 的贫液，由贫液泵送到吸收塔上部循环使用。再生塔底由蒸汽加热。

来自再生系统的 CO_2 进入吸附净化系统，进入压缩机后进吸附净化塔，吸附床层在吸附剂的选择性作用下将气体中的水等杂质吸附下来，未被吸附的合格气体从塔顶流出送往用气工序或球罐。净化后的气体可达到工业级或食品级，满足利用要求。以化学溶剂吸收法回收 CO_2 的基本工艺流程如图 1-2 所示。

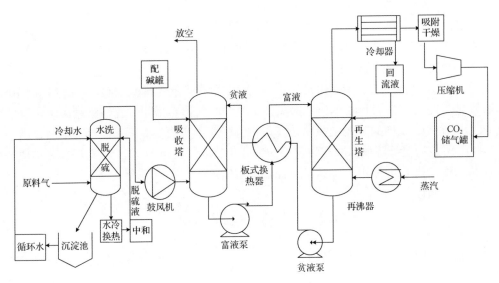

图 1-2   化学溶剂吸收法工艺流程

1.2.2   变压吸附法

变压吸附法的工作原理如图 1-3 所示。

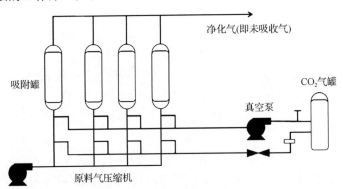

图 1-3   变压吸附法工艺流程

采用对混合气中 CO_2 有选择吸附性的固体颗粒吸附剂,在压力作用下,CO_2 被吸附剂吸附,其他气体不被吸附而得以分离[10]。当吸附剂吸附 CO_2 接近饱和时,靠降压和抽真空把吸附的 CO_2 解吸下来,统一作为废气排出。这种方法也适用于从 CO_2 浓度为 12%~40%的混合气源中脱除 CO_2,但排出的 CO_2 浓度为 30%~60%,不能作为产品[11]。

1.2.3   有机膜分离法

有机膜分离法是利用一种类似管道的中空纤维膜进行 CO_2 分离,其膜壁上布满超细微孔,孔径为分子量级,单位为道尔顿。可根据透过物质分子量的大小,采用不同的工艺制作出不同分子量孔径的膜。膜的材质为疏水性高有机分子材料,即透气而不透水。CO_2 富集分离膜是根据 CO_2 分子量的大小特制的超滤气体分离膜。在压力作用下,混合

气中的 CO_2 可以从膜壁渗透出去,其他大分子气体不能渗透而从管道的另一端流出,达到分离 CO_2 的目的。这种方法只适用于气源比较干净且全部是大分子的混合气,生产的 CO_2 产品浓度不高于 90%,并且有机膜很容易被杂质或油水污染而报废,寿命短,能耗高,目前尚处于研发阶段[12]。

1.2.4 吸附精馏法

吸附精馏法是当前技术最先进的方法,如图 1-4 所示。吸附精馏法是利用 CO_2 的沸点与其他气体不同进行分割,比 CO_2 沸点高的重组分用不同吸附剂脱除,比 CO_2 沸点低的轻组分用精馏方法提出,最后剩余纯度为 99.99% 以上的 CO_2。这种方法适用于 CO_2 纯度已经达到 90% 以上,且产品纯度要求很高,又需要液化储运的场合。

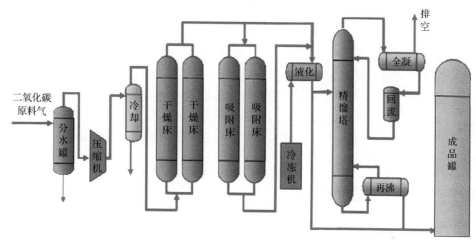

图 1-4 吸附精馏法工艺流程

1.3 CO_2 在炼钢过程中的应用

1.3.1 CO_2 在转炉中的应用

我国转炉钢产量占钢总产量的 90% 以上,转炉炼钢通常采用 O_2 作为顶吹气体,但转炉炼钢过程烟尘产生量大、炉渣铁损高,单渣法冶炼时脱磷率不稳定。

与纯氧相比,采用 CO_2 作为炼钢过程氧化剂时,体系氧化条件的改变为控制炼钢反应的选择性氧化提供了可能。CO_2 与碳、铁元素反应是吸热反应,与硅、锰、铬、钒元素的反应是放热反应,但相对于氧气与这些元素的反应放热量小。因此,CO_2 应用于炼钢过程有利于实现熔池温度控制。此外,CO_2 与碳、硅、锰、铬、钒等元素的氧化反应均可生成气体,大量气泡的产生可改善熔池的搅拌效果,为熔池反应提供了更好的动力学条件。

靳任杰[13]、尹振江[14]等进行了 CO_2 喷吹炼钢的可行性实验研究,发现在炼钢过程中喷入一定浓度 CO_2 气体后,同样可脱除钢中的碳,达到冶炼目的。

易操等[15-21]进行了 CO_2-O_2 混合顶喷吹炼钢降低烟尘排放的基础及中试研究,发现顶底复吹 CO_2 炼钢过程烟尘量减少了约 19.13%。

吕明等[22-24]进行了转炉顶底喷吹 CO_2 的试验研究,发现脱磷期结束时磷质量分数和吹炼结束前钢液磷质量分数较纯氧喷吹时分别降低 0.014% 和 0.007%,脱磷率提高 13.39% 和 7.53%,同时可有效减少炉渣铁损。吨钢可利用 CO_2 气体 6～10Nm^3,成本可降低 10 元以上。

另外,1987 年澳大利亚布罗希尔公司怀阿拉厂[25]研究了两座 125t 顶底复吹转炉以 CO_2 作为底吹气体生产高质量低氮钢的生产方法。为减少磨损,采用 LBEⅡ型喷嘴喷吹 CO_2。经过一年的生产实践,研究者认为用 CO_2 作为底吹气体生产低氮钢的方法是可行的,成品钢[N]质量分数由 $50×10^{-6}$～$70×10^{-6}$ 降到低于 $40×10^{-6}$,炉役可达 1400～1550 炉。

国内研究人员[26]发现,底吹 CO_2 比底吹 N_2 或 Ar 气泡鼓峰高 1/3 左右。我国鞍山钢铁集团有限公司等企业早期对底吹 CO_2 工艺方面也进行了相关工业生产研究,但由于底吹砖寿命问题而停止。以上研究均没有进一步的研究结果报道。

李宏等[27, 28]提出在转炉中使用石灰石代替石灰进行造渣炼钢,循环利用高浓度 CO_2 炉气,增收转炉煤气。通过在 40t 和 60t 的氧气转炉上进行工业试验,发现炼钢过程全部采用石灰石代替石灰的情况下,也能保证转炉热量、造渣要求和钢液成分指标,整体炉况良好。

1.3.2　CO_2 在电弧炉中的应用

自 20 世纪 80 年代电弧炉底吹工艺出现,国内外学者对优化电弧炉底吹问题做了许多研究,发现电弧炉底吹技术可以提高熔池搅拌能力、促进钢渣间反应、均匀熔池温度及成分、提高合金收得率,对改善炉内动力学条件有着重要的意义。

王欢等[29]在 65t Consteel 电弧炉底吹 CO_2 的工业实验中初步验证了采用 CO_2 替代 Ar 进行底吹搅拌是可行的。研究表明:与常规底吹 Ar 工艺相比,底吹 CO_2 增加了终点[C]质量分数,氧化少量[Cr],但不会对[Mn]、[Mo]、[O]、[N]质量分数产生影响,并且能增强熔池搅拌、提高炉渣碱度、降低渣中(FeO)质量分数,为电弧炉脱硫提供了良好的动力学和热力学条件,使得电弧炉脱硫率提高 7%。

Fruehan[30]完成电弧炉冶炼 100 炉试验,以估计 CO_2、Ar 或者 N_2 搅拌(流量为 $0.1Nm^3/s$)时的潜在优势。电弧炉中大多数反应受限于质量传输,气体搅拌可以有效地加快这些反应。吹入 CO_2、Ar 或者 N_2,流量为 $0.1Nm^3/s$ 时,质量传输增加了 4 倍。同时,气体搅拌使得硫分配比提高了 4.5～7.5 倍,增强脱硫;磷分配比增加 2 倍,增强脱磷;稍微提高了 Mn 保留;对于生产碳含量(质量分数,下同)为 0.04% 的钢,增加了 1% 的收得率。大多数情况下不应吹 N_2,因为氮质量分数可能增加到 $150×10^{-6}$,而吹 CO_2 或 Ar 可使氮质量分数比一般值低 $10×10^{-6}$～$20×10^{-6}$。

1.3.3　CO_2 在精炼及连铸中的应用

在精炼和连铸阶段均需要对钢液进行保护以防止二次氧化和增氮,CO_2 作为保护气应用于精炼和连铸过程的钢液保护受到国内外广泛关注。

1. 出钢时钢包内钢液保护

出钢时钢包顶部采用 CO_2 密封，可控制精炼炉增氮，利用固态 CO_2 即干冰可起到同样的效果。将干冰置于出钢前钢包内，干冰升华产生的 CO_2 气体将钢包内的空气驱赶至包外，使包内空间保持微正压，由于 CO_2 的密度大，CO_2 与 Ar 相比不易上浮，与 N_2 相比不易造成钢液增氮。

H. Katayama 等在北美和法国等的钢厂将干冰放于出钢前的钢包内，干冰厚度一般小于 40mm，以防干冰大量集中升华造成喷溅严重。钢包上部包口用薄钢板盖住，要求出钢完毕钢液面上仍留有干冰。利用此法，当 CO_2 使用量为 $1.86 \sim 3.46$kg/t 时，可使钢中 $w([N])$ 降低 $40\% \sim 87\%$，有利于生产低氮钢等高品质钢。

2. 钢包炉内钢液保护

钢包炉(LF)内加热过程中电弧或吹氩搅拌时钢液容易裸露，造成钢液吸氮及二次氧化。利用 CO_2 使炉内保持正压且可在钢液面上形成 CO_2 气体保护层，可避免或减少钢液吸氮及二次氧化的发生，有效地对 LF 炉内钢液进行保护。

Anderson 等[31]对改善 EAF、LF 在电弧放电过程中容易吸氮的问题开展研究，试验分别在美国和法国钢厂进行。在美国钢厂，最初没有 LF 时，采用 CO_2 底吹钢包试验，氮含量范围在 $5 \times 10^{-6} \sim 55 \times 10^{-6}$。但当 LF 服役后，采用 CO_2 底吹钢包转换，并不能减少氮含量。在法国钢厂，在 EAF 出钢时采用钢包底吹 CO_2 转换，只需加入 $1.86 \sim 3.46$kg/t 的 CO_2 就可减少吸氮 $40\% \sim 87\%$。

谷云岭等[32]在 75t LF 进行底吹不同比例 CO_2 与 Ar 混合气体的试验。试验发现，底吹 CO_2 气体精炼过程中不会造成钢液元素的大量氧化，平均每炉碳氧化量在 $0.3 \sim 0.8$kg，锰元素氧化量为 0.0067%，铝元素氧化量最大增幅为 0.003%，炉渣平均 $w((FeO))$ 均小于 0.5%，满足精炼过程对炉渣氧化性的要求。

董凯等[33]发现，底吹 CO_2 气体钢液中夹杂物的种类、形貌和组成变化较小，夹杂物当量密度减小，提高了钢液洁净度。同时底吹 CO_2 气体不会加重钢包透气砖的侵蚀。

3. 中间包钢液保护

连铸钢液进入中间包之前，包内不能放保护渣，否则会有混渣的危险，因此可使用 CO_2 充满中间包进行保护，以防钢液增氮、二次氧化，钢的纯净度得到改善。

加拿大省际钢材钢管有限公司(IPSCO)的生产实践表明，CO_2 取代 Ar 进行中间包保护，微观夹杂物按照美国汽车工程师学会(SAE)手册中的 J422a 标准，在通 CO_2 后硅酸盐类夹杂物由原来的 3.00 级提高至 2.88 级，氧化物类夹杂物由原来的 3.23 级降低至 3.38 级；大型夹杂物在通 CO_2 后由原来的 4.15 级提高至 3.86 级；气孔生成率在通 CO_2 后由原来的 4 个/m² 减至 2 个/m²。

4. 连铸注流保护

钢液由钢包流入中间包采用的长水口以及由中间包流入结晶器采用的浸入式水口均需要采用 Ar 保护，防止注流下落过程产生的负压抽吸空气使钢液再氧化，但 Ar 价格昂贵且来源稀缺，导致炼钢成本增加，国外部分炼钢企业开始采用 CO_2 取代 Ar。美国某企业浇注特钢棒材连铸时使用 CO_2 代 Ar 注流保护，通过套管上部或螺旋管上部的小孔将 CO_2 与注流平行下降，维持流股周围微正压，防止空气吸入，有效隔绝钢液和空气，防止钢液氧化，取得了良好的效果。气体流量通常为 $75Nm^3/h$，可使罩内气体中氧含量小于 2.5%。

奥本钢公司[34]在中间包和结晶器之间使用三种保护气（N_2、Ar 和 CO_2）生产方坯，通过氧化物洁净度水平比较保护气的优劣。在连铸过程中使用两种气体，并比较保护气性能。连铸坯在浇注开始到中间采用一种保护气，连铸后期采用第二种保护气。由试验得知，覆盖 N_2 时会造成 10×10^{-6} 的吸氮，而 CO_2 或 Ar 则不会发生吸氮。在中间包和结晶器之间覆盖 Ar 时，方坯内部孔隙率最大，而覆盖 CO_2 或 N_2 时孔隙率较低。

李全等[35]在某钢厂连铸水口处，在原有保护气管道中通入纯度为 99.9% 的 CO_2 代替 Ar 作为保护气体，发现 CO_2 保护浇注不会导致二次氧化的加剧，保护效果与 Ar 相同，同时对夹杂物及大型夹杂物的形貌、组成没有影响，并且大型夹杂物平均质量减少了 16.6%。研究者认为，对于氧含量要求不是特别严格的钢种，CO_2 可代替 Ar 应用于连铸而达到保护浇注的目的。

5. 钢包钢液搅拌

钢液吹氩处理，是一种简易的钢液脱气和去除非金属夹杂物的炉外精炼方法。近年来随着 Ar 成本的提高及低碳的需要，科研工作者逐渐开始研究利用 CO_2 代替 Ar 实现搅拌的功能。Bruce 等[36]报道了利用 CO_2 代替 Ar 对钢液进行搅拌，在 60t 和 200t 钢包中分别采用 CO_2 流量 $1.5L/(min \cdot t)$ 和 $4.0L/(min \cdot t)$ 喷吹搅拌，结果表明冶炼高品质钢时，底吹 CO_2 对钢液基本没有不良影响；冶炼 Al 镇静钢时，由于存在式(1-1)和式(1-2)的反应，钢液铝收得率略有降低，但不显著，钢液溶解氧并没有增加。

$$3CO_2 + 2Al == 3CO + Al_2O_3 \qquad (1-1)$$

$$3CO + 2Al == Al_2O_3 + 3C \qquad (1-2)$$

此外，CO_2 在钢中会分解成 CO 及氧原子，可能造成钢中增氧。CO_2 在炼钢温度下是否分解从而影响钢液质量，一直是冶金工作者关心的问题。

根据热力学平衡分解试验结果，CO_2 在炼钢、浇注温度下，有一定的分解量，如图 1-5 所示。由图 1-5 可知，在炼钢、浇注温度下 CO_2 平衡分解量均小于 1%。此外，如图 1-6 所示，在炼钢温度 1500℃下，CO_2 分解有一个较长的延滞时间，在反应进行 5min 时最大增氧量仅为 2×10^{-6}，此后增氧量不再增加。而注流和保护气体接触时间仅为 0.79s，钢包搅拌和锭模充气时间也不长，所以钢液实际增氧远小于 2×10^{-6}。一般认为极低氧钢的 LF 精炼采用 CO_2 可能不合适，一般钢种采用 CO_2 不会影响钢中的含氧量。

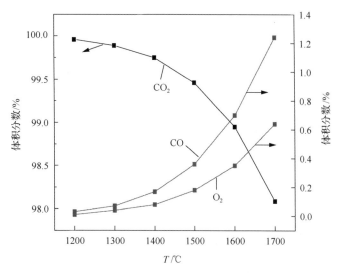

图 1-5 CO_2 在不同温度下的平衡分解量

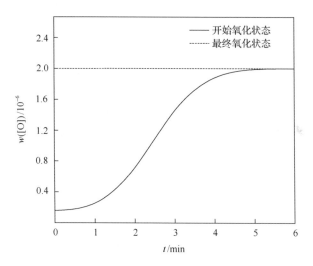

图 1-6 CO_2 分解反应（T=1500℃）

1.3.4 CO_2 用于冶炼不锈钢

Anderson 等[37-39]研究了 Ar、N_2、CO_2 用在氩氧精炼炉（AOD）中对节约成本和提高质量的优势。Union Carbide Corporation 的专利[40]认为 CO_2 很有氧化潜力。根据在两个钢铁企业的试验中得到的喷吹 CO_2 的经济数据，AOD 炉喷吹 CO_2 是可行的，没有安全隐患，没有改变合金的添加量，也没有增加 Cr 的损失，同时抑制钢液吸氮，可减少 21%的气体消耗。由于 CO_2 可分解出[O]，O_2 体积平均减少了 12%，对于 AOD，可减少成本 6.7～6.8 美元/吨钢。

王海娟等[41-44]为了减少脱碳过程中金属 Cr、V 的损失，提出了采用 CO_2-O_2 混合气体

喷吹技术来降低 O_2 分压。通过感应炉实验发现，用 CO_2 代替 O_2 可以显著降低 Cr 损失，尤其是碳含量高于 0.8% 的 Fe-Cr-C 熔体。图 1-7 为 CO_2 对脱碳保铬的影响。对于 Fe-V 液态合金，喷吹 CO_2-O_2 气体时发现当 V 含量超过 10% 时，在化学反应成为控速步骤之前，有一个"潜伏期"。随着温度和 V 含量的增加，潜伏时间增长，随着氧分压的增加和潜伏时间降低。采用热重分析仪及高温 X 射线拍摄仪研究喷吹 O_2-CO_2 对不锈钢冶炼过程的影响，发现喷吹 O_2-CO_2 可实现脱碳保铬，初步建立了 CO_2 与 Fe-Cr-C 熔体反应的动力学模型[45]。

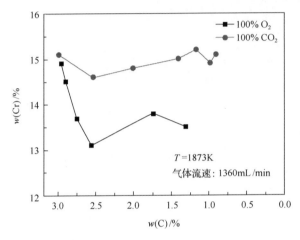

图 1-7　CO_2 对脱碳保铬的影响

毕秀荣等[46]进行 20kg 感应炉 CO_2 冶炼不锈钢试验，发现 CO_2 较大幅度地调整熔池温度，但能保证脱碳保铬反应的进行。该感应炉在试验过程中温度波动较大，高达 60～100℃，这对脱碳保铬反应影响较大，还需对 CO_2 脱碳保铬进行进一步研究。

李强等[47]研究了 CO_2 应用于 AOD 脱碳保铬的热力学行为，发现在高碳区（$w([C]) \geq 0.5\%$）无须混入 Ar，即可完成脱碳保铬，但在低碳区（$w([C]) < 0.5\%$）则需要混入一定比例的 Ar，以进一步降低 CO 分压，从而完成脱碳保铬任务。

鞍钢股份有限公司[48]发明一种 AOD 喷吹 CO_2 生产不锈钢的冶炼方法，通过向钢液中喷吹 CO_2，增强钢液的脱碳功能，适宜冶炼 $w([C])$ 在 0.001%～0.3% 的钢种。其方法是在冶炼过程中，先顶氧枪吹 O_2、底氧枪吹 O_2 和 CO_2 的混合气体（O_2：CO_2=2.0～3.0，体积比）冶炼至 $w(C) < 0.5\%$；当钢液 $w([C]) < 0.5\%$，单独采用底氧枪吹 O_2 和 CO_2 的混合气体（O_2：CO_2=2.0～2.5，体积比）；当钢液 $w([C]) < 0.5\%$，底氧枪吹 O_2 和 CO_2 的混合气体（O_2：CO_2=1.8～2.0，体积比）；当钢液碳含量达到目标下限时，加入硅铁合金还原，底吹 Ar/N_2 和 CO_2 的混合气体（Ar：CO_2=1.0，体积比）。喷入的 CO_2 一方面可实现脱碳，另一方面增强了熔池搅拌，促进碳氧反应继续进行，并且 CO_2 还可冷却氧枪，提高氧枪寿命。

1.3.5　CO_2 处理钢渣

大量游离氧化钙的存在是转炉钢渣应用的瓶颈。将炼钢过程产生的转炉钢渣进行碳酸化处理，使转炉钢渣中的游离氧化钙与二氧化碳发生反应生成碳酸钙，降低转炉钢渣中游离氧化钙的含量，使转炉钢渣的性质稳定化。

董晓丹[49]研究发现，经过碳酸化的钢渣碱性得到明显减弱，其可以大量应用于污水处理和水生态修复中，不会对水环境造成碱污染。转炉钢渣吸收 CO_2 的最佳反应条件是：反应温度 700℃，反应时间 30～60min，粒径为 0.18mm，CO_2 体积分数为 80%，水蒸气体积分数为 10%～20%。在该反应条件下，制约转炉钢渣应用的游离氧化钙有 90%都转化成了碳酸钙，从而消除了游离氧化钙水化而导致的体积膨胀因素，使转炉钢渣性质趋于稳定化，经过碳酸化的钢渣碱性得到明显减弱。

参 考 文 献

[1] 王克, 王灿, 吕学都, 等. 基于 LEAP 的中国钢铁行业 CO_2 减排潜力分析[J]. 清华大学学报(自然科学版), 2006, 46(12): 1982-1986.

[2] 张春霞, 胡长庆, 严定鎏, 等. 温室气体和钢铁工业减排措施[J]. 中国冶金, 2007, 17(1): 7-12.

[3] 蔡九菊, 王建军, 张琦, 等. 钢铁企业物质流、能量流及其对 CO_2 排放的影响[J]. 环境科学研究, 2008, 21(1): 196-200.

[4] 周韦慧, 陈乐怡. 国外二氧化碳减排技术措施的进展[J]. 中外能源, 2008, 13(3): 7-13.

[5] 李智峥, 朱荣, 刘润藻, 等. CO_2 的高温特性及对炼钢物料和能量的影响研究[J]. 工业加热, 2015, 44(6): 27-29.

[6] 朱荣, 毕秀荣, 吕明. CO_2 在炼钢工艺的应用及发展[J]. 钢铁, 2012, 47(3): 1-5.

[7] 李洪刚, 李克鑫. 浅析工业窑炉废气回收利用的方法[J]. 节能, 2006, (2): 47-50.

[8] 刘昌俊. 溶剂吸附法回收熟料窑尾气中 CO_2 的研究[J]. 轻金属, 2004, (4): 13-16.

[9] 沈洪士, 张永春, 陈绍云, 等. 填料塔中混合胺吸收二氧化碳的研究[J]. 现代化工, 2010, 30(2): 70-73.

[10] 成爱萍. 变压吸附工艺回收石灰窑气生产液体二氧化碳[J]. 环境与开发, 1994, 9(4): 350-353.

[11] 刘应书, 郑新港, 刘文海, 等. 烟道气低浓度二氧化碳的变压吸附法富集研究[J]. 现代化工, 2009, 29(7): 76-79.

[12] 陆诗建, 杨向平, 李清方, 等. 烟道气二氧化碳分离回收技术进展[J]. 应用化工, 2009, 38(8): 1207-1209.

[13] 靳任杰, 朱荣, 冯立新, 等. 二氧化碳-氧气混合喷吹炼钢实验研究[J]. 北京科技大学学报, 2007, 29(S1): 77-80.

[14] 尹振江, 朱荣, 易操, 等. 应用 COMI 炼钢工艺控制转炉烟尘基础研究[J]. 钢铁, 2009, 44(10): 92-94.

[15] Yi C, Zhu R, Chen B Y, et al. Experimental research on reducing the dust of BOF in CO_2 and O_2 mixed blowing steelmaking process[J]. ISIJ International, 2009, 49(11): 1694-1699.

[16] Zhu R, Bi X R, Lv M, et al. Research on steelmaking dust based on difference of Mn, Fe and Mo vapor pressure[J]. Advanced Materials Research, 2011, (284-286): 1216-1222.

[17] 易操, 朱荣, 尹振江, 等. 基于 30t 转炉的 COMI 炼钢工艺实验研究[J]. 过程工程学报, 2009, 9(S1): 222-225.

[18] 宁晓钧, 尹振江, 易操, 等. 利用 CO_2 减少炼钢烟尘的实验研究[J]. 炼钢, 2009, 25(5): 32-34.

[19] 朱荣, 易操, 陈伯瑜, 等. 应用 COMI 炼钢工艺控制炼钢烟尘内循环的研究[J]. 冶金能源, 2010, 29(1): 48-51.

[20] 毕秀荣, 刘润藻, 朱荣, 等. 转炉炼钢烟尘形成机理研究[J]. 工业加热, 2010, 39(6): 13-16.

[21] 张伟, 李智峥, 朱荣, 等. 炼钢过程喷吹 CO_2 的实验研究[J]. 工业加热, 2015, 44(2): 41-44.

[22] Lv M, Zhu R, Wei X Y, et al. Research on top and bottom mixed blowing CO_2 in converter steelmaking process[J]. Steel Research International, 2012, 83(1): 11-15.

[23] 吕明, 朱荣, 毕秀荣, 等. 二氧化碳在转炉炼钢中的应用研究[J]. 北京科技大学学报, 2011, 33(S1): 126-130.

[24] 吕明, 朱荣, 毕秀荣, 等. 应用 COMI 炼钢工艺控制转炉脱磷基础研究[J]. 钢铁, 2011, 46(8): 31-35.

[25] Blostein P, Patten P, Gortan D, et al. CO_2 stirring in the converter at B.H.P.-Whyalla[J]. Steelmaking Conference Proceedings, 1990, 73: 315-318.

[26] 王舒黎. 复吹转炉底气的冶金行为[J]. 炼钢, 1986, 2(4): 24-30.

[27] 李宏, 曲英. 氧气转炉炼钢用石灰石代替石灰节能减排初探[J]. 中国冶金, 2010, 20(9): 45-48.

[28] 李宏, 冯佳, 李永卿, 等. 转炉炼钢前期石灰石分解及 CO_2 氧化作用的热力学分析[C]. 芜湖: 中国金属学会特钢年会, 2011.

[29] 王欢, 朱荣, 刘润藻, 等. 二氧化碳在电弧炉底吹中的应用研究[J]. 工业加热, 2014, 43(2): 12-14.

[30] Fruehan R J. Potential benefits of gas stirring in an electric arc furnace[C]. Electric Furnace Conference Proceedings, 1988: 259-266.

[31] Anderson S H, Foulard J, Lutgen N. Inert gas technology for the protection of low nitrogen steel[C]. Electric Furnace Conference Proceedings, 1989: 365-375.

[32] Gu Y, Wang H, Zhu R, et al. Study on experiment and mechanism of bottom blowing CO_2 during the LF refining process[J]. Steel Research International, 2014, 85(4): 589-598.

[33] 董凯, 朱荣, 刘润藻, 等. LF炉底吹 CO_2 气体对钢液质量影响及透气砖侵蚀的研究[J]. 北京科技大学学报, 2014, 36(S1): 226-229.

[34] Hagerty L J, Rossi J. Shrouding of continuous billet casting at auburn steel with argon, nitrogen, and carbon dioxide[C]. Electric Furnace Conference Proceedings, 1989, 44: 153-159.

[35] 李全, 王欢, 朱荣, 等. 二氧化碳作为连铸保护气体的试验研究[J]. 连铸, 2015, 40(2): 5-9.

[36] Bruce T, Weisang F, Allibert M. Effects of CO_2 stirring in a ladle[C]. Electric Furnace Conference Proceeding, 1987.

[37] Anderson S H, Rockwell D. Cost and quality benefits of carbon dioxide in the AOD[J]. Iron & Steelmaker, 1993, 20(2): 27-30.

[38] Anderson S H, Douglas C L, Bermel C L. Use of CO_2 in the AOD[C]. Electric Furnace Conference Proceedings, 1990.

[39] Anderson S H, Urban D R. Cost and quality effectiveness of carbon dioxide in steelmills[C]. Electric Furnace Conference Proceedings, 1989.

[40] Nels D R, Henry H B. Use of CO_2 in argon-oxygen refining of molten metal: U.S. Patent, 3861888[P]. 1975-01-21.

[41] Wang H J. Investigations on the oxidation of iron-chromium and iron-vanadium molten alloys(Doctoral Thesis)[D]. Stockholm: Royal Institute of Technology, 2010.

[42] Wang H J, Teng L D, Seetharaman S. Investigation of the oxidation kinetics of Fe-Cr and Fe-Cr-C melts under controlled oxygen partial pressures[J]. Metallurgical and Materials Transactions B, 2012, 43(6): 1476-1487.

[43] Wang H J, Teng L D, Zhang J Y, et al. Oxidation of Fe-V melts under CO_2-O_2 gas mixtures[J]. Metallurgical and Materials Transactions B, 2010, 41(5): 1042-1051.

[44] Wang H J, Viswanathan N N, Ballal N B, et al. Modelling of physico- chemical phenomena between gas inside a bubble and liquid metal duringinjection of oxidant gas[J]. International Journal of Chemical Reactor Engineering, 2010, 8(1): 47-54.

[45] Wang H J, Viswanathan N N, Ballal N B, et al. Modeling of reactions between gas bubble and molten metal bath-experimental validation in the case of decarburization of Fe-Cr-C melts[J]. High Temperature Materials and Processes, 2009, 28(6): 407-419.

[46] 毕秀荣, 朱荣, 刘润藻, 等. CO_2-O_2 混合喷吹工艺冶炼不锈钢的基础研究[J]. 炼钢, 2012, 28(2): 67-70.

[47] 李强, 刘润藻, 朱荣, 等. 二氧化碳用于不锈钢脱碳保铬的热力学研究[J]. 工业加热, 2015, 44(4): 24-26.

[48] 鞍钢股份有限公司. 一种 AOD 喷吹 CO_2 生产不锈钢的冶炼方法: 中国, 102146499A[P]. 2011-08-10.

[49] 董晓丹. 转炉钢渣快速吸收二氧化碳试验初探[J]. 炼钢, 2008, 24(5): 29-32.

第2章 CO₂炼钢热力学

炼钢过程包括脱碳、脱磷、脱硫、脱氮、脱氢等基本任务，而完成这些基本任务离不开炼钢熔池的化学反应。本章结合实验结果，对 CO_2 用于炼钢发生的熔池化学反应、冶金效果等方面进行叙述，并进行相关热力学分析。

2.1 CO₂用于炼钢熔池化学反应

2.1.1 CO₂的高温氧化性

CO_2 在炼钢温度条件下具有一定的弱氧化性。由于炼钢温度一般在 $1300 \sim 1650℃$，可计算得到在此范围内 CO_2 与钢液中各元素反应的 $\Delta G^{\ominus}$ 与温度 T 之间的关系图（图 2-1）。由图 2-1 可知，在常规炼钢温度范围内，CO_2 可与[C]、[Fe]、[Si]、[Mn]反应。若不加 CaO，CO_2 与[P]不反应；在有 CaO 时，CO_2 会与[P]发生反应。

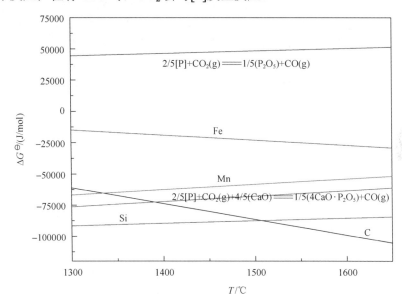

图 2-1 钢液中各元素与 CO_2 反应的 $\Delta G^{\ominus}$ 和 T 线性关系图

根据选择性氧化的原理，$\Delta G^{\ominus}$ 越低，元素越先反应，所以熔池中元素与 CO_2 的反应顺序为：[Si]>[P]>[Mn]>Fe。CO_2 与[C]反应的吉布斯自由能曲线斜率为负值，与[Si]、[Mn]、[P]都存在选择性氧化。表 2-1 为 1mol CO_2 或 O_2 与熔池中[C]、[Si]、[Mn]、[P]、Fe 反应的标准吉布斯自由能。

表 2-1　相关化学反应热力学数据表

元素	化学反应	$\Delta G^{\ominus}/$ (J/mol)	$\Delta G^{\ominus}$ (1300～1650℃)
C	$O_2(g) + [C] =\!\!= CO_2(g)$	$-419050+42.34T$	<0
	$O_2(g) + 2[C] =\!\!= 2CO(g)$	$-281160-84.18T$	<0
	$CO_2(g) + [C] =\!\!= 2CO(g)$	$137890-126.52T$	<0
Fe	$O_2(g) + 2Fe(l) =\!\!= 2(FeO)(s)$	$-458980+87.62T$	<0
	$CO_2(g) + Fe(l) =\!\!= (FeO)(s)+CO(g)$	$48980-40.62T$	<0
Si	$O_2(g) + [Si] =\!\!= (SiO_2)(s)$	$-804880+210.04T$	<0
	$CO_2(g) + 1/2[Si] =\!\!= 1/2(SiO_2)+CO(g)$	$-123970+20.59T$	<0
Mn	$O_2(g) + 2[Mn] =\!\!= 2(MnO)(s)$	$-824460+253.88T$	<0
	$CO_2(g) + [Mn] =\!\!= (MnO)(s)+CO(g)$	$-133760+42.51T$	<0
P	$O_2(g) +4/5[P]+8/5(CaO) =\!\!= 2/5(4CaO \cdot P_2O_5)(s)$	$-845832+255.3T$	<0
	$CO_2(g) + 2/5[P] =\!\!= 1/5(P_2O_5)(s)+CO(g)$	$13245+19.753T$	>0
	$CO_2(g) +2/5[P]+4/5(CaO)(s) =\!\!= 1/5(4CaO \cdot P_2O_5)(s)+CO(g)$	$-144446+43.22T$	<0

由表 2-1 可知,在 1300～1650℃时各元素与 CO_2 反应的标准吉布斯自由能均为负值,因此可将 CO_2 作为炼钢氧化剂。CO_2 与熔池中[C]、Fe 反应时吸热,与[Si]、[Mn]反应时放热,但相比 O_2 与熔池元素的反应放热量较小。与 O_2 喷吹时相比,体系中氧化条件发生了改变,可能实现炼钢过程的选择性氧化。因此,可尝试将 CO_2 作为部分氧化剂完成炼钢过程的冶金功能,达到控制熔池温度的目的。

此外,CO_2 与熔池中元素的氧化反应产生 CO 气体,大量气泡的上浮会有效改善熔池的动力学条件,增强熔池搅拌。

2.1.2　CO_2 的吸热效应

本小节分析不同 CO_2 喷吹比例对富余热量、火点区温度的影响规律。CO_2 喷吹比例,指喷吹气体中 CO_2 的体积分数,记为 φ_{CO_2}。

1. 富余热量变化

富余热量是指在全铁液为冶炼原料的条件下,炼钢过程的热量总收入与热量总支出的差值。图 2-2 为全铁液条件下,不同 φ_{CO_2} 对富余热量的影响。由于 CO_2 与熔池元素的反应为吸热或微放热反应,随着 φ_{CO_2} 的增加,CO_2 参与熔池反应带来的热量减少增多(相比纯氧),富余热量减少增多。当采用纯氧喷吹时,富余热量为 190449.1kJ,当 φ_{CO_2} 增加至 23.5%时,富余热量为 0,此时,炼钢过程的热量收支达到平衡,不需要加入废钢作为冷却剂。若继续增加 φ_{CO_2},富余热量将小于零,即无法满足炼钢终点对钢液温度的要求。

因此，可以根据实际转炉熔池对热量的需求控制 φ_{CO_2}，最终形成最佳供气方案和原料配比，为优化炼钢过程的炉料结构提供了思路和基础数据。

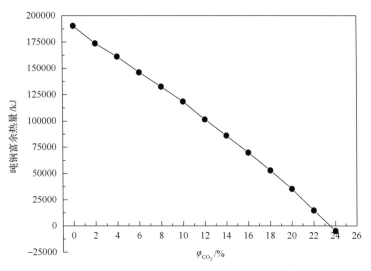

图 2-2　吨钢富余热量随 φ_{CO_2} 的变化

2. 火点区温度变化

以全铁液作为冶炼原料，假设富余热量集中在转炉炼钢的高温反应区(计算过程中反应区表面积取为熔池的 40%，并假设氧气喷吹时高温火点区温度约为 2550℃，分析不同 φ_{CO_2} 时的物料平衡及热平衡，得到不同 φ_{CO_2} 时的火点区温度变化，如图 2-3 所示。

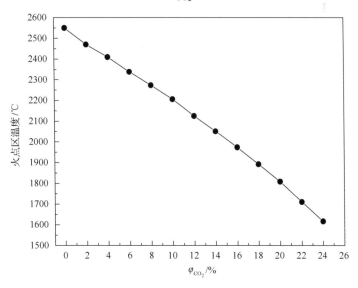

图 2-3　火点区温度随 φ_{CO_2} 的变化

火点区温度随着 φ_{CO_2} 增加而降低，当喷吹比例超过 10% 时，火点区温度将低于 2200℃。随着 φ_{CO_2} 的增加，火点区温度逐渐降低至远小于铁的蒸发温度 2750℃，从而可有效限制金属铁的蒸发氧化，减少炼钢粉尘的产生。

2.1.3 CO₂ 降低粉尘机理

在探明炼钢粉尘产生是由于蒸发作用和气泡携带作用的基础上，基于 Fe、Mn、V、Mo 蒸气压不同，分别采用生铁块和废钢为主要原料；Fe-Mn、Fe-V、Fe-Mo 合金为辅助原料，探索不同 $\varphi_{CO_2-O_2}$ 时粉尘量、粉尘成分、钢液及炉渣成分、烟气成分的变化规律；同时利用低碳锰铁和中碳锰铁含碳量的差异，对比碳含量对蒸发理论和气泡理论的影响，利用锰作为示踪元素探索蒸发理论与气泡理论在粉尘产生过程中的作用。

1. 粉尘分析

1）粉尘量分析

对比图 2-4 中低碳锰铁和中碳锰铁冶炼时的粉尘量，在 φ_{CO_2} 为 0%、30%、100% 的条件下，中碳锰铁组的粉尘量均高于低碳锰铁组，但不同 φ_{CO_2} 条件下的粉尘量增加比例略有不同。采用中碳锰铁作为冶炼原料时，熔池的碳含量高，约为 2%，碳的氧化反应可剧烈进行，钢液中 Fe 及其他元素的氧化物随 CO 气泡的上浮被带走形成更多的粉尘。

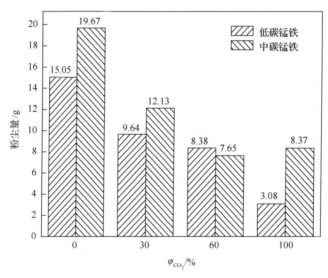

图 2-4　低碳锰铁与中碳锰铁粉尘量

对比含碳量相同的 Fe-Mn、Fe-V、Fe-Mo 组（图 2-5）可知，Fe-V 组的粉尘量少于 Fe-Mn 组，这是因为 Mn、V、Mo 蒸气压的关系为 Mn＞V＞Mo，所以蒸发量为 Mn＞V＞Mo，此时熔池碳含量相同，由于碳的氧化反应产生的 CO 气泡对粉尘量的影响基本相同，影响熔池粉尘量的主要因素是蒸发理论，即不同元素蒸气压的影响。

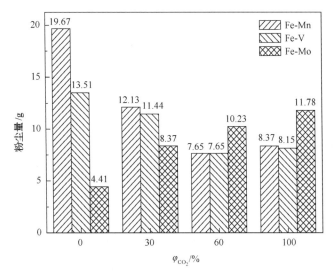

图 2-5　不同合金元素粉尘量

此外，对于采用 Fe-Mn、Fe-V 冶炼的炉次，粉尘量随 φ_{CO_2} 的增加先减少后增加，主要是由于中碳锰铁或中碳钒铁作为原料时粉尘的产生不仅有锰、钒、铁元素的蒸发作用，也有碳氧化反应产生的 CO 气体及未反应 CO₂ 气体的携带作用。元素的蒸发作用主要受火点区温度和熔池温度的影响，因此随 φ_{CO_2} 的增加，火点区和熔池温度均降低，粉尘量减少；但随 φ_{CO_2} 的增加，熔池元素更多地与 CO₂ 发生反应，均会产生 CO 气体，从熔池内部溢出的 CO 气泡量增加，气泡作用对粉尘的影响开始增加，此时气泡作用强于蒸发作用，粉尘量略微增加。炉气中气体体积分数的变化(图 2-6、图 2-7)也说明了这点，图中数据均取各组前、中、后期平均值。

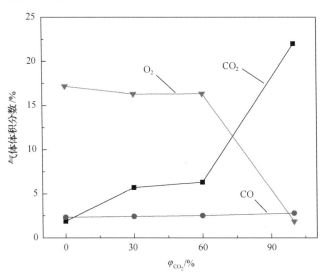

图 2-6　中碳锰铁组炉气成分体积分数变化

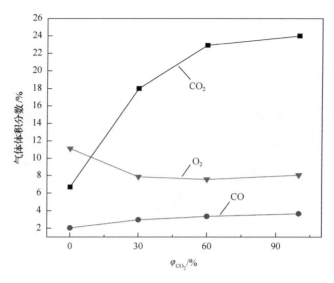

图 2-7　中碳钒铁组炉气成分体积分数变化

分析低碳锰铁作为冶炼原料时粉尘量随 φ_{CO_2} 的变化，如表 2-2 所示。

表 2-2　粉尘量随 CO_2 喷吹比例的变化

CO_2 比例/%	0	30	60	100
粉尘量/g	15.05	9.64	8.38	3.08

随 φ_{CO_2} 增加，粉尘量逐渐减少，当 φ_{CO_2} 增加到 30% 时，粉尘量减幅达 35.9%，由 60% 增加到 100% 时粉尘量减幅达 63.2%。低碳锰铁中碳含量低，可以忽略气泡理论的影响，主要影响因素为蒸发理论，而温度是影响蒸发理论的主要因素，所以随 φ_{CO_2} 增加，温度下降，粉尘量减少。

2）粉尘粒径分析

利用粒径分析装置对所收集粉尘的粒径进行分析，取以低碳锰铁为原料的组别，其粒径分布如图 2-8 所示。

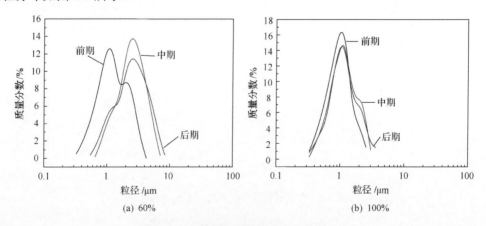

图 2-8　低碳锰铁为原料的粉尘粒径分布

在采用低碳锰铁为原料时，φ_{CO_2} 相同，随冶炼时间的进行，冶炼后期粒径分布曲线比冶炼前期向右偏移，粉尘粒径有逐渐变大的趋势。这是因为随着冶炼的进行，熔池温度逐渐升高，蒸发作用变强，蒸发出的小颗粒遇冷逐渐凝结成较大的颗粒。

此外，对比图 2-8(a)、(b)可知，当 φ_{CO_2} 从 60%增加至 100%，粉尘粒径减小。φ_{CO_2} 增加导致气泡理论的作用加强，气泡内的颗粒难以聚集，造成气泡携带的粉尘颗粒粒径较小。

与中碳锰铁作为原料时粉尘的粒径进行对比，可以发现碳含量低时粉尘粒度分布区间较大，主要是由于碳含量低时粉尘主要是蒸发产生的，粉尘颗粒容易团聚。粉尘的显微形貌也说明了这点(图 2-9)。

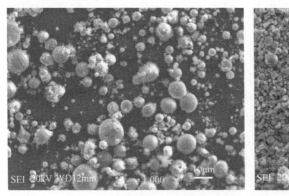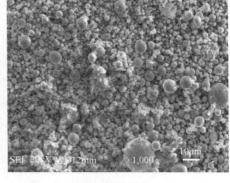

(a) 低碳锰铁组　　　　　　　　　　　　　　(b) 中碳锰铁组

图 2-9　Fe-Mn 合金为原料时粉尘显微形貌

采用中碳锰铁、钒铁、钼铁作为冶炼原料时，熔池碳含量基本相同，锰铁组和钼铁组粉尘颗粒粒度相当，钒铁组粒度较大。这主要是由于钒被氧化生成 V_2O_5。与 MnO 等氧化物相比，V_2O_5 黏度大，含 V_2O_5 的粉尘颗粒更容易黏附在一起，粉尘扫描电镜下的面扫描结果也证明了这点。从图 2-10 中可以看出，钒的分布较为均匀，且只要有颗粒存在的地方就有钒，也可认为是其他颗粒依附于 V_2O_5 而存在。

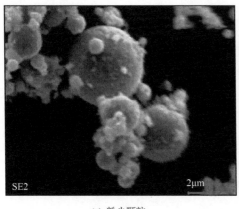

(a) 粉尘颗粒　　　　　　　　　　　　　　(b) V元素分布

图 2-10　钒铁组粉尘颗粒扫描电镜下的面扫描图

3）粉尘显微形貌分析

采用扫描电镜对炼钢过程收集的粉尘进行扫描分析，发现与中碳锰铁作为原料相比，低碳锰铁组粉尘颗粒粒径分布范围较大，而中碳锰铁组粉尘颗粒粒径变化范围较小（图 2-9）。

对比碳含量、CO_2 比例均相同且同一吹炼时期的粉尘颗粒，发现 Fe-V 合金的实验炉次粉尘颗粒明显大于 Fe-Mn 合金及 Fe-Mo 合金。粒径分析结果也证明了这点，见图 2-11。

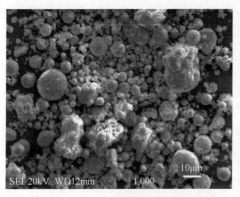 

（a）Fe-Mn合金　　　　　　　　　　　（b）Fe-V合金

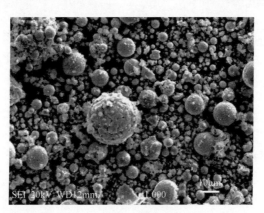

（c）Fe-Mo合金

图 2-11　粉尘形貌

以中碳锰铁作为原料为例，利用扫描电镜观察同一吹炼时期 φ_{CO_2} 增加时粉尘形貌的变化，见图 2-12。

从图中可直观看出：随 φ_{CO_2} 增加，大颗粒粉尘比例降低，粉尘粒径逐渐减小，但粉尘的团聚和黏附现象更加明显。随着 φ_{CO_2} 的增加，火点区温度和熔池温度均有所降低，因蒸发理论产生的粉尘总量降低，但更多的 CO_2 参与熔池反应，产生的 CO 气体总量增加，气泡理论对粉尘产生的影响增加，结合粉尘特性分析可知，气泡理论产生的粉尘主要是元素黏附在气泡表面产生的，粉尘的颗粒较小。

图 2-12　中碳锰铁为原料时不同 φ_{CO_2} 的粉尘显微形貌

4）粉尘能谱分析

利用扫描电镜对所收集的粉尘进行能谱分析及面扫描（图 2-13）。

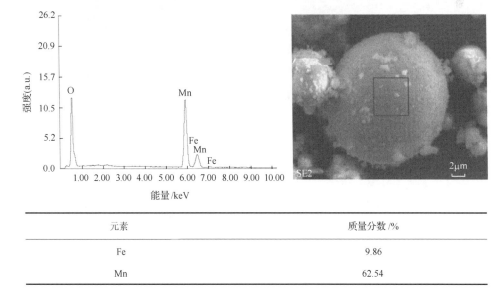

元素	质量分数 /%
Fe	9.86
Mn	62.54

图 2-13　低碳锰铁组粉尘能谱分析

　　从能谱分析结果可知，当采用低碳锰铁作为原料时，粉尘颗粒的主要成分是 MnO 和 FeO，其中 $w(\text{MnO})$ 达到 80.7%，$w(\text{FeO})$ 为 12.7%。在炼钢温度下 Mn 的蒸气压远大于 Fe，说明此时粉尘的产生主要是由于 Mn 元素在高温条件下蒸发然后被氧化，在温度和其他条件相同时，Mn 元素的蒸发量远大于 Fe。

　　图 2-14 是利用扫描电镜观察的粉尘面扫描图片。从图中可以看出，以低碳锰铁为原料时，Mn 的分布比较均匀，说明粉尘中的 Mn 主要是由同一作用机理产生的。此外，观察元素分布也可看出，粉尘的主要成分是锰的氧化物，铁的氧化物主要存在于零星的小颗粒上。

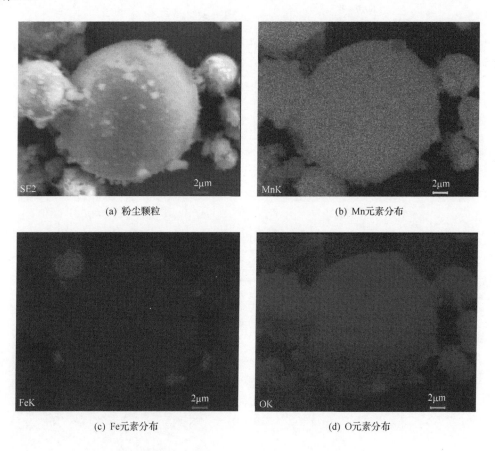

(a) 粉尘颗粒　　　　　　　　　　　　　(b) Mn元素分布

(c) Fe元素分布　　　　　　　　　　　　(d) O元素分布

图 2-14　低碳锰铁为原料的粉尘面扫描图

　　中碳锰铁为原料的条件下粉尘的形貌结果也基本相同，说明粉尘中 Mn、Fe 类蒸气压较大的元素生成机理较为单一，主要是火点区和熔池高温下的元素蒸发氧化产生的。

　　图 2-15、图 2-16 为中碳钒铁作为冶炼原料时粉尘的能谱分析和粉尘面扫描图。

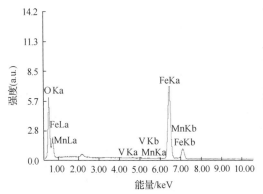
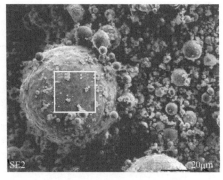

元素	质量分数 /%
V	0.34
Mn	0.52
Fe	75.2

图 2-15　中碳钒铁组粉尘能谱分析

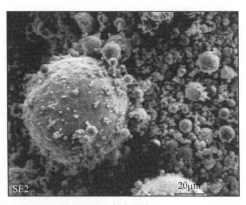

(a) 粉尘颗粒

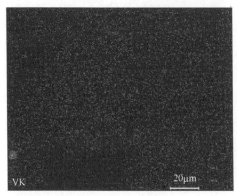

(b) V 元素分布　　　　　　　　　　　　(c) O 元素分布

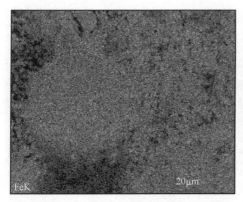
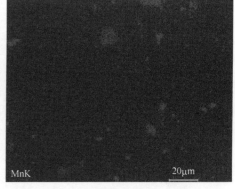

(d) Fe元素分布　　　　　　　　　　　　　　(e) Mn元素分布

图 2-16　中碳钒铁组粉尘面扫描图

从能谱分析结果可知，当采用中碳钒铁作为原料时，粉尘颗粒的主要成分是 FeO，同时含有少量的 V_2O_5 和 MnO。从粉尘的成分分析，在此实验条件下粉尘的产生以蒸发理论为主。

从图 2-16(a) 中可以看出，在以中碳钒铁为原料时，粉尘粒径大部分小于 10μm，有极少量粉尘由于黏附和团聚作用长大为 50μm 左右。图中显示粉尘颗粒的黏附作用明显。粉尘中钒的分布出现局部偏析，说明粉尘中钒的产生不是单纯由一种理论产生的。此外还可看出粉尘中锰主要分布在细小颗粒上。

图 2-17 为中碳钼铁作为原料时粉尘的能谱分析。

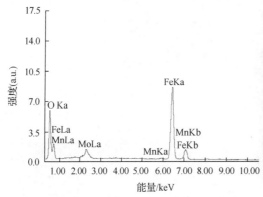
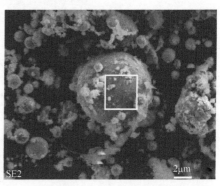

元素	质量分数/%
Mo	6.45
Mn	0.94
Fe	70.55

图 2-17　中碳钼铁组粉尘能谱分析

　　粉尘颗粒的主要成分为 FeO 和 MoO₃，其中 $w(Mo)$ 高达 6.45%。由于 Mo 的沸点高达 4610℃，在炼钢温度下，Mo 无法直接蒸发氧化，因此粉尘中的 Mo 元素不是蒸发作用的结果，所以粉尘 Mo 的出现只能用气泡理论来解释。

　　由图 2-18 的粉尘面扫描结果可以看出，在以中碳钼铁为原料时，粉尘 Mo 的分布出现严重偏析，这是因为粉尘中的 Mo 元素黏附在反应产生的 CO 气泡周围被带出熔池，随气泡带出的粉尘随机性很强，所以元素分布易出现偏析。

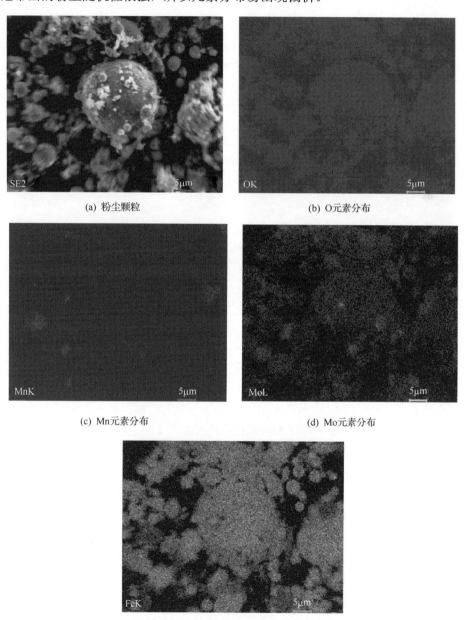

图 2-18　中碳钼铁组粉尘面扫描图

5) 粉尘成分分析

(1) 实验方案。

本次实验共分两组，第一组共计四炉，CO_2 的喷吹比例分别为 0%、20%，采用废钢作为原料，由于废钢中碳含量低，因此可基本忽略碳氧化产生的气泡对粉尘产生的影响。

第二组采用碳含量约 4% 的生铁作原料，CO_2 的比例为 0%、20%，添加相同数量的 Fe-Mn、Fe-Mo 合金。生铁中的碳被氧化产生大量 CO 气泡，可探索研究碳反应产生的气泡对粉尘产生的影响。

具体实验方案如下。由于废钢中杂质元素含量低，因此实验过程每炉吹炼 10min，分别加入 Fe-Mn、Fe-Mo 合金，收集吹炼过程的炼钢粉尘。与废钢相比，生铁中碳元素较高。第二组实验每炉吹炼 60min，分别加入相同量的 Fe-Mn、Fe-Mo 合金，吹炼过程开始、20min、40min、吹炼结束均测温取样并收集粉尘一次。具体冶炼方案如表 2-3 所示。

表 2-3　冶炼方案

方案	原料	合金	冶炼时间/min	CO_2 喷吹比例/%	CO_2 流量/(L/min)	O_2 流量/(L/min)
1		Fe-Mn 合金 1000g		0	0	4.32
2	废钢	Fe-Mo 合金 200g	10	0	0	4.32
3	10kg	Fe-Mn 合金 1000g		20	1.12	3.84
4		Fe-Mo 合金 200g		20	1.12	3.84
5		Fe-Mn 合金 1000g		0	0	6.75
6	生铁	Fe-Mo 合金 200g	60	0	0	6.75
7	10kg	Fe-Mn 合金 1000g		20	1.76	6.00
8		Fe-Mo 合金 200g		20	1.76	6.00

(2) 粉尘主要成分分析。

锰铁组粉尘的主要成分是 MnO，其次是铁的氧化物；而钒铁组和钼铁组粉尘的主要成分则是铁的氧化物。这是因为在相同温度下，Mn 的蒸气压远大于 Fe 的蒸气压，Fe 的蒸气压大于 V、Mo 的蒸气压。此外，粉尘中含有 SiO_2、CaO 等部分氧化物。

(3) 粉尘中 TFe 量分析。

观察以低碳锰铁和中碳锰铁为原料的实验炉次，随 CO_2 比例的增加，粉尘中各元素相对含量发生了不同程度的变化：TFe 量减少，Mn 量增加，这是因为随 φ_{CO_2} 增加，火点区温度和熔池温度降低，熔池温度的降低直接影响元素的蒸发量。由图 2-19 可知，当温度降低时，铁的蒸气压变化幅度较大，故温度降低对铁的蒸发量影响较大，所以相对而言，在整体粉尘量减少的情况下粉尘中各元素相对构成发生变化，TFe 量减少，而 Mn 量增加。

就其中一组而言(如中碳锰铁组，$\varphi_{CO_2} = 30\%$)，随冶炼时间的进行，熔池温度增加，在粉尘总量减少的情况下，相对含量 TFe 增加、Mn 减少。

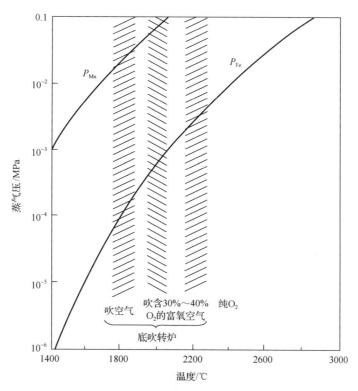

图 2-19　铁和锰元素的蒸气压与温度的关系

　　钒铁组、钼铁组也有着同样的变化规律，但随 CO_2 比例变化，TFe 量、合金元素蒸发量变化程度并不完全相同。

　　(4) 粉尘中 Fe_2O_3、FeO 质量分数分析。

　　对比粉尘中 Fe_2O_3、FeO 的质量分数可知，原料相同的条件下随 CO_2 比例增加，粉尘中 Fe_2O_3 所占比例略有增加，FeO 所占比例略有降低。这是因为随混合气体中 CO_2 比例的增加，炉气中 $V_{(CO_2+O_2)}/V_{(CO_2+O_2+CO)}$ 增加，炉气的氧化性增强，粉尘形成初期生成的 Fe_3O_4 在氧化性气氛下生成 Fe_2O_3，而在还原性气氛下生成 FeO，故随 CO_2 比例增加，粉尘中 Fe_2O_3 比例增加。以低碳锰铁组为例，粉尘中 Fe_2O_3、FeO 含量见表 2-4。

表 2-4　低碳锰铁组粉尘中 Fe_2O_3、FeO 质量分数

实验炉次	冶炼时期	Fe_2O_3/%	FeO/%
低碳锰铁 $\varphi_{CO_2}=0\%$	前期	9.75	9.65
	中期	5.22	9.97
	后期	4.59	14.96
低碳锰铁 $\varphi_{CO_2}=30\%$	前期	7.70	9.87
	中期	6.01	10.00
	后期	6.93	10.21

续表

实验炉次	冶炼时期	Fe₂O₃/%	FeO/%
低碳锰铁 $\varphi_{CO_2}=60\%$	前期	11.1	7.21
	中期	6.98	8.96
	后期	6.03	10.03
低碳锰铁 $\varphi_{CO_2}=100\%$	前期	13.59	4.98
	中期	7.53	6.21
	后期	7.14	8.96

对比分析粉尘中 Fe_2O_3、FeO 质量分数随 CO_2 比例的变化，如图 2-20 所示。

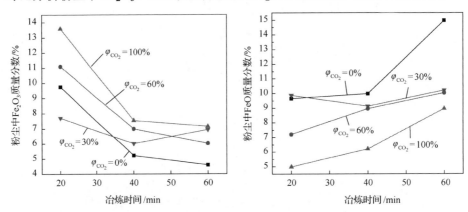

图 2-20　低碳锰铁组粉尘中 Fe_2O_3、FeO 质量分数随 CO_2 体积分数变化图

从表 2-3 及图 2-20 中可以看出，当 φ_{CO_2} 由 0%提高到 30%时，冶炼前期粉尘中 Fe_2O_3 量降低率为 21.03%，FeO 量提高率为 2.28%；中期 Fe_2O_3 量提高率为 15.13%，FeO 量提高率为 0.3%；后期 Fe_2O_3 量提高率为 50.98%，FeO 量降低率为 31.75%。当 φ_{CO_2} 由 30%提高到 60%时，冶炼前期粉尘中 Fe_2O_3 量提高率为 44.16%，FeO 量降低率为 26.95%；中期 Fe_2O_3 量提高率为 16.14%，FeO 量降低率为 10.40%；后期 Fe_2O_3 量降低率为 12.99%，FeO 量降低率为 1.76%。当 φ_{CO_2} 由 60%提高到 100%时，冶炼前期粉尘中 Fe_2O_3 量提高率为 22.43%，FeO 量降低率为 30.93%；中期 Fe_2O_3 量提高率为 7.88%，FeO 量降低率为 30.69%；后期 Fe_2O_3 量提高率为 18.41%，FeO 量降低率为 10.67%。这主要是因为随混合气体中 CO_2 比例的增加，炉气中 $\varphi_{(CO_2+O_2)}/\varphi_{(CO_2+O_2+CO)}$ 比值增加，炉气氧化性气氛增强，如图 2-21 所示。

分析图 2-20、图 2-21 中同一实验炉次的不同时期炉气变化，发现冶炼前、中、后期粉尘中 Fe_2O_3、FeO 比例随冶炼的进行，Fe_2O_3 所占比例逐渐减少，主要是因为随冶炼时间的进行，炉气中 $\varphi_{(CO_2+O_2)}/\varphi_{(CO_2+O_2+CO)}$ 比值减小，炉内的氧化性气氛逐渐减弱。因此冶炼前、中期炉气氧化性较强，而后期炉气氧化性降低。

(5)粉尘中 MnO、MoO₃ 量分析。

观察含碳量不同的低碳锰铁组和中碳锰铁组的粉尘，发现在原料锰含量、CO_2 比例相同的条件下，冶炼前、中、后期中碳锰铁组粉尘量均高于低碳锰铁组，粉尘的生成是蒸发理论与气泡理论共同作用的结果，而气泡理论主要是熔池中大量生成的 CO 气泡上浮携带粉尘颗粒。低碳组熔池碳含量低，主要是元素在高温条件下蒸发产生的粉尘。烟气中 CO 体积分数变化如图 2-22 所示。

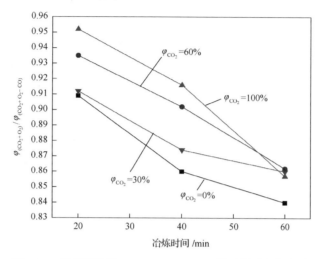

图 2-21 低碳锰铁组 $\varphi_{(CO_2+O_2)}/\varphi_{(CO_2+O_2+CO)}$ 随冶炼时间的变化

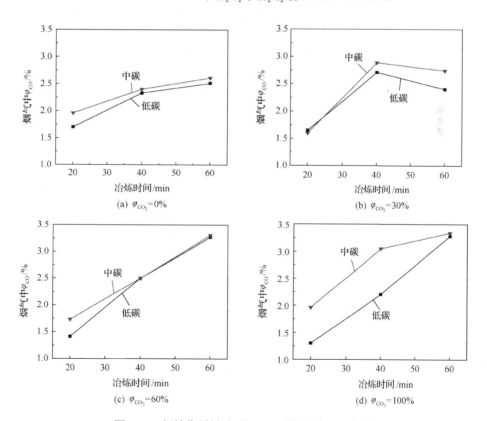

图 2-22 锰铁作原料时不同 φ_{CO_2} 时烟气中 CO 含量

　　此外，观察低碳锰铁组(实验炉次 1～4)和中碳锰铁组(实验炉次 5～8)粉尘中锰氧化物的含量，具体见表 2-5 和表 2-6。表中序号 1-1、1-2、1-3 分别表示第一炉吹炼 20min、40min、60min 时收集的粉尘，其他炉次类同。中碳锰铁组中锰氧化物的量基本高于低碳锰铁组，说明这两种氧化物的生成均有气泡携带作用。

表 2-5　低碳锰铁组粉尘 MnO 质量分数　　　　　　(单位：%)

序号	MnO
1-1	34.89
1-2	62.36
1-3	29.77
2-1	69.07
2-2	69.65
2-3	46.9
3-1	83.56
3-2	86.13
3-3	66.57
4-1	89.75
4-2	87.67
4-3	76.85

表 2-6　中碳锰铁组粉尘 MnO 质量分数　　　　　　(单位：%)

序号	MnO
5-1	64.43
5-2	61.23
5-3	52.32
6-1	46.1
6-2	84.67
6-3	86.15
7-1	89.62
7-2	86.38
7-3	88.75
8-1	94.91
8-2	88.12
8-3	78.58

　　此外，从表 2-4～表 2-6 还可以看出，当低碳锰铁和中碳锰铁作冶炼原料时，随混合气体中 CO_2 比例的增加，粉尘中锰的氧化物总量升高。当 φ_{CO_2} 大于 60% 时，粉尘中的 MnO 总量超过 80%，主要是因为 CO_2 比例增加对火点区和熔池的温度影响较大，当温度降低时，对铁的影响大于锰，所以铁氧化物相对含量降低，锰氧化物相对总量升高。

表 2-7 为采用钒铁作为原料时粉尘的成分变化。

表 2-7 钒铁组粉尘 MnO、V₂O₅质量分数 (单位：%)

序号	MnO	V₂O₅
9-1	9.73	0.3
9-2	3.05	0.21
9-3	12.59	0.36
10-1	2.09	0.25
10-2	1.66	0.20
10-3	2.01	0.34
11-1	2.01	0.19
11-2	1.20	0.21
11-3	1.69	0.27
12-1	2.58	0.32
12-2	1.82	0.37
12-3	2.31	0.38

对表中钒的氧化物质量分数变化作图(图 2-23)。

分析表 2-7 和图 2-23 可知，随 CO_2 比例从 0%增大至 60%时，粉尘中 V_2O_5 量降低，当 CO_2 比例进一步增大至 100%时，即全部利用 CO_2 代替氧气喷吹时，粉尘中 V_2O_5 又开始增加。这表明当 CO_2 比例较小时，熔池中 CO 气泡对粉尘生成的影响不大，影响粉尘生成的主要因素是元素的蒸发作用，即火点区和熔池温度对粉尘的影响较大，喷吹 CO_2 使火点区温度和熔池温度降低，钒的蒸发量减少，粉尘中钒的氧化物含量降低。但从实验结果分析：当 φ_{CO_2} 大于 60%时，熔池元素反应产生更多的 CO 气泡，此时 CO 气泡携

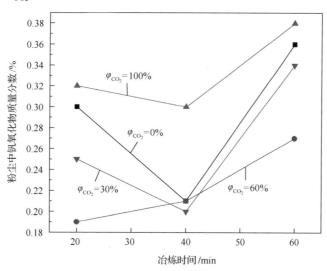

图 2-23 钒铁组粉尘中钒氧化物质量分数变化

带走的粉尘量较大，因此，粉尘中钒的氧化物增加，在此条件下可认为气泡理论的作用大于蒸发理论。

表 2-8 为采用钼铁作为原料时粉尘的成分变化。

表 2-8　钼铁粉尘 MnO、MoO₃ 质量分数　　　　　　　（单位：%）

序号	MnO	MoO₃
13-1	13.93	13.81
13-2	7.34	16.11
13-3	6.97	17.62
14-1	6.8	17.01
14-2	6.67	17.56
14-3	8.27	17.86
15-1	4.65	18
15-2	3.25	18.44
15-3	7.86	17.77
16-1	8.47	19.45
16-2	4.55	19.52
16-3	2.87	17.43

对表中钼的氧化物质量分数变化作图(图 2-24)。

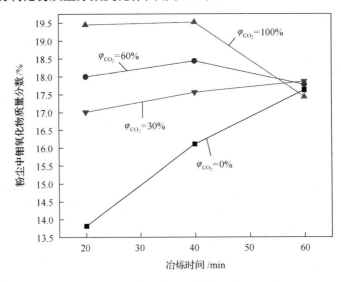

图 2-24　钼铁组粉尘中钼氧化物含量变化

从表 2-8 可以看出，随着 CO_2 比例增加，粉尘中 MnO 质量分数减少，MoO_3 质量分数增加。与钒铁作为原料时钒的氧化物质量分数相比，钼铁组粉尘中钼氧化物质量分数显著增加。虽然 Mo 的蒸气压很低，在炼钢温度下，Mo 元素基本不会直接挥发，但 Mo 在炼钢温度下可被氧化生成易于气化挥发的 MoO_3，与氧的结合能力和铁相当，远低于碳、锰元素。分析图 2-24 中纯氧喷吹时粉尘中钼氧化物的变化，发现随着冶炼时间的进行，粉尘中 MoO_3 含量增加，主要是因为在炼钢温度下，Mo 与氧反应的吉布斯自由能远小于碳、硅、锰等元素，因此，在冶炼前期熔池中其他元素含量较高的情况下，产生的 MoO_3 量相对较少，当冶炼中、后期其他元素含量降低时，Mo 的氧化量开始增加，所以粉尘中 MoO_3 含量增加。

当采用 CO_2 和 O_2 的混合气体进行喷吹时，随混合气体中 CO_2 比例的增加，粉尘中钼氧化物含量略有增加，但在不同时间段粉尘中 MoO_3 比例不同，如图 2-24 和图 2-25 所示，20～40min 时间段内粉尘中 MoO_3 质量分数明显区别于 40～60min 时间段内粉尘中 MoO_3 的质量分数（CO_2 30%、CO_2 60%、CO_2 100%三条图线）。此外，当 CO_2 比例为 100%时，后段 MoO_3 质量分数明显低于前段。由 Mo 与 CO_2 反应热力学分析可知，在炼钢温度，Mo 不能与 CO_2 反应。因此，当 CO_2 喷吹比例达到 100%时，由于 CO_2 与铁、碳等元素反应产生了大量的 CO 气泡，在此条件下粉尘总量急剧降低，又因为 CO_2 具有控温作用，Mo 的氧化和挥发受到抑制，因此随着冶炼时间的推移，粉尘中 MoO_3 质量分数相应地降低。此时熔池内粉尘的产生主要由气泡理论发挥作用并主导。

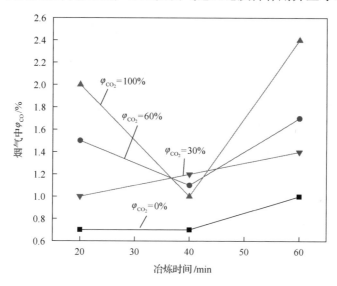

图 2-25　钼铁组烟气中 CO 含量变化

2. 钢液分析

1) 熔池温度分析

图 2-26 是不同原料、不同 φ_{CO_2} 条件下熔池温度随冶炼时间的变化。当冶炼原料不同时，熔池温度变化规律基本相同，即随混合气体中 φ_{CO_2} 的增加，熔池温度呈现下降的趋势，但降幅差异较大。整体规律是混合气体中 φ_{CO_2} 由 0%增加到 30%、由 30%增加到 60%时温度降幅较大，而由 60%增加到 100%时熔池温度降幅不明显。

分析图 2-26 中熔池温度的变化可知：当采用低碳锰铁作冶炼原料时，由于吹炼前、中期碳和锰的氧化反应放热量较大，因此，熔池温度上升较快，在冶炼后期，随着碳、锰含量的降低，熔池反应放热量减少，熔池温度降低。随着混合气体中 φ_{CO_2} 由 0%增加至 30%，在开始喷吹、吹炼 20min、吹炼 40min 和吹炼终点的熔池温度随冶炼进行

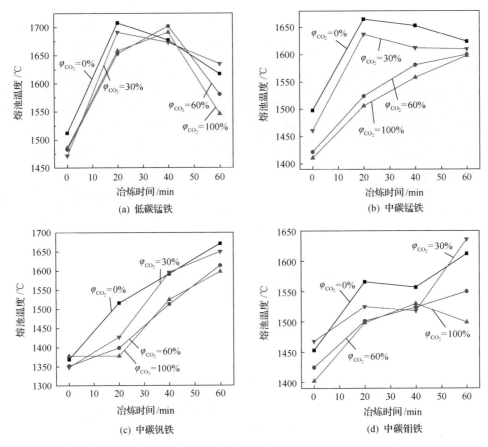

图 2-26　熔池温度变化

分别降低 2.65%、1.00%、0.24%、1.11%；当混合气体中 φ_{CO_2} 由 30% 增加至 60% 时，不同阶段的熔池温度分别降低 -0.75%、2.25%、-1.73%、3.30%；当混合气体中 φ_{CO_2} 由 60% 增加至 100% 时，不同阶段的熔池温度分别降低 -0.20%、-0.30%、0.65%、2.21%。

当采用中碳锰铁作冶炼原料时，混合气体中 φ_{CO_2} 由 0% 增加至 30% 时，不同阶段的熔池温度分别降低 2.47%、1.68%、2.48%、0.86%；当混合气体中 φ_{CO_2} 由 30% 增加至 60% 时，不同阶段的熔池温度分别降低 2.67%、6.90%、1.92%、0.62%；当混合气体中 φ_{CO_2} 由 60% 增加至 100% 时，不同阶段的熔池温度分别降低 0.77%、1.18%、1.45%、0.13%。

当采用中碳钒铁作冶炼原料时，混合气体中 φ_{CO_2} 由 0% 增加至 30% 时，不同阶段的熔池温度分别降低 1.46%、5.87%、-0.25%、1.26%；当混合气体中 φ_{CO_2} 由 30% 增加至 60% 时，不同阶段的熔池温度分别降低 -0.22%、1.96%、5.20%、2.18%；当混合气体中 φ_{CO_2} 由 60% 增加至 100% 时，不同阶段的熔池温度分别降低 -1.92%、1.50%、-0.79%、0.99%。

当采用中碳钼铁作冶炼原料时，混合气体中 φ_{CO_2} 由 0% 增加至 30% 时，不同阶段的熔池温度分别降低 -1.03%、2.62%、2.50%、-1.49%；当混合气体中 φ_{CO_2} 由 30% 增加至 60% 时，不同阶段的熔池温度分别降低 2.93%、1.57%、-0.40%、5.26%；当混合气体中 φ_{CO_2} 由 60% 增加至 100% 时，不同阶段的熔池温度分别降低 1.61%、0.20%、-0.39%、3.29%。

熔池温度变化对粉尘量的影响较大。如图 2-4、图 2-5 所述粉尘量基本呈现出随冶炼的进行先降低后升高的趋势。一方面是熔池温度的影响，温度降低不明显对粉尘量的影响不大；另一方面，后续气体分析数据也说明当 φ_{CO_2} 增加至 100%时，烟气总量增加，其中 φ_{CO} 更高，此时气泡的携带和搅拌作用对粉尘量的影响已比较明显，因此粉尘量不减反增。

2) 熔池碳含量分析

图 2-27 是熔池不同原料、不同气体喷吹比例条件下熔池碳含量随时间的变化规律。当采用低碳锰铁作为原料时，由于原料中碳含量较低，熔池初始碳含量为 0.34%～0.37%。在吹炼前期，熔池温度达到 1450℃以上，在此条件下，碳的氧化反应能力大于锰，锰大于铁，但由于锰铁中锰含量(质量分数，下同)高达 15%左右，前期脱碳速率较慢，冶炼中期，随着锰含量降低，脱碳速率加快，如图 2-27(a)所示。由于碳含量均较低，喷吹 CO_2 对熔池脱碳速率的影响不明显。吹炼前期，当 φ_{CO_2} 为 0%→30%→60%→100%时，熔池碳含量分别减少 9.09%、3.00%、2.06%；冶炼中期，当 φ_{CO_2} 为 0%→30%→60%→100%时，熔池碳含量分别减少 14.8%、8.33%、0.76%；吹炼后期，当 φ_{CO_2} 为 0%→30%→60%→100%时，熔池碳含量分别减少 48.04%、11.32%、16.95%。终点碳含量随 CO_2 的喷吹量增加略有降低。

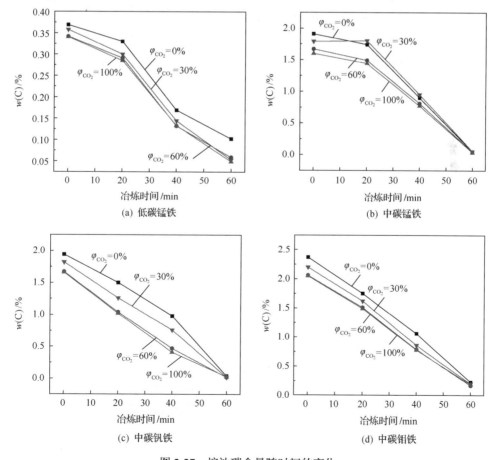

图 2-27　熔池碳含量随时间的变化

当采用中碳锰铁作为原料时，熔池初始碳含量为 1.6%~1.9%。在吹炼前期，熔池温度达到 1400℃以上，在此条件下，锰的氧化反应能力略大于碳和铁，同时由于锰含量较高，因此前期碳几乎不被氧化，吹炼中期随着锰含量降低，脱碳速率显著加快，吹炼终点碳含量降低至 0.05%左右，如图 2-27(b) 所示。冶炼初期，φ_{CO_2} 为 0%→30%→60%→100%时，熔池碳含量分别减少−3.45%、17.2%、3.36%；冶炼中期，当 φ_{CO_2} 为 0%→30%→60%→100%时，熔池碳含量分别减少−5.56%、14.74%、4.94%；冶炼后期，当 φ_{CO_2} 为 0%→30%→60%→100%时，熔池碳含量分别减少−10.42%、26.42%、10.26%。

当采用中碳钒铁作为原料时，熔池初始碳含量为 1.6%~2.0%。在吹炼前期，熔池温度为 1350~1380℃，此时，钒的氧化反应能力略大于碳和铁，但熔池中钒含量仅为 0.3%左右，因此前期在钒大量氧化的同时，脱碳反应也剧烈进行；冶炼中、后期，随着熔池温度提高和钒含量的降低，脱碳速率加快，如图 2-27(c) 所示。冶炼初期，当 φ_{CO_2} 为 0%→30%→60%→100%时，熔池碳含量分别减少 16%、17.46%、1.92%；冶炼中期，当 φ_{CO_2} 为 0%→30%→60%→100%时，熔池碳含量分别减少 22.45%、38.16%、12.77%；冶炼后期，当 φ_{CO_2} 为 0%→30%→60%→100%时，熔池碳含量变化不大。

当采用中碳钼铁作为原料时，熔池初始碳含量为 2.0%~2.4%。在吹炼前期，熔池温度为 1450℃，在此温度以上，钼的氧化反应能力略小于碳和铁，因此吹炼前、中、后期的脱碳反应速率基本相同，如图 2-27(d) 所示。冶炼初期，当 φ_{CO_2} 为 0%→30%→60%→100%时，熔池碳含量分别减少 7.43%、6.79%、1.33%；冶炼中期，当 φ_{CO_2} 为 0%→30%→60%→100%时，熔池碳含量分别减少 18.87%、8.14%、1.27%；冶炼后期，当 φ_{CO_2} 为 0%→30%→60%→100%时，熔池碳含量分别减少 13.04%、15%、11.76%。

从上述各组熔池碳含量数据可知，在总气量不变的条件下，混合喷吹 CO_2-O_2 气体有利于熔池脱碳反应的进行，但并非混合气体中 CO_2 比例越大越好。当 CO_2 比例增加到一定程度后，如由 60%增加到 100%，熔池碳含量已几乎不变。单就同一原料同一 CO_2 比例而言，随着冶炼的进行，熔池碳含量呈现逐渐减少的趋势，但减少程度不同。例如低碳锰铁组，φ_{CO_2} 为 0%时随冶炼的进行熔池碳含量分别减少 10.57%、48.79%、39.65%；φ_{CO_2} 为 30%时随冶炼的进行熔池碳含量分别减少 16.20%、52%、63.2%；φ_{CO_2} 为 60%时随冶炼的进行熔池碳含量分别减少 14.91%、54.64%、55.30%；φ_{CO_2} 为 100%时随冶炼的进行熔池碳含量分别减少 16.42%、53.33%、63.16%。

3) 熔池锰含量分析

图 2-28 为不同原料条件下熔池锰含量的变化。观察图 2-28(a)、(b) 可知，冶炼原料初始锰含量均为 15%~17%。当采用低碳锰铁作为冶炼原料时，由于碳含量低，吹入的氧化性气体主要用于锰的氧化，因此，锰含量降低较快，在吹炼终点时，已降低至约 3%。冶炼初期，当 φ_{CO_2} 为 0%→30%→60%→100%时，熔池锰含量分别增加 7.71%、1.79%、−14.34%；冶炼中期，当 φ_{CO_2} 为 0%→30%→60%→100%时，熔池锰含量分别增加 125.89%、18.77%、−13.98%；冶炼后期，当 φ_{CO_2} 为 0%→30%→60%→100%时，熔池锰含量分别增加 26.26%、31.6%、2.43%。

当采用中碳锰铁作冶炼原料时，冶炼初期，当 φ_{CO_2} 为 0%→30%→60%→100%时，熔池锰含量分别增加 3.54%、0.89%、−3.98%；冶炼中期，当 φ_{CO_2} 为 0%→30%→ 60%→100%时，熔池锰含量分别增加 12.95%、67.68%、−8.90%；冶炼后期，当 φ_{CO_2} 为 0%→30%→60%→100%时，熔池锰含量分别增加 11.13%、19.89%、−11.88%。

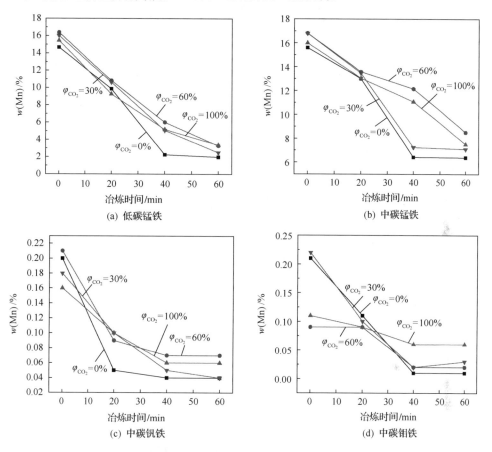

图 2-28　不同原料熔池锰含量变化

单就一组而言，随混合气体中 CO₂ 的增加，熔池锰含量基本呈现出略微增加的趋势，因为随着混合气体中 CO₂ 比例的增加，熔池温度降低，由于蒸发作用降低，粉尘中锰含量减少，故熔池锰含量略有增加。基本规律是当 φ_{CO_2} 为 0%→30%→60%时熔池锰含量增加幅度较大，而当 CO₂ 比例继续增加至 100%时，熔池锰含量变化幅度较小，这是因为此时随 CO₂ 比例的增加，熔池内产生大量的 CO 气泡，气泡的上浮和长大带走的锰量已高于由于温度降低而减少蒸发的锰量。

当采用中碳钒铁和钼铁作冶炼原料时，熔池中锰含量均是由合金和废钢带入的，平均含量仅为 0.2%左右，在冶炼前、中期已氧化完毕，如图 2-28(c)、(d)所示，基本不会对熔池的升温和粉尘的产生造成影响，所以在此不作分析。

4) 熔池钒含量分析

图 2-29 为钒铁组熔池钒含量变化。其他实验炉次未添加 Fe-V 合金。从图 2-29 中可以看出，熔池初始钒含量（质量分数，下同）为 0.25%～0.30%。由于吹炼前期的熔池温度为 1350～1380℃，在此条件下，钒与氧气或 CO_2 的反应能力略大于碳和铁，因此在吹炼前期，发生碳和钒的选择性氧化，温度较低时，钒首先被氧化，当温度升高至 1390℃ 以上时，碳优于钒被氧化。由图可知，在吹炼前期，喷吹不同比例的 CO_2 均能使钒迅速被氧化至 0.10%，钒的氧化速率基本相同；冶炼中、后期，随着熔池温度升高，脱碳速率加快，同时钒的氧化速率显著降低。

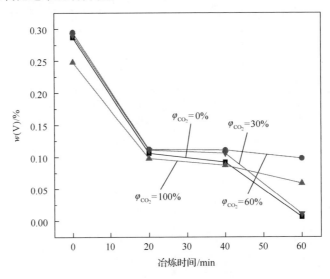

图 2-29　钒铁组熔池钒含量变化

纵向对比，随混合气体中 CO_2 比例增加，熔池钒含量先增加后略微减少。当 φ_{CO_2} 由 0 增加到 30% 时，冶炼前期、中期、末期熔池钒含量分别增加 4.72%、15.22%、83.33%；当 φ_{CO_2} 由 30% 增加到 60% 时，冶炼前期、中期、末期熔池钒含量分别增加 0.90%、4.72%、790.9%；当 CO_2 比例由 60% 增加到 100% 时，冶炼前期、中期、末期熔池钒含量分别增加 -12.5%、-21.6%、-39.8%。由于 CO_2 具有控制熔池温度的作用，当 CO_2 喷吹比例增加时，熔池温度降低，钒蒸发量减少，故熔池中钒含量反而略微升高。当 CO_2 比例足够大时，钒含量又开始减少，是因为此时熔池中 CO 气泡大量上浮带走部分钒元素，说明粉尘的形成既有蒸发理论的作用，也有气泡理论的作用。

5) 熔池钼含量分析

图 2-30 所示为钼铁组熔池钼含量（质量分数，下同）的变化。原料中未添加 Fe-Mo 合金的实验炉次未进行分析。

由图 2-30 可知，随着混合气体中 CO_2 比例的增加，不同阶段的熔池钼含量逐渐减少，且随 CO_2 比例的增加减少程度加剧。分析不同温度下钼的蒸气压变化可知，钼在炼钢温度下几乎不会直接蒸发，但能与氧气发生反应生成易于挥发的 MoO_3，在温度为 1300～

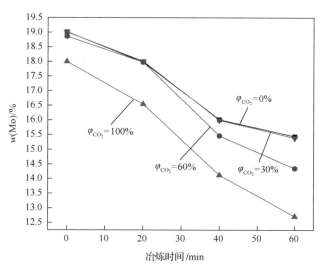

图 2-30　钼铁组熔池钼含量变化

1600℃的条件下，钼和氧的氧化反应能力小于铁和氧，和 CO₂ 不发生反应。因此，在纯氧喷吹条件下，钼含量从 19.01%降低至 15.44%；当 CO₂ 喷吹比例为 30%时，钼含量从 19.00%降低至 15.39%。对比纯氧喷吹和 φ_{CO_2} 为 30%的两炉次实验结果，发现在炼钢温度下，钼的氧化反应速率较慢，所以，因被氧化生成 MoO₃ 的比例较小。当 CO₂ 喷吹比例增加至 60%和 100%时，熔池中钼含量降低，由于 CO₂ 不氧化钼，因此，当全部喷吹 CO₂ 时，熔池钼含量低于其他炉次，同时粉尘中钼含量较高，说明 CO₂ 用于铁和其他元素的反应能产生大量的 CO 气泡，随混合气体中 CO₂ 比例增加，烟气中 CO 浓度升高，如图 2-31 所示。因 CO 气泡上浮和黏附携带的钼元素增加。

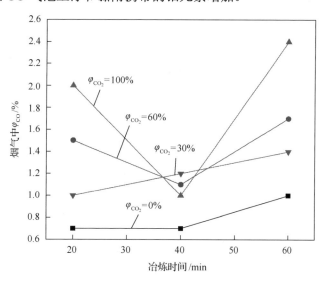

图 2-31　钼铁组烟气中 CO 含量变化

3. 烟气分析

1) 烟气 CO、O_2、CO_2 分析

实验过程中烟气利用小型抽气泵的负压作用吸取,将烟气样品装在气囊中,利用奥氏气体分析仪进行离线分析。在此仅讨论烟气中与实验结果有关联性的 CO_2、O_2、CO 含量。

表 2-9 和表 2-10 分别为原料是低碳锰铁和中碳锰铁的烟气成分,其中 1-1 代表第一炉次吹炼至 20min 时的烟气成分,1-2 代表吹炼至 40min 时的烟气成分,1-3 代表吹炼结束时的烟气成分,其他炉次类同。

表 2-11 和表 2-12 分别为原料是中碳钒铁和中碳钼铁时的烟气成分,实验炉次中的编号和表 2-10 中编号类同。

表 2-9　低碳锰铁组烟气成分

实验炉次		φ_{CO_2}/%	φ_{O_2}/%	φ_{CO}/%	$\varphi_{(CO_2+O_2)}/\varphi_{(CO_2+O_2+CO)}$
第 1 炉	1-1	1.00	15.96	1.70	0.909
	1-2	1.01	13.60	2.33	0.862
	1-3	1.36	11.80	2.51	0.840
	平均	1.12	13.79	2.18	—
第 2 炉	2-1	2.34	14.69	1.65	0.912
	2-2	3.30	15.48	2.71	0.874
	2-3	4.12	10.60	2.40	0.860
	平均	3.25	13.59	2.25	—
第 3 炉	3-1	5.45	15.00	1.41	0.935
	3-2	9.49	13.61	2.50	0.902
	3-3	9.51	10.89	3.27	0.862
	平均	8.15	13.17	2.39	—
第 4 炉	4-1	11.93	13.81	1.30	0.952
	4-2	12.90	11.20	2.20	0.916
	4-3	13.00	6.61	3.28	0.857
	平均	12.61	10.54	2.26	—

表 2-10　中碳锰铁组烟气成分

实验炉次		φ_{CO_2}/%	φ_{O_2}/%	φ_{CO}/%	$\varphi_{(CO_2+O_2)}/\varphi_{(CO_2+O_2+CO)}$
第 5 炉	5-1	2.30	16.80	1.96	0.907
	5-2	1.40	17.20	2.40	0.886
	5-3	1.90	17.50	2.61	0.881
	平均	1.87	17.17	2.32	—
第 6 炉	6-1	4.60	15.70	1.60	0.927
	6-2	6.10	15.30	2.89	0.881
	6-3	6.41	17.90	2.74	0.899
	平均	5.70	16.30	2.41	—

实验炉次		$\varphi_{CO_2}/\%$	$\varphi_{O_2}/\%$	$\varphi_{CO}/\%$	$\varphi_{(CO_2+O_2)}/\varphi_{(CO_2+O_2+CO)}$
第 7 炉	7-1	4.80	17.20	1.73	0.927
	7-2	5.50	16.10	2.50	0.896
	7-3	8.65	15.70	3.31	0.880
	平均	6.32	16.33	2.51	—
第 8 炉	8-1	20.03	2.95	1.96	0.921
	8-2	22.70	1.71	3.05	0.889
	8-3	23.20	0.85	3.34	0.878
	平均	21.98	1.84	2.78	—

表 2-11　中碳钒铁组烟气成分

实验炉次		$\varphi_{CO_2}/\%$	$\varphi_{O_2}/\%$	$\varphi_{CO}/\%$	$\varphi_{(CO_2+O_2)}/\varphi_{(CO_2+O_2+CO)}$
第 9 炉	9-1	2.18	16.74	1.20	0.940
	9-2	5.40	14.20	2.17	0.900
	9-3	12.50	2.40	2.74	0.845
	平均	6.69	11.11	2.04	—
第 10 炉	10-1	8.30	12.70	1.29	0.942
	10-2	23.50	5.60	3.50	0.893
	10-3	22.2	5.3	4.1	0.870
	平均	18.00	7.87	2.96	—
第 11 炉	11-1	21.0	13.1	1.7	0.953
	11-2	21.9	4.9	4.0	0.870
	11-3	25.9	4.8	4.3	0.877
	平均	22.93	7.60	3.33	—
第 12 炉	12-1	21.90	12.67	1.78	0.951
	12-2	23.11	5.78	4.19	0.873
	12-3	27.01	5.82	4.91	0.870
	平均	24.01	8.09	3.63	—

表 2-12　中碳钼铁组烟气成分

实验炉次		$\varphi_{CO_2}/\%$	$\varphi_{O_2}/\%$	$\varphi_{CO}/\%$	$\varphi_{(CO_2+O_2)}/\varphi_{(CO_2+O_2+CO)}$
第 13 炉	13-1	1.80	18.20	0.70	0.966
	13-2	5.00	16.40	0.70	0.968
	13-3	0.90	18.10	1.00	0.950
	平均	2.57	17.57	0.8	—
第 14 炉	14-1	8.10	15.70	1.00	0.960
	14-2	0.90	18.80	2.20	0.900
	14-3	2.80	18.20	1.40	0.938
	平均	3.93	17.57	1.53	—

续表

实验炉次		$\varphi_{CO_2}/\%$	$\varphi_{O_2}/\%$	$\varphi_{CO}/\%$	$\varphi_{(CO_2+O_2)}/\varphi_{(CO_2+O_2+CO)}$
第15炉	15-1	10.10	12.50	1.50	0.938
	15-2	1.80	19.10	1.10	0.950
	15-3	6.00	17.10	1.20	0.951
	平均	5.97	16.23	1.27	—
第16炉	16-1	17.50	9.20	2.00	0.930
	16-2	10.60	13.70	1.00	0.960
	16-3	7.40	15.40	0.90	0.962
	平均	11.83	12.77	1.30	—

将上述四组原料不同的实验组在同一 φ_{CO_2} 下冶炼，各阶段烟气中各成分取平均值分析烟气成分变化，如图 2-32 所示。

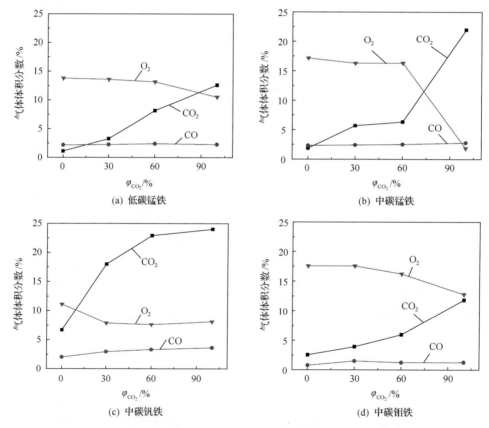

图 2-32　烟气成分含量变化

当分别采用四种冶炼原料时，随混合气体中 CO_2 喷吹比例的增加，烟气中 O_2、CO_2、CO 变化规律整体趋势相同。随着喷吹气体中 CO_2 喷吹比例的增加，O_2 含量不断减少、CO 含量缓慢增加。当采用纯氧喷吹时，烟气中的氧气含量约为 15%，除中碳锰铁组外，其他实验组烟气中的氧气随 CO₂ 喷吹比例的增加变化不明显，当采用全部 CO₂ 喷吹时，烟气中也存在约 5%～15%的残余氧气，说明在取气体样品时混入了一定量的空气。空气中的氧含量高达 21%，导致烟气中氧含量较高。反应产生的 CO 气泡离开金属液后，和烟气中的氧反应产生 CO₂，从烟气的分析可知，不同 CO₂ 喷吹比例的炉次烟气中 CO 含量均较低。

2) 气体氧化性分析

将烟气成分表中的 $\varphi_{(CO_2+O_2)}/\varphi_{(CO_2+O_2+CO)}$ 定义为烟气的氧化性指数。上述四种冶炼原料下的氧化性指数对比如图 2-33 所示。

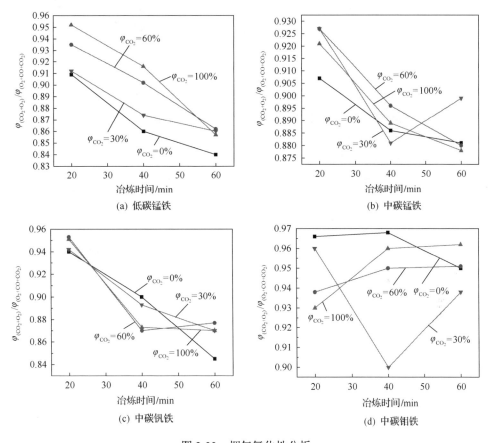

图 2-33　烟气氧化性分析

随着冶炼的进行，大部分炉次烟气的氧化性降低。同一原料时随 CO₂ 喷吹比例增加，烟气氧化性也发生变化。

4. 炉渣分析

表 2-13～表 2-16 分别为采用四种原料时炉渣的主要成分。

表 2-13　低碳锰铁组炉渣成分　　　　（单位：%，质量分数）

实验炉次	SiO_2	MgO	CaO	MnO	Al_2O_3	TFe
1	24.37	8.59	0.47	24.11	0.9	28.64
2	22.73	5.01	0.59	48.44	0.79	15.32
3	21.18	6.07	0.62	49.21	1.47	14.67
4	25.62	5.71	0.71	48.83	1.57	9.12

低碳锰铁组炉渣的主要成分是 SiO_2、MgO、MnO、TFe 及少量 CaO 和 Al_2O_3。由于原料中锰含量较高，因此，在吹入氧化性气体时，大量的锰元素被氧化进入炉渣中，随着 CO_2 比例的增加，炉渣中 MnO 含量增加。由于未加入石灰等造渣材料，因此炉渣中的 CaO 含量较低。由于硅是最易被氧化的元素之一，因此，喷吹不同比例的 CO_2 气体，金属液中的硅元素均能被氧化为 SiO_2，炉渣中 SiO_2 含量基本相同。

表 2-14　中碳锰铁组炉渣成分　　　　（单位：%，质量分数）

实验炉次	SiO_2	MgO	CaO	MnO	Al_2O_3	TFe
5	22.27	5.26	0.88	49.86	0.99	12.73
6	35.54	9.03	0.99	51.90	1.67	2.25
7	30.86	7.02	3.19	52.97	2.44	1.81
8	33.28	7.92	4.49	48.17	3.24	1.75

采用中碳锰铁时，金属液中碳质量分数为 2% 左右，其他元素和低碳锰铁组基本相同，因此炉渣成分与低碳锰铁组相同，MnO 也是炉渣中最主要的成分，含量高达 50% 左右，其含量与 CO_2 气体喷吹比例关系不大。但由于碳、锰与氧化性气体的结合能力均大于铁，与低碳锰铁组相比，炉渣中被氧化的铁减少，因此铁损降低。

表 2-15　中碳钒铁组炉渣成分　　　　（单位：%，质量分数）

实验炉次	SiO_2	MgO	CaO	MnO	V_2O_5	Al_2O_3	TFe
9	36.63	15.86	7.79	8.78	2.72	1.52	17.28
10	51.18	13.45	4.7	8.12	3.01	4.73	8.60
11	49.1	11.98	4.67	8.04	3.27	5.01	11.01
12	49.81	9.62	3.27	8.58	3.55	6.87	9.76

当采用中碳钒铁作为冶炼原料时，炉渣的主要成分是 SiO_2、MgO、MnO、TFe、V_2O_5 及少量 CaO 和 Al_2O_3。原料中添加 Fe-V 合金较少，金属液初始钒含量仅为 0.3% 左右，因此炉渣中 V_2O_5 含量较低。

表 2-16　中碳钼铁组炉渣成分　　　　（单位：%，质量分数）

实验炉次	SiO_2	MgO	CaO	MnO	MoO_3	Al_2O_3	TFe
13	41.31	13.29	1.58	2.54	0.27	2.33	24.58
14	44.09	17.26	1.85	9.7	0.24	1.87	15.78
15	48.77	18.72	2.65	7.38	0.14	3.22	11.66
16	48.94	18.49	3.01	7.49	0.11	3.21	9.59

中碳钼铁组炉渣的主要成分是 SiO_2、MgO、MnO、TFe、及少量 MoO_3、CaO 和 Al_2O_3。原料中添加了大量的 Fe-Mo 合金，钢液初始钼含量高达 20%左右，但在炼钢温度下钼可与氧气发生反应，反应能力低于碳、铁、锰等元素，而与 CO_2 在炼钢温度下不反应，且由于反应生成的 MoO_3 易于蒸发，因此炉渣中 MoO_3 含量很低，且随混合气体中 CO_2 比例的增加呈现出逐渐递减的趋势。

对四种原料条件下不同 CO_2 喷吹比例的炉渣 TFe 进行对比，如图 2-34 所示。

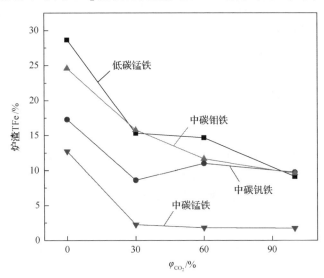

图 2-34　炉渣 TFe 随 CO_2 喷吹比例的变化

当采用低碳锰铁时，随着 CO_2 喷吹比例增加，炉渣 TFe 显著降低，主要是由于金属液中碳含量低，在吹炼后期锰降低至一定程度时，进一步供氧导致铁开始大量氧化，纯氧喷吹时炉渣铁损高达 28.64%，当采用一定喷吹比例的 CO_2 时，钢渣反应表面积增加，有利于反应达到平衡；同时与氧气相比，CO_2 氧化铁的能力远小于氧气，因此可降低铁的氧化损失，降低了炉渣铁损。全部喷吹 CO_2 时炉渣 TFe 仅为 9.12%，与纯氧喷吹相比降低了 68.2%。

当采用中碳锰铁时，碳含量约为 2%，较高的碳含量可以减少铁的氧化，降低炉渣 TFe，与低碳锰铁相比，不同 CO_2 喷吹比例条件下的炉渣铁损均有所降低。当 CO_2 比例从 0 增加至 30%时，炉渣 TFe 显著降低，随着 CO_2 喷吹比例的进一步增加，TFe 基本不变。

当采用中碳钒铁时，碳含量约为 2%，钒含量较低，因此，与中碳锰铁作为冶炼原料时相比，喷吹的氧气或 CO_2 均能氧化部分铁，造成铁损增加。

当采用中碳钼铁时，尽管金属液中钼含量高达约 60%，但炼钢温度下铁的氧化反应能力大于钼，因此，炉渣铁损较高，喷吹的氧化性气体除了氧化碳、硅、锰外，主要用于铁的氧化。随着 CO_2 喷吹比例的增加，炉渣 TFe 显著降低。

综上分析炉渣铁损，发现混合喷吹 CO_2 有利于降低炉渣中 TFe，提高金属收得率。

5. 喷吹 CO_2 降低炼钢粉尘的机理分析

综合以上内容中对粉尘、金属液、烟气以及炉渣的分析，结合炼钢粉尘形成机理，认为喷吹 CO_2 降低炼钢过程产生粉尘的机理主要如下。

(1) 由粉尘显微形貌分析及粒径分析可知，炼钢粉尘的形成机理主要是蒸发理论，即由熔池高温引起的元素蒸发造成。而混合喷吹 CO_2 时熔池内部发生 C 和 CO_2 的氧化反应 $CO_2+[C]\Longrightarrow2CO$，大量产生的 CO 气泡可加速熔池搅拌，均匀火点区和熔池温度；另外，混合喷吹 CO_2 有利于加速熔池反应，提高反应速率，同时降低铁的氧化损失，与硅、锰等的反应也可降低反应放热量，可降低吹炼初期反应区的温度及其过热度，降低粉尘的析出强度。

(2) 粉尘的产生过程还有气泡理论的作用，随混合气体中 CO_2 比例的增加，熔池的搅拌强度增加，反应产生的 CO 气泡总量增加，气泡上浮长大带走的熔池中铁及其元素的氧化物量增加。

所以利用混合喷吹 CO_2 降低炼钢粉尘产生的作用必须严格控制混合气体中 CO_2 的比例，在满足炼钢要求的前提下，探索蒸发理论与气泡理论的平衡点，使由于 CO_2 降温作用减少的粉尘量远大于 CO 气泡增多所增加的粉尘量，这一比例至关重要。

2.2　CO_2 用于炼钢脱磷热力学

2.2.1　铁液脱磷的热力学分析

常用铁液脱磷渣系有 CaO 渣系和 Na_2CO_3 渣系。本节利用 FactSage 热力学软件分别对 CaO 渣系和 Na_2CO_3 渣系脱磷渣系进行平衡计算，研究渣系的脱磷能力。生铁成分见表 2-17。铁液质量为 600g，脱磷渣质量为 100g。

表 2-17　生铁成分　　　　　　　（单位：%，质量分数）

C	Si	Mn	P	S
4.54	0.14	0.14	0.091	0.048

1. 不同脱磷渣系对脱磷的影响

1) CaO 渣系

对 $CaO\text{-}SiO_2\text{-}Fe_2O_3$ 三元渣系，保持温度为 1400℃，$w(Fe_2O_3)$ 为 25%，只改变脱磷渣的碱度 R [按二元碱度计算，$R=w(CaO)/w(SiO_2)$]，计算平衡时铁液磷含量，如图 2-35 所示。

从图 2-35 可知，随着脱磷渣碱度的提高，平衡磷含量先急剧降低，再缓慢降低，表明从热力学角度，较高的脱磷渣碱度有利于脱磷。这主要是因为在其他组元成分固定时，渣的碱度越高，脱磷渣中 CaO 含量越高。CaO 会与 P_2O_5 结合，明显降低 P_2O_5 的活度，提高磷的分配比，增强渣的脱磷能力。但是 CaO 系渣碱度越高，熔化越困难，所以适宜的碱度 R 为 3~4。

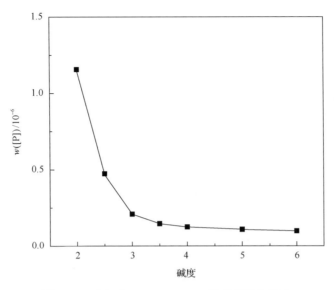

图 2-35　碱度对 CaO-SiO₂-Fe₂O₃ 渣系脱磷的影响

保持温度为 1400℃，碱度 $R = 3$，只改变 Fe₂O₃ 含量，研究 Fe₂O₃ 含量对渣系脱磷的影响，如图 2-36 所示。

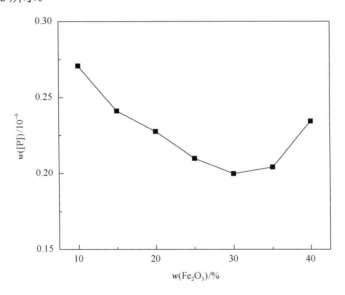

图 2-36　Fe₂O₃ 含量对 CaO-SiO₂-Fe₂O₃ 渣系脱磷的影响

从图 2-36 可知，随着 Fe₂O₃ 含量的增加，平衡时铁液磷含量先降低后升高。当 Fe₂O₃ 含量为 30%时达到最低。这是由于 Fe₂O₃ 含量较低时，Fe₂O₃ 含量的增加使熔渣的氧化性增强，提高了渣的脱磷能力，平衡时磷含量降低。但 Fe₂O₃ 含量过高时，会显著降低渣的光学碱度，降低渣的脱磷能力。因此，适宜的 Fe₂O₃ 质量分数为 25%～35%。

保持渣中碱度 $R = 3$，Fe₂O₃ 质量分数为 25%，只改变冶炼温度，计算平衡时铁液磷含量，如图 2-37 所示。

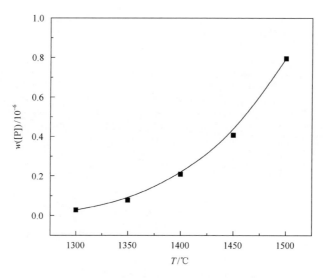

图 2-37　冶炼温度对 CaO-SiO$_2$-Fe$_2$O$_3$ 渣系脱磷的影响

从图 2-37 可知,冶炼温度对脱磷效果影响显著,在热力学上温度越低,对脱磷越有利。

由于 CaO 熔点较高,在较低的脱磷温度下熔化速度较慢,成渣后流动性差,因此需要在渣中加入一定的助熔剂。

图 2-38 为温度 1400℃,碱度 $R = 3$,$[w(CaO) + w(SiO_2)]/w(Fe_2O_3)$=75/25,在渣系中添加不同含量的 CaF$_2$ 时的平衡磷含量。1400℃是脱磷的热力学及动力学最为有利的温度。

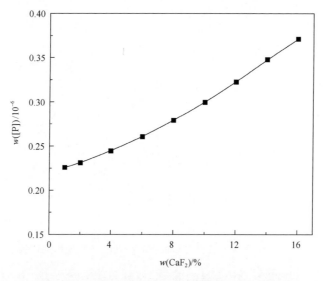

图 2-38　CaF$_2$ 含量对 CaO 渣系脱磷能力的影响

由图 2-38 可知,从冶金热力学角度分析,CaF$_2$ 的添加对脱磷不利。这主要是因为此时渣中 P$_2$O$_5$ 的活度有所提高,渣的脱磷能力降低。此外,助熔剂的加入会使得渣中其他成分减少。因此,适宜的 $w(CaF_2)$ 为 8%～12%,在对渣具有一定助熔效果的同时使平衡时铁液磷含量达到较低的水平。

2）Na₂CO₃ 渣系

保持二元渣系 Na₂CO₃-Fe₂O₃ 中 $w(Na_2CO_3)/w(Fe_2O_3)=75/25$，研究冶炼温度对 Na₂CO₃ 系渣脱磷的影响，如图 2-39 所示。与 CaO 系渣一样，冶炼温度对 Na₂CO₃-Fe₂O₃ 系渣脱磷效果有显著的影响。当温度较低时，Na₂CO₃ 系渣脱磷效果较好。

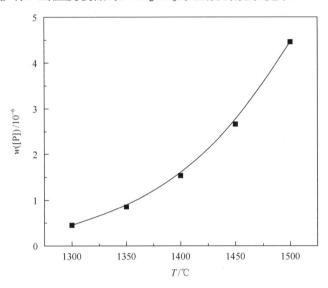

图 2-39　冶炼温度对 Na₂CO₃-Fe₂O₃ 系渣脱磷的影响

图 2-40 为冶炼温度对 CaO 系渣与 Na₂CO₃ 系渣磷的分配比的对比。由图 2-40 可知，温度越高，L_P[①]值越低。在 1300～1500℃范围内，CaO 系渣 L_P 比 Na₂CO₃ 系渣高，主

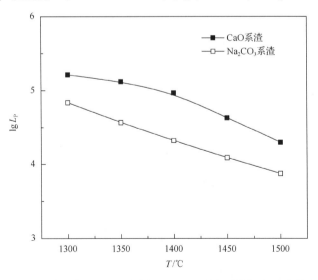

图 2-40　冶炼温度对 CaO 系渣与 Na₂CO₃ 系渣脱磷能力影响的对比

---

① L_P 为磷在渣–钢间的分配比，即质量分数比，$L_P = \dfrac{w((P))}{w([P])}$。

要是由于 Na_2CO_3 在高温下容易分解，会产生较多的钠蒸气，使得碱性氧化物 Na_2O 大量减少，渣的脱磷能力降低。CaO 是高熔点化合物，在高温下不分解，不损失，不影响脱磷能力。

CaO 熔点较高，但成本较低，并且不会造成污染；Na_2CO_3 易挥发，但熔点较低，因此，可以将 CaO 与 Na_2CO_3 混合形成复合脱磷剂，充分发挥各自的优点。此外，由于 Na_2CO_3 受热时会分解产生 Na_2O 和 CO_2，Na_2O 可以起到助熔剂的作用，大量 CO_2 气体的产生可以对熔池进行强烈的搅拌，改善脱磷的动力学。

当温度为 1400℃，碱度为 3，$w(Fe_2O_3) = 25\%$ 时，Na_2CO_3 含量对 $CaO\text{-}Na_2CO_3$ 系渣脱磷的影响效果见图 2-41。由图可知，$w(Na_2CO_3) = 10\% \sim 15\%$ 时，$CaO\text{-}Na_2CO_3$ 系渣的脱磷效果较好。

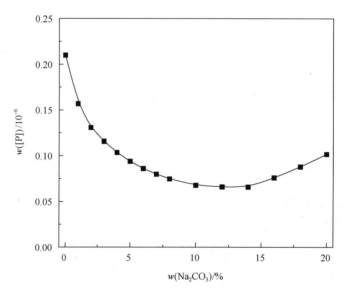

图 2-41　Na_2CO_3 含量对 $CaO\text{-}Na_2CO_3$ 系渣脱磷的影响

2. 不同铁液成分对脱磷的影响

铁液成分对脱磷的影响，主要是指熔池中其他元素如[C]、[Si]与[P]之间的选择性氧化，同时会影响磷的活度系数，从而影响脱磷。下面通过 FactSage 热力学软件分别计算铁液中[C]、[Si]、[S]等的含量对平衡时铁液磷含量的影响。

铁液成分见表 2-16，铁液质量 600g，渣质量为 100g，温度为 1400℃，脱磷渣成分为 CaO 56.25%，SiO_2 18.75%，Fe_2O_3 25%，研究铁液在不同初始碳含量平衡时铁液磷含量的变化，如图 2-42 所示。由图 2-42 可知，从热力学角度，铁液中初始[C]含量记为 $w([C])_0$ 越高，对脱磷越不利。这主要是因为[C]含量越高，[C]氧化所需要的氧越多，渣中(FeO)会较低，熔渣氧化性会降低，对脱磷不利。

改变铁液中初始[Si]含量，记为 $w([Si])_0$，研究铁液中初始[Si]含量对脱磷的影响。如图 2-43 所示，从热力学角度，铁液中初始[Si]含量越高，对脱磷越不利。与铁液中初始

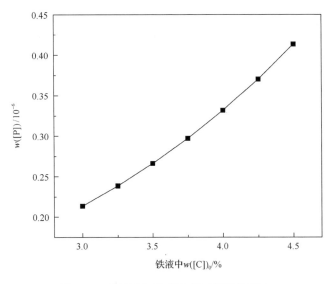

图 2-42　铁液中初始碳含量对脱磷的影响

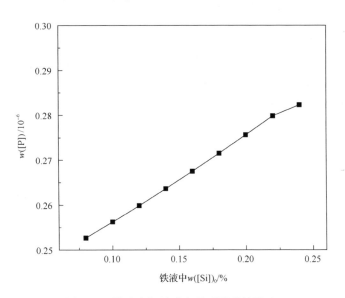

图 2-43　铁液中初始硅含量对脱磷的影响

[C]含量高时相同，铁液中初始[Si]含量较高时也会消耗熔池中的氧。此外，由于[Si]的氧化产物为 SiO_2，是一种酸性氧化物，会与渣中 CaO 结合形成稳定的化合物，降低炉渣的碱度，从而对脱磷不利。

通过 FactSage 计算后发现，[Si]在脱磷时极易被氧化，在脱磷完成后铁液中[Si]会降至很低。因此，当铁液中初始[Si]较高时，应该先进行预脱硅，减少脱硅对脱磷的影响。

图 2-44 为铁液中不同初始[S]含量 $w([S])_0$ 时对脱磷的影响。由图 2-44 可知，铁液中初始[S]含量越高，平衡时铁液中[P]含量也越高。铁液中的硫会与脱磷渣中的 CaO 结合，生成 CaS，降低了炉渣的碱度，对脱磷不利。

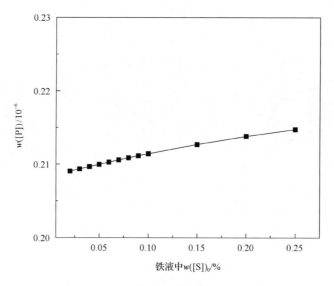

图 2-44　铁液中初始硫含量对脱磷的影响

2.2.2　喷吹 CO_2 对脱磷的影响

CO_2 作为部分氧化剂时，会改变熔池的物料及能量结构，对脱磷产生一定的影响。CaO 系渣是常见脱磷渣系，本小节利用 FactSage 热力学软件进行平衡计算，对 CaO 系渣不同成分时喷吹 CO_2 后对脱磷的影响，以及将 CO_2 作为部分氧化剂后合适的 CaO 系渣的成分进行计算。

保持铁液质量为 600g，渣成分为 100g，温度为 1400℃，脱磷渣中配比为 Fe_2O_3 25%、CaF_2 10%、碱度 3，研究 CO_2 不同喷吹比例对脱磷的影响，如图 2-45 所示。

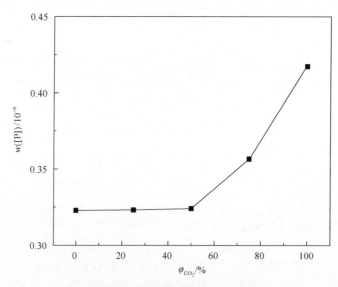

图 2-45　CO_2 喷吹比例对脱磷的影响

随着 CO_2 喷吹比例的增加，喷吹气体中 O_2 的体积逐渐减少，CO_2 的体积逐渐增多，平衡磷含量呈现先缓慢增长，再急剧增长的趋势。在 CO_2 喷吹比例较小时，热力学平衡状态时的磷含量是基本相等的。但当 CO_2 喷吹比例较大时，喷吹的氧化性气体的总体积相较于 CO_2 喷吹比例较小时多，大量的气体迅速吹入导致 CO_2 不能完全参与氧化反应，其利用率逐渐降低，脱磷效果也有所下降。应将 CO_2 喷吹比例控制在 0%～40%。同时，由于 CO_2 与熔池中[C]、[Fe]反应的吸热性，喷吹大量的 CO_2 会导致熔池热量不足。结合 CO_2 用于脱磷过程的物料及能量平衡分析，CO_2 的喷吹比例应根据实际的热量需求控制在 0%～28%。

根据上面的分析，将 CO_2 喷吹比例保持为 25%，温度为 1400℃，脱磷渣中 Fe_2O_3 配比为 25%，CaF_2 配比为 10%，研究脱磷渣不同碱度对脱磷的影响，如图 2-46 所示。由图 2-46 可知，随着脱磷渣碱度的升高，平衡时磷含量先急剧下降，再平缓下降。CaO 会与 P_2O_5 结合，明显降低 P_2O_5 的活度，提高磷的分配比，增强渣的脱磷能力。但是碱度越高，CaO 渣系熔化越难。因此，在 CO_2 喷吹比例为 25%时，需将脱磷渣碱度控制在 2.5～3.5。

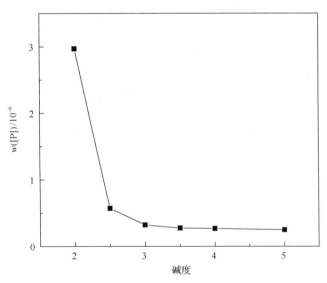

图 2-46 φ_{CO_2} 为 25%时脱磷渣碱度对脱磷的影响

保持 CO_2 喷吹比例为 25%，脱磷渣中 Fe_2O_3 为 25%、CaF_2 为 10%、碱度为 3，研究不同冶炼温度对脱磷的影响，如图 2-47 所示。由图 2-47 可知，随着冶炼温度的升高，平衡时磷含量逐渐升高。当冶炼温度为 1300℃时，若不考虑温度对炉渣熔化性能的影响，钢液中极限磷含量可达到痕迹量；当温度超过 1400℃时，钢液中平衡极限磷含量急剧升高，当温度从 1400℃升高至 1500℃时，钢液极限磷含量升高了约 4.7 倍。因此，冶炼温度对脱磷效果影响显著，在热力学上温度越低对脱磷越有利。

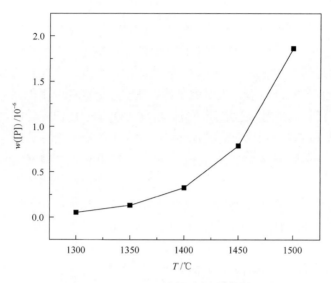

图 2-47　φ_{CO_2} 为 25%时冶炼温度对脱磷的影响

　　保持 CO_2 喷吹比例为 25%，温度为 1400℃，脱磷渣中 CaF_2 为 10%，碱度为 3，研究脱磷渣中不同 Fe_2O_3 含量对脱磷的影响，如图 2-48 所示，平衡时铁液磷含量先降低后增高。

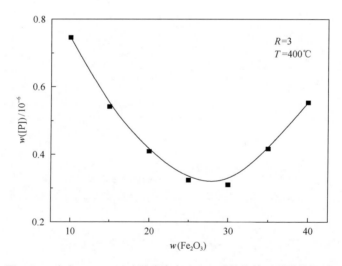

图 2-48　喷吹 25% CO_2 时脱磷渣中 Fe_2O_3 质量分数对脱磷的影响

　　当 Fe_2O_3 含量较低时，Fe_2O_3 含量的增加增强了熔渣的氧化性，提高了渣的脱磷能力，平衡时磷含量降低。但 Fe_2O_3 含量过高时，会显著降低渣的光学碱度，降低渣的脱磷能力。因此，在 CO_2 喷吹比例为 25%时，合适的 Fe_2O_3 质量分数为 25%～30%。

2.2.3　喷吹 CO_2 对熔池元素选择性氧化的影响

　　一定比例 CO_2 代替 O_2 将引起炼钢体系氧化性的变化，从而对熔池元素的氧化反应顺序造成影响。因此，需研究 CO_2 参与炼钢过程的碳、磷的选择性氧化。

CO₂参与炼钢过程脱碳、脱磷反应分别见式(2-1)和式(2-2)。

$$CO_2(g)+[C]\!\!=\!\!\!=\!\!2CO(g) \tag{2-1}$$

$$CO_2(g)+2/5[P]+4/5(CaO)\!\!=\!\!\!=\!\!1/5(4CaO\cdot P_2O_5)+CO(g) \tag{2-2}$$

反应的吉布斯自由能分别见式(2-3)和式(2-4)。

$$\Delta G_1=\Delta G_1^{\ominus}+RT\ln\frac{(p_{CO}/p^{\ominus})^2}{(p_{CO_2}/p^{\ominus})f_C\,w([C])} \tag{2-3}$$

$$\Delta G_2=\Delta G_2^{\ominus}+RT\ln\frac{(p_{CO}/p^{\ominus})\,a_{4CaO\cdot P_2O_5}^{0.2}}{(p_{CO_2}/p^{\ominus})f_P^{0.4}w([P])^{0.4}a_{CaO}^{0.8}} \tag{2-4}$$

由于加入的 CaO 为固态，可认为 $a_{CaO}=1$，则式(2-4)可简化为

$$\Delta G_2=\Delta G_2^{\ominus}+RT\ln\frac{(p_{CO}/p^{\ominus})\,a_{4CaO\cdot P_2O_5}^{0.2}}{(p_{CO_2}/p^{\ominus})f_P^{0.4}w([P])^{0.4}} \tag{2-5}$$

其中，$\Delta G_1^{\ominus}=137890-126.52T$ J/mol，$\Delta G_2^{\ominus}=-144446+43.22T$ J/mol。

则可得到

$$\Delta G_1-\Delta G_2=282336-169.74T+RT\ln\frac{(p_{CO}/p^{\ominus})f_P^{0.4}w([P])^{0.4}}{a_{4CaO\cdot P_2O_5}^{0.2}f_C\,w([C])} \tag{2-6}$$

当 $\Delta G_1=\Delta G_2$ 时，可认为此时的温度即为[C]、[P]的选择性氧化的转化温度。当冶炼温度低于转化温度时，$\Delta G_1>\Delta G_2$，式(2-2)优先于式(2-1)，可认为[P]优先于[C]氧化；当冶炼温度高于转化温度时，$\Delta G_1<\Delta G_2$，式(2-1)优先于式(2-2)，可认为[C]优先于[P]氧化。

当 $\Delta G_1=\Delta G_2$ 时，由式(2-6)可以得到 CO 分压 $p_{CO}/p^{\ominus}$ 与冶炼温度 T、f_C、f_P、$w([C])$、$w([P])$ 及 $a_{4CaO\cdot P_2O_5}$ 之间的关系，见式(2-7)。

$$p_{CO}/p^{\ominus}=\frac{f_C\,w([C])a_{4CaO\cdot P_2O_5}^{0.2}}{(f_P\,w([P]))^{0.4}}e^{(20.42-\frac{33959.11}{T})} \tag{2-7}$$

铁液中[C]、[P]的活度系数根据 Wagner 模型计算，见式(2-8)和式(2-9)。

$$\lg f_C=e_C^C w([C])+e_C^{Si}w([Si])+e_C^{Mn}w([Mn])+e_C^P w([P]) \tag{2-8}$$

$$\lg f_P=e_P^C w([C])+e_P^{Si}w([Si])+e_P^{Mn}w([Mn])+e_P^P w([P]) \tag{2-9}$$

式中，e_i^j 为各元素之间的相互作用系数，1873K 时铁液中各元素之间的相互作用系数见表 2-18。

表 2-18　溶于铁液中各元素在 1873K 下的相互作用系数 e_i^j

i	j			
	C	Si	Mn	P
C	0.14	0.08	−0.012	0.051
P	0.13	0.12	0	0.062

将铁液成分分别取为 $w([C])=4\%$，$w([Si])=0.5\%$，$w([Mn])=0.5\%$，$w([P])=0.1\%$和 $w([C])=0.3\%$，$w([Si])=0.001\%$，$w([Mn])=0.05\%$，$w([P])=0.01\%$，$a_{4CaO·P_2O_5}$ 分别取为 0.1、0.5、1，f_C 和 f_P 分别按照式(2-8)和式(2-9)计算。将以上参数代入式(2-7)，得到不同铁液成分和 $4CaO·P_2O_5$ 活度时 CO 分压 $p_{CO}/p^\ominus$ 与温度之间的关系，见图 2-49～图 2-51。

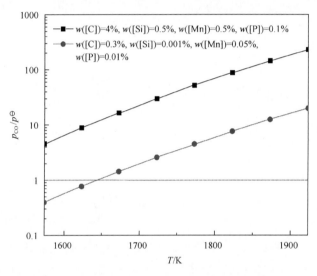

图 2-49　$a_{4CaO·P_2O_5}=0.1$ 时 $p_{CO}/p^\ominus$ 与 T 的关系

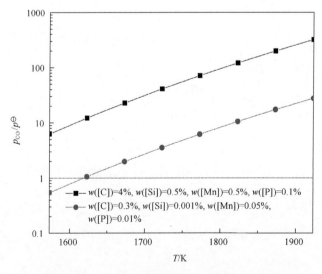

图 2-50　$a_{4CaO·P_2O_5}=0.5$ 时 $p_{CO}/p^\ominus$ 与 T 的关系

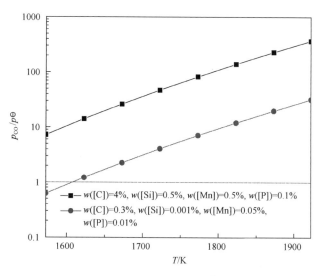

图 2-51　$a_{4CaO \cdot P_2O_5} = 1$ 时 $p_{CO} / p^{\ominus}$ 与 T 的关系

图中水平虚线代表 $p_{CO} = p^{\ominus}$。由于转炉内气体总压只有一个标准大气压左右，因此虚线以上的区域只有在高压反应器内才可能实现，而在转炉实际生产条件下只可能出现虚线以下的区域。

当 CO 分压 $p_{CO} / p^{\ominus}$ 升高时，熔池内氧化性降低，[C]、[P] 的选择性氧化的温度逐渐升高。由图 2-51 可知，当 $a_{4CaO \cdot P_2O_5} = 1$，$w([C]) = 0.3\%$，$w([Si]) = 0.001\%$，$w([Mn]) = 0.05\%$，$w([P]) = 0.01\%$ 时，若 $p_{CO} / p^{\ominus} = 0.62$，对应的 [C]、[P] 的选择性氧化的温度为 1573K。随着反应的进行，气相中 CO₂ 逐渐减少，CO 逐渐增多。当 $p_{CO} / p^{\ominus} = 19.83$ 时，[C]、[P] 的选择性氧化的温度为 1873K。因此，在一定的总压条件下，当气相中 CO 较少而 CO₂ 较多时，[C]、[P] 选择性氧化的转变温度较低，此时实际冶炼温度低于转变温度，[P]比[C] 优先被氧化。当气相中 CO 较多而 CO₂ 较少时，[C]、[P] 选择性氧化的转变温度较高，此时实际冶炼温度高于转变温度，[C]比[P]优先被氧化。

由式 (2-3) 可知，CO₂ 与[C]反应的吉布斯自由能变化 ΔG_1 受 $p_{CO} / p^{\ominus}$ 的二次方影响。而由式 (2-5) 可知，CO₂ 与[P]反应的吉布斯自由能变化 ΔG_2 受 $p_{CO} / p^{\ominus}$ 的一次方影响。随着 $p_{CO} / p^{\ominus}$ 的升高，ΔG_1 和 ΔG_2 均升高，但 ΔG_1 升高的幅度大于 ΔG_2 升高的幅度，即 CO 分压 $p_{CO} / p^{\ominus}$ 对[C]、[P]的氧化都起到一定的抑制作用，但对[C]的抑制作用强于对[P]的抑制作用。当 CO 分压 $p_{CO} / p^{\ominus}$ 提高到一定值时，[C]、[P]的氧化顺序发生改变。

由图 2-49～图 2-51 可知，$a_{4CaO \cdot P_2O_5}$ 对[C]、[P]选择性氧化的转变温度影响较大。在一定的铁液成分和气氛组成的条件下，随着 $a_{4CaO \cdot P_2O_5}$ 的升高，转变温度逐渐降低，[P] 优先氧化的温度范围减小。这主要是因为 4CaO·P₂O₅ 作为[P]的氧化产物，其活度的升高会使[P]的氧化反应的吉布斯自由能提高，反应向左移动，抑制脱磷反应的进行，从而降低[P]被氧化的优先性。

在式 (2-7) 中不仅有 $w([C])$、$w([P])$，还有 f_C、f_P，而 f_C、f_P 都是关于 $w([C])$、$w([P])$ 的函数，$w([C])$、$w([P])$ 随着温度的变化也会变化，因此无法直接从式 (2-7) 中得出 [C]、[P] 选择性氧化的转变温度 T 与其他参数之间的关系式。但式 (2-7) 为 $p_{CO} / p^{\ominus}$ 与铁液成分、$a_{4CaO \cdot P_2O_5}$、T 之间的关系，可分别设定铁液成分、$a_{4CaO \cdot P_2O_5}$、T 的值，求出每种状态下的 $p_{CO} / p^{\ominus}$，再通过 1stOpt 软件对数据进行非线性拟合，回归出 [C]、[P] 选择性氧化的转变温度与各参数之间的关系式。

对铁液中 $w([C])$、$w([Si])$、$w([Mn])$、$w([P])$、$a_{4CaO \cdot P_2O_5}$、T 分别取值，见表 2-19。

表 2-19　各计算参数的取值

$w([C]) /\%$	$w([Si]) /\%$	$w([Mn]) /\%$	$w([P]) /\%$	$a_{4CaO \cdot P_2O_5}$	T /K
0.1	0.001	0.05	0.001	0.01	1573
0.5	0.01	0.1	0.005	0.1	1623
1	0.1	0.2	0.01	0.5	1673
2	0.3	0.5	0.05	0.8	1723
3	0.5		0.1	1	1773
4			0.2		1823

将各参数之间进行排列组合，可得到 28800 组组合。根据式 (2-8) 和式 (2-9) 分别求出每种铁液成分条件下的 f_C、f_P，再将计算得到的 f_C、f_P 值代入式 (2-7)，根据设定的 $a_{4CaO \cdot P_2O_5}$ 值分别计算这 28800 组数据的 $p_{CO} / p^{\ominus}$。以 [C]、[P] 选择性氧化的转变温度 T 为函数，以 $p_{CO} / p^{\ominus}$、$a_{4CaO \cdot P_2O_5}$、$w([C])$、$w([Si])$、$w([Mn])$、$w([P])$ 为自变量，对 28800 组数据进行非线性拟合，得到 $w([C])$、$w([P])$ 选择性氧化的转变温度 T 的表达式。

$$T = \frac{(p_{CO} / p^{\ominus})^{0.0401}}{a_{4CaO \cdot P_2O_5}^{0.0080}} \exp(-0.0403w([C]) - 0.0030w([Si]) + 0.0011w([Mn])$$
$$+ 0.3515w([P]) + 7.3986)$$

$$R^2 = 0.885 \tag{2-10}$$

2.3　CO_2 用于炼钢脱碳热力学

2.3.1　热力学理论分析

表 2-20 为 C 元素与 O_2 和 CO_2 反应的标准吉布斯自由能及焓变。从标准吉布斯自由能的表达式可知，在相同反应温度下，O_2 脱碳反应的标准吉布斯自由能要明显小于 CO_2 脱碳反应的标准吉布斯自由能。这说明 O_2 的脱碳能力要强于 CO_2。

表 2-20　化学反应热力学数据表

化学反应	$\Delta G^{\ominus}$ /(J/mol)
$1/2O_2(g)+[C]\!=\!=\!CO(g)$	$-140580-42.09T$
$O_2(g)+[C]\!=\!=\!CO_2(g)$	$-419050+42.34T$
$CO_2(g)+[C]\!=\!=\!2CO(g)$	$137890-126.52T$

图 2-52 为 C 相关反应的标准吉布斯自由能图。由图可以看出，在炼钢温度下，三个反应的标准吉布斯自由能都为负值，CO_2 和 O_2 都可以将 C 氧化。从热力学角度考虑，CO_2 和 O_2 都可以进行脱碳。另外，O_2 脱碳反应为放热反应，CO_2 脱碳反应为吸热反应，那么在 O_2 气流中加入一定量的 CO_2 气体可以降低熔池火点区温度。同时，通入的 CO_2 与钢液中[C]氧化反应生成的 CO 是通入 CO_2 的两倍，可以起到脱碳和加强搅拌的作用，有利于去气、去夹杂及冶炼高质量的低碳钢。

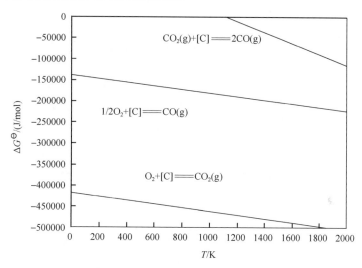

图 2-52　反应的标准吉布斯自由能

2.3.2　富余热量的计算

与采用纯氧炼钢过程相比，有 CO_2-O_2 参与脱碳反应的热效应会发生改变，反应温度、CO_2 利用率以及 CO_2 的喷吹比例都会对富余热量造成影响。CO_2-O_2 气体与钢液中的 C 会发生以下反应：

$$\frac{1}{2}O_2+[C]=\!=\!CO \tag{2-11}$$

$$CO_2+[C]=\!=\!2CO \tag{2-12}$$

$$O_2+[C]=\!=\!CO_2 \tag{2-13}$$

以反应(2-11)为例，已知：

$$C_{p,C} = 17.16 + 4.27 \times 10^{-3}T - \frac{8.79 \times 10^5}{T^2}$$

$$C_{p,CO} = 28.41 + 4.1 \times 10^{-3}T - \frac{0.46 \times 10^5}{T^2}$$

$$\Delta_f H_{298(CO)}^{\ominus} = -110.5\text{kJ} / \text{mol}\,; \quad \Delta_f H_{298(O_2)}^{\ominus} = 0\,; \quad \Delta_f H_{298(C)}^{\ominus} = 0$$

$$\Delta_r H = \Delta H_1 + \Delta H_2 + \Delta H_3 + \Delta H_4 + \Delta_r H_{298}^{\ominus} \tag{2-14}$$

ΔH_1 可由热力学数据表查得

$$\Delta H_1 = -26.778\text{kJ} / \text{mol}$$

$$\Delta H_3 = 0$$

$$\Delta H_2 = \int_{298}^{T} C_{p,C}\mathrm{d}T = \int_{298}^{T} \left(17.16 + 4.27 \times 10^{-3}T - \frac{8.79 \times 10^5}{T^2} \right)\mathrm{d}T$$

$$\Delta_r H_{298}^{\ominus} = \sum v_i \Delta_f H_{298(i)}^{\ominus} = \Delta_f H_{298(CO)}^{\ominus} - \frac{1}{2}\Delta_f H_{298(O_2)}^{\ominus} - \Delta_f H_{298(C)}^{\ominus}$$

$$\Delta H_4 = \int_{298}^{T} C_{p,CO}\mathrm{d}T = \int_{298}^{T} \left(28.41 + 4.10 \times 10^{-3}T - \frac{0.46 \times 10^5}{T^2} \right)\mathrm{d}T$$

将反应温度 1873K、1773K、1723K 分别代入，可计算出 ΔH_2、ΔH_4，由此计算出不同温度的 $\Delta_r H$ 为–117.50kJ/mol、–118.62kJ/mol、–119.18kJ/mol。将其折合成 1kg [C] 的放热量，分别为：–9791.61kJ、–9884.87kJ 及–9931.64kJ。与上述计算方式类似，计算得到反应(2-12)在 1873K、1773K、1723K 下，1kg [C]的吸收热量分别为 18095.52kJ、17703.34kJ 及 17508.39kJ；反应(2-13)在 1873K、1773K、1723K 下，1kg [C]的吸收热量为–30964.91kJ、–31262.27kJ 及–31409.46kJ。由于实验所用的钢液为实验室配制的 Fe-C 合金，质量约为 240g。若 O_2 发生反应(2-11)的利用率为 90%，剩余 10%发生反应(2-12)，则可计算得到在不同的 CO_2 利用率下，在 1873K、1773K、1723K 下 1kg 铁液富余热量在不同 CO_2 喷吹浓度下的值。计算结果见图 2-53。

由图 2-53 发现，在 CO_2 利用率一定的条件下，富余热量随着 CO_2 喷吹浓度的增大而减小，且反应温度对富余热量没有很大的影响。随着 CO_2 利用率(η_{CO_2})变小，满足富余热量小于 0 的 CO_2 喷吹浓度的范围变大。富余热量为 0 时，脱碳反应的热量收支达到平衡，当其大于 0 时无法满足脱碳反应终点对钢液温度的要求。因此，CO_2 利用率越小，符合 CO_2-O_2 与 C 反应的热力学条件的 CO_2 喷吹浓度的范围越大。

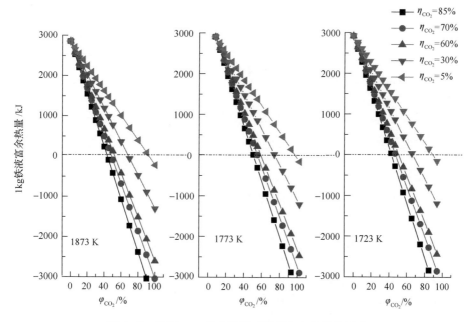

图 2-53　不同 CO_2 喷吹比例对脱碳富余热量的影响

第3章 CO₂炼钢动力学

本章研究了 CO₂ 炼钢的脱碳及脱氮动力学，分析了 O₂-CO₂ 混合喷吹过程中 CO₂ 的利用率及喷吹比例等对炼钢脱碳、脱氮的影响，并建立了 O₂-CO₂ 混合喷吹炼钢动力学模型。

3.1 CO₂参与炼钢反应利用率的研究

本节将分析不同 CO₂ 喷吹比例、不同 CO₂ 利用率对脱磷炉物料及能量的影响规律。

3.1.1 喷吹 CO₂ 利用率研究

1. 脱磷炉理论出钢温度

图 3-1 为不同 CO₂ 喷吹比例对脱磷炉理论出钢温度的影响。

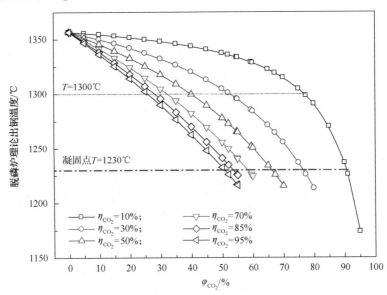

图 3-1 CO₂ 喷吹比例对脱磷炉理论出钢温度的影响

由物料及能量分析可知，相对于 O₂ 而言，CO₂ 与熔池中[Si]、[Mn]、[P]的反应微放热，与[C]、Fe 的反应吸热。因此，当 CO₂ 喷吹比例逐渐提高时，熔池中产生的热量会逐渐减少。

由于此时钢液的凝固点为 1230℃，而出钢时钢液需为液相，出钢温度需要高于钢液的凝固点。

当喷吹 O_2 时，脱磷炉的理论出钢温度为 1356℃。当喷吹气体中混入 CO_2 后，理论出钢温度降低。CO_2 的喷吹比例越高，理论出钢温度越低。当 CO_2 利用率为 85%，喷吹比例为 53.53% 时，出钢温度等于钢液凝固点为 1230℃。若 CO_2 喷吹比例继续提高，则脱磷炉出钢温度偏低，在凝固点以下，无法出钢。即 CO_2 喷吹比例过高时，会导致脱磷炉出钢温度太低，从而使得后续工序的热量不足。此外，由于在出钢及运输过程中会有一定的温降，脱磷炉的出钢温度比凝固点至少高 30～50℃。若保证脱磷炉出钢温度为 1300℃，则此时 CO_2 的理论喷吹比例最高为 28%。

同理，可以计算得到当 CO_2 利用率分别为 95%、70%、50%、30% 和 10% 时的脱磷炉理论出钢温度。当熔池富余热量为 0 时，熔池的热量收入与热量支出相等，熔池处于平衡状态。当 CO_2 利用率逐渐提高时，CO_2 的理论喷吹比例的范围逐渐变大。实际中，熔池温度、成分等都会对 CO_2 的利用率造成一定的影响。因此，喷吹 CO_2 的比例、原料结构中冷料的加入量等应根据实际生产过程中熔池的热量和工序的匹配进行合理的调节。

2. 气体消耗

不同 CO_2 喷吹比例对二氧化碳和氧气的理论消耗的影响见图 3-2。

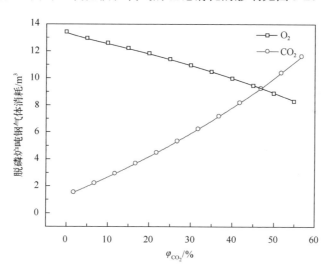

图 3-2　CO_2 喷吹比例对气体理论消耗量的影响

由图 3-2 可知，在本节的计算条件下，当喷吹纯氧时，脱磷炉冶炼吨钢 O_2 消耗量为 13.41Nm³；当喷吹气体中混入 CO_2 后，O_2 消耗逐渐降低，CO_2 消耗逐渐增加。

随着 CO_2 喷吹比例的增加，CO_2 消耗增加幅度会逐渐大于氧气的消耗降低幅度。当 CO_2 喷吹比例为 28% 时，脱磷炉 O_2 消耗为 11.11Nm³/t，相比纯氧喷吹时氧耗可降低 17%。

当 CO_2 喷吹比例提升至 53.53% 时，O_2 消耗为 8.43Nm³/t，CO_2 消耗为 9.71Nm³。O_2 消耗仅降低了 4.98Nm³/t。这是因为 2mol CO_2 不能完全替代 1mol O_2，即 CO_2 不能完全参

与熔池的氧化反应，熔池中提供的氧化剂不足，需要额外补充 O_2。

　　不同 CO_2 利用率对原料中 CO_2 消耗的影响见图 3-3。在 CO_2 喷吹比例相同时，CO_2 利用率越大，CO_2 的消耗越小。在 CO_2 喷吹比例低于 40%时，CO_2 的消耗受 CO_2 利用率影响不大；在 CO_2 喷吹比例高于 40%时，当 CO_2 利用率较小时，CO_2 的消耗较大。由于 CO_2 可有效控制熔池温度，考虑到熔池的热量需求，CO_2 喷吹比例应控制在一定的范围内。

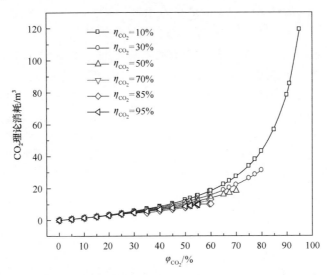

图 3-3　不同 CO_2 利用率对 CO_2 理论消耗的影响

3. 脱磷炉炉气

不同 CO_2 喷吹比例对炉气体积及成分的影响见图 3-4。

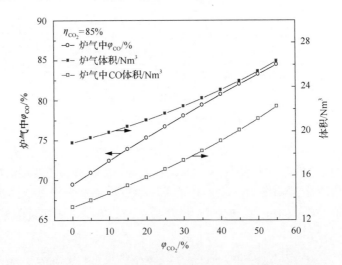

图 3-4　CO_2 喷吹比例的变化对炉气体积及成分的影响

随着 CO_2 喷吹比例的提高,炉气的体积、炉气中 CO 的体积和体积分数均有所提高。当喷吹 O_2 时,炉气中 CO 的体积分数为 69.42%。当 CO_2 喷吹比例为 28% 时,炉气中 CO 的体积分数增加至 77.52%,相比纯氧喷吹时炉气中 CO 的体积分数提高了 8.10%。

当喷吹 53.53% 的 CO_2 时,炉气体积从纯氧喷吹时的 18.96Nm³ 增加至 26.05Nm³,增加了 7.09Nm³,炉气中 CO 的体积增加了 8.75Nm³,炉气中 CO 的体积分数增加了 14.68%。这表明喷吹一定比例 CO_2 后可提高煤气的热值和煤气的回收量。

图 3-5 为不同 CO_2 利用率对炉气中 CO 含量的影响。在不同 CO_2 利用率时,炉气中 CO 体积分数均高于 65%。CO_2 利用率越高,炉气中 CO 的含量也越高。这表明在双联炼钢流程的脱磷炉冶炼时,相比喷吹 O_2 时,喷吹一定比例的 CO_2,不仅实现 CO_2 的资源化利用,而且改善转炉煤气质量。

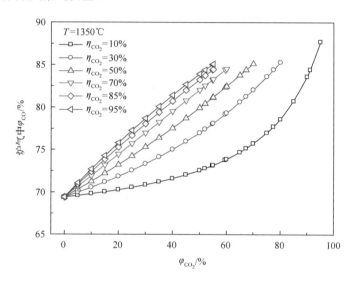

图 3-5　不同 CO_2 利用率对炉气中 CO 含量的影响

3.1.2　喷吹 CO_2 与 O_2 混合气时利用率研究

1. 研究方法

1) 气体在线分析技术

气体在线分析技术是一种实时连续在线监测气体组分随反应时间变化的技术。与热重法不同,它是一种监测气体组分的浓度随时间变化的方法。气体在线分析技术的种类较多,依气体分析仪不同,有磁氧分析仪、红外分析仪、激光分析仪等;依分析方法不同,有光声光谱法、紫外光度法等;依进样气体不同,有 O_2 在线分析技术、H_2 在线分析技术等。

气体在线质谱分析技术是利用同位素质谱仪在线监测气体组分离子强度随时间变化的一种在线分析方法。它可以在动态条件下研究反应过程。用普通气体研究反应过程的气体在线质谱分析技术简称为气相质谱法；用同位素气体研究反应过程的气体在线质谱分析技术，并与气体同位素交换技术相结合的方法简称同位素交换法。

2) 气相质谱法

气相质谱法是利用气相质谱仪，通过对气体样品的离子质荷比，实现对气体样品进行定性和定量分析的一种方法。质谱仪由气体进样系统、离子源、电源及监控显示和计算机控制与数据处理系统组成，其结构原理示于图 3-6。气体样品经进样系统导入或直接送入离子源，中性分子被电离成离子，经静电透镜汇聚成具有一定能量的离子束进入质量分析器，按质荷比 m/z 实现空间(磁分析器)、时间(飞行时间和射频场分析器)分离的离子束流进入离子收集检测器，获得以质荷比 m/z 为横坐标、离子束流为纵坐标的二维质谱峰，计算机控制与数据处理系统采集这些质谱信息，经过优选、校正和计算，给出气相中各组成的含量和相对标准偏差等数据。真空系统提供进样系统、离子源、质量分析器和离子收集检测器的真空工作环境。电源及监控显示系统包括高稳定度的直流、交流、射频电压和电流电源及监测、控制和显示仪器。由于气相同位素质谱仪监测的是气体样品质荷比 m/z，因此可以实现在线监测、分析包含同位素在内的不同气体组分的瞬时变化过程。气相质谱法通过在线监测、分析离子强度随时间的变化从而获得反应的平均速率常数，而热重分析法则是通过反映物质质量随时间的变化来获得反应的平均速率常数。气相质谱法由于具有连续、动态在线监测反应过程的特点，可以用于工业生产中诸如磷等挥发性气体的监测，而热重分析法只能在实验室进行静态条件下的反应过程研究。

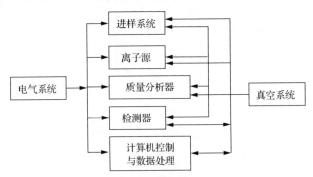

图 3-6　同位素质谱仪结构框图

3) 同位素交换法

同位素是具有相同原子序数(即质子数相同)，但质量数不同(即中子数不同)的一组核素。由于质子数相同，它们的核电荷和核外电子数相同(质子数=核电荷数=核外电子数)，并具有相同的电子层结构。因此，同位素具有相同的化学性质。同时，同位素具有不同的中子数，使得原子核的某些物理性质(如放射性等)有所不同。由此，同位素又分为稳定同位素和放射性同位素。稳定同位素以其本身的气体特性、相对丰度稳定性以及示踪性，在地质、地球化学、环境、生物医学、冶金等领域广泛应用。

(1) 气体同位素交换技术原理。

气体同位素交换技术是利用同位素的示踪性对反应过程进行在线监测的一种方法。

它是利用在体系处于化学平衡状态下发生的同位素交换反应。由于反应过程中界面化学反应及扩散传质反应同时存在，并且相互影响，相内的物质迁移会影响表面化学反应的进行，体系的化学平衡状态也会影响相内的物质迁移能力(如 O 扩散系数可能随着体系氧化状态的变化而变化)，在化学反应平衡状态下发生的同位素交换反应将排除这些干扰，体系化学状态相关的参数将不发生变化，某些与化学位相关的过程如扩散将停止。因此，气体同位素交换法与热重法相比能获得准确的反应速率常数。

目前应用比较广泛的同位素气体有 $^{18}O_2$、$C^{18}O_2$、$^{14}CO_2$、$^{13}CO_2$、$^{15}N_2$ 等。图 3-7 是典型的用气相同位素交换法研究 CO_2-CO 与铁氧化物的动力学曲线图。根据同位素气体的种类，将同位素交换法分为碳同位素交换法、氧同位素交换法等。下面简要介绍碳同位素交换法、氧同位素交换法。

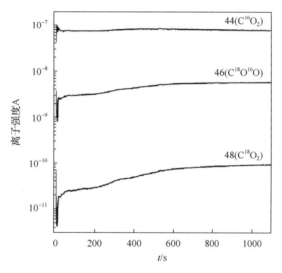

图 3-7　FeOₓ 与 CO-CO₂(比值为 1)氧交换反应中 $C^{16}O_2$、$C^{18}O^{16}O$、$C^{18}O_2$ 的离子强度随时间变化曲线[46]

(2)碳同位素交换法。

Grabke 最早将碳同位素交换法应用到冶金领域，研究氧在金属、氧化物、石墨表面的迁移过程。随后，Belton 将其应用到 CO_2-CO 与熔渣体系反应动力学的研究中。目前主要用 ^{13}C、^{14}C 同位素交换法研究 CO_2-CO 气体与固态铁氧化物、含铁氧化熔渣的反应动力学。

同位素交换反应机理如下：

$$^*CO_2(g) + {}^{12}CO(g) = {}^*CO(g) + {}^{12}CO_2(g) \tag{3-1}$$

该反应分解为以下两个反应：

$$^*CO_2(g) = {}^*CO(g) + O_{(ad)} \tag{3-2}$$

$$^{12}CO(g) + O_{(ad)} = {}^{12}CO_2(g) \tag{3-3}$$

式中，*C 表示同位素 ^{13}C 和 ^{14}C，它们的反应机理相同，唯一的区别在于 ^{13}C 在自然界中有一定的丰度，^{14}C 在自然界中存在较少。

同位素交换反应的反应速率可以用 *CO$_2$ 的分解速率来计算，也可以用 *CO 的生成速率来计算。用 *CO$_2$ 分解速率来表示，则如式 (3-4) 所示：

$$\frac{\mathrm{d}n_{*_{CO_2}}}{\mathrm{d}t} = -A(k_1 p_{*_{CO_2}} - k_2 p_{*_{CO}} a_O) \tag{3-4}$$

式中，$n_{*_{CO_2}}$、$n_{*_{CO}}$ 为 *CO$_2$ 和 *CO 的物质的量，mol；A 为反应界面面积，m^2；k_1、k_2 分别为 CO$_2$ 的分解和生成反应速率常数，mol/(m$^2 \cdot$ s $\cdot$ Pa)；$p_{*_{CO_2}}$、$p_{*_{CO}}$ 分别为 *CO$_2$、*CO 的气体分压，Pa；a_O 为熔渣中氧的活度。

^{13}CO$_2$-CO 气体组分下的 CO$_2$ 的分解速率常数计算公式如下：

$$k_a = \frac{\overline{V}}{ART} \frac{1}{1+B} \ln \frac{1 - p_{^{13}CO_2}^{in} \big/ p_{^{13}CO_2}^{eq.}}{1 - p_{^{13}CO_2}^{out} \big/ p_{^{13}CO_2}^{eq.}} \tag{3-5}$$

式中，$\overline{V}$ 为气体流量；B 为反应气体中的 p_{CO_2} / p_{CO} 之比；$p_{^{13}CO_2}^{in}$、$p_{^{13}CO_2}^{out}$ 为反应前和反应后的 ^{13}CO$_2$ 分压，Pa；$p_{^{13}CO_2}^{eq.}$ 为平衡时的 ^{13}CO$_2$ 分压，Pa。

$p_{^{13}CO_2}^{in}$、$p_{^{13}CO_2}^{out}$、$p_{^{13}CO_2}^{eq.}$ 可分别用以下公式进行计算：

$$p_{^{13}CO_2}^{in} = p_{44} \frac{I_{^{13}CO_2}^{in} \big/ I_{CO_2}^{in}}{1 + I_{^{13}CO_2}^{in} \big/ I_{CO_2}^{in}} \tag{3-6}$$

$$p_{^{13}CO_2}^{out} = p_{CO_2} \frac{I_{^{13}CO_2}^{out} \big/ I_{CO_2}^{out}}{1 + I_{^{13}CO_2}^{out} \big/ I_{CO_2}^{out}} \tag{3-7}$$

$$p_{^{13}CO_2}^{eq.} = p_{^{13}CO_2}^{in} \frac{B}{1+B} \tag{3-8}$$

从生成 ^{13}CO 的角度出发，反应速率可以表示为

$$\frac{\mathrm{d}n_{^{13}CO}}{\mathrm{d}t} = A\left(k_1 p_{^{13}CO_2} - k_2 p_{^{13}CO} a_O\right) \tag{3-9}$$

当同位素交换反应达到平衡时，有

$$\left(\frac{p_{^{13}CO_2}}{p_{^{13}CO}}\right)_{eq.} = \frac{k_2 a_O}{k_1} = \left(\frac{p_{CO_2}}{p_{CO}}\right)_{总} = B \tag{3-10}$$

其中，B 在实验过程中保持不变，表示体系中 CO$_2$ 与 CO 的分压比。^{13}C 满足质量守恒定律，即反应过程中通入的 ^{13}C 以 ^{13}CO$_2$ 形式分解的量与以 ^{13}CO 生成的量之和保持不变，等于初始反应气体中的 ^{13}C 的量：

$$n_{^{13}\text{C}}^{\text{in}} = n_{^{13}\text{CO}} + n_{^{13}\text{CO}_2} \tag{3-11}$$

$$p_{^{13}\text{CO}}^{\text{in}} + p_{^{13}\text{CO}_2}^{\text{in}} = p_{^{13}\text{CO}} + p_{^{13}\text{CO}_2} = \left(p_{^{13}\text{CO}} + p_{^{13}\text{CO}_2} \right)_{\text{eq.}} \tag{3-12}$$

$$p_{^{13}\text{CO}_2}^{\text{eq.}} = \frac{B}{1+B} \left(p_{^{13}\text{CO}}^{\text{in}} + p_{^{13}\text{CO}_2}^{\text{in}} \right) \tag{3-13}$$

$$p_{^{13}\text{CO}}^{\text{eq.}} = \frac{1}{1+B} \left(p_{^{13}\text{CO}}^{\text{in}} + p_{^{13}\text{CO}_2}^{\text{in}} \right) \tag{3-14}$$

将理想气体方程与式(3-12)代入式(3-9)中，可得到

$$\frac{V}{ART} \frac{1}{1+B} \frac{\mathrm{d}p_{^{13}\text{CO}}}{p_{^{13}\text{CO}}^{\text{eq.}} - p_{^{13}\text{CO}}} = k_1 \mathrm{d}t \tag{3-15}$$

根据初始条件和边界条件：$t = 0$ 时，$p_{^{13}\text{CO}} = p_{^{13}\text{CO}}^{\text{in}}$；$t = t$ 时 $p_{^{13}\text{CO}} = p_{^{13}\text{CO}}^{\text{out}}$，且气体流量 $\bar{V} = \dfrac{V}{t}$，对式(3-15)积分可以得到表观速率常数的计算表达式：

$$k_{\text{a}} = \frac{\bar{V}}{ART} \frac{1}{1+B} \ln \frac{p_{^{13}\text{CO}}^{\text{eq.}} - p_{^{13}\text{CO}}^{\text{in}}}{p_{^{13}\text{CO}}^{\text{eq.}} - p_{^{13}\text{CO}}^{\text{out}}} \tag{3-16}$$

式中，

$$p_{^{13}\text{CO}}^{\text{in}} = p_{\text{CO}} \frac{I_{^{13}\text{CO}}^{\text{in}}}{I_{\text{CO}}^{\text{in}} + I_{^{13}\text{CO}}^{\text{in}}} \tag{3-17}$$

$$p_{^{13}\text{CO}}^{\text{eq.}} = \frac{p_{\text{CO}}}{1+B} \left(B \frac{I_{^{13}\text{CO}_2}^{\text{in}}}{I_{^{13}\text{CO}_2}^{\text{in}} + I_{\text{CO}_2}^{\text{in}}} + \frac{I_{^{13}\text{CO}}^{\text{in}}}{I_{\text{CO}}^{\text{in}} + I_{^{13}\text{CO}}^{\text{in}}} \right) \tag{3-18}$$

式中，I 为离子强度，单位 A。

由于 $\dfrac{\mathrm{d}n_{\text{O}}}{\mathrm{d}t} = -\dfrac{\mathrm{d}n_{^{13}\text{CO}_2}}{\mathrm{d}t} = \dfrac{\mathrm{d}n_{^{13}\text{CO}}}{\mathrm{d}t}$，则有以下等式成立：

$$p_{\text{CO}} \left[\frac{I_{^{13}\text{CO}}^{\text{out}}}{I_{\text{CO}}^{\text{out}} + I_{^{13}\text{CO}}^{\text{out}}} - \frac{I_{^{13}\text{CO}}^{\text{in}}}{I_{\text{CO}}^{\text{in}} + I_{^{13}\text{CO}}^{\text{in}}} \right] = p_{\text{CO}_2} \left[\frac{I_{^{13}\text{CO}_2}^{\text{in}}}{I_{\text{CO}_2}^{\text{in}} + I_{^{13}\text{CO}_2}^{\text{in}}} - \frac{I_{^{13}\text{CO}_2}^{\text{out}}}{I_{\text{CO}_2}^{\text{out}} + I_{^{13}\text{CO}_2}^{\text{out}}} \right] \tag{3-19}$$

又 $\left(\dfrac{p_{CO_2}}{p_{CO}}\right)_{总} = B$ ，即

$$p_{CO}\left[\frac{I_{^{13}CO}^{out}}{I_{CO}^{out}+I_{^{13}CO}^{out}}-\frac{I_{^{13}CO}^{in}}{I_{CO}^{in}+I_{^{13}CO}^{in}}\right]=Bp_{CO}\left[\frac{I_{^{13}CO_2}^{in}}{I_{CO_2}^{in}+I_{^{13}CO_2}^{in}}-\frac{I_{^{13}CO_2}^{out}}{I_{CO_2}^{out}+I_{^{13}CO_2}^{out}}\right] \tag{3-20}$$

因此可以得出 $p_{^{13}CO}^{out}$ 的计算公式：

$$p_{^{13}CO}^{out}=p_{CO}\left[\frac{I_{^{13}CO}^{in}}{I_{CO}^{in}+I_{^{13}CO}^{in}}+B\left(\frac{I_{^{13}CO_2}^{in}}{I_{CO_2}^{in}+I_{^{13}CO_2}^{in}}-\frac{I_{^{13}CO_2}^{out}}{I_{CO_2}^{out}+I_{^{13}CO_2}^{out}}\right)\right] \tag{3-21}$$

上述第一种方法计算 $p_{^{13}CO_2}^{eq.}$ 时未考虑自然界中 ^{13}CO 含量，认为原始气体中 ^{13}C 全部存在于 $^{13}CO_2$ 中。基于此，有研究者对第一种方法中的 $p_{^{13}CO_2}^{eq.}$ 进行了以下修正：

$$p_{^{13}CO_2}^{eq.}=\frac{p_{CO_2}}{1+B}\left(B\frac{I_{^{13}CO_2}^{in}}{I_{^{13}CO_2}^{in}+I_{CO_2}^{in}}+\frac{I_{^{13}CO}^{in}}{I_{^{13}CO}^{in}+I_{CO}^{in}}\right) \tag{3-22}$$

修正后的两种方法计算的反应速率常数大小基本一致。另外，以上计算方法都忽略了气体分子电离完后的离子类型会产生除该气体分子的质荷比 m/z 外，还有其他类型的质荷比，导致质谱仪检测器收集的气体离子流与实际存在偏差。例如，CO_2 在质谱仪离子源所产生的离子类型见表 3-1。

表 3-1　CO_2 的离子类型

离子	m/z	离子类型
CO_2^+	49	$(^{13}C^{18}O^{18}O)^+$
	48	$(^{12}C^{18}O^{18}O)^+$，$(^{13}C^{17}O^{18}O)^+$
	47	$(^{12}C^{17}O^{18}O)^+$，$(^{13}C^{16}O^{18}O)^+$，$(^{13}C^{17}O^{17}O)^+$
	46	$(^{12}C^{16}O^{18}O)^+$，$(^{12}C^{17}O^{17}O)^+$，$(^{13}C^{16}O^{17}O)^+$
	45	$(^{13}C^{16}O^{16}O)^+$，$(^{12}C^{16}O^{17}O)^+$
	44	$(^{12}C^{16}O^{16}O)^+$
CO^+	31	$(^{13}C^{18}O)^+$
	30	$(^{12}C^{18}O)^+$，$(^{13}C^{17}O)^+$
	29	$(^{13}C^{16}O)^+$，$(^{12}C^{17}O)^+$
	28	$(^{12}C^{16}O)^+$
C^+	13	$(^{13}C)^+$
	12	$(^{12}C)^+$
O^+	18	$(^{18}O)^+$
	17	$(^{17}O)^+$
	16	$(^{16}O)^+$

从表 3-1 可以看出，CO_2 气体经过电离后会产生 15 种质荷比的离子，同时每种质荷比的离子里又包含不同种类的离子类型。自然界中 O、C 同位素的相对丰度分别为：$^{12}C(0.9893)$、$^{13}C(0.0107)$、$^{16}O(0.99759)$、$^{17}O(0.00037)$ 及 $^{18}O(0.00204)$，可以通过数学组合计算自然界中 ^{13}CO、$^{13}CO_2$ 的相对含量为 0.010674、0.010648。有研究者已经用此方法计算出了 ^{18}O 丰度为 4% 的 CO_2 气体中各种 CO_2 同位素的含量。并用质谱仪进行了测量验证因此，以上计算方法还需考虑电离离子类型导致的实际离子强度偏差这一因素，进一步对计算方法进行优化。

(3)氧同位素交换法。

氧同位素交换法就是利用含氧同位素气体(主要有 $C^{18}O^{18}O$、$^{18}O^{18}O$ 等)的同位素交换反应，结合气体质谱分析技术，连续、动态在线监测反应过程气体组分随时间变化的分析方法。根据氧原子参与氧交换反应的数目的不同，有学者把氧同位素交换反应分为三类：匀相交换、简单的多相交换和多重的多相交换。

①匀相交换(R_1)。

匀相交换又称同位素平衡，固体氧化物表面的氧原子没有参与氧的交换反应。

$$C^{18}O^{18}O(g) + C^{16}O_2(g) \longrightarrow 2C^{16}O^{18}O(g) \tag{3-23}$$

此类交换反应，反应过程气体组分的 ^{18}O 含量不会发生变化，同时有 $C^{16}O^{18}O$ 生成。在大多数情况下，匀相氧同位素交换反应在金属载体上反应更快，人们在研究中一般仅考虑在金属表面发生的匀相氧同位素交换反应。

②简单的多相交换(R_2)。

此类交换反应，在氧化物表面仅有一个氧原子参与氧交换反应。

$$C^{18}O^{18}O(g) + C^{16}O^{16}O(s) \longrightarrow C^{16}O^{18}O(g) + C^{18}O^{16}O(s) \tag{3-24}$$

$$C^{16}O^{18}O(g) + C^{16}O^{16}O(s) \longrightarrow C^{16}O_2(g) + C^{16}O^{18}O(s) \tag{3-25}$$

当用纯 $C^{18}O^{18}O$ 气体加入到反应器进行反应时，主要的反应产物为 $C^{16}O^{18}O$ 气体，经过一段时间的交换反应以后会产生 $C^{16}O^{16}O$ 气体。反应过程包括：氧解离吸附形成氧原子或离子，这些吸附的氧原子或离子与氧化物的氧离子发生交换，形成的氧分子发生脱附。此反应不仅可用来研究氧化物表面多相催化氧化反应的反应机理，而且可以研究金属/载体表面氧迁移力学。

③多重的多相交换(R_3)。

固体氧化物表面的两个氧原子都参与的氧交换反应。

$$C^{18}O^{18}O(g) + C^{16}O^{16}O(s) \longrightarrow C^{16}O_2(g) + C^{18}O^{18}O(s) \tag{3-26}$$

$$C^{16}O^{18}O(g) + C^{16}O^{16}O(s) \longrightarrow C^{16}O_2(g) + C^{16}O^{18}O(s) \tag{3-27}$$

在此反应中，$C^{16}O^{16}O$ 气体是主要反应产物；若在反应开始有 $C^{16}O^{16}O$ 气体生成，说明发生的氧交换反应为此类交换反应。Winter 对许多氧化物的研究结果表明，第三类反应很少发生，但有三个例外，AgO、CuO、和 CeO_2，它们的交换机理是按 R_3 进行的，可能是在固体表面形成了双核氧（O^{2-} 和 O_2^{2-}）。因此，氧同位素交换反应主要以第二类反应进行。

2. 气相质谱法研究 CO_2-O_2 脱碳反应

1) 气体取样口位置的确定

气体在线分析法研究 CO_2-O_2 脱碳反应，就是在脱碳反应过程中利用质谱仪在线监测各个气体组分的离子电流强度。脱碳反应比较复杂甚至有两次燃烧反应的发生。因此，气体取样口的位置选择非常重要。为了确定气体取样口位置，设计了三组实验。在 CO_2 喷吹浓度为 30%、气体流速为 150mL/min、进气管喷吹高度为 3cm 的条件下，气体取样口距离液面高度分别取 $\Delta h'$=1cm、2cm、3cm 进行脱碳实验，质谱仪监测结果如图 3-8 所示。

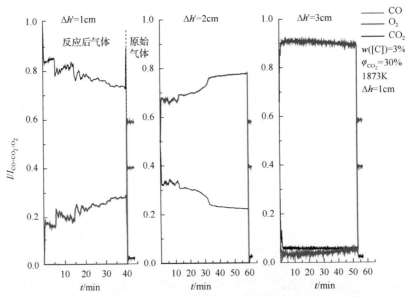

图 3-8　不同气体取样口位置对监测气体组分的影响（Δh 表示取样深度）

定义 $\Delta h'$=1cm 到 $\Delta h'$=2cm 的 CO_2、CO 离子强度变化量为 $\Delta CO_{2(1-2)}$、$\Delta CO_{(1-2)}$，$\Delta h'$=1cm 至 $\Delta h'$=3cm 的 CO_2、CO 离子强度变化量为 $\Delta CO_{2(1-3)}$、$\Delta CO_{(1-3)}$。在同一反应时间 t 时，

$$\Delta CO_{2(1-2)} \approx \Delta CO_{(1-2)} \tag{3-28}$$

$$\Delta CO_{2(1-3)} \approx \Delta CO_{(1-3)} \tag{3-29}$$

式 (3-28)、式 (3-29) 满足二次燃烧反应 $2CO+O_2 = 2CO_2$ 中 CO_2、CO 的变化规律。上述结果表明，不同取样口位置气体组分离子强度发生变化是由二次燃烧反应导致的。由图 3-8 可知，$\Delta h'$=1cm 处脱碳反应过程中的 CO_2 要低于原始气体中的 CO_2，CO 气体

的浓度远大于CO$_2$，表明取样口在距离液面1cm处主要发生脱碳反应，而二次燃烧反应影响较小。基于上述结果，确定气体取样口位置在$\Delta h'$=1cm处。

2）进气管喷吹高度的确定

氧枪喷嘴口距离钢液表面的距离（即喷吹高度）会对炼钢脱碳产生一定的影响。因此，在进行实验研究时需要确定喷吹高度。在确定了取样口位置为$\Delta h'$=1cm后，取气体流速为150mL/min、CO$_2$喷吹比例为30%，分别考察气体喷吹高度分别为1cm、2cm、3cm及4cm等实验条件对脱碳反应质谱分析结果的影响。图3-9中的Δh表示进气管口与钢液的距离。由图可知，Δh=3cm的CO气体浓度要大于Δh=4cm、2cm、1cm，同时Δh=4cm的CO气体浓度大于Δh=2cm、1cm时的浓度。以上现象表明，对于气相在线分析法研究脱碳反应，气体喷吹高度并非越小越好。气体喷吹高度越大，气体喷吹的势能越小，越不利于CO$_2$-O$_2$与钢液中[C]的反应；气体喷吹高度越小，脱碳反应产生的CO气体越有利于与进气口喷吹的 O$_2$ 接触，增大了二次燃烧反应发生的概率。因此，喷吹高度取 3cm最佳。在实验过程中发现，气管口距离钢液为 1cm、2cm 时，钢液溅尤其剧烈，对实验操作的进行增加了不可估量的难度。综合上述情况，确定实验的喷吹高度为 3cm。

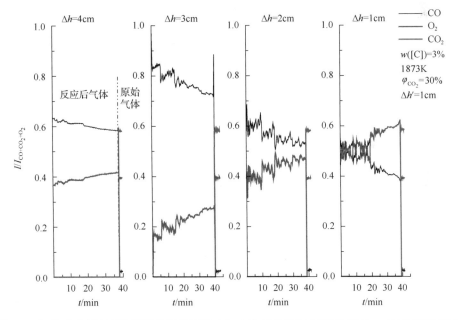

图3-9 气体喷吹高度对监测气体组分的影响（Δh 为进气管与钢液的距离； $\Delta h'$ 为取样深度）

3）气体流速的确定

为了确定实验的气体流速，在线监测考察了气体流速为 100mL/min、150mL/min、200mL/min 时脱碳反应过程中气体组分的变化，如图 3-10 所示。气体流速为 100mL/min时，脱碳反应过程中的 CO$_2$ 浓度要大于原始气体中 CO$_2$ 浓度，说明二次燃烧反应影响较大；气体流速为 150mL/min、200mL/min 时，脱碳反应过程中的 CO$_2$ 浓度要小于原始气体中 CO$_2$ 浓度，说明二次燃烧反应影响较小。实验过程中发现，气体流速达到 200mL/min

时钢液喷溅剧烈，容易将气体进样管、气体取样管堵塞。因此，最终确定气体流速为 150mL/min。

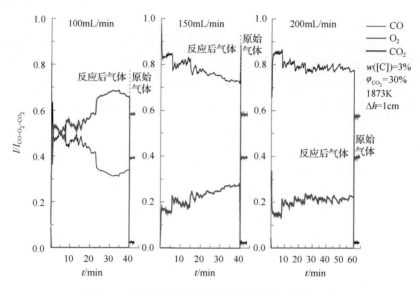

图 3-10　气体流速对脱碳反应中气体组分的影响

3. CO₂-O₂ 脱碳反应的影响因素

在 CO_2-O_2 与 Fe-C 体系的脱碳反应中，研究原始配碳量、反应温度以及 CO_2 喷吹浓度等因素对反应的影响是十分有必要的。由前述预实验可确定实验的喷吹高度为 3cm、气体取样口距离为 1cm 及气体流速为 150mL/min。然而，在进行原始配碳量（C 质量分数）、反应温度等影响因素实验时发现，在进行配碳量为 1.0%、0.8%、0.4%及反应温度为 1893K、1923K 等实验时钢液喷溅严重，气体取样口距离为 1cm 时钢液喷溅导致取样口堵塞，这两个影响因素的实验采用气体取样口距离为 2cm。

1）原始配碳量的影响

在 1873K 下，气体喷吹高度为 3cm、气体取样口距离为 2cm 时，考察了原始配碳量对 30% CO_2-70% O_2 脱碳反应过程中质谱监测结果的影响，结果如图 3-11 所示。

由图 3-11 可知，随着原始配碳量的增加，CO 气体浓度增加，CO_2 气体浓度减少，O_2 的气体浓度逐渐趋于 0。以上结果表明，原始配碳量对脱碳反应有一定影响，C 含量越高，反应速率越大。

2）反应温度的影响

在原始配碳量为 3.0%、气体喷吹高度为 3cm、气体取样口距离为 2cm 时，考察了原始配碳量对 30% CO_2-70% O_2 脱碳反应过程中质谱监测结果的影响，结果如图 3-12 所示。由图 3-12 可知，不同反应温度下的 CO、CO_2、O_2 气体浓度变化规律一致：随着反应温度的增加，CO、CO_2 气体浓度变化不大，O_2 气体浓度基本为 0%。

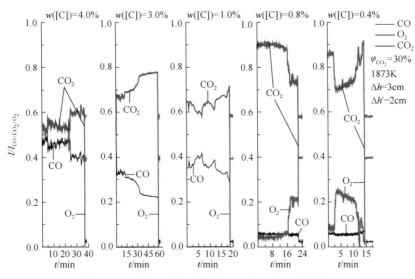

图 3-11　原始配碳量对脱碳反应中气体组分的影响

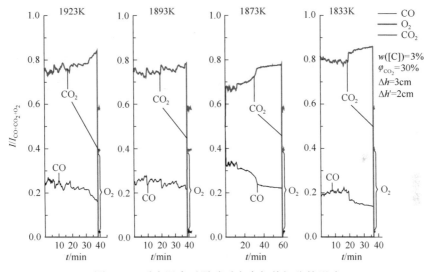

图 3-12　反应温度对脱碳反应中气体组分的影响

3）CO₂ 喷吹浓度的影响

为了研究 CO₂-O₂ 中 CO₂ 参与脱碳反应的比例，在 1873K、$w([C])$ 为 3% 以及气体喷吹高度为 3cm、气体取样口距离为 1cm 的条件下，用气体在线分析技术考察了不同 CO₂ 喷吹比例的脱碳反应，实验结果如图 3-13 所示。观察图 3-13（a）～（l）中的（i）图发现：①约在脱碳反应的前 4min，气体组分中的 CO、CO₂ 浓度出现一个平台，之后 CO₂ 的浓度逐渐上升，而 CO 的浓度逐渐下降。②脱碳反应过程中 O₂ 的浓度基本为 0，说明在不同 CO₂ 喷吹浓度下，O₂ 将几乎全部消耗完。③图（a）～（d）中，脱碳反应过程中的 CO₂ 浓度要高于原始气体中的，（d）～（l）图中要低于原始气体中的 CO₂ 浓度。④在 CO₂ 喷吹浓度为 0～20%，CO 气体浓度随着喷吹浓度的增加而增加；在 CO₂ 喷吹浓度为 30%～100%，CO 气体浓度随着喷吹浓度的增加变化不大。

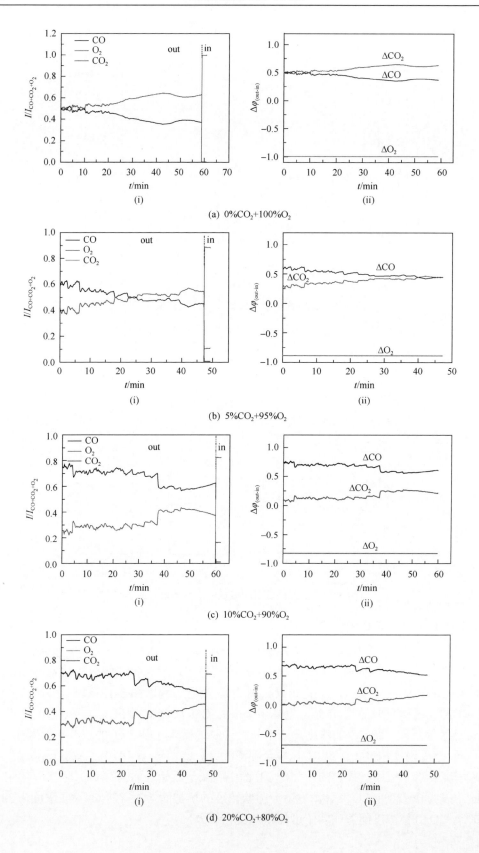

(a) 0%CO₂+100%O₂

(b) 5%CO₂+95%O₂

(c) 10%CO₂+90%O₂

(d) 20%CO₂+80%O₂

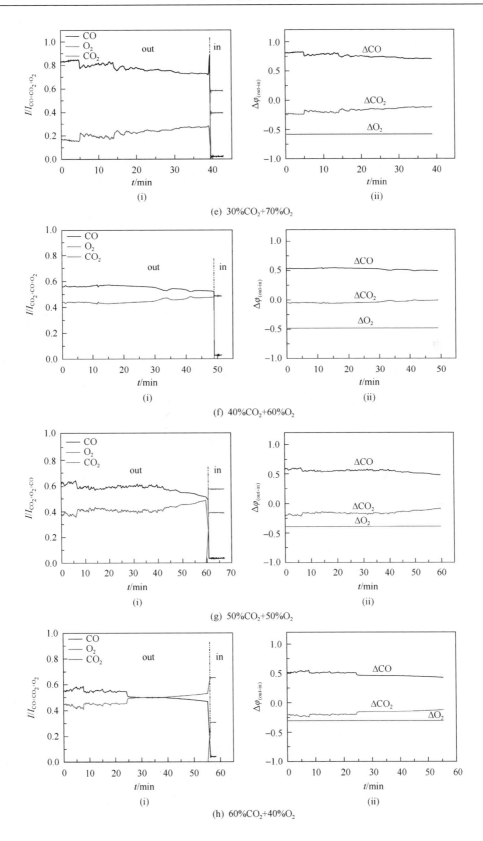

(e) 30%CO₂+70%O₂

(f) 40%CO₂+60%O₂

(g) 50%CO₂+50%O₂

(h) 60%CO₂+40%O₂

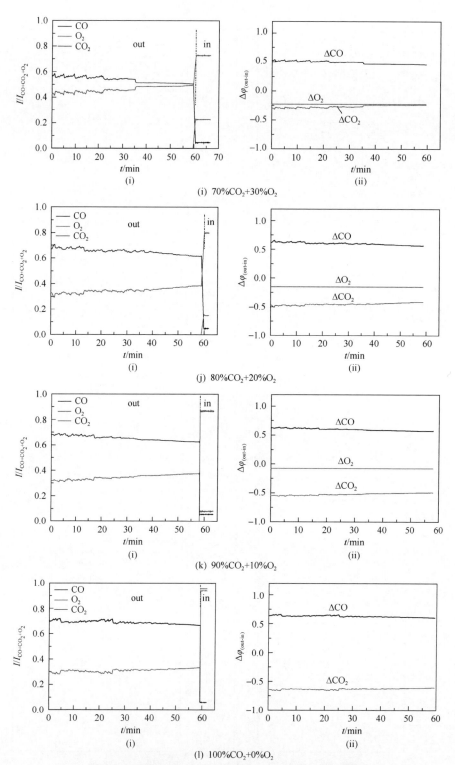

图 3-13　CO$_2$ 喷吹比例对脱碳反应中气体组分的影响

i-气体组分离子强度比值随时间变化；ii-气体组分离子强度比值的变化量随时间变化；

T=1873K，$w([C])$=3%，Δh=3cm，$\Delta h'$=1cm，q=150mL/min

观察图 3-13(a)~(l)中的(ii)图发现：①约在脱碳反应的前 4min，CO、CO₂ 的气体浓度变化量基本保持不变，之后 CO₂ 气体浓度变化量逐渐上升，而 CO 的浓度逐渐下降。②脱碳反应过程中 O₂ 的气体浓度变化量基本等于原始气体中的 O₂ 浓度。③(a)~(d)图中，脱碳反应过程中 CO₂ 气体浓度的变化量为正值，(e)~(l)图中 CO₂ 的气体浓度变化量为负值。

以上实验结果表明，CO₂ 喷吹浓度对脱碳反应的影响较大，在整个脱碳反应过程中 CO₂ 参与脱碳反应的量是变化的。

4. 脱碳反应速率的计算

通常脱碳反应速率的计算采用钢液中[C]的变化量来计算。由脱碳反应方程式可知，钢液中的[C]的减少是由生成的 CO、CO₂ 气体导致。因此，可从气体生成的角度来计算脱碳反应速率，这也是用气相质谱法反应动力学研究区别于其他研究方法的特征之一。由物质守恒定律可知，体系中 CO、CO₂ 的变化量均由钢液中[C]的减少产生，则有

$$
\begin{aligned}
-\frac{\mathrm{d}n_{\mathrm{C}}}{\mathrm{d}t} &= \frac{\Delta(n_{\mathrm{CO}_2}+n_{\mathrm{CO}})}{\Delta t} = \frac{V}{RT}\frac{\Delta(p_{\mathrm{CO}_2}+p_{\mathrm{CO}})}{\Delta t} \\
&= \frac{\overline{V}}{RT}\Delta(p_{\mathrm{CO}_2}+p_{\mathrm{CO}}) \\
&= \frac{\overline{V}p^{\ominus}}{RT}(\Delta\varphi_{\mathrm{CO}_2}+\Delta\varphi_{\mathrm{CO}})
\end{aligned}
\tag{3-30}
$$

$$
\frac{\mathrm{d}w([\mathrm{C}])}{\mathrm{d}t} = \frac{100M_{\mathrm{C}}}{m_{\text{总}}}\frac{\mathrm{d}n_{\mathrm{C}}}{\mathrm{d}t} = \frac{1200}{m_{\text{总}}}\frac{\mathrm{d}n_{\mathrm{C}}}{\mathrm{d}t}
\tag{3-31}
$$

由此，可得到脱碳反应速率的计算公式为

$$
-\frac{\mathrm{d}w([\mathrm{C}])}{\mathrm{d}t} = \frac{1200}{m_{\text{总}}}\frac{\overline{V}p^{\ominus}}{RT}(\Delta\varphi_{\mathrm{CO}_2}+\Delta\varphi_{\mathrm{CO}})
\tag{3-32}
$$

式中，

$$
\Delta_{\mathrm{CO}_2} = \left(\frac{I_{\mathrm{CO}_2}}{I_{\mathrm{CO}_2}+I_{\mathrm{CO}}+I_{\mathrm{O}_2}}\right)^{\mathrm{in}} - \left(\frac{I_{\mathrm{CO}_2}}{I_{\mathrm{CO}_2}+I_{\mathrm{CO}}+I_{\mathrm{O}_2}}\right)^{\mathrm{out}}
\tag{3-33}
$$

$$
\Delta_{\mathrm{CO}} = \left(\frac{I_{\mathrm{CO}}}{I_{\mathrm{CO}_2}+I_{\mathrm{CO}}+I_{\mathrm{O}_2}}\right)^{\mathrm{in}} - \left(\frac{I_{\mathrm{CO}}}{I_{\mathrm{CO}_2}+I_{\mathrm{CO}}+I_{\mathrm{O}_2}}\right)^{\mathrm{out}}
\tag{3-34}
$$

式中，$\overline{V}$ 为气体流速，mL/min；上标 in、out 分别为原始气体和反应后气体；$p^{\ominus}$ 为标

准大气压，Pa；T 为标准温度，273.15K；$m_{总}$ 为原始钢液质量，g；$\Delta\varphi_{CO_2}$、$\Delta\varphi_{CO}$ 为脱碳反应 CO_2、CO 气体体积分数变化量，%；I_{CO_2}、I_{CO}、I_{O_2} 为 CO_2、CO、O_2 的离子强度，A。

图 3-14、图 3-15 考察了不同气体取样口位置对脱碳反应速率的影响。图 3-14 为脱碳速率随反应时间变化曲线，图 3-15 为脱碳速率随气体取样口位置变化曲线。

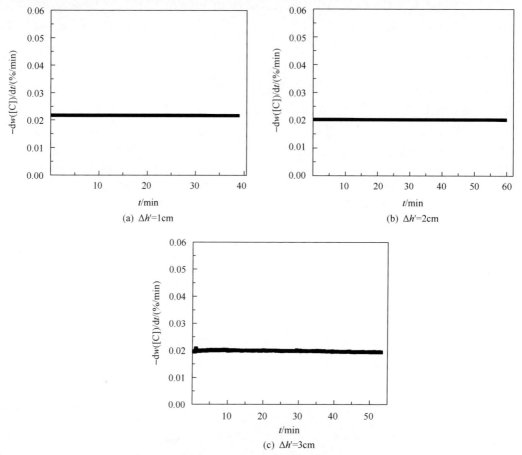

图 3-14　不同气体取样口距离下脱碳反应速率随时间的变化

$w([C])=3\%$，$\varphi_{CO_2}=30\%$，$T=1873K$，$q=150mL/min$

图 3-14 给出了不同气体取样口位置下脱碳反应速率随时间变化曲线，发现整个脱碳反应过程总脱碳速率基本保持不变，这说明在该实验条件下的脱碳反应为零级反应。相应地，钢液中的碳浓度将随脱碳反应时间呈线性下降变化。由图 3-15 发现，在 $\Delta h'$ 为 1cm、2cm、3cm 时，脱碳反应速率保持不变，这表明气体取样口位置对脱碳反应速率没有明显的影响。从客观的角度看，气体取样口的位置与脱碳反应没有任何关系，只会影响质谱仪的取样结果(图 3-8)。以上实验结果充分说明了质谱仪检测结果的可靠性。

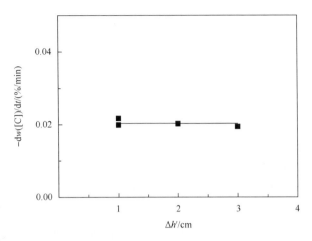

图 3-15　气体取样口距离对脱碳反应速率的影响
$w([C])=3\%$，$\varphi_{CO_2}=30\%$，$T=1873K$，$q=150mL/min$，$\Delta h=3cm$

图 3-16、图 3-17 考察了气体喷吹高度对脱碳反应速率的影响。图 3-16 给出了不同喷吹高度下脱碳反应速率随时间变化曲线，发现整个脱碳反应过程中脱碳速率不随时间发生变化，说明该条件下的脱碳反应符合表观零级反应特征。

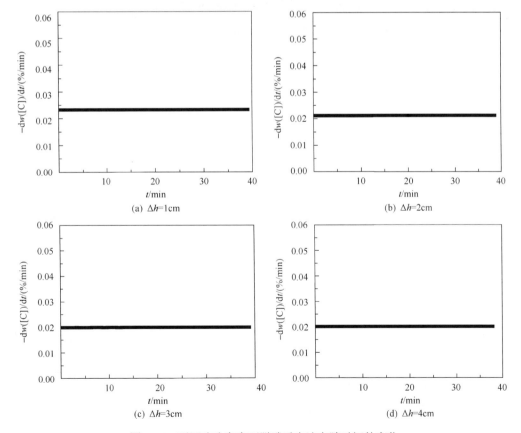

图 3-16　不同喷吹高度下脱碳反应速率随时间的变化
$w([C])=3\%$，$\varphi_{CO_2}=30\%$，$T=1873K$，$q=150mL/min$，$\Delta h'=1cm$

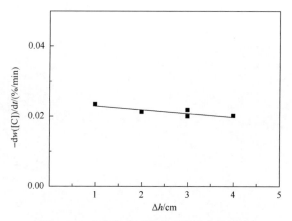

图 3-17　喷吹高度对脱碳反应速率的影响

$w([C])=3\%$，$\varphi_{CO_2}=30\%$，$T=1873K$，$q=150mL/min$，$\Delta h'=1cm$

图 3-17 给出了不同喷吹高度下脱碳速率变化情况。由图可知，脱碳反应速率随着喷吹高度的增加而下降，这说明喷吹高度对脱碳反应有一定的影响。

图 3-18、图 3-19 表示气体流速对脱碳反应速率的影响。图 3-18 给出了不同气体流速下的脱碳速率随时间变化曲线，与前面结果类似，脱碳反应满足零级反应特征。这说明在不同气体流速下，钢液中的碳浓度也将随脱碳反应时间线性下降变化。

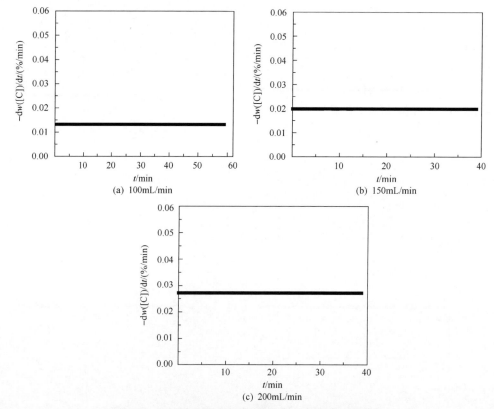

图 3-18　不同气体流速下脱碳反应速率随时间的变化

$w([C])=3\%$，$\varphi_{CO_2}=30\%$，$T=1873K$，$\Delta h=3cm$，$\Delta h'=2cm$

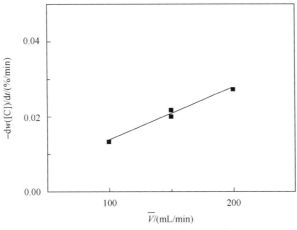

图 3-19　气体流速对脱碳反应速率的影响

$w([C])$=3%，　φ_{CO_2}=30%，　T=1873K，　Δh=3cm，　$\Delta h'$=2cm

图 3-19 给出了脱碳反应速率随气体流速变化曲线。由图可知，脱碳反应速率随着气体流速的增加而增大，表明气体流速是 CO₂-O₂ 气体脱碳反应的影响因素。在该实验条件下，不能排除气相传质对脱碳反应的影响。

图 3-20 显示不同原始配碳量下脱碳反应速率随时间的变化。由图可知，在原始配碳

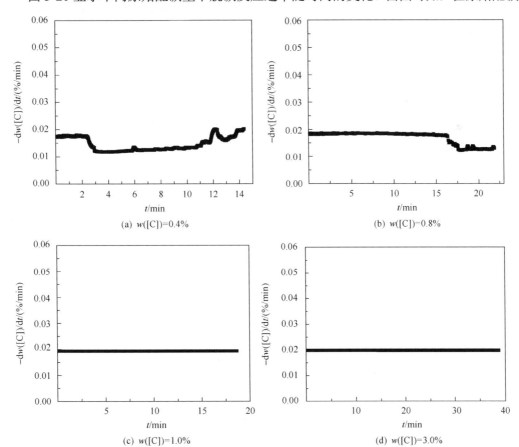

(a)　$w([C])$=0.4%

(b)　$w([C])$=0.8%

(c)　$w([C])$=1.0%

(d)　$w([C])$=3.0%

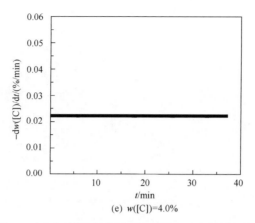

图 3-20　不同原始配碳量下脱碳反应速率随时间的变化
φ_{CO_2} =30%，T=1873K，q=150mL/min，Δh =3cm，$\Delta h'$ =1cm

量为 0.4%（质量分数）时，脱碳速率在前 2min 内随时间保持一个恒定的反应速率，之后脱碳速率突然下降，0.8%时也有类似的变化规律。出现这种现象的原因可能是脱碳反应机理发生了变化。在原始配碳量为 1.0%、3.0%和 4.0%时，脱碳反应符合零级反应特征。

　　图 3-21 考察了原始配碳量对脱碳反应速率的影响。从图中发现，脱碳反应速率随着原始配碳量的增加而增大，表明原始配碳量对脱碳反应有一定影响。据图 3-20 的结果，认为脱碳反应满足零级反应特征，即脱碳反应过程中脱碳速率与钢液中的[C]无关。图 3-20 与图 3-21 的实验结果相矛盾，这可能是由钢液中[C]的热运动导致的。钢液的黏度随钢液中碳浓度的增加而变小，从而使钢液中[C]的热运动加强。在发生脱碳反应之前，钢液中[C]的热运动的强烈程度由原始配碳量为 4.0%到 0.4%的顺序逐渐变小；在接近脱碳反应临界点时，[C]热运动越强烈，与氧化性气体（或者钢液中溶解的[O]）接触的概率越大，即参与脱碳反应有效吸附位点越多；在发生脱碳反应后，参与脱碳反应的有效吸附位点保持不变，脱碳反应满足表观零级反应特征。

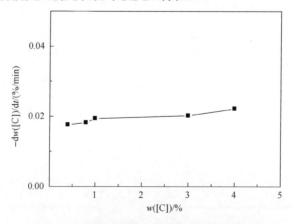

图 3-21　原始配碳量对脱碳反应速率的影响
φ_{CO_2} =30%，T=1873K，q=150mL/min，Δh =3cm，$\Delta h'$ =1cm

　　图 3-22、图 3-23 考察了反应温度对脱碳反应速率的影响。图 3-22 的实验结果表明不同反应温度的脱碳反应满足零级反应特征。

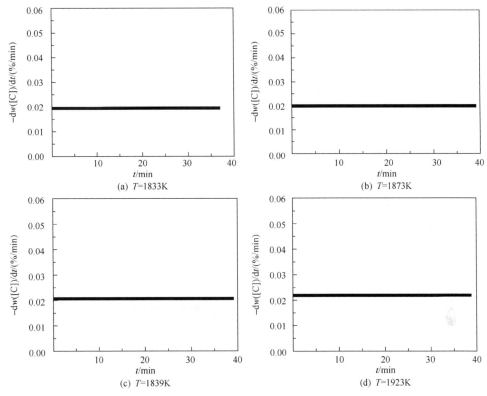

图 3-22　不同反应温度下脱碳反应速率随时间的变化

$w([C])=3\%$，$\varphi_{CO_2}=30\%$，$q=150\text{mL/min}$，$\Delta h=3\text{cm}$，$\Delta h'=2\text{cm}$

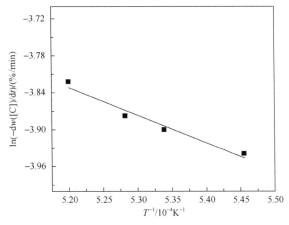

图 3-23　反应温度对脱碳反应速率的影响

$w([C])=3\%$，$\varphi_{CO_2}=30\%$，$q=150\text{mL/min}$，$\Delta h=3\text{cm}$，$\Delta h'=2\text{cm}$

图 3-23 给出了反应温度与脱碳反应速率的关系。用阿伦尼乌斯公式拟合满足以下关系：

$$\ln k = 1.50 - \frac{37294 \pm 5096}{RT} \tag{3-35}$$

反应的活化能为 $(37.29\pm5.10)\text{kJ/mol}$。

图 3-24、图 3-25 考察了 CO₂ 喷吹浓度对脱碳反应速率的影响。由图 3-24 可知，在

整个脱碳反应过程中脱碳反应速率保持不变，表明脱碳反应满足零级反应。

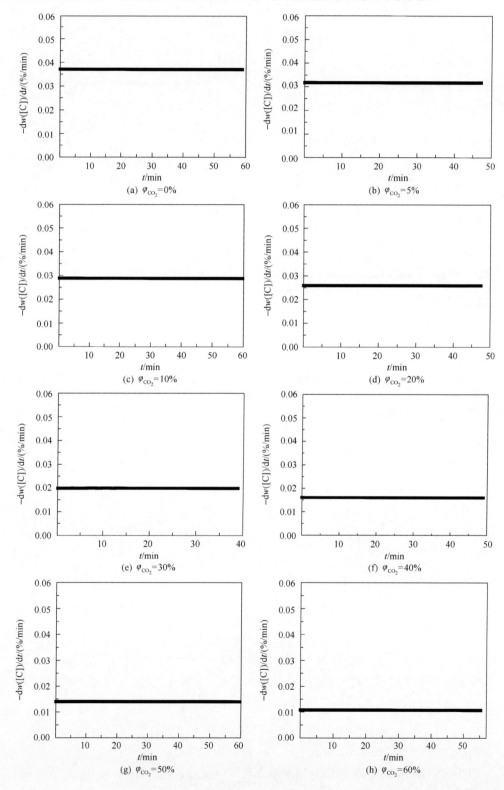

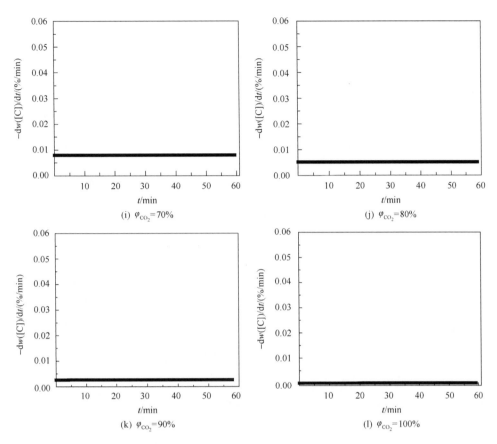

图 3-24　不同 CO_2 喷吹浓度下脱碳反应速率随时间的变化

$w([C])$=3%，T=1873K，q=150mL/min，Δh=3cm，$\Delta h'$=1cm

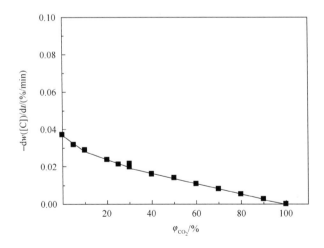

图 3-25　CO_2 喷吹浓度对脱碳反应速率的影响

$w([C])$=3%，T=1873K，q=150mL/min，Δh=3cm，$\Delta h'$=1cm

由图 3-25 可知，脱碳反应速率随 CO_2 喷吹浓度的增大而减小。相对于纯氧脱碳，CO_2 的掺入会相应地降低混合气体的氧分压，随着 CO_2 的掺入量的增加，氧分压相应减小，脱碳速率减小。因此，从动力学角度考虑，CO_2 的喷吹比例越大，越不利于脱碳反应的进行。

为了验证质谱数据的可靠性，对质谱法脱碳实验的终点碳浓度分别进行了理论计算以及实际测量，实验结果如图 3-26 所示。

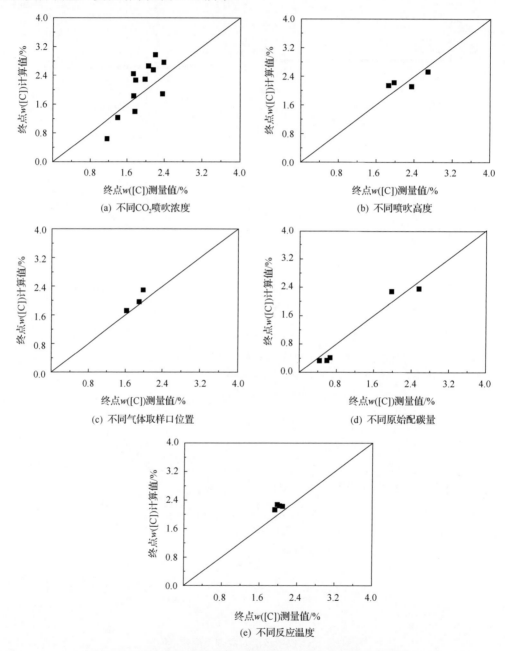

图 3-26　不同实验条件下终点碳浓度的计算值与测量值的对比

图 3-26 中 (a)、(b)、(c)、(d)、(e) 分别比较了 CO_2 喷吹比例、反应气体喷吹高度、气体取样口位置、原始配碳量及反应温度等因素下终点碳浓度的计算值和测量值。其中，

纵坐标为终点碳浓度的计算值,是用上述实验结果获得的脱碳反应速率计算得到的;横坐标为终点碳浓度的测量值,是对气相质谱法脱碳反应终点抽取的样品进行碳含量检测获得。在图 3-26 中,不同实验条件下的终点碳浓度计算值与测量值基本在一条直线上,表明气相质谱法测得的实验数据可靠,可用气相质谱法进行 CO₂-O₂ 脱碳反应动力学的研究。

5. CO₂ 利用率的计算

图 3-13(ii)给出了不同 CO₂ 喷吹浓度下,反应前后气体组分浓度变化。与(i)图相对应,在 0~4min 气体组分的浓度变化量基本保持不变,之后 CO 变化量变小而 CO₂ 变化量变大。出现上述现象可能是由于高温火点区脱碳反应产生的 CO₂、CO 在反应体系中循环反应,从而使得在 4min 以后质谱仪监测得到的气体浓度变化量发生变化。因此,认为 0~4min 的实验数据最接近 CO₂-O₂ 在高温火点区的气体组分变化。表 3-2 给出了不同 CO₂ 喷吹浓度下,各气体组分在反应前后的气体浓度及其变化量。

表 3-2　不同 CO₂ 喷吹浓度下,反应前后各气体组分浓度变化比较　　　(单位:%)

φ_{CO_2}	原始气体浓度			$\Delta\varphi_{(out-in)}$,(0~4min)		
	φ_{CO}	φ_{O_2}	φ_{CO_2}	$\Delta\varphi_{CO}$	$\Delta\varphi_{O_2}$	$\Delta\varphi_{CO_2}$
0	0.00297	0.99560	0	+0.48763	−0.99458	+0.50695
5	0.00775	0.88650	0.10575	+0.59796	−0.88596	+0.28800
10	0.01128	0.82608	0.16264	+0.74347	−0.82571	+0.08225
20	0.01756	0.69240	0.29000	+0.67868	−0.69198	+0.01335
30	0.02306	0.58260	0.39434	+0.81478	−0.58228	−0.23249
40	0.04751	0.46546	0.48703	+0.69061	−0.46005	−0.23055
50	0.03578	0.39129	0.57293	+0.59811	−0.39090	−0.20721
60	0.04050	0.30732	0.65218	+0.51667	−0.30689	−0.20977
70	0.04527	0.22617	0.72856	+0.51976	−0.22551	−0.22425
80	0.04988	0.15166	0.79846	+0.63731	−0.15131	−0.48601
90	0.05470	0.07809	0.86721	+0.62031	−0.07734	−0.54297
100	0.05923	—	0.94003	+0.64798	—	−0.64795

从表中可知,CO₂ 喷吹浓度在 0%~20%,反应前后气体组分变化量满足 $\Delta\varphi_{CO_2} + \Delta\varphi_{CO} = -\Delta\varphi_{O_2}$。出现这种情况可能有两个原因:

(1)反应生成的 CO 及 CO₂ 由 O₂ 参与脱碳反应生成,喷吹的 CO₂ 没有与钢液中的碳发生反应,即 CO₂ 的利用率为 0;

(2)反应过程中 CO₂、O₂ 均参与了反应,由于 CO₂ 喷吹浓度较小,全部参与脱碳反应消耗的 CO₂ 量小于由喷吹的 O₂ 氧化生成的 CO₂ 量,从而出现 $\Delta\varphi_{CO_2} + \Delta\varphi_{CO} = -\Delta\varphi_{O_2}$。

若为原因(1)时,在该 CO₂ 喷吹范围内的化学反应可表示如下。

0~4min:

$$\frac{1}{2}O_2 + [C] = CO$$

$$O_2 + [C] \!=\!\!=\! CO_2$$

4min 以后，CO 浓度逐渐下降，而 CO_2 浓度逐渐上升，且为了保持脱碳反应过程中脱碳速率不变，其化学反应表示为

$$\frac{1}{2}O_2 + [C] \!=\!\!=\! CO$$

$$O_2 + [C] \!=\!\!=\! CO_2$$

$$2CO + O_2 \!=\!\!=\! 2CO_2$$

若为原因(2)时，在该 CO_2 喷吹范围内的化学反应可表示如下。

0～4min：

$$\frac{1}{2}O_2 + [C] \!=\!\!=\! CO$$

$$O_2 + [C] \!=\!\!=\! CO_2$$

$$CO_2 + [C] \!=\!\!=\! 2CO$$

4min 以后，CO 浓度逐渐下降，而 CO_2 浓度逐渐上升，且为了保持脱碳反应过程中脱碳速率不变，其化学反应为

$$\frac{1}{2}O_2 + [C] \!=\!\!=\! CO$$

$$O_2 + [C] \!=\!\!=\! CO_2$$

$$CO_2 + [C] \!=\!\!=\! 2CO$$

$$2CO + O_2 \!=\!\!=\! 2CO_2$$

CO_2 喷吹浓度在 30%～100% 内，反应前后气体组分变化量满足 $\Delta\varphi_{CO_2} + \Delta\varphi_{O_2} = -\Delta\varphi_{CO}$，即反应消耗的 CO_2、O_2 的量等于生成的 CO 的量。这表明，脱碳反应过程中产生的 CO 是由 O_2 及喷吹的 CO_2 参与脱碳反应产生的。由此，在 CO_2 喷吹浓度 30%～100% 内的化学反应可表示如下。

0～4min：

$$\frac{1}{2}O_2 + [C] \!=\!\!=\! CO$$

$$CO_2 + [C] \!=\!\!=\! 2CO$$

4min 以后，CO 浓度逐渐下降，而 CO_2 浓度逐渐上升，且为了保持脱碳反应过程中脱碳速率不变，其化学反应为

$$\frac{1}{2}O_2 + [C] = CO$$

$$CO_2 + [C] = 2CO$$

$$2CO + O_2 = 2CO_2$$

由此,可用 0~4min 内的 CO$_2$ 浓度变化量来计算参与高温火点区脱碳反应的 CO$_2$ 量,计算公式如下:

$$\eta_{CO_2} = (\Delta\varphi_{CO_2} / \varphi_{0CO_2}) \times 100\% \tag{3-36}$$

利用式(3-36)可计算出 CO$_2$ 喷吹浓度 30%~100% 内的 CO$_2$ 利用率,结果如图 3-27 所示。而在 CO$_2$ 喷吹浓度为 0%~20% 时,若综合考虑 CO$_2$ 参与反应两种情况,则 CO$_2$ 利用率随喷吹浓度变化曲线可用线Ⅰ表示,也可能用线Ⅱ表示。

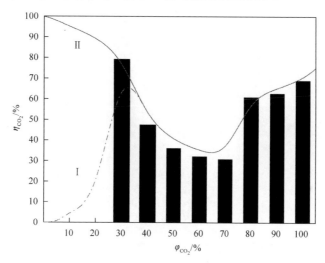

图 3-27　不同 CO$_2$ 喷吹浓度对混合气体中 CO$_2$ 利用率的影响

$w([C])$=3%, T=1873K, q=150mL/min, Δh=3cm, $\Delta h'$=1cm

为了确定 CO$_2$ 喷吹浓度在 0%~20% 内,CO$_2$ 有没有参与脱碳反应,在脱碳反应过程中用 Ar-O$_2$ 代替 CO$_2$-O$_2$ 气体。若 CO$_2$ 参与脱碳反应,式(3-33)中的 $I_{CO_2}^{out}$ 由 O$_2$ 脱碳反应产生的 CO$_2$ 及喷吹 CO$_2$ 参与脱碳消耗的 CO$_2$ 这两部分组成。那么,在用 Ar-O$_2$ 代替 CO$_2$-O$_2$ 气体进行脱碳反应后,上述 $I_{CO_2}^{out}$ 中的喷吹 CO$_2$ 参与脱碳消耗的 CO$_2$ 这部分会消失,导致 $\Delta\varphi_{CO_2}$ 增大而 $\Delta\varphi_{CO}$ 变小。由图 3-28 可知,在 CO$_2$ 喷吹浓度分别为 5%、10% 及 20% 时的脱碳反应过程中,用 Ar-O$_2$ 代替 CO$_2$-O$_2$ 气体脱碳部分均出现 $\Delta\varphi_{CO_2}$ 增大而 $\Delta\varphi_{CO}$ 变小的规律。实验结果与上述假设一致,表明 CO$_2$ 喷吹比例在 0%~20% 内 CO$_2$ 参与了脱碳反应。那么,用 Ar-O$_2$ 代替 CO$_2$-O$_2$ 气体进行脱碳反应后增加的那部分 CO$_2$ 气体浓度变化量 $\Delta\varphi'_{CO_2}$ 即为实际参与脱碳反应的 CO$_2$ 量,由此可计算出 CO$_2$ 的利用率。$\Delta\varphi'_{CO_2}$ 的值可通过图 3-28 中 Δx、$\Delta x'$ 获得,其中 $\Delta x = \Delta x'$。

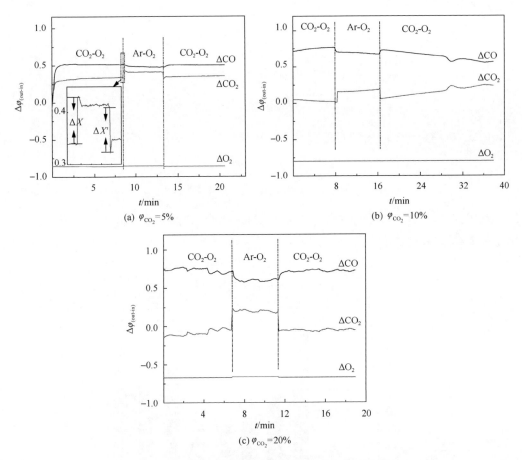

图 3-28　Ar-O₂ 代替 CO₂-O₂ 脱碳反应对各组分气体浓度变化量的影响

$w([C])$=3%，T=1873K，Δh=3cm，$\Delta h'$=1cm

图 3-29 给出了 CO₂ 利用率随 CO₂ 喷吹浓度的变化曲线。CO₂ 利用率在整个 CO₂ 喷

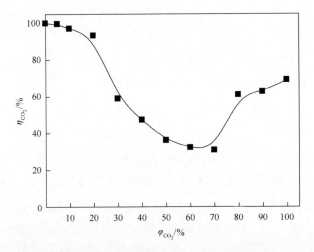

图 3-29　CO₂ 利用率随 CO₂ 喷吹浓度的变化

$w([C])$=3%，T=1873K，Δh=3cm，$\Delta h'$=1cm

吹浓度范围内呈两段变化,在 0%~60%时 CO_2 利用率随 CO_2 喷吹浓度的增加而减小;在 70%~100%时 CO_2 利用率随 CO_2 喷吹浓度的增加而增加。出现上述变化的原因是,在 0%~60%时 O_2 脱碳反应占主要地位,而 70%~100%时 CO_2 脱碳反应占主要地位。具体分析如下:

从图 3-13(ii)可知,CO_2 浓度从 0 增加到 100%,$\Delta\varphi_{CO_2}$(二氧化碳体积分数变化量)将由正值变为负值:在 0%~20%时,$\Delta\varphi_{CO_2}$ 为正值,说明由 O_2 参与反应,生成的 CO_2 浓度大于喷吹 CO_2 脱碳反应消耗的 CO_2 浓度;30%~100%时,$\Delta\varphi_{CO_2}$ 为负值,可能有两种原因:一是 O_2 参与反应生成的 CO_2 浓度小于喷吹 CO_2 脱碳反应消耗的 CO_2 浓度;二是 O_2 脱碳反应全部生成 CO,没有生成 CO_2。在 CO_2 浓度远大于 O_2 喷吹浓度时,发生原因二的可能性比较大。定义参数 θ 为有效吸附位点分数,θ_{O_2}、θ_{CO_2} 分别为 O_2、CO_2 的有效吸附位点分数。其中,$\theta = \theta_{O_2} + \theta_{CO_2}$,且 $0 < \theta < 1$。

$\Delta\varphi_{CO_2}$ 出现正值,表明 O_2 参与反应式(2-11)的量有剩余。由图 2-52 可知,在 1873K 下 O_2 要优先 CO_2 参与脱碳反应。大部分的[C]优先被 O_2 解离的 O 占有,即 $\theta_{O_2} > \theta_{CO_2}$,可供 CO_2 参与脱碳反应的[C]较少,且 θ_{CO_2} 不会随着 CO_2 浓度的增大而发生变化,$\Delta\varphi_{CO_2}$ 基本不变。结合图 3-29 可知,在 CO_2 喷吹浓度为 5%时其利用率将近 100%,可认为当 O_2 参与反应的量有剩余时,$\theta_{CO_2} = 5\%\theta$,$\theta_{O_2} = 95\%\theta$。由式(2-11)可知,消耗 1mol [C] 只需 0.5 mol O_2,因而只需约 42.5% O_2 参与反应(2-11),其余的 O_2 将参与反应(2-13)。因此,在 CO_2 为 30%~60%时,$\Delta\varphi_{CO_2}$ 为负值是由原因一导致的;在 CO_2 为 70%~100%时 $\Delta\varphi_{CO_2}$ 为负值是由原因二导致的。由此可得:

(1)在 0%~60% CO_2 范围内,式(3-36)中 $\Delta\varphi_{CO_2}$ 保持不变,而 φ_{0CO_2} 增大,η_{CO_2} 变小,在这一范围内脱碳反应大部分为 O_2 脱碳反应;

(2)在 CO_2 70%~100%时,CO_2 浓度远大于 O_2 喷吹浓度,$\theta_{O_2} < \theta_{CO_2}$,且 θ_{O_2} 会随着 O_2 浓度的下降而减少,从而使得 θ_{CO_2} 增大:

CO_2 为 70%时,$\theta_{O_2} = 60\%\theta$,$\theta_{CO_2} = 40\%\theta$;$CO_2$ 为 80%时,$\theta_{O_2} = 40\%\theta$,$\theta_{CO_2} = 60\%\theta$;$CO_2$ 为 90%时,$\theta_{O_2} = 20\%\theta$,$\theta_{CO_2} = 80\%\theta$;$CO_2$ 为 100%时,$\theta_{CO_2} = 100\%\theta$。

每增加 10%的 CO_2 浓度(φ_{0CO_2}),相应的 θ_{CO_2} 增加 20%($\Delta\varphi_{CO_2}$)。因此对应的 $\Delta\varphi_{CO_2} / \varphi_{0CO_2}$ 比值变大,CO_2 利用率随着浓度的增加而增大。在这一范围内,脱碳反应大部分为 CO_2 脱碳反应。

6. CO_2-O_2 与 Fe-C 体系脱碳工艺特点

钢铁生产过程会消耗大量的资源和能源,且会给环境带来严重的污染。为了实现资源的循环利用,需要减少炼钢过程对资源和能源的消耗,同时对转炉生产过程中产生的能源进行有效利用。其中,转炉煤气回收技术是转炉炼钢节能的重要手段。目前,转炉煤气的回收方式主要有:用作工业燃料(加热混铁炉、烘烤钢包及铁合金以及用作均热炉的燃料等);用作生活煤气;制甲酸钠及合成氨。上述煤气回收方式中,要求煤气中 CO

含量越高越好,尤其是制甲酸钠及合成氨,要求煤气中 CO 的含量达到 60% 以上。因此,煤气中 CO 含量是转炉煤气回收效率的一项重要指标。因此,对于 CO_2-O_2 混合气体转炉炼钢这种新工艺,需要对转炉煤气中的 CO 进行分析。

在 CO_2-O_2 与 Fe-C 体系的脱碳反应中,需要重点考察 CO_2 喷吹量对脱碳反应的影响。图 3-30 给出了不同 CO_2 喷吹浓度下,气体产物中的 CO 含量随反应时间的变化。与纯氧脱碳反应相比,喷入一定量的 CO_2 会增加气体产物中 CO 的含量,可达到 60% 以上。以上结果表明,CO_2-O_2 混合气体炼钢脱碳反应与纯氧脱碳反应相比,具有更高的转炉煤气回收效率。综上所述,CO_2-O_2 炼钢脱碳工艺具有以下两个显著特点:一是实现了 CO_2 资源利用;二是具有高效率化的转炉煤气回收特点。

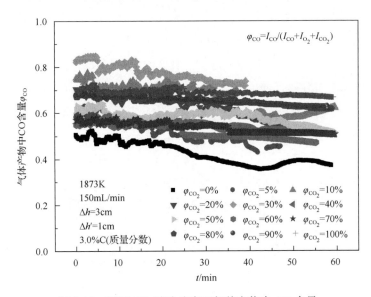

图 3-30　不同 CO_2 喷吹浓度下气体产物中 CO 含量

7. 石英管抽样实验

石英管抽样法是研究钢液脱碳反应的常用方法。与气相质谱法相比,其对实验设备的要求较多,但是由于需要大量的人为操作,实验误差较大。同时,气相质谱法是连续进行在线监测,更符合生产实际。这部分实验的目的是将两种实验方法的结果进行对比,完善脱碳反应动力学的研究。

1) 气体喷吹高度的影响

图 3-31、图 3-32 分别考察了气体喷吹高度对钢液中碳浓度、脱碳速率的影响。从图 3-31 可知,在不同的喷吹高度下,钢液中的碳浓度随时间呈线性下降的趋势,表明脱碳反应符合零级反应特征。

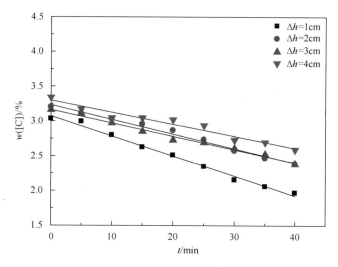

图 3-31 不同喷吹高度下钢液中碳浓度随时间变化

$w([C])$=3%，φ_{CO_2}=30%，T=1873K，q=150mL/min

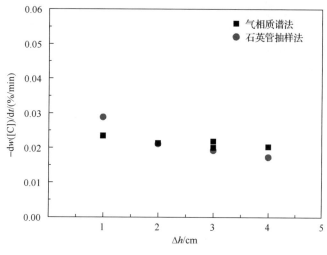

图 3-32 喷吹高度对脱碳速率的影响

$w([C])$=3%，φ_{CO_2}=30%，T=1873K，q=150mL/min

由图 3-32 可得，Δh 越小，脱碳速率越大，这表明进气管口距离钢液越近，越有利于 CO_2-O_2 脱碳反应的进行。这与气相质谱法的结果一致。

2) 原始配碳量的影响

图 3-33、图 3-34 给出了 1873K、30%CO_2+70%O_2(体积分数)条件下，不同原始配碳量对脱碳反应的影响。其中，图 3-33 表示对钢液中脱碳浓度的影响，图 3-34 表示对脱碳率的影响。由图 3-33 可知，在原始配碳量为 0.2%~4.0%(质量分数)范围内，钢液中的碳浓度随时间线性下降，表明脱碳速率与钢液中的碳浓度无关。图 3-34 中，脱碳速率随原始配碳减小而减小。上述变化规律与气相质谱法的相一致。

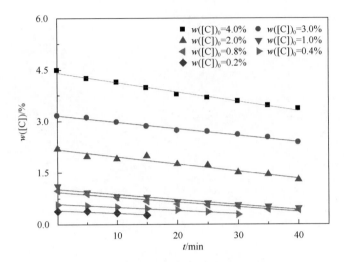

图 3-33　原始配碳量对脱碳浓度的影响

φ_{CO_2} =30%，T=1873K，q=150mL/min，Δh=3cm

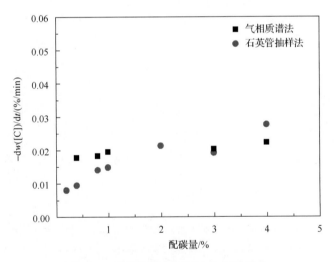

图 3-34　原始配碳量对脱碳速率的影响

φ_{CO_2} =30%，T=1873K，q=150mL/min，Δh=3cm

3) 反应温度的影响

图 3-35、图 3-36 表示配碳量为 3.0%（质量分数）、30%CO₂+70%O₂（体积分数）条件下，反应温度对脱碳反应过程中钢液碳浓度、表观反应速率常数的影响。通过阿伦尼乌斯公式拟合，脱碳表观反应速率常数与反应温度存在以下关系：

$$\ln k = 0.15 - \frac{32130 \pm 8156}{RT} \tag{3-37}$$

由此，获得脱碳反应的活化能为 (32.13±0.82) kJ/mol。气相质谱获得的活化能为 (37.29±5.10) kJ/mol，这与石英管抽样的实验结果相接近。

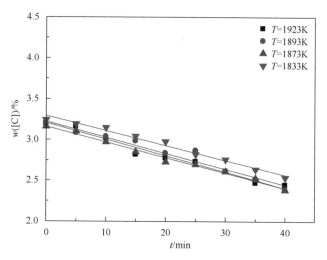

图 3-35　反应温度对脱碳浓度的影响

$w([C])$=3%,　φ_{CO_2}=30%,　q=150mL/min,　Δh=3cm

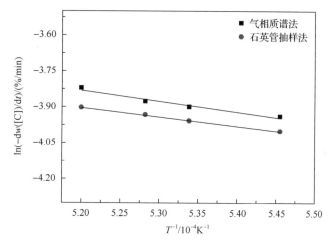

图 3-36　反应温度对脱碳表观反应速率的影响

$w([C])$=3%,　φ_{CO_2}=30%,　q=150mL/min,　Δh=3cm

4) CO₂ 喷吹浓度的影响

图 3-37、图 3-38 给出了 1873K、原始配碳量为 3.0%（质量分数）时不同 CO₂ 喷吹浓度对钢液中碳浓度及脱碳反应速率的影响。由图 3-37 可以看出，不同实验条件下碳浓度随时间线性下降。CO₂-O₂ 与钢液中碳的反应满足表观零级反应特征，脱碳速率与钢液中的碳含量无关。因此，在目前的实验条件下，钢液中碳的传质对脱碳反应没有明显阻力。

由图 3-38 可知，随着 CO₂ 喷吹比例的升高，脱碳速率相应降低，这一变化规律与质谱的结果相一致。

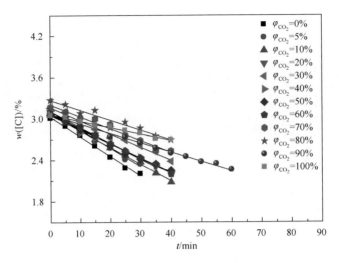

图 3-37　CO_2 喷吹浓度对碳浓度的影响

$w([C])=3\%$，$T=1873K$，$q=150mL/min$，$\Delta h=3cm$

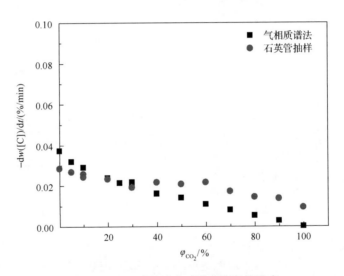

图 3-38　CO_2 喷吹浓度对脱碳速率的影响

$w([C])=3\%$，$T=1873K$，$q=150mL/min$，$\Delta h=3cm$

　　综合对比气相质谱法与石英管抽样法，发现两者的实验结果变化规律相一致，气相质谱法获得的脱碳反应速率与石英管抽样法的基本一致。图 3-38 中 CO_2 喷吹浓度在 30%以后石英管抽样的脱碳速率大于气相质谱法的脱碳速率，这是由石英管抽样法的实验操作造成的。相对于气相质谱法的连续操作，石英管抽样法每反应 5min 抽一次样品。抽样过程中，石英管中存在一部分空气，这部分空气会氧化抽取的样品。在喷吹浓度小于 30%CO_2 时，混合气体主要是 O_2，石英管中的空气对抽取的样品影响不大；在喷吹浓度大于 30%CO_2 时，混合气体中 O_2 逐渐变少，这部分空气对抽取的样品影响逐渐变大，从而导致这一部分 CO_2 喷吹浓度范围的脱碳速率大于气相质谱法的脱碳速率。

3.2　CO_2 用于炼钢脱碳动力学

在研究 CO_2 用于脱磷的热力学及高温实验过程中，发现 CO_2 不仅能用于脱磷，同时可作为炼钢过程的脱碳剂。国内外学者已尝试进行了相关方面的研究，发现部分 CO_2 会有效参与脱碳反应，目前的相关研究主要侧重于底吹 CO_2 的工业应用。关于 CO_2 作为喷吹气体时的相关机理，如 CO_2 与熔池中[C]作用的机理、CO_2 的利用率及对熔池的搅拌能力及与喷吹 O_2 时的差异等基础理论还有待进一步研究。

3.2.1　喷吹 CO_2 时脱碳动力学

本小节利用高温热态实验向 Fe-C 二元系中喷吹 CO_2，研究在不同初始碳含量、不同冶炼温度及不同 CO_2 流量时对脱碳反应的影响，获得 CO_2 在脱碳反应不同阶段的利用率及与喷吹 O_2 时的区别，并从反应动力学角度分析 CO_2 气体在 Fe-C 二元系中的脱碳反应机理，为将 CO_2 用于炼钢过程完成脱碳任务提供数据支撑。

1. 中高碳铁液中二氧化碳用于炼钢脱碳的研究

1) 中高碳时喷吹 CO_2 的利用率

由于 Fe-C 合金为二元系，不考虑其他元素的影响，CO_2 通入后可认为只与钢液中的 C 和 Fe 发生反应。

炉气中包含保护气体 Ar、脱碳反应生成的 CO 和未反应的 CO_2 三部分。

由于 Ar 为惰性保护气体，不参与反应，且通入的气体流量和总气量恒定，可根据炉气中 Ar 体积分数反推出炉气的总气量。再根据炉气中 CO、CO_2 的体积分数计算出炉气中 CO、CO_2 的总量。CO_2 通入熔池中与 C、Fe 发生反应，均会生成 CO。

当 x 体积的 CO_2 与 C 反应生成 CO，y 体积的 CO_2 与 Fe 反应生成 FeO，有如下关系：

$$CO_2+C = 2CO$$
$$x \qquad 2x$$
$$CO_2+Fe = FeO+CO$$
$$y \qquad\qquad y$$

$$2x + y = \frac{q_{Ar}t}{\varphi_{Ar}}\varphi_{CO} \tag{3-38}$$

$$q_{CO_2}t - x - y = \frac{q_{Ar}\cdot t}{\varphi_{Ar}}\varphi_{CO_2} \tag{3-39}$$

式中，q_{Ar} 为 Ar 流量，mL/min；q_{CO_2} 为 CO_2 流量，mL/min；t 为吹炼时间，min；φ_{CO}、φ_{CO_2}、φ_{Ar} 为炉气中 CO、CO_2、Ar 的体积分数。

CO_2 的利用率为

$$\eta_{CO_2} = \frac{\varphi_{反应CO_2}}{\varphi_{总CO_2}} \tag{3-40}$$

将式(3-38)、式(3-39)代入式(3-40)，可得

$$\eta_{CO_2} = \frac{q_{CO_2}t - V_{总}\varphi_{CO_2}}{q_{CO_2}t} = 1 - \frac{\dfrac{V_{Ar}}{\varphi_{Ar}}\varphi_{CO_2}}{q_{CO_2}t} = 1 - \frac{\dfrac{q_{Ar}t}{\varphi_{Ar}}\varphi_{CO_2}}{q_{CO_2}t} = 1 - \frac{\dfrac{q_{Ar}}{\varphi_{Ar}}\varphi_{CO_2}}{q_{CO_2}}$$

即

$$\eta_{CO_2} = 1 - \frac{\dfrac{q_{Ar}}{\varphi_{Ar}}\varphi_{CO_2}}{q_{CO_2}} \tag{3-41}$$

式(3-41)为喷吹 CO_2 的利用率的计算式。

在实验过程中，一共吹炼 30min，每 10min 为一个阶段，共取 3 个气体样。3 个气体样分别为每阶段吹炼第 9～10min 时的炉气。收集气体的时间均为 1min。每炉的利用率为后 3 个气体样计算出的利用率的平均值。冶炼温度 1600℃，气体流量 q=300mL/min 时，在中高碳铁液中不同碳含量时 CO_2 的利用率见图 3-39。

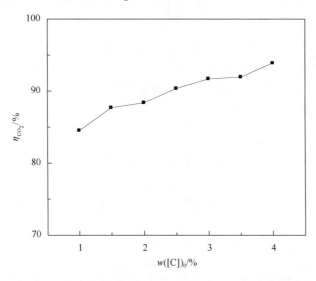

图 3-39　中高碳条件下不同初始碳含量时 CO_2 的利用率

由图 3-39 可知，CO_2 利用率和熔池碳含量呈正相关关系。当熔池中碳含量较高时，即 $w([C])_0 \geqslant 1.0\%$ 时，η_{CO_2} 均大于 80%，平均利用率达到 89.8%。当 $w([C])_0$=4.0% 时，η_{CO_2} 为 93.9%；当 $w([C])_0$=1.0% 时，η_{CO_2} 为 84.5%。在此碳含量范围内，随着熔池中碳含量的降低，η_{CO_2} 缓慢降低。这表明吹入铁碳熔体中的 1 体积的 CO_2 几乎全部与钢液中的碳发生反应，生成 2 体积的 CO。当熔池金属液为中高碳时，碳含量对 η_{CO_2} 的影响不大。

结合物料及能量平衡计算和工业数据，炼钢过程中 η_{O_2} 一般为 90%～95%。由图 3-39 可知，η_{CO_2} 在熔池碳含量较高时与 η_{O_2} 基本相同，此时 CO_2 与 O_2 均有较强的脱碳能力。但随着碳含量的降低，η_{CO_2} 逐渐降低，与 O_2 高利用率比，差距逐渐变大，表明 CO_2 的脱碳能力逐渐减弱，低于 O_2 的脱碳能力。

图 3-40 是当 $w([C])_0=3.5\%$，气体流量 $q=300\text{mL/min}$ 时，不同冶炼温度条件下熔池中 CO_2 的利用率。由图 3-40 可知，在熔池中初始碳含量较高时，随着冶炼温度的升高，CO_2 的利用率逐渐升高，当熔池温度由 1400℃ 逐渐增加到 1500℃ 时，CO_2 的利用率从 84.0%增加到 85.8%、87.9%，当熔池温度进一步升高至 1600℃ 时，CO_2 的利用率增加至 90.7%、91.9%，表明在其他条件相同的情况下，熔池温度对 CO_2 的利用率有一定的影响。这主要是由于脱碳反应 $CO_2+[C]\Longrightarrow 2CO$ 为吸热反应，高温条件有利于反应的进行，当熔池温度由 1400℃ 增加至 1500℃ 时，CO_2 脱碳反应的标准吉布斯自由能 $\Delta G^{\ominus}$ 从 −73778J/mol CO_2 降低到−80104J/mol CO_2、−86430J/mol CO_2，当熔池温度进一步升高至 1600℃ 时，CO_2 脱碳反应的标准吉布斯自由能 $\Delta G^{\ominus}$ 降低到−92756J/mol CO_2、−99082J/mol CO_2。因此，冶炼温度越高，熔池中 CO_2 越容易进行脱碳反应，CO_2 的利用率越高。为了避免能量浪费，同时由于脱碳反应为吸热反应，为防止过量 CO_2 造成熔池热量不足，需要根据实际冶炼情况将温度控制在一个合理的范围之内。

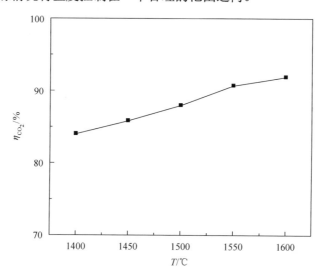

图 3-40　$w([C])_0=3.5\%$时不同冶炼温度时 CO_2 的利用率

图 3-41 为当 $w([C])_0=3.5\%$，冶炼温度 1600℃，不同 CO_2 流量时 CO_2 的利用率。由图 3-41 可知，随着气体流量的增加，CO_2 的利用率缓慢增大。当气体流量由 100mL/min 逐渐增加到 400mL/min 时，CO_2 的利用率逐渐从 85.3%增加至 93.2%。CO_2 流量越大，对熔池的搅拌能力越强，熔池中脱碳反应越充分，CO_2 的利用率越大。但为了避免原料浪费及过量 CO_2 使熔池热量不足，需要根据实际冶炼情况将 CO_2 流量控制在一个合理的范围之内。

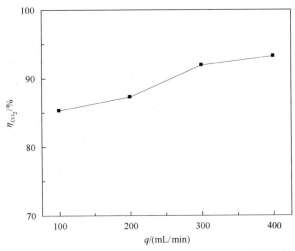

图 3-41　$w([C])_0$=3.5%时不同 CO_2 流量时 CO_2 的利用率

2) 中高碳时熔池搅拌能量密度

炼钢过程底吹 CO_2 气体时，对钢液产生强烈的搅拌，其搅拌能主要包括五项：①底吹口处吹入的气体作的运动功 W_1；②吹入的气体从室温膨胀到熔池温度时作的体积膨胀功 W_2；③二氧化碳与熔池中元素发生反应生成 2 倍体积的一氧化碳所产生的体积膨胀功 W_3；④生成的一氧化碳和未反应的二氧化碳混合气体在上浮时浮力所作的功 W_4；⑤一氧化碳和二氧化碳在上浮过程中由于钢液静压力减小而产生的体积膨胀功 W_5。熔池的搅拌能即为以上五项的和。

熔池搅拌能量密度见式(3-42)。

$$\varepsilon_{CO_2} = \frac{q}{W_\text{总}}\left\{\frac{1}{2}\rho_{CO_2}^{\ominus}\mu^2 + \frac{RT_2}{22.4\times10^{-3}}\left[1+\eta_{CO_2}-\frac{T_1}{T_2}+2(1+\eta_{CO_2})\ln\left(1+\frac{H}{1.48}\right)\right]\right\} \quad (3\text{-}42)$$

式中，ε_{CO_2} 为底吹 CO_2 熔池搅拌能量密度，W/t；q 为底吹气体换为标态下的体积流量，m^3/s；$W_\text{总}$ 为钢液总质量，t；$\rho_{CO_2}^{\ominus}$ 为标准状态下 CO_2 气体密度，kg/m^3；μ 为喷口处气体线速度，m/s；R 为摩尔气体常数，8.314J/(K·mol)；T_1 为室温，K；T_2 为冶炼温度，K；η_{CO_2} 为 CO_2 的利用率，%；H 为钢液深度，m。

由式(3-42)可知，气体流量、冶炼温度及 CO_2 的利用率对熔池搅拌能量密度影响较大。

在本实验中，钢液质量为 600g，即 $W_\text{总}$=600g，$\rho_{CO_2}^{\ominus}$=1.977kg/m^3，T_1=298K，坩埚内径为 50mm，钢液深度 $H=\dfrac{600\times10^{-3}}{\pi(50/2\times10^{-3})^2\times7200}$=0.042m，喷管内径为 6mm，当气体流量 q=300mL/min(质量流量计已折算为标态)，喷口处气体线速度 $\mu=\dfrac{\frac{300}{60}\times10^{-6}}{\pi(6/2\times10^{-3})^2}=0.18$m/s。

当冶炼温度为 1600℃，气体流量 q=300mL/min 时，结合图 3-39，中高碳时熔池搅拌能量密度随碳含量的变化见图 3-42。

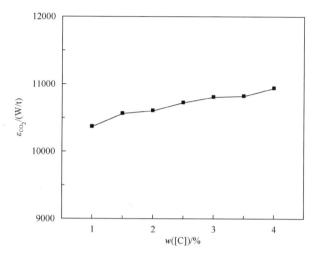

图 3-42　中高碳条件下不同初始碳含量时的熔池搅拌能量密度

由图 3-42 可知，当冶炼温度为 1600℃，气体流量 q=300mL/min 时，随着碳含量的降低，中高碳条件下熔池搅拌能量密度缓慢降低，当熔池碳含量由 4.0%降至 1.0%时，熔池搅拌能量密度由 10945W/t 降至 10372W/t。随着熔池碳含量的降低，吹入相同体积的 CO_2 时对熔池的搅拌作用缓慢降低。当 CO_2 完全反应时，1 体积的 CO_2 能生成 2 体积的 CO。

当 $w([C])_0$=3.5%，气体流量 q=300mL/min 时，结合图 3-40，熔池搅拌能量密度随冶炼温度的变化见图 3-43。当熔池温度由 1400℃逐渐增加到 1500℃时，熔池搅拌能量密度从 9138W/t 增加到 9541W/t、9969W/t，当熔池温度进一步升高至 1600℃时，熔池搅拌能量密度增加至 10441W/t、10826W/t。结合图 3-40，随着冶炼温度的升高，CO_2 利用率逐渐变大，脱碳反应逐渐剧烈，对熔池的搅拌作用逐渐变强，熔池搅拌能量密度逐渐变大。由图 3-43 可知，熔池搅拌能量密度随冶炼温度基本呈线性增加。

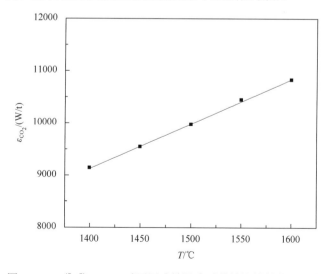

图 3-43　$w([C])_0$=3.5%时不同冶炼温度时的熔池搅拌能量密度

当 $w([C])_0$=3.5%，冶炼温度为 1600℃时，结合图 3-41，熔池搅拌能量密度随 CO_2 流量的变化见图 3-44 当 CO_2 流量由 100mL/min 逐渐增加到 400mL/min 时，熔池搅拌能量密度从 3474W/t 增加到 14540W/t。结合图 3-41，随着 CO_2 气体流量的增大，CO_2 利用率逐渐变大，熔池搅拌能量密度呈线性增加，对熔池的搅拌作用增强。

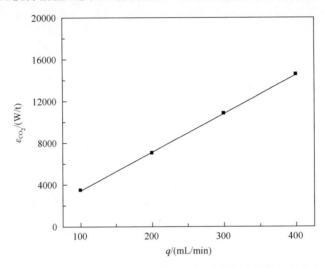

图 3-44　$w([C])_0$=3.5%时不同气体流量时的熔池搅拌能量密度

3) 中高碳时脱碳反应速率

图 3-45 为熔池初始碳含量 $w([C])_0$=3.5%，气体流量 q=300mL/min 时，不同冶炼温度时熔池中碳含量随冶炼时间的变化。由图 3-45 可知，随着冶炼时间的进行，熔池中碳含量基本呈线性下降趋势。由此可知，熔池中碳含量较高时，脱碳反应为表观零级反应。

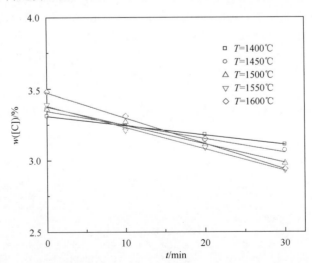

图 3-45　$w([C])_0$=3.5%时不同冶炼温度时熔池中碳含量变化

图 3-46 为初始碳含量 $w([C])_0$=3.5%，气体流量 q=300mL/min 时，不同冶炼温度对

脱碳反应速率的影响。由图 3-46 可知，在熔池初始碳含量 $w([C])_0=3.5\%$ 时，随着冶炼温度的升高，脱碳反应速率逐渐升高，当熔池温度由 1400℃逐渐增加到 1500℃时，脱碳反应速率从 0.0066%/min 增加到 0.0096%/min、0.013%/min，当熔池温度进一步升高至 1600℃时，脱碳反应速率增加至 0.015%/min、0.0178%/min。在熔池碳含量较高时，随着冶炼温度的降低，脱碳反应速率逐渐降低，且基本呈线性下降趋势。这主要是由于在炼钢反应温度下，脱碳反应为吸热反应，冶炼温度越高，越有利于脱碳反应的进行，脱碳反应速率越大。

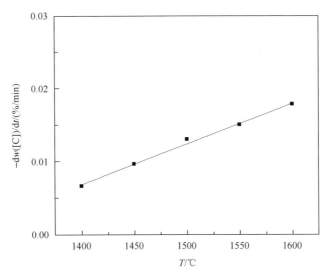

图 3-46　$w([C])_0=3.5\%$ 时不同冶炼温度对脱碳速率的影响

图 3-47 为初始碳含量 $w([C])_0=3.5\%$，气体流量 $q=300mL/min$ 时，不同冶炼温度对表观反应速率常数的影响。

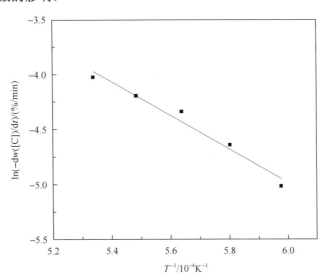

图 3-47　$w([C])_0=3.5\%$ 时冶炼温度对脱碳表观反应速率常数的影响

通过图 3-47，拟合阿伦尼乌斯公式，得到冶炼温度对脱碳表观速率常数的关系，见式(3-43)。

$$\ln k = 4.209 - \frac{127400 \pm 12718}{RT} \tag{3-43}$$

由式(3-43)可知，在熔池初始碳含量 $w([C])_0$=3.5%，气体流量 q=300mL/min 时，脱碳反应活化能为(127.40±12.72)kJ/mol。

图 3-48 为熔池初始碳含量 $w([C])_0$=3.5%，冶炼温度为 1600℃时，不同 CO_2 流量对熔池中碳含量的影响。由图 3-48 可知，随着冶炼时间的进行，不同 CO_2 流量时熔池中碳含量均呈线性下降趋势。

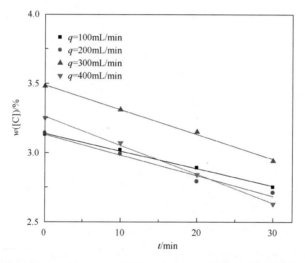

图 3-48　$w([C])_0$=3.5%时不同 CO_2 流量时熔池中碳含量变化

图 3-49 为熔池初始碳含量 $w([C])_0$=3.5%，冶炼温度为 1600℃时，不同 CO_2 流量对脱

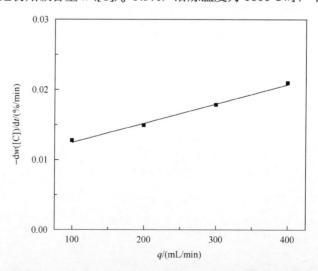

图 3-49　$w([C])_0$=3.5%时不同 CO_2 流量对脱碳速率的影响

碳反应速率的影响。由图 3-49 可知，在熔池初始碳含量 $w([C])_0$=3.5% 时，随着 CO₂ 流量的提高，脱碳反应速率逐渐变大，当 CO₂ 流量由 100mL/min 逐渐增加到 400mL/min 时，脱碳反应速率从 0.0127%/min 增加至 0.0209%/min。随着 CO₂ 流量的提高，脱碳速率逐渐提高，表明在实验范围内 CO₂ 流量对脱碳反应速率有一定的影响。

图 3-50 为冶炼温度为 1600℃，气体流量 q=300mL/min 时，中高碳铁液中熔池碳含量的变化。由图 3-50 可知，在熔池中初始碳含量为 1.0%～4.0% 范围内，熔池碳含量随冶炼时间的进行基本呈线性下降趋势。其回归方程见表 3-3。

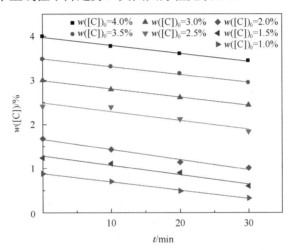

图 3-50　$w([C])_0$=1.0%～4.0% 时熔池中碳含量变化

表 3-3　中高碳铁液中 $w([C])$-t 关系的回归方程

$w([C])_0$/%	回归方程	R^2
4.0	$w([C])$=3.973−0.0182t	0.991
3.5	$w([C])$=3.487−0.0178t	0.995
3.0	$w([C])$=2.989−0.0186t	0.996
2.5	$w([C])$=2.487−0.0198t	0.863
2.0	$w([C])$=1.660−0.0230t	0.969
1.5	$w([C])$=1.282−0.0213t	0.954
1.0	$w([C])$=0.879−0.0186t	0.994

由图 3-50、表 3-3 可知，$w([C])_0$=1.0%～4.0% 时脱碳反应满足表观零级反应的特征，即碳含量在此范围时脱碳反应与熔池的初始碳含量无关，可认为钢液中碳的传质对脱碳反应不会产生较大的阻力。中高碳时不同初始碳含量的脱碳速率曲线见图 3-51。

由图 3-51 可知，中高碳时不同初始碳含量的脱碳速率基本在 0.02%/min 左右波动，即熔池中初始碳含量为 1.0%～4.0% 时，中高碳铁液中不同初始碳含量对脱碳速率影响较小。

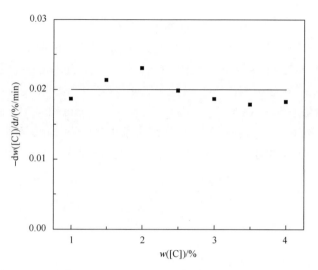

图 3-51　$w([C])_0 = 1.0\% \sim 4.0\%$ 时不同初始碳含量时脱碳速率曲线

4) 中高碳铁液中喷吹 CO_2 的脱碳动力学

由 3) 中内容可知, 中高碳铁液中不同初始碳含量对脱碳速率无影响, 可认为此时铁液中碳传质对脱碳反应阻力较小。这一结果与文献中利用氧化性气体对悬浮液态金属铁的研究结果一致。因此, 中高碳铁液中脱碳反应的限制性环节为气相传质和 CO_2 的分解吸附混合控速。

$$CO_2^b(g) \longrightarrow CO_2^i(g) \tag{3-44}$$

$$CO_2^i(g) + \upsilon \longrightarrow O^* + CO^i(g) \tag{3-45}$$

式中, υ 为 CO_2 吸附过程中金属表面可用的空位; 上角标 * 为吸附状态; 上角标 b 和 i 为熔池中和反应界面上。

中高碳铁液中喷吹 CO_2 脱碳时的混合控速方程见式 (3-46)。

$$-\frac{dw([C])}{dt} = \left(\frac{1200A}{\rho_m V}\right)\left(\frac{k_g^0 k_c C_v}{k_g^0 + k_c C_v}\right)\ln(1 + P_{CO_2}^b) \tag{3-46}$$

式中, A 为钢液表面积, m^2; ρ_m 为钢液密度, $7.2 \times 10^3 kg/m^3$; V 为钢液体积, m^3; k_c 为反应 (3-46) 的表观反应速率常数, $mol/(m^2 \cdot s)$; C_v 为可用于 CO_2 吸附的表面的浓度部分; $P_{CO_2}^b$ 为熔池中 CO_2 分压, Pa。

$$k_g^0 = \frac{k_g}{RT_f} \tag{3-47}$$

式中, k_g 为气相传质系数, m/s; R 为摩尔气体常数, $8.314J/(mol \cdot K)$; T_f 为气膜温度, K。

$$C_v = 1 - \theta_S \tag{3-48}$$

式中，θ_S 为 S 占据空位中的部分，S 代表 O_2 或 CO_2；$0 < \theta_S < 1$。

在实验过程中，由式(3-42)可知钢液深度为 0.042m，坩埚直径为 50mm，$k_g^0 = 2.89\text{mol}/(\text{m}^2 \cdot \text{s})$，$k_c = 6.89\text{mol}/(\text{m}^2 \cdot \text{s})$，$\theta_S = 0$，$C_v = 1$，$p_{CO_2}^b = 1$，代入式(3-46)，计算可得 $-\dfrac{\mathrm{d}w([C])}{\mathrm{d}t} = 0.03\%/\text{min}$，与实验结果 0.02%/min 接近。如图 3-48 所示，在本节中的 CO_2 气体流量对脱碳速率会有微弱的影响，因此认为气相传质对反应的影响不能忽略。再结合实验结果，$w([C])_0 = 1.0\% \sim 4.0\%$ 时脱碳反应满足表观零级反应的特征，可认为钢液中碳的传质对脱碳反应不会产生较大的阻力，因此，可以证明在中高碳铁液中 CO_2 脱碳时为气相传质和 CO_2 的分解吸附混合控速。

5) CO_2 分压与碳含量的关系

根据热力学原理和化学反应平衡原理可知，在冶炼前期与钢液平衡的气相中 CO 和 CO_2 共同存在，因此需要求出气相中的 CO_2 气体分压 p_{CO_2}。

反应由式(3-49)和式(3-50)组成。

$$[C] + [O] =\!= CO(g) \tag{3-49}$$

$$CO(g) + [O] =\!= CO_2(g) \tag{3-50}$$

反应(3-49)、(3-50)的平衡常数与温度的关系见式(3-51)、式(3-52)。

$$\lg \frac{p_{CO}}{a_{[O]} a_{[C]}} = \frac{1160}{T} + 2.003 \tag{3-51}$$

$$\lg \frac{p_{CO_2}}{p_{CO} a_{[O]}} = \frac{8718}{T} - 4.762 \tag{3-52}$$

联立式(3-41)、式(3-42)消掉 $a_{[O]}$，可得到式(3-53)。

$$\lg \frac{p_{CO_2}}{p_{CO}^2} = \frac{7558}{T} - 6.765 - \lg a_{[C]} \tag{3-53}$$

由于 $P_{CO} + P_{CO_2} = 1$，代入式(3-53)，可得

$$10^{\left(\frac{7558}{T} - 6.765 - \lg a_{[C]}\right)} p_{CO}^2 + p_{CO} - 1 = 0 \tag{3-54}$$

温度 T 和 $a_{[C]}$ 与 p_{CO} 无关，式(3-54)是以 p_{CO} 为未知数的一元二次方程。当共轭值中分数线上根式为负值时，p_{CO} 为负值，无意义，因此仅取正值，式(3-55)的值为

$$p_{\text{CO}} = \frac{-1 + \sqrt{1 + 4 \times 10^{\left(\frac{7558}{T} - 6.765 - \lg a_{[\text{C}]}\right)}}}{2 \times 10^{\left(\frac{7558}{T} - 6.765 - \lg a_{[\text{C}]}\right)}} \tag{3-55}$$

由于 $p_{\text{CO}} + p_{\text{CO}_2} = 1$，可得式(3-56)，即 CO_2 分压 p_{CO_2} 与温度 T、[C]活度 $a_{[\text{C}]}$ 的关系式。

$$p_{\text{CO}_2} = 1 - \frac{-1 + \sqrt{1 + 4 \times 10^{\left(\frac{7558}{T} - 6.765 - \lg a_{[\text{C}]}\right)}}}{2 \times 10^{\left(\frac{7558}{T} - 6.765 - \lg a_{[\text{C}]}\right)}} \tag{3-56}$$

由于 $a_{[\text{C}]} = f_{\%,\text{C}} w([\text{C}])$，当碳含量较低时，一般认为钢液为无限稀溶液，以 1%溶液为标准态的活度系数 $f_{\%,\text{C}} \approx 1$。但当钢液中碳含量较高时，$f_{\%,\text{C}}$ 不能忽略。

以 1%溶液为标准态的活度系数 $f_{\%,\text{C}}$ 与以亨利标准态的活度系数 $f_{\text{H,C}}$ 的关系见式(3-29)所示。

$$f_{\text{H,C}} = f_{\%,\text{C}} \frac{w([\text{C}])(M_{\text{Fe}} - M_{\text{C}}) + 100 M_{\text{C}}}{100 M_{\text{C}}} \tag{3-57}$$

式中，M_{Fe} 为 Fe 的相对原子质量，$M_{\text{Fe}} = 56$；M_{C} 为 C 的相对原子质量，$M_{\text{C}} = 12$。将 M_{Fe}、M_{C} 的值代入式(3-57)，可得

$$f_{\%,\text{C}} = f_{\text{H,C}} \frac{1200}{44 w([\text{C}]) + 1200} \tag{3-58}$$

将式(3-58)两边取对数，可得

$$\lg f_{\%,\text{C}} = \lg f_{\text{H,C}} + \lg \frac{1200}{44 w([\text{C}]) + 1200} \tag{3-59}$$

对于钢液中 Fe-C-O 三元系，碳含量较高时氧含量较低，因此，氧含量对碳的活度系数的影响较小，可忽略不计，将 Fe-C-O 三元系简化为 Fe-C 二元系。由文献可知，Fe-C 二元系中 $f_{\%,\text{C}}$ 与 $f_{\text{H,C}}$ 的关系为

$$\lg f_{\text{H,C}} = \frac{4350}{T}[1 + 0.0004(T - 1770)](1 - x_{\text{Fe}}^2) \tag{3-60}$$

式中，x_{Fe} 为铁液中 Fe 的摩尔分数。

当铁液中碳含量较高时，氧含量较低，可忽略不计，则铁液中 Fe 的摩尔分数可表示为

$$x_{\text{Fe}} = 1 - x_{\text{C}} \tag{3-61}$$

式中，x_{C} 为铁液中[C]的摩尔分数。

x_C 与铁液中[C]的质量分数的关系为

$$x_C = \frac{w([C])/12}{w([C])/12 + (100 - w([C]))/56} \tag{3-62}$$

将式(3-60)~式(3-62)代入式(3-59)，可得

$$\lg f_{\%,C} = \left(1.74 + \frac{1270}{T}\right)\frac{w([C])(12.47w([C]) + 934)}{(3.67w([C]) + 100)^2} + 3.08 - \lg(44w([C]) + 1200) \tag{3-63}$$

式(3-63)即以1%溶液为标准态的活度系数 $f_{\%,C}$ 与冶炼温度 T、[C]的质量分数 $w([C])$ 的关系式。

2. 低碳钢液中二氧化碳用于炼钢脱碳的研究

1)低碳时喷吹 CO_2 的利用率

结合式(3-41)，根据实验结果，计算出低碳条件下喷吹 CO_2 的利用率。具体实验方法与中高碳铁液中实验方法类似。当冶炼温度为 1600℃，气体流量 q=300mL/min 时，熔池在低碳阶段不同初始碳含量时 CO_2 的利用率见图 3-52。

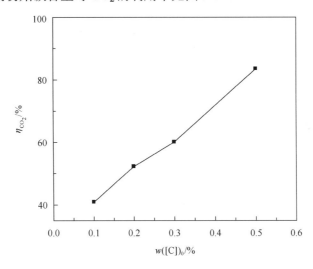

图 3-52　不同初始碳含量时 CO_2 的利用率

由图 3-52 可知，CO_2 利用率和熔池碳含量呈正相关关系。当熔池中碳含量较低，即 $w([C]) \leqslant 0.5\%$ 时，η_{CO_2} 随着碳含量的降低急剧下降，η_{CO_2} 由 83.5%降至 40.84%，平均仅为 59.2%。这主要是由于当钢液中碳含量较低时，脱碳反应 $CO_2 + [C] \Longrightarrow 2CO$ 中[C]的传质能力显著下降，吹入铁碳熔体中的 CO_2 不能全部与碳反应。因此，随着碳含量的进一步降低，CO_2 利用率逐渐下降。同时由于 CO_2 作为氧化性气体，与熔池中的 Fe 在高温下也可反应生成 FeO，炉气中的部分 CO 来源于 CO_2 与 Fe 的反应。

结合图 3-39 和图 3-52，得到在不同冶炼阶段 CO_2 的利用率，见图 3-53。由图 3-53 可知，随着冶炼的进行，碳含量逐渐降低，η_{CO_2} 先缓慢下降，再急剧下降。CO_2 利用率均低

于 O_2 利用率，表明 CO_2 脱碳能力低于 O_2，可利用 CO_2 的氧化能力来控制不同冶炼阶段的氧化反应速率，如在双联脱磷炉生产过程中，相比于氧气会大量氧化碳，可利用 CO_2 实现脱磷保碳。在脱碳过程中，可以控制 CO_2 比例，实现脱碳期快速脱碳升温。在冶炼后期，可增加 CO_2 比例，强化搅拌的同时抑制 CO_2 大量氧化铁，减少过氧化。

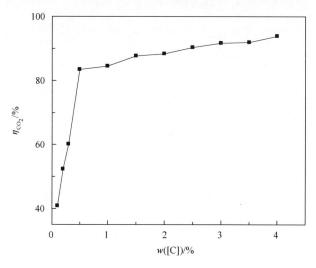

图 3-53　不同冶炼阶段 CO_2 的利用率

图 3-54 是当熔池中初始碳含量为 $w([C])_0 = 0.5\%$，气体流量 $q = 300\text{mL/min}$ 时，不同冶炼温度条件下熔池中 CO_2 的利用率。由图 3-54 可知，在熔池中碳含量较低时，随着冶炼温度的升高，CO_2 的利用率变化规律与熔池中碳含量较高时类似。当熔池温度由 1500℃ 逐渐增加到 1650℃ 时，CO_2 的利用率从 79.0% 增加至 88.8%。当温度分别为 1500℃、1550℃、1600℃ 时，$w([C])_0 = 0.5\%$ 时的 CO_2 的利用率分别为 $w([C])_0 = 3.5\%$ 时的 CO_2 的利用率的89.8%、88.6%、90.8%。在冶炼温度相同时，熔池初始碳含量较低时 CO_2 的利用率较低。

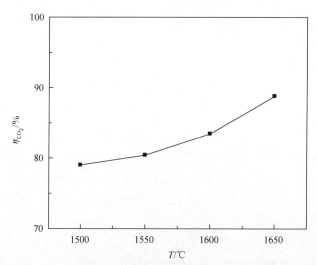

图 3-54　$w([C])_0 = 0.5\%$ 时不同冶炼温度时 CO_2 的利用率

2）低碳时熔池搅拌能量密度

结合式(3-42)，根据实验结果，计算出熔池在低碳阶段时的熔池搅拌能量密度。

当冶炼温度为 1600℃，气体流量 q=300mL/min 时，结合图 3-52，熔池搅拌能量密度随碳含量的变化见图 3-55。

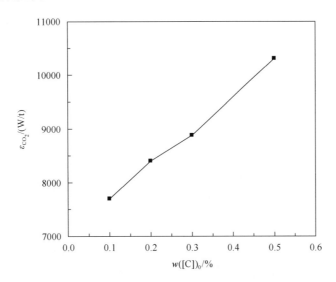

图 3-55 不同初始碳含量时的熔池搅拌能量密度

由图 3-55 可知，当冶炼温度为 1600℃，气体流量 q=300mL/min 时，当熔池碳含量由 0.5%降至 0.1%时，熔池搅拌能量密度由 10308W/t 降至 7699W/t。在冶炼低碳阶段，随着熔池初始碳含量的降低，熔池搅拌能量密度逐渐降低，吹入相同量的 CO_2 时对熔池的搅拌作用逐渐减小。结合图 3-52 可知，主要是由于随着碳含量的降低，CO_2 的利用率逐渐降低。当 CO_2 完全反应时，1 体积的 CO_2 能生成 2 体积的 CO。随着 CO_2 的利用率的降低，1 体积的 CO_2 并不能生成 2 体积的 CO，由于生成 CO 的体积逐渐降低，对熔池的搅拌作用逐渐降低。

图 3-56 为当 $w([C])_0$=0.5%，气体流量 q=300mL/min，低碳阶段时熔池搅拌能量密度随冶炼温度的变化。随着冶炼温度的升高，熔池搅拌能量密度逐渐变大，趋势与 $w([C])_0$=3.5%时类似，当熔池温度由 1500℃逐渐增加至 1650℃时，熔池搅拌能量密度从 9451W/t 增加至 10942W/t。当温度分别为 1500℃、1550℃、1600℃时，$w([C])_0$=0.5% 时的熔池搅拌能量密度分别为 $w([C])_0$=3.5%时的熔池搅拌能量密度的 94.8%、94.1%、95.2%。即在相同冶炼温度时，熔池初始碳含量较低时熔池搅拌能量密度较小。结合图 3-39 和图 3-52 可知，这主要是由于 CO_2 利用率和熔池初始碳含量呈现正相关，当熔池碳含量降低时，CO_2 利用率逐渐下降，1 体积的 CO_2 并不能生成 2 体积的 CO，对熔池的搅拌作用逐渐降低。

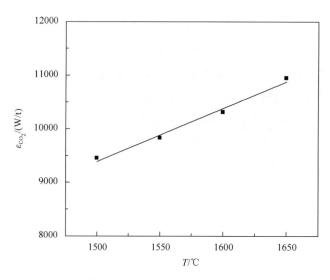

图 3-56　$w([C])_0$=0.5%时不同冶炼温度时的熔池搅拌能量密度

3) 低碳时脱碳反应速率

图 3-57 为熔池初始碳含量 $w([C])_0$=0.5%，气体流量 q=300mL/min 时，低碳时不同冶炼温度时熔池中碳含量的变化。由图 3-57 可知，在碳含量较低时，熔池中碳含量随着冶炼时间呈指数下降。由此可知，熔池中碳含量较低时，脱碳反应为表观一级反应。

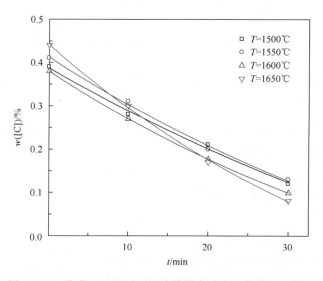

图 3-57　$w([C])_0$=0.5%时不同冶炼温度时熔池中碳含量变化

图 3-58 为初始碳含量 $w([C])_0$=0.5%，气体流量 q=300mL/min 时，低碳时不同冶炼温度对脱碳反应速率的影响。由图 3-58 可知，在熔池初始碳含量 $w([C])_0$=0.5%时，随着冶炼温度的升高，脱碳反应速率逐渐升高，当熔池温度由 1500℃逐渐增加至 1650℃时，脱碳反应速率从 0.0122%/min 增加到 0.0206%/min。在熔池碳含量较低时，随着冶炼温度

的降低，脱碳速率逐渐降低，且基本呈线性下降趋势。这主要是由于在炼钢反应温度下，脱碳反应为吸热反应，冶炼温度越高，越有利于脱碳反应的进行，脱碳反应速率越大。

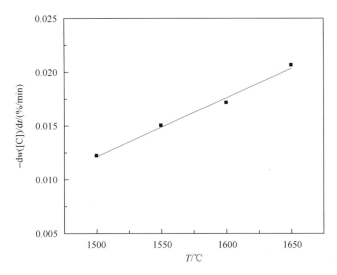

图 3-58　$w([C])_0$=0.5% 时不同冶炼温度对脱碳速率的影响

图 3-59 为初始碳含量 $w([C])_0$=0.5%，气体流量 q=300mL/min 时，低碳时不同冶炼温度对表观反应速率常数的影响。

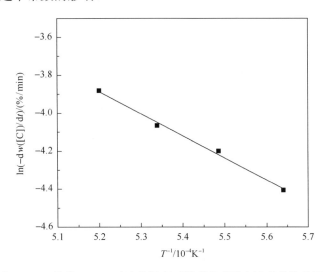

图 3-59　$w([C])_0$=0.5% 时冶炼温度对脱碳表观反应速率常数的影响

通过图 3-59，拟合阿伦尼乌斯公式，得到冶炼温度对脱碳表观速率常数的关系，见式(3-64)。

$$\ln k = 2.171 - \frac{96844 \pm 5000}{RT} \qquad (3\text{-}64)$$

　　由式(3-64)可知，在熔池初始碳含量 $w([C])_0$=0.5%，气体流量 q=300mL/min 时的脱碳反应活化能为 (96.84±5.00) kJ/mol。结合式(3-43)，可发现熔池初始碳含量低时的脱碳反应活化能低于碳含量高时的脱碳反应活化能，$w([C])_0$=0.5%时脱碳反应活化能为 $w([C])_0$=3.5%时的脱碳反应活化能的 76%，可知熔池在冶炼不同阶段的脱碳反应活化能相差较大。

　　图 3-60 为冶炼温度为 1600℃，气体流量 q=300mL/min 时，低碳阶段时熔池中碳含量随冶炼时间的变化。由图 3-60 可知，熔池初始碳含量在 0.1%～0.5%时，熔池碳含量随冶炼时间呈指数下降，此时脱碳反应表现为一级反应。其回归方程见表 3-4。

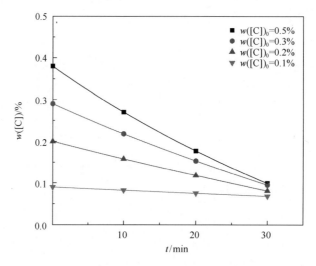

图 3-60　$w([C])_0$=0.1%～0.5%时熔池中碳含量变化

表 3-4　低碳阶段时 $w([C])$-t 关系的回归方程

$w([C])_0$/%	回归方程	R^2
0.5	$w([C]) = 0.700e^{-\frac{t}{58.32}} - 0.319$	0.999
0.3	$w([C]) = 0.706e^{-\frac{t}{92.82}} - 0.416$	0.999
0.2	$w([C]) = 0.693e^{-\frac{t}{159.18}} - 0.493$	0.999
0.1	$w([C]) = 0.226e^{-\frac{t}{292.79}} - 0.136$	0.999

　　结合表 3-3、表 3-4，计算出在不同初始碳含量时的脱碳速率，得到低碳不同初始碳含量时脱碳速率曲线，见图 3-61。

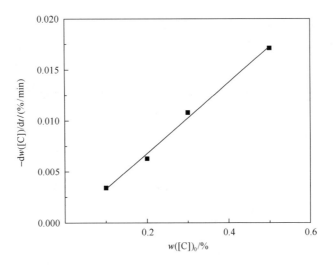

图 3-61　$w([C])_0$=0.1%～0.5%时脱碳速率曲线

结合图 3-61，得到不同初始碳含量时脱碳速率曲线，见图 3-62。

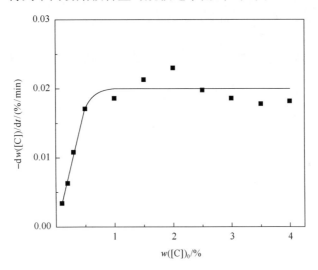

图 3-62　不同初始碳含量时脱碳速率曲线

由图 3-62 可知，脱碳速率曲线分为两部分，分别如下。

第一阶段：
$$-\frac{dw([C])}{dt} = kw([C]) \tag{3-65}$$

第二阶段：
$$-\frac{dw([C])}{dt} = A \tag{3-66}$$

当两个阶段脱碳速率相等时，
$$A = kw([C]) \tag{3-67}$$

由表 3-3 可以计算出 A=0.02，由表 3-4 可以计算出 k=0.035，得到拐点应在 $w([C])$=

0.571%附近。当 $w([C])>0.571\%$ 时，脱碳反应为表观零级反应，脱碳速率与钢液中初始碳浓度无关。当 $w([C])<0.571\%$ 时，脱碳反应为表观一级反应，脱碳速率与钢液中初始碳浓度成正相关。由实验结果可知，当熔池初始碳含量在 1.0%～4.0% 时，脱碳反应为表观零级反应；当熔池初始碳含量在 0.1%～0.5% 时，脱碳反应为表观一级反应。即拐点应在 0.5%～1.0%，计算出的拐点 $w([C])=0.571\%$ 在此区间范围内。

4)低碳阶段喷吹 CO_2 的脱碳动力学

喷吹 CO_2 的脱碳化学反应见下式。

$$CO_2 + [C] \Longrightarrow 2CO \tag{3-68}$$

CO_2 气泡与钢液中[C]作用的过程机理如下：

(1)元素 C 由钢液内部向气泡传质；

(2)在气泡表面处发生界面反应；

(3)产生的 CO 向气泡内部扩散，并随气泡上浮。

由于高温下界面化学反应速率很快，不会成为控速环节，因此，低碳阶段喷吹二氧化碳的控速环节为碳传质或一氧化碳传质。

(1)碳传质为反应控速环节。

在低碳阶段，若碳元素传质为反应控速环节，根据传质理论，碳的传质速率为

$$\frac{dn_C}{dt}=k_{dC}A(c_{[C]}-c_{[C],s}) \tag{3-69}$$

式中，k_{dC} 为钢中碳的传质系数，m/s；A 为气泡表面积，m^2；$c_{[C]}$ 为钢液中碳的浓度，mol/m^3；$c_{[C],s}$ 为钢液和气泡界面处浓度，mol/m^3。

由 Higbie 的溶质渗透理论可得

$$k_{dC}=2\sqrt{\frac{D_C}{\pi t_e}} \tag{3-70}$$

$$t_e=\frac{2r}{u_t} \tag{3-71}$$

$$u_t \approx 0.7\sqrt{gr} \tag{3-72}$$

式中，D_C 为碳在钢液中的扩散系数，m^2/s；t_e 为接触时间，s；r 为气泡半径，m；u_t 为气泡上浮速度，m/s；g 为重力加速度，$9.8m/s^2$。

由式(3-70)～式(3-72)可得

$$k_{dC}=2\sqrt[4]{\frac{0.49gD_C^2}{2\pi^2 d}} \tag{3-73}$$

式中，d 为气泡直径，m。

$$\frac{dn_C}{dt}=\frac{dn_C}{dh}\frac{dh}{dt}=u_t\frac{dn_C}{dh} \tag{3-74}$$

式中，h 为熔池深度，m。

由式(3-69)、式(3-74)可得

$$\frac{dn_C}{dh}=\frac{k_{dC}A}{u_t}(c_{[C]}-c_{[C],s}) \tag{3-75}$$

气泡体积 V_b(m^3) 为

$$V_b=\frac{4}{3}\pi\left(\frac{d}{2}\right)^3 \tag{3-76}$$

可得

$$d=\frac{6V_b}{\pi d^2} \tag{3-77}$$

将式(3-72)~式(3-74)代入式(3-75)，可得

$$\frac{dn_C}{dh}=2\sqrt[4]{\frac{0.49gD_C^2}{2\pi^2 d}}\frac{4\pi\left(\frac{d}{2}\right)^2}{0.7\sqrt{g\frac{d}{2}}}(c_{[C]}-c_{[C],s})=\frac{68.6V_b}{\sqrt{\pi}\cdot d^2}\sqrt[4]{\frac{0.98D_C^2 d}{g}}(c_{[C]}-c_{[C],s}) \tag{3-78}$$

$$dn_C=\frac{68.6V_b}{\sqrt{\pi}d^2}\sqrt[4]{\frac{0.98D_C^2 d}{g}}(c_{[C]}-c_{[C],s})dh \tag{3-79}$$

喷吹 CO$_2$ 时，若单位时间内进入熔池的气泡为 N_{CO_2} 个，则单位时间内熔池内碳传质至钢液-气泡界面的总量为

$$\frac{dn_C}{dt}=\int_0^h\frac{17.1V_b}{\sqrt{\pi}d^2}\sqrt[4]{\frac{0.98D_C^2 d}{g}}\frac{N_{CO_2}}{W_m}(c_{[C]}-c_{[C],s})dh \tag{3-80}$$

式中，W_m 为钢液质量，kg。

由于

$$q_{CO_2}=N_{CO_2}V_b \tag{3-81}$$

式中，q_{CO_2} 为喷吹 CO_2 流量，m^3/s。

则

$$N_{CO_2} = \frac{q_{CO_2}}{V_b} \tag{3-82}$$

将式(3-82)代入式(3-80)，可得

$$\frac{dn_C}{dt} = \frac{17.1 h q_{CO_2}}{\sqrt{\pi} d^2 W_m} \sqrt[4]{\frac{0.98 D_C^2 d}{g}} (c_{[C]} - c_{[C],s}) \tag{3-83}$$

令 $k_{[C]} = \dfrac{17.1 h \cdot q_{CO_2}}{\sqrt{\pi} \cdot d^2} \sqrt[4]{\dfrac{0.98 D_C^2 d}{g}}$ ，式(3-83)可化为

$$\frac{dn_C}{dt} = \frac{k_{[C]}}{W_m} (c_{[C]} - c_{[C],s}) \tag{3-84}$$

式中，$k_{[C]}$ 为钢中碳的综合传质系数，$(m^3 \cdot kg)/s$。

当反应(3-68)达到平衡时，

$$K = \frac{\left(\dfrac{P_{CO}}{P^\ominus}\right)^2}{\dfrac{P_{CO_2}}{P^\ominus} w([C])_s f_{[C]}} \tag{3-85}$$

式中，K 为反应(3-68)的平衡常数；P_{CO} 为 CO_2 气泡中 CO 分压，Pa；P_{CO_2} 为 CO_2 气泡中 CO_2 分压，Pa；$P^\ominus$ 为标准大气压，Pa；$w([C])_s$ 为 CO_2 气泡表面处碳的质量分数；$f_{[C]}$ 为碳的活度系数。

当熔池中碳含量较低时，$f_{[C]} \approx 1$，则在气泡处碳的界面浓度为

$$w([C])_s = \frac{\left(\dfrac{P_{CO}}{P^\ominus}\right)^2}{K \dfrac{P_{CO_2}}{P^\ominus}} \tag{3-86}$$

摩尔浓度与质量分数的换算关系如下：

$$C(mol/m^3) = \frac{w([C])_s \rho}{M_C} = 60000 w([C]) \tag{3-87}$$

式中，M_C 为碳元素摩尔质量，$12 \times 10^{-3} kg/mol$；ρ 为钢液密度，$7.2 \times 10^{3} kg/m^3$。

将式(3-86)和式(3-87)代入式(3-84)得

$$\frac{dn_C}{dt} = \frac{6000 k_{[C]}}{W_m} \left(w([C]) - \frac{(p_{CO}/p^{\ominus})^2}{K\, p_{CO_2}/p^{\ominus}} \right) \tag{3-88}$$

CO 气体生成速度为碳元素通过边界层的速度的 2 倍。

$$\frac{dp_{CO}}{dt} = \frac{RT dn_{CO}}{V_b dt} = \frac{2RT dn_C}{V_b dt} \tag{3-89}$$

式中，R 为摩尔气体常数，$8.314 J/(mol \cdot K)$。

将式(3-89)代入式(3-88)并分离变量积分得到如下方程：

$$\int_0^{p'_{CO}} \frac{dp_{CO}}{w([C]) - \dfrac{(p_{CO}/p^{\ominus})^2}{K\, p_{CO_2}/p^{\ominus}}} = \frac{2RT}{V} \frac{6000 k_{[C]}}{W_m} \int_0^t dt \tag{3-90}$$

若碳元素传质是控速环节，经过计算得一氧化碳分压与反应时间的关系如下：

$$\frac{\sqrt{Kw([C])p_{CO_2}p^{\ominus}}}{2w([C])} \ln \frac{1 + \dfrac{p_{CO}}{\sqrt{Kw([C])p_{CO_2}p^{\ominus}}}}{1 - \dfrac{p_{CO}}{\sqrt{Kw([C])p_{CO_2}p^{\ominus}}}} = \frac{6000 k_{[C]}}{W_m} \frac{2RT}{V} t \tag{3-91}$$

对反应(3-68)，$\Delta G^{\ominus} = 137890 - 126.52T$，在 $T = 1873K$ 时，$K = 580$。二氧化碳分压为 $p_{CO_2} = 1.5 \times 10^5 Pa$，假设气泡半径 $r = 0.01m$，碳元素扩散系数 $D_C = 2 \times 10^{-9} m^2/s$，在 $w([C])$ 分别为 0.1%、0.2%、0.3%、0.4%、0.5%时，将钢液条件代入式(3-91)，分别得到在不同初始碳含量条件下，当熔池中碳传质为反应控速环节时气泡内一氧化碳分压与反应时间的关系，如图 3-63 所示。

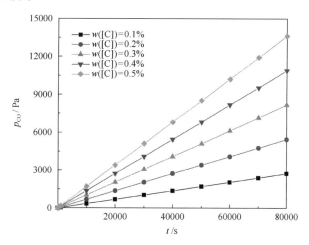

图 3-63　碳传质控速时一氧化碳分压与反应时间关系

由图 3-63 可知，若碳传质过程为控速环节，在很长的时间内脱碳反应气泡内一氧化碳分压仍未达到最大值，即反应仍未达到平衡，可认为碳元素传质控制着整个反应的进行，是控速环节。可通过适当提高喷吹 CO_2 流量来促进碳元素的传质。提高 CO_2 流量，既可增大 CO_2 利用率，提高脱碳反应效率，又可增强熔池搅拌能量密度，增强搅拌能力，加速钢液流动，促进碳元素传质，促进脱碳反应进行。

(2) 一氧化碳传质为反应控速环节。

若一氧化碳传质为反应控速环节，根据传质理论，一氧化碳的传质速率为

$$\frac{\mathrm{d}n_{CO}}{\mathrm{d}t} = \frac{k_{d_{CO}}A}{RT}(p_{CO,s} - p_{CO}) \tag{3-92}$$

式中，$k_{d_{CO}}$ 为 CO 传质系数，m/s；$p_{CO,s}$ 为气泡表面处一氧化碳分压，Pa；p_{CO} 为气泡内部一氧化碳分压，Pa。

利用等压方程式将上式变换如下

$$\frac{\mathrm{d}p_{CO}}{\mathrm{d}t} = \frac{A}{V}k_{d_{CO}}(p_{CO,s} - p_{CO}) \tag{3-93}$$

由式 (3-35) 可得

$$p_{CO,s} = \sqrt{Kw([C])p_{CO_2}p^\ominus} \tag{3-94}$$

$$\frac{\mathrm{d}p_{CO}}{\mathrm{d}t} = \frac{A}{V}k_{d_{CO}}\left(\sqrt{Kw([C])p_{CO_2}p^\ominus} - p_{CO}\right) \tag{3-95}$$

积分后得到一氧化碳分压与气泡在钢液内停留时间的关系如下

$$\ln\frac{\sqrt{Kw([C])p_{CO_2}p^\ominus}}{\sqrt{Kw([C])p_{CO_2}p^\ominus} - p_{CO}} = \frac{A}{V} \cdot k_{d_{CO}} \cdot t \tag{3-96}$$

由渗透理论可得气体的传质系数如下

$$k_{d_{CO}} = 2\sqrt{\frac{D_g}{\pi t_e}} \tag{3-97}$$

其中气体扩散系数可由如下模型计算：

$$D_{CO\text{-}CO_2} = 1.883 \times 10^{-22}T^{3/2} \times \frac{[(M_{CO} + M_{CO_2})/(M_{CO} \cdot M_{CO_2})]^{1/2}}{p\sigma_{CO\text{-}CO_2}^2 \Omega} \tag{3-98}$$

式中，$D_{CO\text{-}CO_2}$ 为 CO 扩散系数，m/s；T 为熔池温度，K；M_{CO} 为 CO 相对分子质量，28g/mol；p 为压力，101325Pa；M_{CO_2} 为 CO_2 相对分子质量，44g/mol；$\sigma_{CO\text{-}CO_2}$ 为平均

碰撞直径，m；Ω 为基于 Lennard-Jones 势函数碰撞积分的 $f\left(\dfrac{KT}{\varepsilon_{CO\text{-}CO_2}}\right)$；$\varepsilon_{CO\text{-}CO_2}$ 为分子间作用的能量。

其中 Ω、$\varepsilon_{CO\text{-}CO_2}$、$\sigma_{CO\text{-}CO_2}$ 可分别通过下式计算：

$$\Omega = \frac{1.0603}{(T^*)^{0.15610}} + \frac{0.19300}{e^{0.47635T^*}} + \frac{1.03587}{e^{1.52996T^*}} + \frac{1.76474}{e^{3.89411T^*}} \tag{3-99}$$

$$T^* = \frac{K_B T}{\varepsilon_{CO\text{-}CO_2}} \tag{3-100}$$

$$\frac{\varepsilon_{CO\text{-}CO_2}}{K_B} = \left(\frac{\varepsilon_{CO}}{K_B}\frac{\varepsilon_{CO_2}}{K_B}\right)^{1/2} \tag{3-101}$$

$$\sigma_{CO\text{-}CO_2} = \frac{1}{2}(\sigma_{CO} + \sigma_{CO_2}) \tag{3-102}$$

查表可得 $\dfrac{\varepsilon_{CO}}{K_B}=91.7K$，$\dfrac{\varepsilon_{CO_2}}{K_B}=195.2K$，$\sigma_{CO}=3.690\times10^{-10}m$，$\sigma_{CO_2}=3.941\times10^{-10}m$，计算可得 $T^*=14$，代入式(3-99)可得 $\Omega=0.7025$。

当 $T=1873K$ 时，代入式(3-98)，计算可得

$$D_{CO\text{-}CO_2}=1.883\times10^{-22}\times1873^{3/2}\times\frac{[(28+44)/(28\times44)]^{1/2}}{101325\times(3.816\times10^{-10})^2\times0.7025} \tag{3-103}$$

$$=3.56\times10^{-4}m^2/s$$

由式(3-71)、式(3-72)可得

$$t_e = \frac{2r}{0.7\sqrt{gr}} \tag{3-104}$$

式中，t_e 为气泡与钢液接触时间，s。

当 $r=0.01m$ 时，$t_e=0.091s$，代入式(3-97)，可得

$$k_{d_{CO}}=2\sqrt{\frac{3.56\times10^{-4}}{\pi\times0.091}}=7.05\times10^{-2}m/s \tag{3-105}$$

对反应(3-68)，在 $T=1873K$ 时，$K=580$。二氧化碳分压为 1.5×10^5Pa，气泡半径 $r=0.01m$，$k_{d_{CO}}=7.05\times10^{-2}\ m/s$，在 $w([C])$ 分别为 0.1%、0.2%、0.3%、0.4%、0.5%时将钢液条件代入式(3-96)分别得到在不同初始碳含量时，当一氧化碳传质为反应控速环节

时，气泡内一氧化碳分压与反应时间的关系，如图 3-64 所示。

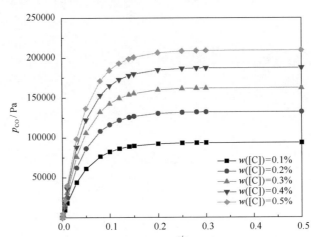

图 3-64　一氧化碳控速时一氧化碳分压与反应时间关系

由图 3-64 可知，若一氧化碳控速为脱碳反应的限制性环节，则气泡内一氧化碳分压在较长时间内无法达到平衡。但根据计算结果，脱碳反应将在很短的时间内使气泡内一氧化碳达到最大值，即反应达到平衡。可认为一氧化碳控速传质不是控速环节。

3. 超低碳钢液中二氧化碳用于炼钢脱碳的研究

图 3-65 为冶炼温度为 1600℃，气体流量 q=100mL/min，$w([C])$<0.05%时钢液中碳含量的变化。由图 3-65 可知，当 0.01%<$w([C])$<0.05%时，熔池中碳含量随冶炼时间呈指数下降，脱碳反应为表观一级反应，与低碳钢液中脱碳类似。当 $w([C])$=0.01%时，熔池中碳含量随冶炼时间基本不变。当 $w([C])$<0.01%时，熔池中碳含量随冶炼时间直线增加，熔池出现增碳现象。其回归方程见表 3-5。

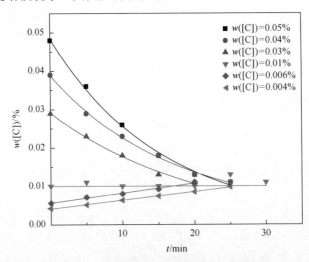

图 3-65　$w([C])$<0.05%时熔池中碳含量变化

表 3-5　$w([C])_0 < 0.05\%$ 时 $w([C])$-t 关系的回归方程

$w([C])_0/\%$	回归方程	R^2
0.05	$w([C]) = 0.0478e^{-\frac{t}{15.50}} + 6.29 \times 10^{-4}$	0.996
0.04	$w([C]) = 0.0364e^{-\frac{t}{17.03}} + 0.0024$	0.996
0.03	$w([C]) = 0.0302e^{-\frac{t}{21.12}} - 0.0011$	0.992
0.006	$w([C]) = 2.58 \times 10^{-4}t + 0.0058$	0.984
0.004	$w([C]) = 2.246 \times 10^{-4}t + 0.0041$	0.998

　　由图 3-65 可以发现，CO₂ 用于钢液脱碳时，可将碳含量脱至 0.011% 左右，与文献中向铁碳悬浮液滴表面喷吹 CO₂ 实验方法得到的结果，即最低碳含量 0.010% 很接近。

　　图 3-66 为初始碳含量 $w([C])_0 = 0.004\%$，气体流量 $q = 100\text{mL/min}$ 时，不同冶炼温度时熔池中碳含量的变化。由图 3-66 可知，在熔池初始碳含量 $w([C])_0 = 0.004\%$ 时，熔池中碳含量随着冶炼时间呈线性增加的趋势。

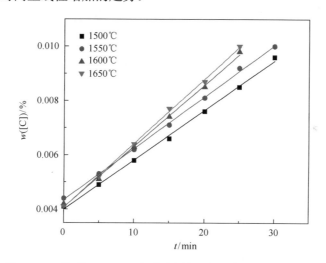

图 3-66　$w([C])_0 = 0.004\%$ 时不同冶炼温度时熔池中碳含量变化

　　初始碳含量 $w([C])_0 = 0.004\%$ 时不同冶炼温度对增碳速率的影响。由图 3-67 可知，随着冶炼温度的升高，增碳速率也逐渐升高。

　　对反应 [C]+[O]＝＝CO，由文献可知，

$$\lg(w([C])w([O])) = -\frac{1160}{T} - 2.003 \tag{3-106}$$

　　当冶炼温度为 1600℃，碳含量脱至 0.011% 时，熔池中的平衡氧含量 $w([O])_e = 0.22$。

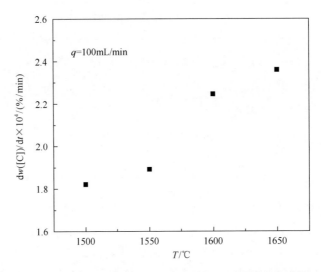

图 3-67　$w([C])_0 = 0.004\%$时不同冶炼温度对增碳速率的影响

图 3-68 为 $w([C])_0 < 0.011\%$时熔池中氧含量变化。由图 3-68 可知，当熔池中碳含量低于 CO_2 可脱除的极限碳含量时，继续向超低碳钢液中喷吹 CO_2 会使熔池出现增氧现象。

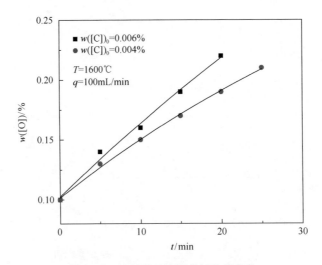

图 3-68　超低碳时熔池中氧含量变化

图 3-69 为 $w([C]) < 0.011\%$时熔池中 $w([C])$ 与 $w([O])$ 的关系。由 3-69 可知，此时会同时出现增碳增氧现象。超低碳钢液条件下的增碳增氧现象和相关机理还有待进一步验证和研究。

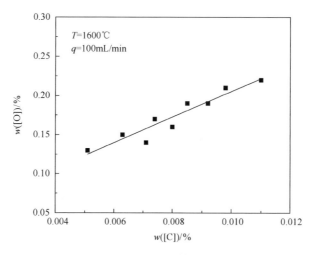

图 3-69　超低碳时熔池中 $w([C])$ 与 $w([O])$ 的关系

3.2.2　喷吹 CO₂ 与 O₂ 混合气时的脱碳动力学

1. 脱碳反应动力学模型

目前，脱碳反应的研究主要集中在喷吹一种氧化性气体(O_2、CO_2)，然而脱碳反应控速环节说法不一：对于用 CO_2 气体脱碳，研究者认为其控速环节为界面化学反应控速或者混合控速(气相传质-界面化学反应)；对于用 O_2 气体脱碳，研究者认为其为气相传质控速。喷吹 CO_2-O_2 混合气体进行钢液脱碳反应增加了反应动力学研究的难度，脱碳反应过程中将同时存在反应(2-11)～反应(2-13)及反应(3-107)：

$$2CO+O_2 === 2CO_2 \tag{3-107}$$

Simento 认为，反应过程中这四个反应是相互独立地同时进行。在本实验中，这四个反应相互独立还是相互影响？它将是研究脱碳反应机理的关键。为了解决这个问题，设计用 Ar 代替一种氧化性气体进行对比实验，实验条件为：$w([C])=3\%$、$T=1873K$、$q=150mL/min$、$\Delta h=3cm$，结果如图 3-70 所示。

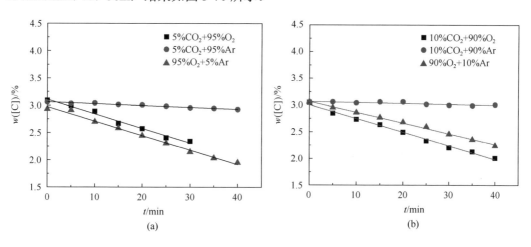

(a)　　　　　　　　　　　　　　　　　(b)

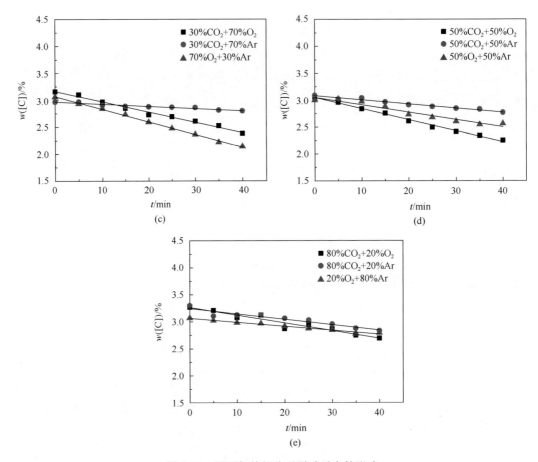

图 3-70　不同气体组分对脱碳反应的影响

表 3-6 列出了不同气体组分下的脱碳反应速率。从表中可知，用 Ar 代替相应混合气体中的一种氧化性气体，它们的反应速率存在以下线性叠加关系：

$$-dw([C])/dt_{(CO_2+O_2)} = \alpha(-dw([C])/dt_{(CO_2+Ar)}) + 2\beta(-dw([C])/dt_{(O_2+Ar)}) \quad (3-108)$$

式中，α、β 为 CO_2、O_2 参与高温火点区脱碳反应的利用率。以上结果表明，反应(2-11)～反应(2-13)及反应(3-107)是平行反应。

下面将分析脱碳反应速率随 CO_2 喷吹浓度的变化规律的原因。先将 CO_2、O_2 参与脱碳反应作理想化假设，即 CO_2、O_2 的利用率均为 100%，则有

$$-dw([C])/dt_{CO_2+O_2} = (-dw([C])/dt_{CO_2}) + (-dw([C])/dt_{O_2}) \quad (3-109)$$

表 3-6　不同气体组分下的脱碳反应速率

气体组成	$-\mathrm{d}\,w([\mathrm{C}])/\mathrm{d}t/(\%/\mathrm{min})$
5%CO_2+95%O_2	0.02667
5%CO_2+95%Ar	0.00334
95%O_2+5%Ar	0.02642
10%CO_2+90%O_2	0.02563
10%CO_2+90%Ar	0.00175
90%O_2+10%Ar	0.02020
30%CO_2+70%O_2	0.01908
30%CO_2+70%Ar	0.00416
70%O_2+30%Ar	0.02350
50%CO_2+50%O_2	0.02066
50%CO_2+50%Ar	0.00773
50%O_2+50%Ar	0.01368
80%CO_2+20%O_2	0.01431
80%CO_2+20%Ar	0.01001
20%O_2+80%Ar	0.00738

对于 CO_2 喷吹比例为 0%～100%范围内，脱碳速率可依次表示为

$$-\mathrm{d}w([\mathrm{C}])/\mathrm{d}t_{0\%\mathrm{CO}_2} = 0\times(-\mathrm{d}w([\mathrm{C}])/\mathrm{d}t_{\mathrm{CO}_2})+100\%\times(-\mathrm{d}w([\mathrm{C}])/\mathrm{d}t_{\mathrm{O}_2}) \quad (3\text{-}110)$$

$$-\mathrm{d}w([\mathrm{C}])/\mathrm{d}t_{5\%\mathrm{CO}_2} = 5\%\times(-\mathrm{d}w([\mathrm{C}])/\mathrm{d}t_{\mathrm{CO}_2})+95\%\times(-\mathrm{d}w([\mathrm{C}])/\mathrm{d}t_{\mathrm{O}_2}) \quad (3\text{-}111)$$

$$-\mathrm{d}w([\mathrm{C}])/\mathrm{d}t_{10\%\mathrm{CO}_2} = 10\%\times(-\mathrm{d}w([\mathrm{C}])/\mathrm{d}t_{\mathrm{CO}_2})+90\%\times(-\mathrm{d}w([\mathrm{C}])/\mathrm{d}t_{\mathrm{O}_2}) \quad (3\text{-}112)$$

$$\vdots$$

$$-\mathrm{d}w([\mathrm{C}])/\mathrm{d}t_{100\%\mathrm{CO}_2} = 100\%\times(-\mathrm{d}w([\mathrm{C}])/\mathrm{d}t_{\mathrm{CO}_2})+0\%\times(-\mathrm{d}w([\mathrm{C}])/\mathrm{d}t_{\mathrm{O}_2}) \quad (3\text{-}113)$$

众所周知，O_2 的氧化能力要强于 CO_2，那么当 CO_2 喷吹比例由 0%增加至 5%时，增加 5%CO_2 的脱碳反应速率小于减少 5%O_2 的脱碳反应速率，即

$$-\mathrm{d}w([\mathrm{C}])/\mathrm{d}t_{0\%\mathrm{CO}_2} < -\mathrm{d}w([\mathrm{C}])/\mathrm{d}t_{5\%\mathrm{CO}_2}$$

同理可得

$$-\mathrm{d}w([\mathrm{C}])/\mathrm{d}t_{10\%\mathrm{CO}_2} < -\mathrm{d}w([\mathrm{C}])/\mathrm{d}t_{5\%\mathrm{CO}_2}$$

$$\vdots$$

$$-\mathrm{d}w([\mathrm{C}])/\mathrm{d}t_{100\%\mathrm{CO}_2} < -\mathrm{d}w([\mathrm{C}])/\mathrm{d}t_{90\%\mathrm{CO}_2}$$

以上是 CO_2、O_2 的利用率均为 100%时的过程。由气相质谱法结果可知，CO_2 喷吹比例为 0%～100%，O_2 基本全部参与脱碳反应，不同的喷吹浓度，CO_2 利用率不同，仅在 20%以内能接近 100%，则 $\alpha=100\%$、$\beta<100\%$。当 CO_2 喷吹比例由 0%增加至 5%时，增加 5%CO_2 的脱碳反应速率为 5%β，增加 5%CO_2 的脱碳反应速率明显小于减少 5%O_2 的脱碳反应速率，其他 CO_2 喷吹浓度的变化依次类推，由此就说明了为何 CO_2 喷吹浓度越大，CO_2-O_2 混合气体脱碳速率越小。

通过考察气体喷吹高度、气体流速、原始配碳量、反应温度及 CO_2 喷吹浓度等因素对脱碳反应的影响，得出 CO_2-O_2 混合气体脱碳反应满足表观零级反应特征，与钢液中的碳浓度无关。那么，可认为钢液中碳传质不会对脱碳反应产生大的阻力。这一结果与文献中关于单一氧化性气体(O_2、CO_2)脱碳反应的研究结果一致。因此，CO_2-O_2 气体脱碳反应的控速环节可能是气相传质控速、界面化学反应控速或者是这两者的混合控速。下面就这几种可能的控速环节进行讨论，得到相应的动力学模型。

2. 动力学模型控速环节

1) 界面化学反应控速

对于反应(2-11)～反应(2-13)及反应(3-107)，式(2-13)可以表示为反应(2-12)、反应(3-107)的总反应。那么，CO_2-O_2 气体与钢液中碳的反应由反应(2-11)、反应(2-12)表示。由前面的实验结果可知，反应(2-11)、反应(2-12)是平行反应，若脱碳反应是由界面化学反应控速，则有

$$-\frac{dw([C])}{dt} = \left(\frac{1200A}{\rho_m V}\right)k_1 p_{CO_2} + \left(\frac{2400A}{\rho_m V}\right)k_2 p_{O_2}^{\frac{1}{2}} \tag{3-114}$$

由 $p_{CO_2} + p_{O_2} = p^{\ominus}$，式(3-113)可表示为

$$-\frac{dw([C])}{dt} = \left(\frac{1200A}{\rho_m V}\right)k_1 p_{CO_2} + \left(\frac{2400A}{\rho_m V}\right)k_2 (p^{\ominus} - p_{CO_2})^{\frac{1}{2}} \tag{3-115}$$

式中，k_1、k_2 为反应(2-12)、反应(2-11)的表观反应速率常数。

2) 气相传质控速

若脱碳反应为气相传质控速，即

$$O_2^b(g) \rightarrow O_2^i(g) \tag{3-116}$$

$$CO_2^b(g) \rightarrow CO_2^i(g) \tag{3-117}$$

式中，b、i 为气相中、反应界面处。Lee、Distin 等在用 O_2 脱碳的研究中发现，脱碳反应为气相控速时，脱碳速率方程可表示为

$$-\frac{dw([C])}{dt} = \left(\frac{2400A}{\rho_m V}\right)\left(\frac{k_{g,O_2}}{RT_f}\right)\ln(1 + p_{O_2}^b) \tag{3-118}$$

式中，A 为钢液表面积，m^2；V 为钢液体积，m^3；ρ_m 为钢液密度，kg/m^3；T_f 为气相膜层温度，K；k_{g,O_2} 为气相传质系数，$mol/(m^2 \cdot s)$；

与 O_2 类似，CO_2 脱碳反应为气相传质控速时，可表示如下：

$$-\frac{dw([C])}{dt} = \left(\frac{1200A}{\rho_m V}\right)\left(\frac{k_{g,CO_2}}{RT_f}\right)\ln(1 + p_{CO_2}^b) \tag{3-119}$$

CO₂-O₂混合气体脱碳反应中，CO₂、O₂参与脱碳的反应是相互独立地同时进行，因此 CO₂-O₂混合气体脱碳反应速率为 CO₂、O₂脱碳反应的总和：

$$-\frac{\mathrm{d}w([\mathrm{C}])}{\mathrm{d}t}=\left(\frac{1200A}{\rho_{\mathrm{m}}VRT_{\mathrm{f}}}\right)[k_{\mathrm{g,CO_2}}\ln(1+p_{\mathrm{CO_2}}^{\mathrm{b}})+2k_{\mathrm{g,O_2}}\ln(1+p_{\mathrm{O_2}}^{\mathrm{b}})] \quad (3\text{-}120)$$

由 $p_{\mathrm{CO_2}}+p_{\mathrm{O_2}}=p^{\ominus}$，则

$$-\frac{\mathrm{d}w([\mathrm{C}])}{\mathrm{d}t}=\left(\frac{1200A}{\rho_{\mathrm{m}}VRT_{\mathrm{f}}}\right)[k_{\mathrm{g,CO_2}}\ln(1+p_{\mathrm{CO_2}}^{\mathrm{b}})+2k_{\mathrm{g,O_2}}\ln(1+p^{\ominus}-p_{\mathrm{CO_2}}^{\mathrm{b}})] \quad (3\text{-}121)$$

3) 混合控速

从已有的单个氧化性气体脱碳反应研究的报道中发现，多数认为 O₂脱碳反应的控速环节为气相传质控速，CO₂脱碳反应为界面化学反应控速。基于此，若 CO₂-O₂混合气体脱碳反应为混合控速时，那么混合控速由 O₂脱碳反应的气相传质控速和 CO₂脱碳反应的界面化学反应控速组成。由此可得混合控速的动力学方程为

$$-\frac{\mathrm{d}w([\mathrm{C}])}{\mathrm{d}t}=\left(\frac{1200A}{\rho_{\mathrm{m}}V}\right)k_1 p_{\mathrm{CO_2}}+\left(\frac{2400A}{\rho_{\mathrm{m}}VRT_{\mathrm{f}}}\right)k_{\mathrm{g,O_2}}\ln(1+p_{\mathrm{O_2}}^{\mathrm{b}}) \quad (3\text{-}122)$$

由 $p_{\mathrm{CO_2}}+p_{\mathrm{O_2}}=p^{\ominus}$，则

$$-\frac{\mathrm{d}w([\mathrm{C}])}{\mathrm{d}t}=\left(\frac{1200A}{\rho_{\mathrm{m}}V}\right)k_1 p_{\mathrm{CO_2}}+\left(\frac{2400A}{\rho_{\mathrm{m}}VRT_{\mathrm{f}}}\right)k_{\mathrm{g,O_2}}\ln(1+p^{\ominus}-p_{\mathrm{CO_2}}^{\mathrm{b}}) \quad (3\text{-}123)$$

采用动力学方程(3-115)、方程(3-121)及方程(3-123)可对动力学数据进行拟合。由于在实验条件范围内的气体流速对反应速率有一定影响(图3-49)，不能排除气相传质对反应的影响，因此整个脱碳反应过程中界面化学反应不是控速环节。由此可得，脱碳反应的控速环节是气相传质控速或混合控速。用式(3-121)、式(3-122)对整个 CO₂喷吹浓度范围的脱碳速率进行数据拟合，如图3-71所示。

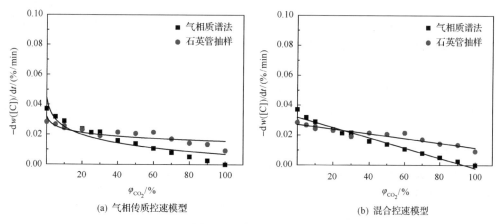

图 3-71　模型拟合结果

$w([\mathrm{C}])=3\%$，$T=1873\mathrm{K}$，$q=150\mathrm{mL/min}$，$\Delta h=3\mathrm{cm}$

由图 3-71(a)发现，曲线的前面部分数据拟合效果较好，后面部分尤其在 CO_2 喷吹浓度大于 70%以后的数据拟合效果较差；图 3-71(b)中，CO_2 喷吹浓度大于 70%以后的数据拟合效果较好，而之前的效果较差。以上结果表明，在整个 CO_2 喷吹浓度范围，并非都是气相传质控速或者是混合控速。结合图 3-70 中的石英管抽样结果，发现脱碳速率在 0%~60%、70%~100%变化规律有明显的差异，这与 CO_2 利用率随 CO_2 喷吹浓度变化的规律一致(图 3-29)。那么，可以推测在 0%~60%、70%~100%CO_2 喷吹浓度范围内脱碳反应机理发生了变化。

为了验证整个 CO_2 喷吹浓度范围内脱碳反应机理是否发生了变化，可对比不同 CO_2 喷吹浓度下的碳浓度变化大小(图 3-72)。

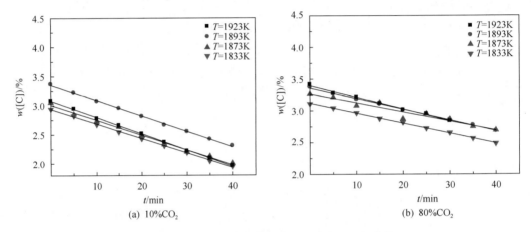

图 3-72　不同反应温度下钢液中碳浓度随时间变化

$w([C])=3\%$，$q= 150\text{mL/min}$，$\Delta h=3\text{cm}$

若反应活化能大小相近，则表明反应机理一样；若反应活化能大小相差较大，则表明反应机理不一样。结合图 3-70 中的石英管抽样法实验结果的变化规律，选取了 CO_2 喷吹浓度为 10%、30%及 80%三个实验点进行考察。确定 CO_2 浓度变化对脱 C 速度的影响。

结合图 3-73 的结果可知，在 CO_2 喷吹浓度为 10%、30%时，计算的反应活化能分别为 37.26kJ/mol、32.13kJ/mol，两者大小基本一样。然而，在 CO_2 喷吹浓度为 80%时，计算的反应活化能达到了 60.71kJ/mol，是 10%、30%CO_2 时的两倍左右。以上结果说明，CO_2 喷吹浓度为 10%、30%时的反应机理一样，而 CO_2 喷吹浓度为 80%时反应机理发生了变化。由此可以证明，在 0%~60%、70%~100%CO_2 喷吹浓度范围内脱碳反应机理发生了变化。

结合图 3-71 的拟合结果，气相传质控速对 70%CO_2 前面的数据拟合较好，混合控速对 70%CO_2 后面的数据拟合较好。那么，在 CO_2 喷吹浓度为 0%~60%时是气相传质控速，70%~100%为混合控速，动力学曲线拟合结果见图 3-74。

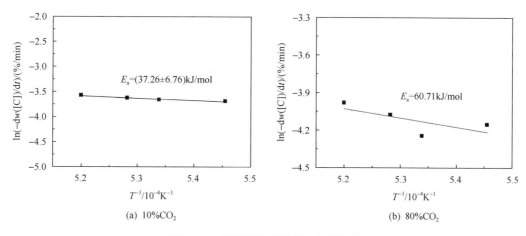

(a) 10%CO₂　　　　　　　　(b) 80%CO₂

图 3-73　反应温度对脱碳速率的影响

$w([C])=3\%$，$q=150mL/min$，$\Delta h=3cm$

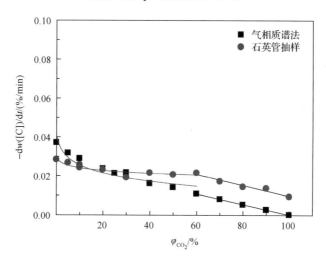

图 3-74　分段拟合结果

$w([C])=3\%$，$T=1873K$，$q=150mL/min$，$\Delta h=3cm$

从脱碳反应富余热量角度考虑，当 CO₂ 的利用率达到 50% 以上时，满足脱碳反应要求的 CO₂ 喷吹浓度范围在 50% 以内；从气相质谱法获得的 CO₂ 利用率角度出发，当 CO₂ 利用率达到 50% 以上时，对应的 CO₂ 喷吹浓度在 30% 以内；从脱碳反应动力学条件考虑，CO₂ 喷吹浓度在 30% 以内的脱碳反应速率较大，脱碳速率随 CO₂ 喷吹浓度的减小而减小。综上所述，最佳的喷吹浓度范围在 30% 以内，CO₂-O₂ 与 Fe-C 体系的脱碳效果最好。

3.3　CO₂ 用于炼钢脱氮动力学

3.3.1　钢液吸收或析出 N₂ 的控速环节

双原子分子气体和钢液反应可表示为 X₂══2[X]。以 N₂ 为例，这类气-液反应过程由以下三个环节组成：

(1)气体向钢液表面扩散：$N_2 = N_2^*$

根据传质理论，反应速率为

$$v_1 = \frac{k_{N,g}}{RT} \frac{A}{V_m} (p_{N_2} - p_{N_2}^*) \tag{3-124}$$

式中，$k_{N,g}$ 为 N 在气相中的传质系数，m/s；A 为反应界面面积，m^2；V_m 为钢液体积，m^3；p_{N_2} 为 N_2 分子在气相中的分压，Pa；$p_{N_2}^*$ 为 N_2 分子在钢液表面的分压，Pa。

(2)吸附化学反应：$N_2^* \underset{K_-}{\overset{K_+}{\rightleftharpoons}} 2[N]^*$。

$$v_2 = \frac{dw([N])}{dt} = \frac{A}{V_m} \cdot (K_+ p_{N_2}^* - K_- w([N])^{*2}) \tag{3-125}$$

式中，K_+ 为吸氮反应的速率常数；K_- 为脱氮反应的速率常数；$w([N])^*$ 为气泡表面氮质量分数。

令 $K = \sqrt{\dfrac{K_+}{K_-}}$，式 (3-125) 可化为

$$v_2 = \frac{A}{V_m} K_+ \left(p_{N_2}^* - \frac{w([N])^{*2}}{K^2} \right) \tag{3-126}$$

(3)气体原子在钢液中扩散：$[N]^* \longrightarrow [N]$。

$$v_3 = \frac{dw([N])}{dt} = k_{N,l} \frac{A}{V_m} (w([N])^* - w([N])) \tag{3-127}$$

式中，$k_{N,l}$ 为 N 在钢液中的传质系数，m/s；$w([N])$ 为钢液内部氮质量分数。

当反应达到稳态时，三个环节的反应速率应该相等，设总的反应速率为 v，则根据化学计量关系可得

$$v = 2v_1 = 2v_2 = v_3 \tag{3-128}$$

由式 (3-124) 和式 (3-126)，消去 $p_{N_2}^*$，得

$$v = 2\frac{A}{V_m} k_R \left(p_{N_2} - \frac{w([N])^{*2}}{K^2} \right) = 2 \frac{A}{V_m} \frac{k_R}{K^2} \left(K\sqrt{p_{N_2}} + w([N])^* \right) \left(K\sqrt{p_{N_2}} - w([N])^* \right) \tag{3-129}$$

式中，k_R 为气相传质和吸附化学反应共同控速时的速率常数，

$$\frac{1}{k_R} = \frac{RT}{k_{N,g}} + \frac{1}{K_+} \tag{3-130}$$

由式 (3-128) 和 (3-129)，消去 $w([N])^*$，可得

$$v = k_\Sigma \frac{A}{V_m} \left(K \sqrt{p_{N_2}} - w([N]) \right) \tag{3-131}$$

式中，k_Σ 为总的速率常数

$$\frac{1}{k_\Sigma} = \frac{1}{k_{N,1}} + \frac{K^2}{2k_R \left(K\sqrt{p_{N_2}} + w([N])^* \right)} \tag{3-132}$$

式 (3-131) 为考虑各个环节的阻力总的速率方程。

由于三个环节同时出现混合控速的速率式较为复杂，为方便起见，将控速环节分为气相传质和吸附化学反应同时控速，以及液相传质控速这两种情况来处理。

当液相传质控速时，气相传质阻力和吸附化学反应的阻力可以忽略，此时式 (3-127) 可以转化为

$$v_3' = k_{N,1} \frac{A}{V_m} \left(K\sqrt{p_{N_2}} - w([N]) \right) \tag{3-133}$$

以 ζ 表示总的反应速率 v 与液相传质时的速率 v_3' 之比，由式 (3-131) 和式 (3-133) 可得

$$\zeta = \frac{v}{v_3'} = \frac{k_\Sigma}{k_{N,1}} \tag{3-134}$$

当 ζ 近似为 1 时，总的反应速率与液相传质控速时的反应速率相等，此时反应受液相传质控速；当 $\zeta \ll 1$ 时，总的反应速率远小于液相传质控速时的反应速率，此时反应不受液相传质控速，而可能受气相传质或吸附化学反应控速，也可能受气相传质和吸附化学反应共同控速。

将式 (3-132) 代入式 (3-134)，可得

$$\zeta = \frac{1/k_{N,1}}{\dfrac{1}{k_{N,1}} + \dfrac{K^2}{2k_R \left(K\sqrt{p_{N_2}} + w([N])^* \right)}} \tag{3-135}$$

由式 (3-127)～式 (3-129) 可得

$$k_{N,1}(w([N])^* - w([N])) = 2k_R \left(p_{N_2} - \frac{w([N])^{*2}}{K^2} \right) \tag{3-136}$$

将式 (3-136) 整理为关于 $w([N])^*$ 的二次方程

$$w([N])^{*2} + \frac{K}{2} \frac{k_{N,1}}{k_R} w([N])^* - \left(\frac{K^2}{2} \frac{k_{N,1}}{k_R} w([N])^2 + K^2 p_{N_2} \right) = 0 \tag{3-137}$$

令 $\beta = \dfrac{k_{N,1}}{k_R}$，对式(3-137)解方程，可得

$$w([N])^* = \frac{K}{2} \cdot \left(-\frac{K\beta}{2} + \sqrt{\frac{K^2\beta^2}{4} + 4\left(\frac{\beta}{2}w([N]) + p_{N_2}\right)} \right) \qquad (3\text{-}138)$$

将式(3-138)代入式(3-135)，可得

$$\zeta = \frac{\dfrac{4\sqrt{p_{N_2}}}{K\beta} - 1 + \sqrt{1 + \dfrac{8w([N])}{K^2\beta} + \dfrac{16p_{N_2}}{K^2\beta^2}}}{\dfrac{4\sqrt{p_{N_2}}}{K\beta} + 1 + \sqrt{1 + \dfrac{8w([N])}{K^2\beta} + \dfrac{16p_{N_2}}{K^2\beta^2}}} \qquad (3\text{-}139)$$

令 $\lambda = \dfrac{4w([N])}{K^2\beta}$，$\mu = \dfrac{4\sqrt{p_{N_2}}}{K\beta}$，则式(3-139)可化为

$$\zeta = \frac{\mu - 1 + \sqrt{1 + 2\lambda + \mu^2}}{\mu + 1 + \sqrt{1 + 2\lambda + \mu^2}} \qquad (3\text{-}140)$$

以 ζ 为纵坐标，λ 为横坐标，μ 为参数作图，可以得到不同 μ 值时 ζ 与 λ 的关系图，见图3-75。

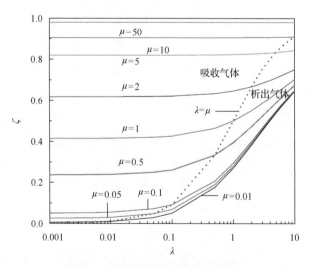

图3-75　不同 μ 值时 ζ 与 λ 的关系图

由图3-75可以得出以下结论：

(1)当 $\lambda = \mu$ 时，由于 $\dfrac{4w([N])}{K^2\beta} = \dfrac{4\sqrt{p_{N_2}}}{K\beta}$，则 $w([N]) = K\sqrt{p_{N_2}}$，此时钢液中吸收气体与析出气体达到平衡状态。

$$\zeta = \frac{\mu}{1+\mu} = \frac{\lambda}{1+\lambda} \tag{3-141}$$

在平衡状态时，ζ 值随着与 μ 或 λ 的增大而增大，如图 3-75 中的虚线所示。

(2) 当 $\lambda < \mu$ 时，由于 $\dfrac{4w([N])}{K^2\beta} < \dfrac{4\sqrt{p_{N_2}}}{K\beta}$，则 $w([N]) < K\sqrt{p_{N_2}}$，此时钢液处于吸收气体的状态。在钢液吸收气体的条件下，气体分压 p_{N_2} 一般较大，所以 μ 一般也比较大。由图 3-75 可见，当 μ 较大时，ζ 将趋近于 1，且变化不大，此时液相传质为控速环节。

(3) 当 $\lambda > \mu$ 时，由于 $\dfrac{4w([N])}{K^2\beta} > \dfrac{4\sqrt{p_{N_2}}}{K\beta}$，则 $w([N]) > K\sqrt{p_{N_2}}$，此时钢液将析出气体。在钢液析出气体的条件下，气体分压 p_{N_2} 一般较小，所以 μ 一般也比较小，这使得 $\zeta \ll 1$，此时气相传质和吸附化学反应为控速环节。

从以上分析可以得到，ζ 越小，液相传质对反应速率的影响越小，气相传质和吸附化学反应的影响越大。ζ 值与 p_{N_2}、$w([N])$、K、β 等因素有关，当这些因素发生变化时，ζ 值可能会有很大的变化。另外，当反应气体不同时，ζ 值也有所不同。

3.3.2　钢液吸收或析出 N_2 的速率方程

随反应条件的不同，钢液吸氮和脱氮的反应动力学规律也会有所不同，主要有表观一级反应和表观二级反应两种情况。

当底吹 N_2 时，气泡内氮分压很高，气泡表面的氧活度显著降低，无表面活性物质[O] 的积聚，吸附化学反应非常迅速，可认为不会成为控速环节。一般认为[N]在气-液边界层的扩散成为控速环节。此时，$\zeta = 1$，即 $k_\Sigma = k_{N,1}$，故对吸气过程，在 $0 \sim t$ 及相应的 $w([N])_0 \sim w([N])$ 内，对式 (3-127) 积分可得

$$\ln \frac{w([N])_e - w([N])_0}{w([N])_e - w([N])} = k_N \frac{A}{V_m} t \tag{3-142}$$

在一定温度下，溶解于钢液中的氮含量主要取决于炉气中氮的分压，氮在钢中的溶解符合平方根定律。

$$N_2 \longrightarrow 2[N] \tag{3-143}$$

$$w([N]) = K_N \sqrt{p_{N_2}} \tag{3-144}$$

式中，K_N 为反应平衡常数；p_{N_2} 为炉气中氮的分压，atm[①]。

平衡常数与冶炼温度 T 的关系见式 (3-145)。

$$\lg K_N = -\frac{518}{T} - 1.063 \tag{3-145}$$

---

① 1atm = 101325Pa。

当 $T=1600℃$ 时，$K_N=0.046$，式(3-144)可写为

$$w([N]) = 0.046\sqrt{p_{N_2}} \tag{3-146}$$

在开放的大气环境下，$p_{N_2}=0.79atm$，代入式(3-146)可得

$$w([N])=0.041\% \tag{3-147}$$

此时的 $w([N])=0.041\%$，即 N 在钢液表面与气相相平衡的氮浓度。

以式(3-142)的左侧 $\ln\dfrac{w([N])_e - w([N])_0}{w([N])_e - w([N])}$ 为纵坐标，右侧 $\dfrac{A}{V_m}t$ 为横坐标作图，见图 3-76。

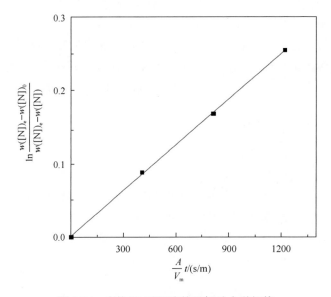

图 3-76　底吹 N_2 时钢液的吸氮动力学规律

由图 3-76 可知，$\ln\dfrac{w([N])_e - w([N])_0}{w([N])_e - w([N])}$ 与 $\dfrac{A}{V_m}t$ 呈线性关系，对数据进行拟合，直线斜率为 N 的传质系数 $k_N=2.075\times10^{-4}m/s$，此时吸氮反应为表观一级反应。

研究表明，当底吹 Ar 或 CO_2 或 O_2 时会进行脱氮，此时为表观二级反应，表明除了传质控速外，吸附化学反应也是控速环节之一。

如果底吹 Ar 或 CO_2 或 O_2 进行脱氮时为液相传质和吸附化学反应混合控速，则总的速率表达式为

$$\frac{1}{k_\Sigma} = \frac{1}{k_{N,l}} + \frac{K^2}{2K_+\left(K\sqrt{p_{N_2}} + w([N])^*\right)} \tag{3-148}$$

将式(3-148)代入式(3-131)，可得

$$v = \frac{A}{V_m} \frac{1}{\dfrac{1}{k_{N,l}} + \dfrac{K^2}{2K_+\left(K\sqrt{p_{N_2}} + w([N])^*\right)}} \left(K\sqrt{p_{N_2}} - w([N])\right) \tag{3-149}$$

由于 $K = \sqrt{\dfrac{w([N])_e^2}{p_{N_2}}}$

$$w([N])_e = K\sqrt{p_{N_2}} \tag{3-150}$$

代入式 (3-149)，可得

$$v = \frac{A}{V_m} \frac{K_+}{\dfrac{K_+}{k_{N,l}} + \dfrac{K^2}{2(w([N])_e + w([N])^*)}} (w([N])_e - w([N])) \tag{3-151}$$

在底吹 Ar 或 CO_2 或 O_2 脱氮条件下，Ar 或 CO_2 或 O_2 气泡中氮分压一般很小，故 $(w([N])_e + w([N])^*)$ 也很小，可能会出现式 (3-152) 的情况：

$$\frac{K_+}{k_{N,l}} \ll \frac{K^2}{2(w([N])_e + w([N])^*)} \tag{3-152}$$

则式 (3-152) 可化为

$$v = \frac{A}{V_m} \frac{2K_+}{K^2} (w([N])_e + w([N])^*)(w([N])_e - w([N])) \tag{3-153}$$

此时脱氮反应受吸附化学反应控速。在这种情况下，氮在气泡表面的浓度 $w([N])^*$ 近似等于氮在钢液中的浓度 $w([N])$，则式 (3-153) 可化为

$$v = \frac{A}{V_m} \frac{2K_+}{K^2} (w([N])_e^2 - w([N])^2) \tag{3-154}$$

将式 (3-150) 代入式 (3-154)，可得

$$v = 2K_+ \frac{A}{V_m} \left(p_{N_2} - \frac{w([N])^2}{K^2}\right) \tag{3-155}$$

由式 (3-128) 可得吸附化学反应速率为

$$v_2 = \frac{v}{2} = K_+ \frac{A}{V_m} \left(p_{N_2} - \frac{w([N])^2}{K^2}\right) \tag{3-156}$$

若 $p_{N_2} \approx 0$，则式 (3-156) 可简化为

$$\frac{\mathrm{d}w([\mathrm{N}])}{\mathrm{d}t} = \frac{K_+}{K^2}\frac{A}{V_\mathrm{m}}w([\mathrm{N}])^2 = K_-\frac{A}{V_\mathrm{m}}w([\mathrm{N}])^2 \tag{3-157}$$

所以，在底吹 Ar 或 CO_2 或 O_2 脱氮条件时，符合表观二级反应动力学规律。

对式(3-157)分离变量，在 $0\sim t$ 及相应的 $w([\mathrm{N}])_0 \sim w([\mathrm{N}])$ 内，对式(3-157)积分可得

$$\frac{1}{w([\mathrm{N}])} - \frac{1}{w([\mathrm{N}])_0} = K_-\frac{A}{V_\mathrm{m}}t \tag{3-158}$$

以式(3-158)的左侧 $\dfrac{1}{w([\mathrm{N}])} - \dfrac{1}{w([\mathrm{N}])_0}$ 为纵坐标，右侧 $\dfrac{A}{V_\mathrm{m}}t$ 为横坐标作图，见图 3-77。

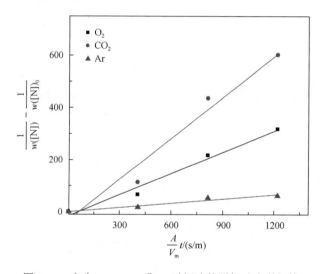

图 3-77 底吹 Ar、CO_2 或 O_2 时钢液的脱氮动力学规律

由图 3-77 可得，在本实验条件下，底吹 CO_2、O_2、Ar 时的脱氮反应的速率常数 K 分别为 1.15m/s、0.60m/s、0.12m/s，底吹 CO_2 时的脱氮速率常数是底吹 O_2 时的 1.9 倍，是底吹 Ar 时的 9.6 倍。这主要是由于底吹 CO_2 时会产生大量的 CO 气泡，在相同的气体元素含量时能进入更多的 CO 气泡中被带走；同时 CO_2 反应产生的 CO 气泡弥散于熔池中，能够加强搅拌，使气泡更快排出。由此可得出，底吹 N_2 会使钢液增氮，而底吹 CO_2 时的脱氮效果远优于底吹 O_2、Ar。若利用 CO_2 作为底吹气源参与冶炼超低氮钢的过程，将有很大的优势。

3.3.3 底吹不同介质气体对钢液[N]、[H]、[O]的影响

将实验钢样进行气体元素分析，得到底吹不同气体介质时钢液中[N]、[H]、[O]含量随着冶炼时间的变化，如图 3-78 所示。

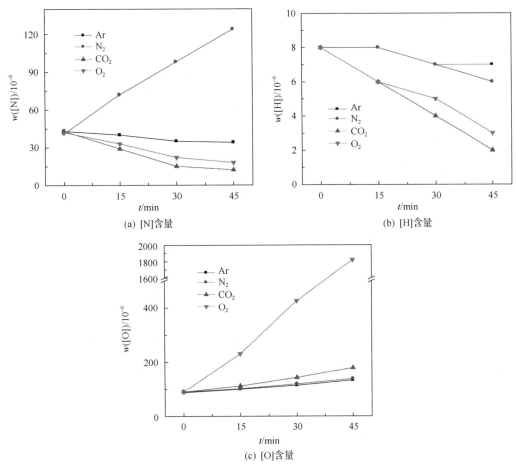

图 3-78　钢液中气体含量随时间的变化

图 3-79 为底吹不同气体介质时冶炼终点钢液中[N]、[H]、[O]含量。

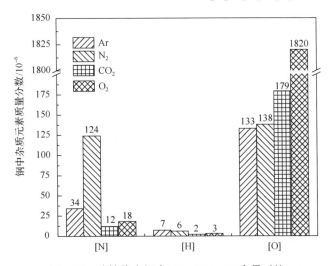

图 3-79　冶炼终点钢中[N]、[H]、[O]含量对比

由图 3-78 和图 3-79 可知，底吹 Ar、O_2、CO_2 气体在炼钢条件下均不会造成钢液增氮，反而会使钢中氮含量有一定的降低，而底吹 N_2 在高温条件下容易使钢液增氮。因此，随着冶炼时间的进行，底吹 Ar、O_2、CO_2 气体可使钢液氮含量逐渐降低，底吹 N_2 时钢液中氮含量不断升高。底吹 Ar 时钢中氮含量是底吹 CO_2 气体或 O_2 的 2～3 倍；底吹 N_2 时钢中氮含量是底吹 CO_2 或 O_2 的 5～6 倍。

底吹 Ar、N_2、O_2、CO_2 气体均会使钢液氢含量降低，由于 N_2、Ar 均不参与熔池化学反应，对熔池的搅拌作用有限，因此脱氢效果较差。在炼钢温度下，CO_2、O_2 可与钢液元素反应产生大量的 CO 气泡，气泡从熔池中逸出的过程中带走氮、氢元素，因此，底吹 O_2、CO_2 气体时钢液氢含量下降显著。综上所述，底吹 CO_2 气体不影响钢液的质量，可以作为炼钢过程的底吹气体使用。

底吹 Ar、N_2 均不会氧化钢液，因此对钢液中氧含量影响较小。O_2、CO_2 气体均为氧化性气体，高温条件下和钢液发生氧化反应。但实验发现，在吹炼后期，随着温度的升高，当熔池中其他元素很低时，底吹 O_2 会造成钢液严重过氧化，钢中氧含量急剧上升。底吹 CO_2 钢中终点氧含量为底吹 O_2 的 10%。底吹 CO_2 比底吹 O_2 时钢中氮、氧含量低，表明 CO_2 不仅可替代 O_2 完成相应的冶金功能，同时有利于降低钢液中氮、氢、氧含量。

第4章 CO₂ 用于炼钢的物料平衡与热平衡

炼钢过程遵循物质不灭和能量守恒定律，通过建立炼钢过程物料与热平衡计算可以全面掌握转炉的物料和能量的利用情况，为优化工艺、实现最佳操作提供依据，并为降低原材料消耗、合理利用能源提供有效方法。

4.1 CO₂ 用于铁液预脱磷的物料平衡与热平衡

本节基于对 CO_2 作为双联炼钢流程的脱磷炉反应介质时参与炼钢熔池反应的热力学分析，研究了 CO_2 用于脱磷炉的物料及能量变化，建立了 CO_2 用于脱磷炉冶炼的物料及能量平衡模型，重点探讨了将 CO_2 气体应用于脱磷炉时对脱磷炉出钢温度、煤气质量、吨钢辅料及氧气消耗等的影响。

转炉炼钢过程脱磷、脱碳及熔池升温任务主要依赖于供氧完成。当喷吹部分 CO_2 时，CO_2 与熔池元素的反应会改变熔池的热效应，并会改变脱磷炉的物料及能量。本节将计算喷吹部分 CO_2 后，脱磷炉出钢温度的变化、原料与炼钢产物之间的关系。

4.1.1 原辅料条件

本节的计算基于首钢京唐钢铁联合有限责任公司双联炼钢流程脱磷炉的实际冶炼工况，废钢比为 8%。

表 4-1 为铁液、终点钢液的成分和温度。

表 4-2 为炼钢过程中添加的主要造渣材料的种类及成分。

表 4-1 金属料成分及温度

原料	$w([C])$/%	$w([Si])$/%	$w([Mn])$/%	$w([P])$/%	$w([S])$/%	温度/℃
废钢	0.20	0.50	1.20	0.020	0.020	25
铁液	4.40	0.50	0.30	0.090	0.035	1300
脱磷炉终点钢液	3.30	0.02	0.030	0.031	0.002	T
氧化量	0.74	0.48	0.35	0.053	0.032	

表 4-2 辅料成分表 （单位：%，质量分数）

名称	CaO	SiO₂	MgO	Al₂O₃	S	FeO	Fe₂O₃	MnO	CaF₂	烧碱
石灰	91.00	2.00	2.00	0.00	0.08	—	—	—	—	3.90
矿石	0.90	3.50	0.30	1.00	0.10	29.40	61.80	1.50	—	—
萤石	—	5.00	—	—	—	—	—	—	90.00	—
轻烧白云石	49.00	2.00	37.00	—	—	—	—	—	—	9.00
炉衬	2.00	0.90	77.00	4.00	—	—	—	—	—	—

脱磷炉终点炉渣中 FeO 质量分数为 12%，碱度为 2.0。

4.1.2　假设条件

（1）O_2 与铁液元素的 90% 反应，CO_2 与铁液元素的 10% 反应，O_2 利用率为 90%，CO_2 利用率为 85%；

（2）喷吹 O_2 时粉尘比为 2%，由于 CO_2 与铁液元素的 10% 反应，假设粉尘降低比例为 15%；

（3）喷吹 CO_2 时炉渣铁损降低 1%，则炉渣中 FeO 降低 1%×72/56=1.29%；

（4）熔池中 90% 的 C 反应后成为 CO，其余成为 CO_2；

（5）渣中金属铁含量为 5%；

（6）喷溅损失占总金属量的 0.8%，温度为 1300℃；

（7）进入炉渣的耐火材料包括两部分，一部分为炉衬侵蚀量 0.02%，另一部分为补炉料带入渣量 0.01%；

（8）炉气温度是 1300℃，炉气中自由氧含量为 0.50%；

（9）每 100kg 铁液加入萤石 0.2kg，轻烧白云石 0.3kg，矿石 2kg；

（10）O_2 纯度为 99.6%；

（11）铁液中带入渣量为铁液量的 0.50%；

（12）假设脱磷炉出钢温度为 T℃，终点炉渣温度比出钢温度低 10℃。

4.1.3　CO_2 用于炼钢的物料分析

以 100kg 铁液为单位进行计算。采用单渣法操作，元素氧化量见表 4-1。

1）气体消耗及产物

表 4-3 为各元素与 O_2 反应的产物及氧气消耗，表 4-4 为各元素与 CO_2 气体反应的产物及 CO_2 气体消耗。

表 4-3　O_2 与熔池元素反应的产物及消耗

熔池元素	反应产物	氧化量/kg	O_2 消耗/kg	产物/kg	备注
Mn	MnO	0.31	0.09	0.40	
Si	SiO_2	0.43	0.49	0.93	
C	CO	0.62	0.83	1.44	
	CO_2	0.07	0.18	0.25	
P	P_2O_5	0.05	0.07	0.12	
S	SO_2	0.01	0.01	0.02	气化脱硫
	CaS	0.02	0.00	0.05	
Fe	FeO	0.08	0.02	0.10	负值表示矿石中
	Fe_2O_3	−0.87	−0.37	−1.24	的 Fe_2O_3 分解
总计		0.72	1.32	2.07	

表 4-4　CO_2 与熔池元素反应的产物及消耗

熔池元素	反应产物	氧化量/kg	CO_2 消耗/kg	固体产物量/kg	气体产物量/kg
Si	SiO_2	0.05	0.15	0.10	
	CO				0.10
Mn	MnO	0.03	0.03	0.04	
	CO				0.02
C	CO	0.08	0.28		0.36
Fe	FeO	0.01	0.01	0.01	
	CO				0.01
总计		0.17	0.47	0.15	0.49

注：由于计算过程保留有效数字，可能个别数据存在误差，但不影响最终结果。

2) 石灰加入量

石灰中有效 $CaO = 91.0\% - 2 \times 2.0\% = 87.0\%$；

渣中已有 SiO_2 量 =（矿石+萤石+轻烧白云石+炉衬）带入量+Si 氧化产物+铁液渣中 SiO_2 量 = 1.25kg；

渣中已有 CaO 量 =（矿石+轻烧白云石+炉衬）带入量+铁液渣中 CaO 量 = 0.37kg；

石灰加入量=（$R \times$ 已有 SiO_2 – 已有 CaO）/有效 CaO = 2.44kg；

石灰带入的硫化钙量 = 0.01kg；

石灰分解产生 CO_2 量 = 0.10kg；轻烧白云石分解的 CO_2 量 = 0.03kg。

将以上计算进行统计，可得出表 4-5 中炉渣的质量及成分。

表 4-5　炉渣质量及成分

项目	质量/kg							合计/kg	占比/%
	氧化产物	石灰	矿石	轻烧白云石	萤石	炉衬	铁液渣		
CaO		2.22	0.02	0.15		0.001	0.20	2.59	44.58
MgO		0.05	0.01	0.11		0.02		0.19	3.25
SiO_2	1.03	0.05	0.07	0.006	0.01	0.00	0.18	1.34	23.05
P_2O_5	0.12							0.12	2.11
MnO	0.44							0.44	7.60
Al_2O_3			0.02			0.001		0.02	0.37
CaF_2					0.18			0.18	3.10
CaS	0.05	0.01	0.01					0.06	0.97
其他		0.06					0.12	0.17	2.97
以上小计	1.64							5.11	
FeO	0.11		0.59					0.70	12.00
Fe_2O_3	-1.24		1.24					0.00	0.00
合计								5.81	100.0

3) 粉尘中铁及氧量

粉尘耗氧量=粉尘中 FeO 和 Fe_2O_3 的耗氧量 = 0.16kg；

粉尘带走铁量 = 0.49kg。

4）炉气成分

表 4-6 中为利用部分 CO_2 炼钢产生的炉气成分。

表 4-6　炉气成分

成分	质量/kg	体积/m³	体积分数/%
CO	1.92	1.54	88.29
CO_2	0.37	0.19	10.97
SO_2	0.02	0.007	0.43
O_2	0.002	0.001	0.08
N_2	0.005	0.004	0.24
合计	2.32	1.74	100.00

注：由于计算过程保留有效数字，可能个别数据存在误差，但不影响最终结果。

表 4-6 中，炉气中 CO_2 包括金属碳氧化产物、轻烧白云石烧减产物和石灰烧减产物。炉气中的 SO_2 来源于气化脱硫，忽略石灰带入的硫气化脱硫量。

5）实际 O_2 消耗

O_2 消耗=（元素氧化+粉尘）氧耗+O_2 中 N_2+炉气自由氧 = 1.49kg；

O_2 体积（标态）= $1.45 \times 22.4 / 32 = 1.024 Nm^3$。

6）炉渣带金属铁珠量

炉渣带金属铁珠量 = 0.29kg。

7）钢液量

钢液量=100−元素氧化量−脱硫量−（粉尘+炉渣中金属铁珠+喷溅金属）铁损量=97.53kg。

8）物料计算结果

统计以上物料计算的结果，如表 4-7 所示。

表 4-7　100kg 金属料物料平衡表

收入		支出	
项目	质量/kg	项目	质量/kg
铁液	92.00	钢液	97.53
废钢	8.00	炉渣	5.81
石灰	2.44	炉气	2.32
萤石	0.20	粉尘	0.72
轻烧白云石	0.30	金属铁珠	0.29
炉衬	0.03	喷溅	0.80
矿石	2.00		
铁液渣	0.46		
氧气	1.49		
CO_2	0.47		
合计	107.39	合计	107.47

注：由于计算过程保留有效数字，可能个别数据存在误差，但不影响最终结果。

表 4-8 为吨钢物料平衡表。

表 4-8 吨钢物料平衡表

收入			支出		
项目	质量/kg	比例%	项目	质量/kg	比例%
废钢	82.00	7.47	钢液	1000.00	90.74
铁液	943.30	85.89	炉渣	59.60	5.41
石灰	25.10	2.29	炉气	23.80	2.16
萤石	2.10	0.19	烟尘	7.40	0.67
轻烧白云石	0.30	0.03	渣中金属铁	3.00	0.27
炉衬	0.30	0.03	喷溅	8.20	0.74
矿石	20.50	1.87			
铁液渣	4.70	0.43			
氧气	15.20	1.38	未考虑氧气利用率		
二氧化碳	4.80	0.43	未考虑二氧化碳利用率		
合计	1098.30	100.00	合计	1102	100.00

注: 由于计算过程保留有效数字, 可能个别数据存在误差, 但不影响最终结果。

考虑到 CO_2 利用率为 85%, 氧气利用率为 90%, 因此, CO_2 的喷吹体积比例为

$$\frac{\dfrac{4.8}{85\% \times 44} \times 22.4}{\dfrac{4.8}{85\% \times 44} \times 22.4 + \dfrac{15.2}{90\% \times 32} \times 22.4} = 19.43\%$$

4.1.4 CO_2 用于炼钢的热量分析

1) 热收入计算

铁液凝固点 $= 1536 - (4.4 \times 100 + 0.5 \times 8 + 0.3 \times 5 + 0.09 \times 30 + 0.035 \times 25) - 7 = 1079℃$;

铁液物理热 $= 109315.68$ kJ;

熔池中各元素的氧化热见表 4-9 和表 4-10。

表 4-9 O_2 与各元素反应的氧化热

熔池元素	反应产物	氧化量/kg	氧化热/kJ
Mn	MnO	0.31	2029.33
Si	SiO_2	0.43	12604.46
C	CO	0.62	7201.44
	CO_2	0.07	2394.50
P	$4CaO \cdot P_2O_5$	0.05	1915.67
SiO_2	$2CaO \cdot SiO_2$	1.34	2168.72
Fe	FeO	0.08	324.15
	Fe_2O_3	-0.87	-5588.33
合计			23049.94

表 4-10　CO$_2$ 与各元素反应的氧化热

熔池元素	反应产物	氧化量/kg	氧化热/kJ
Mn	MnO	0.034	51.72
Si	SiO$_2$	0.048	446.36
C	CO	0.076	−886.44
SiO$_2$	2CaO·SiO$_2$	0.103	166.63
Fe	FeO	0.008	−6.14
合计			−227.87

表 4-11 为粉尘氧化热。

表 4-11　粉尘氧化热

熔池元素	反应产物	氧化量/kg	氧化热/kJ
粉尘中 Fe	FeO	0.39	1665.61
	Fe$_2$O$_3$	0.10	651.07
合计			2316.68

热量总收入=铁液物理热+金属元素氧化热及成渣热+粉尘氧化热=134454.44kJ

2）热支出计算

（1）钢液物理热。

脱磷炉出钢时钢液的凝固点=1536–(3.3×90+0.02×8+0.03×5+0.031×30+0.002×25)–7=1230℃；

出钢温度为 T℃；

钢液物理热=97.53×[0.745×(1230–25)+218+0.837×(T–1230)]kJ。

（2）炉渣物理热。

炉渣有两种，一种是元素氧化和加入的渣料，另一种是铁液渣和溅渣层带入。

由于炉渣温度比出钢温度低 10℃，因此炉渣温度为 $(T–10)$ ℃。

渣料热=5.32×[1.247×(T–10–25)+209]kJ

铁液渣等吸热=0.50×[1.247×(T–10–1300)+209]kJ

炉渣物理热=5.32×[1.247×(T–10–25)+209]+0.50×[1.247×(T–10–1300)+209]kJ

（3）渣中金属铁珠带走热。

渣中金属铁珠带走热=0.29×[0.699×(1230–25)+272+0.837×(T–10–1230)]kJ

（4）炉气物理热=3376.35kJ。

（5）粉尘物理热=1064.81kJ。

（6）金属喷溅带走热量=938.23kJ。

（7）矿石分解吸热=0kJ。

（8）轻烧白云石分解热=164.52kJ。

（9）其他热损失=热收入×2%=134454.44×2%=2689.09kJ，主要包括冷却水带走热量以及炉身自身的散热。

3）富余热量

当吹入 CO_2 时，在已加矿石的基础上不要再加冷却剂，富余热量=0。

因此，渣中金属铁珠带走热+钢液物理热+炉渣物理热=134454.44–3376.35–1064.81–938.23–0–164.52–2689.09=126221.44kJ

则：$97.53\times[0.745\times(1230-25)+218+0.837\times(T-1230)]+5.32\times[1.247\times(T-10-25)+209]+0.50\times[1.247\times(T-10-1300)+209]+0.29\times[0.699\times(1230-25)+272+0.837\times(T-10-1230)]=125358.19kJ$

解方程，可得出钢温度 T=1320℃，则渣温度为 1310℃。

4）热平衡初算

表 4-12 为热平衡初算的统计表。换算为吨钢热平衡，见表 4-13。

表 4-12　100kg 金属料热平衡表

收入		支出	
项目	热量/kJ	项目	热量/kJ
铁液物理热	109315.68	钢液物理热	116138.16
金属元素氧化及成渣热	22822.08	炉渣物理热	9742.59
粉尘氧化热	2316.68	炉气物理热	3376.35
		粉尘物理热	1064.81
		渣中金属铁珠物理热	343.40
		喷溅金属物理热	938.23
		矿石分解热	0
		轻烧白云石分解热	164.52
		其他热损失	2689.09
合计	134454.44	合计	134457.15
富余热量/kJ		0	

表 4-13　吨钢热平衡表

收入		支出	
项目	热量/kJ	项目	热量/kJ
铁液物理热	1120887.27	钢液物理热	1190815.07
金属元素氧化及成渣热	234010.17	炉渣物理热	99897.32
烟尘氧化热	23754.43	炉气物理热	34619.97
		烟尘物理热	10918.19
		渣中金属铁珠物理热	3521.13
		喷溅金属物理热	9620.30
		矿石分解热	0
		轻烧白云石分解热	1686.93
		其他热损失	27573.04
合计	1378651.87	合计	1378651.95

结合表 4-7 和表 4-12 可知,将部分 CO_2 用于脱磷炉,当 CO_2 与铁液元素的 10%反应,且熔池富余热量恰好为 0 时,CO_2 喷吹比例为 19.43%,脱磷炉出钢温度为 1320℃。通过本物料及能量模型计算,当假设条件相同时,O_2 喷吹时脱磷炉出钢温度为 1356℃。由冶金热力学可知,低温有利于脱磷,在原有氧化剂中混入 CO_2 后,可降低脱磷炉炉渣铁损,同时提高脱磷率。

4.2 CO_2 用于转炉炼钢的物料平衡与热平衡

与炼钢过程采用氧气完成氧化反应相比,CO_2 参与熔池反应的热效应会发生改变,因此吹入 CO_2 将对火点区温度、富余热量、冷却剂加入量、原料结构、炉气等物料及热量造成影响。本节将计算 CO_2 参与炼钢反应的物料(铁液、废钢、氧气、冷却剂、渣料等)与炼钢产物(钢液、炉渣、炉气及粉尘等)之间的平衡关系。

4.2.1 原辅料条件

铁液及终点钢液的成分、温度如表 4-14 所示。

表 4-14 金属料成分及温度

原料	$w([C])$/%	$w([Si])$/%	$w([Mn])$/%	$w([P])$/%	$w([S])$/%	温度/℃
铁液	4.30	0.50	0.30	0.080	0.035	1300
终点钢液	0.15	0	0.12	0.008	0.023	1640
氧化量	4.15	0.50	0.18	0.072	0.012	—

炼钢过程中加入的造渣材料种类和成分如表 4-12 所示。

4.2.2 假设条件

(1)假设铁液元素含量的 10%与 CO_2 反应,其余与氧气反应,CO_2 利用率为 85%,氧气利用率为 90%;

(2)炉渣碱度为 3.5,喷吹 CO_2 时炉渣铁损降低 1%,则 FeO 降低为 1%×72/56=1.3%,则 FeO 含量为 8.7%,Fe_2O_3 含量为 5%;

(3)熔池中碳总量的 90%氧化生成 CO,10%氧化生成 CO_2;

(4)渣中金属铁占渣量的 8.5%;

(5)喷溅损失占金属量的 0.85%,喷溅温度为 1600℃(中期喷溅较多);

(6)炉气平均温度为 1450℃,自由氧含量为 0.5%;

(7)纯氧喷吹时粉尘比为 2%,铁液元素的 10%与 CO_2 反应时粉尘降低率约 15%,则粉尘比为 1.7%,其中 FeO 占 70%,Fe_2O_3 占 20%;

(8)进入炉渣的耐火材料为金属量的 0.07%,其中炉衬侵蚀量为 0.04%,补炉料带入渣量 0.03%;

(9)氧气纯度为 99.6%;

(10)出钢温度为 1640℃,终点炉渣温度为 1620℃;

(11) 每 100kg 铁液加入萤石 0.3kg，轻烧白云石 1kg，矿石 1kg；

(12) 铁液中带入渣量为铁液量的 0.50%；

(13) 溅渣层带入渣量为铁液量的 0.50%。

4.2.3　CO₂ 用于炼钢的物料分析

以 100kg 铁液为单位进行计算，废钢作为冷却剂。采用单渣法操作，元素氧化量见表 4-16。其中余锰量占铁液锰含量的 40%，脱硫效率 35%，脱磷效率 90%。

1. 气体消耗及产物

表 4-15 给出了各元素与氧气反应的产物及氧气消耗，表 4-16 给出了各元素与 CO_2 气体反应的产物及 CO_2 气体消耗。

表 4-15　各元素与氧气反应的产物及氧气消耗

元素	氧化产物	氧化量/kg	氧耗量/kg	产物量/kg	备注
Si	SiO_2	0.450	0.514	0.964	
Mn	MnO	0.162	0.047	0.209	
C	CO	3.362	4.482	7.844	
	CO_2	0.374	0.996	1.370	
P	P_2O_5	0.072	0.093	0.165	
S	SO_2	0.004	0.004	0.008	气化脱硫
	CaS	0.008	0.000	0.018	
Fe	FeO	0.338	0.097	0.435	负值表示矿石中的 Fe_2O_3 分解
	Fe_2O_3	−0.120	−0.052	−0.172	
总计		4.649	6.181	10.841	

2. 石灰加入量

石灰中有效 CaO=91.0%−3.5×2.0%=84.0%；

渣中已有 SiO_2 量=矿石带入量+萤石带入量+轻烧白云石带入量+炉衬带入量+Si 氧化产物+铁液渣中 SiO_2 量+溅渣层带入量=1.379kg；

表 4-16　各元素与 CO_2 反应的产物及 CO_2 消耗

元素	氧化产物	氧化量/kg	CO_2 量/kg	固体产物量/kg	CO 气体产物量/kg
Si	SiO_2	0.050	0.157	0.107	
	CO				0.100
Mn	MnO	0.018	0.014	0.023	
	CO				0.009
C	CO	0.415	1.522		1.937
Fe	FeO	0.038	0.030	0.048	
	CO				0.019
总计		0.521	1.723	0.178	2.065

渣中已有 CaO 量=矿石带入量+轻烧白云石带入量+炉衬带入量+铁液渣中 CaO 量+溅渣层带入量=0.946kg；

石灰加入量=(R×已有 SiO_2–已有 CaO)/有效 CaO=4.619kg；

石灰带入的硫化钙量=0.008kg；

石灰分解产生 CO_2=0.180kg；轻烧白云石分解的 CO_2=0.09kg。

将以上计算进行统计，可得出表 4-17 中炉渣的质量及成分。

表 4-17 炉渣质量及成分

| 项目 | 质量/kg | | | | | | | | 合计/kg | 占比/% |
	氧化产物	石灰	矿石	轻烧白云石	萤石	炉衬	铁液渣	溅渣层		
CaO		4.203	0.009	0.490		0.001	0.2	0.2456	5.149	54.672
MgO		0.092	0.003	0.370		0.054		0.05635	0.576	6.116
SiO_2	1.071	0.092	0.035	0.020	0.015	0.001	0.175	0.0768	1.486	15.780
P_2O_5	0.165								0.165	1.751
MnO	0.232								0.232	2.463
Al_2O_3			0.010			0.003			0.013	0.138
CaF_2					0.270				0.270	2.867
CaS	0.018	0.008	0.002						0.029	0.308
其他			0.029				0.125	0.05268	0.206	2.187
以上小计									8.126	
FeO	0.483		0.294					0.04357	0.821	8.716
Fe_2O_3	–0.172		0.618					0.025	0.471	5.000
合计									9.418	100.000

3. 粉尘中铁及氧量

粉尘耗氧量=粉尘中 FeO 和 Fe_2O_3 的耗氧量=0.366kg；

粉尘带走铁量=1.164kg。

4. 炉气成分

表 4-18 给出了利用部分 CO_2 炼钢产生的炉气成分。

表 4-18 炉气成分

成分	质量/kg	体积/m³	体积分数/%
CO	9.908	7.926	89.83
CO_2	1.640	0.835	9.46
SO_2	0.008	0.003	0.03
O_2	0.059	0.041	0.47
N_2	0.023	0.018	0.21
合计	11.638	8.824	100.00

表 4-18 中，炉气中 CO_2 量包括金属碳氧化产物、轻烧白云石烧减产物和石灰烧减产物。炉气中的 SO_2 量是由气化脱硫而来，石灰带入的硫气化脱硫量忽略不计。

5. 实际氧气消耗

实际氧耗=元素氧化耗氧+粉尘氧耗+炉气自由氧+氧气中氮气=6.630kg；
实际消耗氧气体积=6.630×22.4/32=4.641m³。

6. 钢液量

钢液量=100-(元素氧化量及脱硫量+粉尘铁损量+炉渣中金属铁珠量+喷溅金属损失量)=92.016kg。

7. 物料计算结果

统计以上物料计算的结果，如表 4-19 所示。

表 4-19　物料平衡初算

收入		支出	
项目	质量/kg	项目	质量/kg
铁液	100.000	钢液	92.016
废钢	0.000	炉渣	9.418
石灰	4.619	炉气	11.638
萤石	0.300	粉尘	1.700
轻烧白云石	1.000	金属铁珠	0.801
炉衬	0.070	喷溅	0.850
矿石	1.000		
铁液渣	0.500		
溅渣层	0.500		
氧气	6.630		
CO_2	1.723		
合计	116.34	合计	116.42

4.2.4　CO_2 用于炼钢的热量分析

1. 热收入计算

铁液凝固点=1089℃，铁液物理热=118726.63kJ；
金属中各元素的氧化热及成渣热见表 4-20 和表 4-21。

表 4-20　金属中各元素和氧气反应的氧化热及成渣热

元素	氧化产物	氧化量/kg	热效应值/kJ
Si	SiO_2	0.450	13129.650
Mn	MnO	0.162	1068.066
C	CO	3.362	39117.776
	CO_2	0.374	13006.764
P	$4CaO \cdot P_2O_5$	0.072	2582.928
SiO_2	$2CaO \cdot SiO_2$	1.486	2407.708
Fe	FeO	0.338	1437.080
	Fe_2O_3	−0.120	−778.049
合计			71971.923

表 4-21　金属中各元素和 CO_2 反应的氧化热及成渣热

元素	氧化产物	氧化量/kg	热效应值/kJ
Si	SiO_2	0.050	464.961
Mn	MnO	0.018	27.223
C	CO	0.415	−4815.108
SiO_2	$2CaO \cdot SiO_2$	0.107	173.571
Fe	FeO	0.038	−27.204
合计			−4176.557

粉尘氧化热见表 4-22。

表 4-22　粉尘氧化热

元素	氧化产物	氧化量/kg	热效应值/kJ
粉尘中 Fe	FeO	0.926	3932.686
	Fe_2O_3	0.238	1537.242
合计			5469.928

热量总收入=铁液物理热+金属元素氧化热及成渣热+粉尘氧化热=191991.924kJ

2. 热支出计算

(1)钢液物理热。

钢液凝固点=1517℃；

钢液物理热=130468.160kJ。

(2) 炉渣物理热。

炉渣有两种，一种是元素氧化和加入的渣料，另一种是铁液渣和溅渣层带入。

渣料热=18503.121kJ；

铁液渣等吸热=608.04kJ；

炉渣物理热=18503.121+608.04=19111.161kJ。

(3) 炉气物理热=18922.720kJ。

(4) 粉尘物理热=2768.11kJ。

(5) 渣中金属铁珠带走热=1121.691kJ。

(6) 金属喷溅带走热=1176.741kJ。

(7) 矿石分解吸热=3974.768kJ。

(8) 轻烧白云石分解热=548.40kJ。

(9) 其他热损失=热收入×4%=191991.924×4%=7679.677kJ，包括炉身对流辐射热、传导传热、冷却水带走热等。

热量总支出=185771.427kJ。

3. 富余热量

富余热量=热量总收入−热量总支出=191991.924−185771.427=6220.497kJ

4. 热平衡初算

表 4-23 为热平衡初算的统计表。

表 4-23　热平衡初算

热量收入		热量支出	
项目	热量/kJ	项目	热量/kJ
铁液物理热	118726.63	钢液物理热	130468.160
金属元素氧化及成渣热	67795.366	炉渣物理热	19111.161
粉尘氧化热	5469.928	炉气物理热	18922.720
		粉尘物理热	2768.110
		渣中金属铁珠物理热	1121.691
		喷溅金属物理热	1176.741
		矿石分解热	3974.768
		轻烧白云石分解热	548.400
		其他热损失	7679.677
合计	191991.924	合计	185771.427
富余热量/kJ		6220.497	

4.2.5 物料平衡和热平衡终算

表 4-24 中的富余热量采用废钢进行调节。1kg 废钢的熔化吸热量=1417.881kJ，因此，废钢的加入量=6220.497/1417.881=4.387kg。废钢加入后，忽略废钢中硅、锰元素的氧化损失，钢液量可达到 96.403kg，即使用 100kg 铁液和 4.387kg 废钢，可生产出 96.403kg 钢液。

表 4-24　物料平衡终算

收入		支出	
项目	质量/kg	项目	质量/kg
铁液	100.000	钢液	96.403
废钢	4.387	炉渣	9.418
石灰	4.619	炉气	11.638
萤石	0.300	粉尘	1.700
轻烧白云石	1.000	金属铁珠	0.801
炉衬	0.070	喷溅	0.850
矿石	1.000		
铁液渣	0.500		
溅渣层	0.500		
氧气	6.630		
CO_2	1.723		
合计	120.729	合计	120.810

根据比例关系，可得到以 100kg 铁液为基础的物料平衡表，如表 4-24 所示，以 100kg 铁液为基础的热平衡表如表 4-25 所示。

表 4-25　热平衡终算

收入		支出	
项目	热量/kJ	项目	热量/kJ
铁液物理热	118726.630	钢液物理热	130468.160
金属元素氧化及成渣热	67795.366	炉渣物理热	19111.161
粉尘氧化热	5469.928	炉气物理热	18922.720
		粉尘物理热	2768.110
		渣中金属铁珠物理热	1121.691
		喷溅金属物理热	1176.741
		矿石分解热	3974.768
		轻烧白云石分解热	548.400
		其他热损失	7679.677
		废钢物理热	6220.497
合计	191991.924	合计	191991.925

折合为吨钢的物料平衡及热平衡统计见表 4-26 和表 4-27。

表 4-26　吨钢物料平衡统计表

收入		支出	
项目	质量/kg	项目	质量/kg
铁液	1037.307	钢液	1000.000
废钢	45.509	炉渣	97.697
石灰	47.914	炉气	120.723
萤石	3.112	粉尘	17.634
轻烧白云石	10.373	金属铁珠	8.304
炉衬	0.726	喷溅	8.817
矿石	10.373		
铁液渣	5.187		
溅渣层	5.187		
氧气	68.774		
CO₂	17.870		
合计	1252.332	合计	1253.175

表 4-27　吨钢热平衡统计表

热量收入		热量支出	
项目	热量/kJ	项目	热量/kJ
铁液物理热	1231559.562	钢液物理热	1417880.908
金属元素氧化及成渣热	703246.032	炉渣物理热	198241.393
粉尘氧化热	56739.938	炉气物理热	196286.689
		粉尘物理热	28713.797
		渣中金属铁珠物理热	11635.374
		喷溅金属物理热	12206.414
		矿石分解热	41230.545
		轻烧白云石分解热	5688.591
		其他热损失	79661.821
合计	1991545.532	合计	1991545.532

考虑到 CO₂ 利用率为 85%，氧气利用率为 90%，因此，CO₂ 的喷吹体积比例为

$$\frac{\dfrac{17.870}{85\%\times1.97}}{\dfrac{17.870}{85\%\times1.97}+\dfrac{68.774}{90\%\times1.43}}\times100\%=16.65\%$$

4.3　CO_2 用于不锈钢冶炼的物料平衡与热平衡

　　根据当前理论及实验研究可知,CO_2 可用于 AOD 炉脱碳保铬,但对熔池温度有影响,本节将利用钢厂实际数据根据不同的 CO_2 比例,进行物料及能量衡算,确定富余热量与 CO_2 比例的关系为实际生产提供指导。

4.3.1　喷吹 CO_2 对 AOD 炉实际冶炼过程的物料及能量的影响

1. 原辅料条件

　　初钢液、出钢液及合金料的成分如表 4-28 所示。

表 4-28　初钢液、出钢液及合金料的成分　　　　（单位：%，质量分数）

名称	C	Si	Mn	P	S	Fe	Cr	Ni	NiO	SiO₂	Ca
初钢液	2.097	0.216	0.374	0.029	0.037	74.106	16.481	6.660	—	—	—
终点钢液	0.046	0.534	1.099	0.029	0.002	73.125	17.192	7.972	—	—	—
高碳铬铁	5.400	1.970	0.500	0.020	0.040	24.640	67.430	—	—	—	—
低碳铬铁	0.100	0.500	—	—	—	29.400	70.000	—	—	—	—
高碳锰铁	6.700	0.200	76.600	0.160	0.003	16.337	—	—	—	—	—
低碳锰铁	0.040	0.100	96.500	0.040	0.010	3.310	—	—	—	—	—
镍铁	0.030	—	—	0.013	—	62.157	—	37.800	—	—	—
纯镍	0.066	0.008	—	0.001	0.013	—	—	99.910	—	—	—
烧结镍	0.020	0.100	—	0.010	0.050	2.180	—	83.870	9.770	4.000	—
Fe-Si 块	—	72.200	0.400	0.050	0.030	27.320	—	—	—	—	—
304 废钢	0.046	0.534	1.099	0.029	0.002	73.125	17.192	7.972	—	—	—
SiCa	—	60.000	—	—	—	10.000	—	—	—	—	30.000

　　AOD 精炼过程中加入的造渣辅料成分如表 4-29 所示。

表 4-29　造渣辅料成分　　　　（单位：%，质量分数）

名称	CaO	SiO₂	MgO	Al₂O₃	Fe₂O₃	CaF₂	P₂O₅	S	CO₂	H₂O
石灰	88.00	2.50	2.60	1.50	0.50	—	0.10	0.06	4.64	0.10
萤石	0.30	5.50	0.60	1.60	1.50	88.00	0.90	0.10	—	1.50
生白云石	46.82	1.67	31.63	0.90	—	—	—	—	18.98	—
炉衬	59.00	1.10	38.00	0.80	1.10	—	—	—	—	—

2. 工艺参数条件

　　(1)假设钢液中 C 元素 1% 与 CO_2 反应,其余与 O_2 反应,CO_2 的利用率为 85%,O_2 的利用率为 90%。

　　(2)氧气纯度为 98.5%,其余认为是 N_2。

（3）钢液中碳元素的 90%氧化成 CO，其余氧化成 CO_2；硫元素的 1/3 氧化成 SO_2，2/3 变成 CaS。

（4）炉渣碱度为 2.11，终渣 $\sum(FeO)$ 为 4.15%，其中 1/3 为 (Fe_2O_3)，2/3 为 (FeO)；炉渣中自由氧含量为 0.5%。

（5）烟尘量占金属装入量的 0.85%，其中 FeO 占 90%，其余为 Fe_2O_3。

（6）炉衬蚀损量占金属装入量的 0.40%，喷溅铁损占金属装入量的 0.85%，渣中铁珠占渣量的 4.0%。

（7）根据 53 炉 AOD 冶炼现场数据统计量，其钢液量、合金料加入量等如表 4-30 所示。

表 4-30　金属料加入量

名称	质量/kg	名称	质量/kg
初钢液	2292170	304 废钢	31628
高碳铬铁	40163	SiCa	720
低碳铬铁	1350	石灰	224047
高碳锰铁	21222	萤石	80225
低碳锰铁	1586	生白云石	43323
镍铁	31004	氩气	19820
纯镍	2827	氮气	66543
烧结镍	30020	出钢液	2369780
Fe-Si 块	69633		

（8）入炉料及冶炼结束各组分的温度如表 4-31 所示。

表 4-31　各组分的温度　　　　（单位：℃）

粗钢液	合金料	其他原料	出钢液	炉渣	炉气	烟尘
1476	25	25	1600	1600	1450	1450

3. CO₂ 用于 AOD 的物料衡算

1）金属氧化量

表 4-32 给出了冶炼前后钢液中元素的氧化量，进料包括初钢液和合金料带入的元素，可见 Cr、Ni 的氧化量极少，C、Si 的氧化量较大，P 元素氧化较少，脱 S 率达到 94%。

表 4-32　金属氧化量　　　　（单位：kg）

成分	C	Si	Mn	P	S	Cr	Ni	Fe
初钢液	48066.805	4951.087	8572.716	664.729	848.103	377772.538	152658.522	1698635.500
高碳铬铁	2168.802	791.211	200.815	8.033	16.065	27081.911	—	9896.163
低碳铬铁	1.350	6.750	—	—	—	945.000	—	396.900
高碳锰铁	1421.874	42.444	16256.052	33.955	0.637	—	—	3467.038
低碳锰铁	0.634	1.586	1530.490	0.634	0.159	—	—	52.497
镍铁	9.301	—	—	0.000	4.031	—	11719.512	19271.156

续表

成分	C	Si	Mn	P	S	Cr	Ni	Fe
纯镍	1.866	0.226	—	0.028	0.368	—	2824.456	—
烧结镍	6.004	30.020	—	3.002	15.010	—	25177.774	654.436
Fe-Si 块	0.000	50275.026	278.532	34.817	20.890	—	—	19023.736
304 废钢	14.549	168.894	347.592	9.172	0.633	5437.486	2521.384	23127.975
SiCa	—	432.000	—					
进料合计	51691.185	56699.244	27186.197	754.370	905.894	411236.934	194901.648	1774525.401
终点钢液	1090.099	12654.625	26043.882	687.236	47.396	407412.578	188918.862	1732901.625
氧化量	50601.086	44044.619	1142.314	67.134	858.498	3824.357	5982.786	41623.776

2)气体消耗及产物量

表 4-33 和表 4-34 分别给出了各元素与 O_2、CO_2 反应的产物及气体消耗量。

表 4-33　各元素与 O_2 反应的产物及耗 O_2 量

元素	氧化产物	氧化量/kg	耗 O_2 量/kg	产物量/kg
C	CO	45085.568	60114.091	105199.659
	CO_2	5009.508	13358.687	18368.194
Si	SiO_2	43604.173	49833.340	93437.513
Mn	MnO	1130.891	328.987	1459.878
P	P_2O_5	66.463	85.759	152.221
S	SO_2	286.166	286.166	572.332
	CaS	572.332	0	1287.747
Cr	Cr_3O_4	3786.113	1553.277	5339.390
Ni	NiO	5982.786	1622.451	7605.237
Fe	FeO	9071.953	2591.986	11663.939
	Fe_2O_3	4535.976	1943.990	6479.966
合计		119131.929	131718.733	

表 4-34　各元素与 CO_2 反应的产物及耗 CO_2 量

元素	氧化产物	氧化量/kg	耗 CO_2 量/kg	产物量/kg	生成 CO 量/kg
C	CO	506.011	1855.373	0	2361.384
	CO_2	0	0	0	0
Si	SiO_2	440.446	1384.259	943.813	880.892
Mn	MnO	11.423	9.139	14.746	5.815
P	P_2O_5	0.671	2.382	1.538	1.516
S	SO_2	0	0	0	0
	CaS	0	0	0	0
Cr	Cr_3O_4	38.244	43.147	53.933	27.457
Ni	NiO	0	0	0	0
Fe	FeO	100.799	79.200	129.599	50.400
	Fe_2O_3	0	0	0	0
合计		1097.594	3373.499		3327.464

3) 炉渣计算

炉渣主要来自于辅料(石灰、萤石、生白云石等)、合金带入和钢液中元素氧化产物(表4-35)。

表4-35 炉渣的质量及成分

项目	质量/kg						合计/kg	质量分数/%
	氧化产物	合金带入	石灰	萤石	生白云石	炉衬		
CaO			197161.360	240.675	20283.829	5409.521	223095.385	47.63
SiO_2	94381.326	1200.800	5601.175	4412.375	723.494	100.855	106420.026	22.72
MgO			5825.222	481.350	13703.065	3484.098	23493.735	5.02
P_2O_5	153.759		224.047	722.025			1099.831	0.23
MnO	1474.624						1474.624	0.31
Al_2O_3			3360.705	1283.600	389.907	73.349	5107.561	1.09
CaF_2				70598.000			70598.000	15.07
CaS	1287.747		302.463	180.506			1770.716	0.38
Cr_3O_4	5393.324						5393.324	1.15
NiO	7605.237	2932.954					10538.191	2.25
FeO	12959.932						12959.932	2.77
Fe_2O_3	4055.501		1120.235	1203.375		100.855	6479.966	1.38
合计							468431.291	100

根据计算得到的炉渣成分,可计算炉渣碱度 $R=2.10$,与工艺设定炉渣碱度基本相同。

4) 炉气计算

(1)元素氧化消耗气体量。

由表4-34和4-35可知,钢液中元素氧化消耗的气体量为:

$$耗 O_2 量=131718.733kg \qquad 耗 CO_2 量=3373.499kg$$
$$生成 CO 量=108527.123kg$$

(2)烟尘中铁及气体消耗量经计算结果如下。

$$烟尘耗 O_2 量=4822.153kg \qquad 烟尘耗 CO_2 量=160.738kg$$
$$生成 CO 量=102.288kg \qquad 烟尘带走铁量=15002.253kg$$

(3)CaS 耗氧。

CaS 耗氧量=286.166kg

(4)耗氧量及耗 CO_2 量。

实际耗氧量=元素氧化耗氧+烟尘耗氧+炉气自由氧+氧气中氮气=139867.920kg

实际 CO_2 消耗=元素氧化耗 CO_2+烟尘耗 CO_2=3534.237kg

(5)炉气成分计算。

将以上计算进行统计,可得炉气的成分,如表4-36所示。炉气中 CO 主要来自元素氧化产物。炉气中的 CO_2 量包括元素氧化产物、石灰烧减产物和生白云石烧减产物。炉气中 SO_2 主要来自气化去硫,石灰及萤石带入的 S 气化去硫忽略不计。炉气中 N_2 包括吹

入 N_2 量和氧气中 N_2 量。

表 4-36 炉气成分

成分	质量/kg	体积/Nm³	体积分数/%
CO	108629.411	86903.529	46.13
CO_2	36986.681	18829.583	9.99
SO_2	572.332	213.671	0.11
O_2	1345.753	942.027	0.50
N_2	85801.258	68641.006	36.43
Ar	19820.000	11099.200	5.89
H_2O	1427.422	1776.347	0.94
合计	254582.856	188405.363	100

5) 钢液量计算

实际出钢液量=粗钢液量+合金料量-(元素氧化量及脱硫量+烟尘铁损量+炉渣中金属铁珠量+喷溅金属损失量)=2348151kg

6) 物料衡算结果

物料衡算结果见表 4-37。

表 4-37 物料衡算结果

收入			支出		
项目	质量/kg	比例/%	项目	质量/kg	比例/%
粗钢液	2292170	73.73	出钢液	2348151	75.05
高碳铬铁	40163	1.29	炉渣	468431	14.97
低碳铬铁	1350	0.04	炉气	254583	8.14
高碳锰铁	21222	0.68	烟尘	19483	0.62
低碳锰铁	1586	0.05	渣中铁珠	18737	0.60
镍铁	31004	1.00	喷溅	19483	0.62
纯镍	2827	0.09			
烧结镍	30020	0.97			
Fe-Si 块	69633	2.24			
304 废钢	31628	1.02			
SiCa	720	0.02			
石灰	224047	7.21			
萤石	80225	2.58			
生白云石	43323	1.39			
炉衬	9169	0.29			
O_2	139867	4.50			
CO_2	3534	0.11			
Ar	19820	0.64			
N_2	66543	2.14			
合计	3108851	100	合计	3128869	100

误差=(支出-收入)/支出×100%=0.64%

4. CO₂ 用于 AOD 的能量衡算

1) 热收入计算

(1) 粗钢液物理热。

粗钢液熔点=1332℃，粗钢液物理热=3007857.572MJ

(2) 各元素氧化热和成渣热。

各元素与 CO_2 和 O_2 反应的氧化热及成渣热见表 4-38 和表 4-39。

表 4-38　各元素与 CO_2 反应的氧化热及成渣热

元素	氧化产物	氧化量/kg	ΔH/(kJ/kg)	热效应值/MJ
C	CO	506.011	−11603	−5871.244
Si	SiO₂	440.446	9299	4095.709
Mn	MnO	11.423	1512	17.272
P	P₂O₅	0.671	−7454	−5.004
Cr	Cr₃O₄	38.244	2112	80.770
Ni	NiO	0	0	0
Fe	FeO	100.799	−724	−72.979
合计				−1755.476

表 4-39　各元素与 O_2 反应的氧化热及成渣热

元素	氧化产物	氧化量/kg	ΔH/(kJ/kg)	热效应值/MJ
C	CO	45085.568	11639	524750.926
	CO₂	5009.508	34834	174501.186
Si	SiO₂	43604.173	29202	1273329.048
Mn	MnO	1130.891	6594	7457.096
P	P₂O₅	66.463	18980	1261.465
SiO₂	2CaO·SiO₂	106420.026	1620	172400.441
P₂O₅	4CaO·P₂O₅	1099.831	4880	5367.175
Cr	Cr₃O₄	3786.113	9252	35029.119
Ni	NiO	5982.786	3867	23135.434
Fe	FeO	9071.953	4250	38555.799
	Fe₂O₃	4535.976	6460	29302.407
合计				2285090.097

(3) 烟尘氧化热=氧化成 FeO 放热量+氧化成 Fe_2O_3 放热量=87110.483MJ；热量总收入=5378302.676MJ。

2) 热支出计算

(1) 出钢液物理热。

粗钢液熔点=1490℃，粗钢液物理热=3259529.714MJ。

(2) 炉渣物理热=1017912.908MJ。

(3) 炉气物理热=360366.821MJ。

(4) 烟尘物理热=31724.893MJ。

(5) 渣中铁珠带走物理热=26009.674MJ。

(6) 喷溅金属带走物理热=27045.484MJ。

(7) 生白云石分解吸热=53532.477MJ。

(8) 合金料吸热=318482.002MJ。

(9) 其他热损失=热收入×3%=161349.080MJ。

热量总支出=5255953.054MJ。

3) 富余热量

富余热量=热量总收入−热量总支出=122349.622MJ

4) 能量衡算结果

能量衡算结果见表 4-40。

表 4-40 能量衡算结果

热量收入			热量支出		
项目	热量/MJ	比例/%	项目	热量/MJ	比例/%
粗钢液物理热	3007857.572	55.93	出钢液物理热	3259529.714	62.02
元素氧化及成渣热	2283334.622	42.45	炉渣物理热	1017912.908	19.37
烟尘氧化热	87110.483	1.62	炉气物理热	360366.821	6.86
			烟尘物理热	31724.893	0.60
			渣中铁珠物理热	26009.674	0.49
			喷溅金属物理热	27045.484	0.51
			生白云石分解吸热	53532.477	1.02
			合金料吸热	318482.002	6.06
			其他热损失	161349.080	3.07
合计	5378302.676	100	合计	5255953.054	100
	富余热量/MJ			122349.622	

5) 吨钢物料及能量衡算结果

将表 4-39 和表 4-40 折合成吨钢的物料平衡和能量平衡，其统计结果见表 4-41 和表 4-42。

表 4-41　吨钢物料衡算统计表

收入			支出		
项目	质量/kg	比例/%	项目	质量/kg	比例/%
粗钢液	976.160	73.73	出钢液	1000.000	75.05
高碳铬铁	17.104	1.29	炉渣	199.489	14.97
低碳铬铁	0.575	0.04	炉气	108.418	8.14
高碳锰铁	9.038	0.68	烟尘	8.297	0.62
低碳锰铁	0.675	0.05	渣中铁珠	7.980	0.60
镍铁	13.204	1.00	喷溅	8.297	0.62
纯镍	1.204	0.09			
烧结镍	12.785	0.97			
Fe-Si 块	29.654	2.24			
304 废钢	13.469	1.02			
SiCa	0.307	0.02			
石灰	95.414	7.21			
萤石	34.165	2.58			
生白云石	18.450	1.39			
炉衬	3.905	0.29			
O$_2$	59.565	4.50			
CO$_2$	1.505	0.11			
Ar	8.441	0.64			
N$_2$	28.338	2.14			
合计	1323.957	100	合计	1332.482	100

表 4-42　吨钢能量衡算统计表

热量收入			热量支出		
项目	热量/MJ	比例/%	项目	热量/MJ	比例/%
粗钢液物理热	1280.948	55.93	出钢液物理热	1388.126	62.02
元素氧化及成渣热	972.397	42.45	炉渣物理热	433.496	19.37
烟尘氧化热	37.097	1.62	炉气物理热	153.468	6.86
			烟尘物理热	13.511	0.60
			渣中铁珠物理热	11.077	0.49
			喷溅金属物理热	11.518	0.51
			生白云石分解吸热	22.798	1.02
			合金料吸热	135.631	6.06
			其他热损失	68.713	3.07
合计	2290.442	100	合计	2238.337	100
	富余热量/MJ			52.105	

考虑到 CO_2 的利用率为 85%，O_2 的利用率为 90%，其对吨钢物料平衡计算结果没有影响，只影响炉气带走的热量。则多余的 CO_2 和 O_2 未反应气体带走的吨钢热量=9.463MJ，核算后的富余热量=52.105–9.616=42.642MJ。

此时 CO_2 的喷吹体积比例为

$$\frac{1.505 / (80\% \times 1.97)}{1.505 / (85\% \times 1.97) + 59.565 / (90\% \times 1.43)} \times 100\% = 1.91\%$$

4.3.2 喷吹 CO_2 比例对物料及能量的影响

根据前面 AOD 炉中 1%元素与 CO_2 反应的计算，分析不同 CO_2 喷吹比例对炉内富余热量、吨钢气体消耗量及炉气的影响规律。

1. 富余热量分析

由图 4-1 可知，随着 CO_2 喷吹比例的增加，AOD 炉内吨钢富余热量降低，因为 CO_2 会部分参与熔池氧化反应，而 CO_2 与钢液中元素的反应基本为吸热或微放热反应，使得熔池温度下降。当 CO_2 喷吹比例为 0（即纯氧）时，吨钢富余热量为 53352.415MJ；当 CO_2 喷吹比例达到 9.13%时，吨钢富余热量为 0，即总热收入量和总热支出量刚好相等。当继续增加 CO_2 喷吹比例时，熔池热量不足，难以满足精炼的要求，导致出钢温度降低。

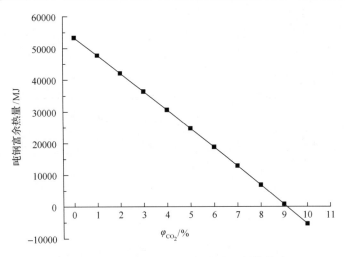

图 4-1　CO_2 喷吹比例对吨钢富余热量的影响

AOD 因冶炼温度一般在 1600～1700℃，有时甚至攀至 1800℃，如此高的温度对炉衬的消耗非常大，这也是导致 AOD 炉龄很短的主要原因。故可根据调节 CO_2 喷吹比例来控制熔池温度不至于过高，形成更稳定的温度控制方案。

2. 气体消耗分析

图 4-2 是不同 CO_2 喷吹比例条件下的吨钢耗 O_2 量、吨钢耗 CO_2 量及参与钢液元素氧

化反应的 O_2 和 CO_2 气体量。由图可知，随着 CO_2 喷吹比例的增加，CO_2 消耗量逐渐增大，而 O_2 消耗量逐渐减少。当 CO_2 喷吹比例为 0% 时，吨钢 O_2 消耗量为 $46.718m^3$；当 CO_2 喷吹比例为 9.13% 时，吨钢 O_2 消耗量为 $44.544m^3$。可见吨钢氧耗降低 $2.174m^3$，而 CO_2 消耗增加 $4.477m^3$，CO_2 增加量约为氧气减少量的 2 倍，因为 O_2 氧化时提供 2 个氧原子，而 CO_2 氧化性较弱，氧化元素时，只提供 1 个氧原子。

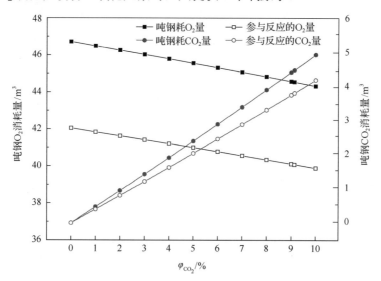

图 4-2　CO_2 喷吹比例对吨钢气体消耗量的影响

3. 炉气分析

图 4-3 为 CO_2 喷吹比例对炉气体积及成分的影响，可见随着 CO_2 喷吹比例的增加，炉

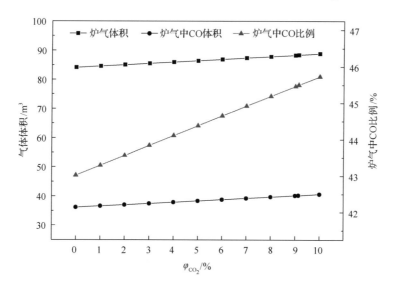

图 4-3　CO_2 喷吹比例对炉气成分的影响

气量不断增加，炉气中 CO 比例也增加。当 CO_2 喷吹比例为 0 时，炉气量为 $84.147m^3$，炉气中 CO 量为 $36.201m^3$，其比例为 43.02%；当 CO_2 喷吹比例为 9.13%时，炉气量为 $88.414m^3$，炉气中 CO 量为 $40.629m^3$，其比例为 45.73%；可见，CO_2 喷吹比例对炉气的影响较大。

　　炉气中的CO含量越高，其回收再利用的价值也就越高。因为在该计算中喷吹了较多的 N_2，炉气中 N_2 含量达到 35%左右，若采用 CO_2 代替 N_2/Ar 进行搅拌，部分与钢液中元素发生反应，未反应的 CO_2 气体作为搅拌气，可提高炉气中 CO 含量，从而提高炉气附加值。

第5章 CO₂用于精炼的基础理论

本章叙述将 CO_2 气体引入钢包精炼炉(ladle furnace,LF)、氩氧精炼炉(argon oxygen decarburization,AOD)、真空循环脱气炉(rheinsahl-heraeus,RH)等精炼设备对各种精炼效果的影响,同时阐述 CO_2 作为精炼搅拌气在钢液中的反应机理,并建立了精炼 CO_2 反应热力学、动力学模型。

5.1 LF 炉底吹 CO₂ 气体反应机理研究

5.1.1 LF 炉底吹 CO₂ 气体反应热力学研究

通过计算反应的标准吉布斯自由能,可知二氧化碳与钢中元素反应能否进行,并可以计算在反应达到平衡状态下化学反应进行的程度,本部分主要推算反应达到平衡状态时二氧化碳气体与钢液中元素的反应程度及对精炼过程造成的影响。

根据钢中元素与氧气反应的标准吉布斯自由能和碳元素与氧气反应的标准吉布斯自由能,可通过耦合的方法计算出钢中元素与二氧化碳气体反应的标准吉布斯自由能,计算表格如表 5-1 所示。

表 5-1 钢中元素与二氧化碳反应的标准吉布斯自由能

元素	CO₂ 与之反应方程式	Gibbs 自由能计算/(J/mol)
C	$CO_2(g) + [C] =\!= 2CO(g)$	$\Delta G^{\ominus} = 137890 - 126.52T$
Fe	$CO_2(g) + Fe(l) =\!= (FeO) + CO(g)$	$\Delta G^{\ominus} = 48980 - 40.62T$
Mn	$CO_2(g) + [Mn] =\!= (MnO) + CO(g)$	$\Delta G^{\ominus} = -133760 + 42.51T$
Al	$CO_2(g) + 2/3[Al] =\!= 1/3(Al_2O_3) + CO(g)$	$\Delta G^{\ominus} = -239370 + 41.44T$
Si	$CO_2(g) + 1/2[Si] =\!= 1/2(SiO_2) + CO(g)$	$\Delta G^{\ominus} = -123970 + 20.59T$
P	$CO_2(g) + 2/5[P] =\!= 1/5P_2O_5(s) + CO(g)$	$\Delta G^{\ominus} = 30273 + 79.121T$
	$CO_2(g) + 2/5[P] =\!= 1/5P_2O_5(l) + CO(g)$	$\Delta G^{\ominus} = 92408 - 19.41T$
Cr	$CO_2(g) + 2/3[Cr] =\!= 1/3Cr_2O_3(s) + CO(g)$	$\Delta G^{\ominus} = -111690 + 32.37T$
Ni	$CO_2(g) + [Ni] =\!= NiO(s) + CO(g)$	$\Delta G^{\ominus} = 48970 + 41.22T$
V	$CO_2(g) + 2/3[V] =\!= 1/3V_2O_3(s) + CO(g)$	$\Delta G^{\ominus} = -107993 + 21.29T$

为方便研究,选取钢中[C]、[Al]、[Mn]和 Fe 为典型元素详细计算分析,并作图 5-1。由表及图可知,炼钢温度下反应的标准自由能变化均为负值,说明[C]、[Al]、[Mn]和 Fe 元素的氧化反应均可进行,反应的进行程度受反应时间及反应是否达到平衡影响。为进一步探索二氧化碳气体与钢液元素反应状态,前期假设元素反应达到平衡状态,再通过热力学计算平衡状态下元素的平衡含量,并结合后续实验验证,确定二氧化碳气体与钢中元素的反应状态及对冶炼工艺的影响。

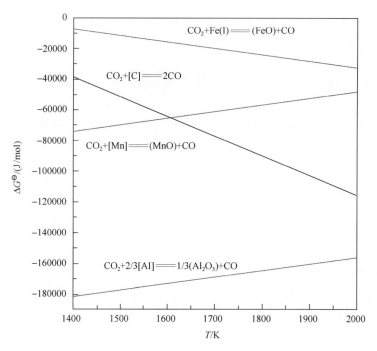

图 5-1　不同温度下二氧化碳和熔池元素反应的标准吉布斯自由能

1. 平衡状态下铁元素氧化计算

以铁为基进行初步计算。根据分子理论假设，熔渣中存在简单碱性氧化物分子 CaO、MgO、MnO、Al_2O_3，酸性氧化物分子 SiO_2，P_2O_5，FeO，以及由上述分子组成的复杂氧化物分子，以简单氧化物形式存在的分子为自由氧化物分子，以复杂氧化物形式存在的为结合氧化物分子。

通常精炼渣由简单氧化物 FeO、RO（CaO、MgO、MnO）、Al_2O_3 三种氧化物及复杂氧化物如 $2RO \cdot SiO_2$ 组成，根据 LF 炉精炼渣成分计算各成分的摩尔分数，并进一步计算各组分的活度。

对于化学反应吉布斯自由能，有 $\Delta G = \Delta G^{\ominus} + RT \ln k$，当反应达到平衡时，$\Delta G = 0$，即

$$\Delta G^{\ominus} + RT \ln k = 0 \tag{5-1}$$

$$\ln k = -\frac{\Delta G^{\ominus}}{RT} \tag{5-2}$$

$$k = e^{-\frac{\Delta G^{\ominus}}{RT}} \tag{5-3}$$

对于反应 $Fe + CO_2 \rightleftharpoons (FeO) + CO$

$$k = \frac{a_{(FeO)} \cdot a_{CO}}{a_{Fe} \cdot a_{CO_2}} = \frac{a_{(FeO)}}{a_{Fe}} \left(\frac{p_{CO}}{p_{CO_2}} \right) = e^{\frac{\Delta G^{\ominus}}{RT}} \tag{5-4}$$

若已知 $\dfrac{a_{(FeO)}}{a_{Fe}}$，可求得 $\dfrac{p_{CO}}{p_{CO_2}}$，因此需要计算 $a_{(FeO)}$ 及 a_{Fe}，在铁液中其他组元浓度较小，因此组元铁的活度 a_{Fe} 为 1，SiO_2、FeO、MnO、Al_2O_3 活度由分子理论计算。取 LF 炉精炼过程中平均炉渣成分为例计算，渣成分如表 5-2 所示。

表 5-2　LF 炉渣中主要成分质量分数表　　　　（单位：%）

FeO	SiO₂	CaO	Al₂O₃	MgO	MnO
0.4	15.65	56.1	16.01	6.97	0.5

其中，$n_{FeO} = \dfrac{0.4}{72} = 0.0056$，同理可得 $n_{SiO_2} = 0.2608$、$n_{CaO} = 0.0056$、$n_{Al_2O_3} = 0.157$、$n_{MgO} = 0.1743$、$n_{MnO} = 0.007$。渣中存在复杂氧化物 $2RO·SiO_2$，根据分子理论假设炉渣结构由简单氧化物 FeO、RO（CaO、MgO、MnO）、Al_2O_3，复杂氧化物 $2RO·SiO_2$ 组成，计算各组元摩尔分数即为该组元的活度。

$$n_{2RO·SiO_2} = n_{SiO_2} = 0.2608 \tag{5-5}$$

$$n_{FeO} = 0.0056 \tag{5-6}$$

$$n_{RO} = n_{Al_2O_3} + n_{MnO} + n_{MgO} + n_{CaO} - 2 \times n_{SiO_2} = 0.8187 \tag{5-7}$$

$$\sum n_t = n_{FeO} + n_{RO} + n_{2RO·SiO_2} = 1.0851 \tag{5-8}$$

则可计算 FeO 的活度

$$a_{FeO} = X_{FeO} = \dfrac{n_{FeO}}{\sum n_t} = 0.0052 \tag{5-9}$$

由反应 $(FeO) = [O] + [Fe]$，氧的分配比 $L_O = \dfrac{w([O])}{a_{FeO}}$，炼钢温度下实测数据 $L_O = 0.23$，钢液实测 $w([O])$ 为 $0.1783 \times 10^{-2}\%$，则可以计算渣中氧化铁的活度如下：

$$a_{FeO} = 0.0078 \tag{5-10}$$

$$Fe + CO_2 \Longrightarrow (FeO) + CO$$

由式（5-4）可得

$$k = \dfrac{a_{(FeO)} \cdot a_{CO}}{a_{Fe} \cdot a_{CO_2}} = \dfrac{a_{(FeO)}}{a_{Fe}} \left(\dfrac{p_{CO}}{p_{CO_2}} \right) = \dfrac{0.0078}{1} \left(\dfrac{p_{CO}}{p_{CO_2}} \right) = e^{-\frac{\Delta G^{\ominus}}{RT}} \tag{5-11}$$

在 1600℃ 条件下，反应的标准吉布斯自由能如下：

$$\Delta G^{\ominus} = \Delta G - RT \ln k = 11880 - 9.92 \times 1873 = -6700.16J \tag{5-12}$$

由 $R=8.314J/(mol \cdot K)$，$T=1873K$，可求得

$$\frac{p_{CO}}{p_{CO_2}} = 19.714 \tag{5-13}$$

由计算可知，若反应达到平衡状态，反应后一氧化碳的含量约为二氧化碳气体的 19.714 倍，则一氧化碳在气泡中分压较高，但反应过程复杂，且时间较短，反应是否达到平衡需进一步实验验证。

2. 平衡状态下碳元素氧化计算

若反应达到平衡状态，通过上述计算，可以得出平衡状态下气泡中的一氧化碳的比例，以此为基础通过热力学计算反应达到平衡状态时各元素的平衡含量。

对于碳元素的氧化反应[C]+CO_2===2CO 的标准吉布斯自由能计算如下：

$$\Delta G^{\ominus} = \Delta G - RT \ln k = 34580 - 30.95T \tag{5-14}$$

$$k = e^{-\frac{\Delta G^{\ominus}}{RT}} = \frac{\left(\frac{p_{CO}}{p^{\ominus}}\right)^2}{a_{[C]}\frac{p_{CO_2}}{p^{\ominus}}} = \frac{\frac{p_{CO}}{p_{CO_2}} \cdot \frac{p_{CO}}{p^{\ominus}}}{a_{[C]}} = \frac{19.714 \times 0.05069}{a_{[C]}} \tag{5-15}$$

当温度为 1873K 时，$\Delta G^{\ominus} = -23389.35J$

$$k = e^{-\frac{\Delta G^{\ominus}}{RT}} = e^{1.502} = 4.49 \tag{5-16}$$

$$k = e^{-\frac{\Delta G^{\ominus}}{RT}} = \frac{19.714 \times 0.05069}{a_{[C]}} = 4.49 \tag{5-17}$$

可计算钢中碳活度 $a_{[C]}$ 为 0.223。

多元系铁液组元活度可根据 Wagner 模型计算，在等温等压下钢液内非铁组元的活度系数是各组元浓度的函数，各组元相关参数可通过查表获得，相互作用系数来源于张家芸老师所编写的《冶金物理化学》，具体如表 5-3 所示。

表 5-3　碳与钢液中各组元 e_i^j

e_i^j	e_C^{Al}	e_C^C	e_C^{Cr}	e_C^{Mn}	e_C^N	e_C^O	e_C^P	e_C^S	e_C^{Si}
数值	0.43	0.14	-0.024	-0.012	0.11	-0.34	0.051	0.046	0.08

以 45 号钢为例，并结合西宁特殊钢股份有限公司精炼炉钢液平均成分进行计算，现将 LF 炉内钢液成分列于表 5-4。

表 5-4　钢液内各元素质量分数　　　　　　（单位：%）

C	Si	Mn	P	S	Al	O	N
0.45	0.23	0.65	0.016	0.008	0.02	0.001	0.004

$$\lg f_C = e_C^C w([C]) + e_C^{Si} w([Si]) + e_C^{Mn} w([Mn]) + e_C^P w([P]) + e_C^S w([S]) + e_C^{Al} w([Al])$$
$$+ e_C^{Cr} w([Cr]) + e_C^O w([O]) + e_C^N w([N]) \tag{5-18}$$

把表 5-3 及表 5-4 的数据代入式（5-18），得 $f_C = 1.22$。

$$a_{[C]} = f_C w([C]) \tag{5-19}$$

$$w([C]) = \frac{a_{[C]}}{f_C} = \frac{0.223}{1.22} = 0.18 \tag{5-20}$$

通过计算可知，若反应达到平衡状态，钢液中的碳元素将大量氧化，将由原来的 0.45% 降低至 0.18%，氧化量达 60%，具体氧化程度应以实验为准，并验证整个反应的是否达到平衡状态。

3. 平衡状态下锰元素氧化计算

锰元素是 45 号钢内含量较高的合金元素，合金元素的收得率是衡量精炼过程的重要控制参数，因此本节主要研究二氧化碳气体与钢液中锰元素反应达到平衡状态时的氧化情况，以利于深入探索二氧化碳气体应用于 LF 炉精炼工艺的可行性。

计算方法与钢中碳元素与二氧化碳反应类似成一致，反应 [Mn]+CO₂ ══ (MnO)+CO 的标准吉布斯自由能为

$$\Delta G^{\ominus} = \Delta G - RT \ln k = -261507.82 + 72.905T \tag{5-21}$$

当温度 T=1873K 时，代入式（5-21），可得

$$\Delta G^{\ominus} = -124956.755J \tag{5-22}$$

$$k = e^{-\frac{\Delta G^{\ominus}}{RT}} = \frac{\dfrac{p_{CO}}{p_{CO_2}} \cdot a_{(MnO)}}{a_{[Mn]}} \tag{5-23}$$

式中，$\dfrac{p_{CO}}{p_{CO_2}}$=19.714，由铁氧化平衡算出。

根据分子理论计算，由表 5-2 可得

$$a_{(MnO)} = X_{(MnO)} = \frac{n_{MnO}}{\sum n_t} = \frac{0.007}{1.0851} = 0.0065 \tag{5-24}$$

将 $R=8.314J/(mol \cdot K)$，$T=1873K$，$\dfrac{p_{CO}}{p_{CO_2}}=19.714$，式(5-22)、式(5-24)代入式(5-23)，

得如下等式

$$k = e^{-\frac{\Delta G^{\ominus}}{RT}} = e^{8.02} = \frac{\dfrac{p_{CO}}{p_{CO_2}} \cdot a_{(MnO)}}{a_{[Mn]}} = \frac{19.714 \times 0.0065}{a_{[Mn]}} \tag{5-25}$$

$$a_{[Mn]} = 4.16 \times 10^{-5} \tag{5-26}$$

多元系钢液内组元活度可根据 Wagner 模型计算，相互作用系数如表 5-5 所示。

表 5-5　锰与钢液中各组元 e_i^j

e_i^j	e_{Mn}^{Mn}	e_{Mn}^{C}	e_{Mn}^{N}	e_{Mn}^{O}	e_{Mn}^{P}	e_{Mn}^{S}	e_{Mn}^{Si}
数值	0	−0.07	−0.091	−0.083	−0.0035	−0.048	−0.0002

$$\lg f_{Mn} = e_{Mn}^{Mn}w([Mn]) + e_{Mn}^{C}w([C]) + e_{Mn}^{Si}w([Si]) + e_{Mn}^{P}w([P]) + e_{Mn}^{S}w([S]) \\ + e_{Mn}^{O}w([O]) + e_{Mn}^{N}w([N]) \tag{5-27}$$

将表 5-4 及表 5-5 的数据代入式(5-27)，得

$$\lg f_{Mn} = -0.032 \tag{5-28}$$

$$f_{Mn} = 0.93 \tag{5-29}$$

根据活度与浓度关系，可得

$$w([Mn]) = \frac{a_{[Mn]}}{f_{Mn}} \tag{5-30}$$

将式(5-26)和式(5-29)代入式(5-30)，得

$$w([Mn]) = 4.49 \times 10^{-5} \tag{5-31}$$

从上式计算结果可知，在平衡状态下钢液中锰元素将被氧化至微量，精炼炉中喷吹氧化性气体，会造成钢液合金元素烧损。但国外学者的初步实验表明，LF 炉底二氧化碳气体喷吹并不会对精炼工艺造成太大影响，说明氧化反应并未进行完全，而氧化程度的多少，有待于进一步通过实验验证，并建立相关动力学模型，研究整个反应的限制环节。

4. 平衡状态下铝元素氧化计算

铝元素在精炼过程中的主要作用是脱氧,若二氧化碳在精炼过程分解,会造成钢中氧含量增加,同时导致钢中铝元素烧损增加,会使钢中铝含量降低,同时增加钢中夹杂物含量,恶化钢液质量。国外学者研究认为钢液中二氧化碳的分解与接触时间有关系,具体氧化量需要设计相关实验探索,本研究假设反应达到平衡状态铝元素的氧化量,以方便与后续实验结果进行对比,探索二氧化碳气体与钢中活性元素氧化性的规律。

计算方法过程于钢中碳元素与二氧化碳反应,反应 $[Al]+CO_2 = 1/3(Al_2O_3)+CO$ 的标准吉布斯自由能为

$$\Delta G^{\ominus} = \Delta G - RT \ln k = -239650 + 41.29T \tag{5-32}$$

当温度为 $T=1873K$ 反应达到平衡时,代入式(5-32)可得

$$\Delta G^{\ominus} = -162313.8J \tag{5-33}$$

由反应平衡常数和标准吉布斯自有能关系可得

$$K = e^{-\frac{\Delta G^{\ominus}}{RT}} = \frac{\dfrac{p_{CO}}{p_{CO_2}} \cdot a^{\frac{1}{3}}_{(Al_2O_3)}}{a^{\frac{2}{3}}_{[Al]}} \tag{5-34}$$

式中, $\dfrac{p_{CO}}{p_{CO_2}}=19.714$,由铁氧化平衡算出。

根据分子理论计算,由表 5-2 可得

$$a_{(Al_2O_3)} = X_{(Al_2O_3)} = \frac{n_{Al_2O_3}}{\sum n_t} = \frac{0.157}{1.0851} = 0.145 \tag{5-35}$$

其中将 $R=8.314J/(mol \cdot K)$, $T=1873K$, $\dfrac{p_{CO}}{p_{CO_2}}=19.714$,式(5-33)、式(5-35)代入式(5-34),得如下等式

$$K = e^{-\frac{\Delta G^{\ominus}}{RT}} = e^{10.42} = \frac{\dfrac{p_{CO}}{p_{CO_2}} \cdot a^{\frac{1}{3}}_{(Al_2O_3)}}{a^{\frac{2}{3}}_{[Al]}} = \frac{19.714 \times 0.145^{\frac{1}{3}}}{a^{\frac{2}{3}}_{[Al]}} \tag{5-36}$$

$$a_{[Al]} = 3.08 \times 10^{-4} \tag{5-37}$$

多元系钢液内组元活度可根据 Wagner 模型计算,相互作用系数如表 5-6 所示。

表 5-6　铝与钢液中各组元 e_i^j

e_i^j	e_{Al}^{Al}	e_{Al}^{C}	e_{Al}^{N}	e_{Al}^{O}	e_{Al}^{S}	e_{Al}^{Si}
数值	0.045	0.091	−0.058	−6.6	0.03	0.0056

$$\lg f_{Al} = e_{Al}^{Al} w([Al]) + e_{Al}^{C} w([C]) + e_{Al}^{Si} w([Si]) + e_{Al}^{S} w([S]) \\ + e_{Al}^{O} w([O]) + e_{Al}^{N} w([N]) \tag{5-38}$$

将表 5-4 及表 5-6 数据代入式(5-38)，得

$$\lg f_{Al} = 0.037 \tag{5-39}$$

$$f_{Al} = 1.09 \tag{5-40}$$

根据活度与浓度关系，可得

$$w([Al]) = \frac{a_{[Al]}}{f_{Al}} \tag{5-41}$$

将式(5.37)和式(5.40)代入式(5-41)，得

$$w([Al]) = 2.83 \times 10^{-4} \tag{5-42}$$

从上述计算可知，若反应达到平衡状态，钢液中的铝元素将有大部分被氧化，钢液中铝元素含量较低，二氧化碳气体与钢中元素反应存在滞后性，同时物质传质过程或者化学反应均有可能影响反应进行，反应的氧化程度应以后续实验为准，并验证计算模型及探索反应控制机理。

通过计算可知，LF 炉底吹二氧化碳气体与钢中元素的反应若达到平衡状态，将造成钢中元素大量氧化，合金元素烧损率及脱氧剂用量将同时增加，但二氧化碳气体与钢中元素的反应存在滞后性，同时热力学只能计算平衡状态下化学反应进行的程度，反应是否能达到平衡及反应进行的程度需要进一步建立化学反应动力学模型及设计相关实验进一步验证。

5.1.2　LF 炉底吹 CO_2 气体反应动力学研究

通过 5.1.1 节研究可知，若反应达到平衡状态下进行较完全，但反应进行程度受到多方面因素影响。国外学者初步的探索表明，将 CO_2 气体用于钢包搅拌不会影响钢液质量，说明钢包炉底吹 CO_2 气体反应是一个复杂的非稳态多相反应，反应并未达到平衡状态。由于气体在 LF 炉熔池中的停留时间较短，传质和界面反应均有可能影响反应进行。为验证影响反应的因素，建立相关数学模型并结合后续工业实验验证。

1. 碳元素传质控速模型建立

以碳元素为例，建立反应控速步骤数学模型，研究反应控速步骤及气体应用于 LF 精炼炉的可行性。

如图 5-2 所示，LF 精炼炉内熔池碳元素与气泡内气体反应的过程机理如下：

(1) 溶解在钢液中的碳通过钢液边界层扩散到 CO$_2$气泡表面；

(2) 在 CO$_2$气泡表面发生化学反应 CO$_2$(g)+[C]══2CO(g)；

(3) 生成的一氧化碳从气泡表面扩散到气泡内部，并随气泡上浮。

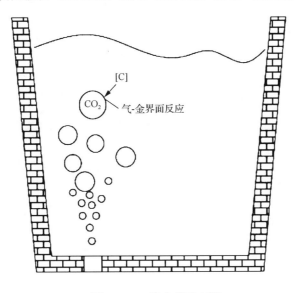

图 5-2　LF 炉内碳反应图

精炼过程中钢液内各元素含量较低，以碳元素为例，若碳元素传质为反应控速环节，根据传质理论，碳的传质速率为

$$\frac{dn_C}{dt}=Ak_{dC}(c_{[C]}-c_{[C],s}) \tag{5-43}$$

式中，k_{dC} 为钢中碳的传质系数；A 为气泡表面积，$c_{[C]}$ 为钢液中碳的浓度 mol/m^3；$c_{[C],s}$ 为钢液和气泡界面处浓度，mol/m^3。

由溶质渗透理论可得

$$k_{dC}=2\sqrt{\frac{D}{\pi t_e}} \tag{5-44}$$

$$t_e=\frac{2r}{u_t} \tag{5-45}$$

$$u_t \approx 0.7\sqrt{gr} \tag{5-46}$$

式中，D 为钢中碳的扩散系数；t_e 为接触时间；r 为气泡半径；u_t 为气泡上浮速度；g 为重力加速度。

若化学反应不是控速环节，在气泡与钢液表面反应达到局部平衡，由反应 $CO_2(g) + [C]\!=\!\!=\!2CO(g)$，碳的界面浓度计算如下：

$$w([C])_s = \frac{(p_{CO}/p^\ominus)^2}{K_{1873}^\ominus\, p_{CO_2}/p^\ominus} \tag{5-47}$$

式中，$w([C])_s$ 为 CO_2 气泡表面处碳的质量分数；p_{CO} 为 CO_2 气泡中 CO 分压；p_{CO_2} 为 CO_2 气泡中 CO_2 分压；$p^\ominus$ 为标准大气压；$K_{1873}^\ominus$ 为 1873K 时该反应的平衡常数。

质量分数代替摩尔浓度的换算关系如下：

$$c = \frac{w([C])\rho}{M_C} = 6000w([C]) \tag{5-48}$$

式中，M_C 为碳元素摩尔质量，12×10^{-3}kg/mol；ρ 为钢液密度，为 7.2×10^3 kg/m³。

将式(5-47)和式(5-48)代入式(5-43)，得

$$\frac{dn_C}{dt} = 6000Ak_{dC}\left(w([C]) - \frac{(p_{CO}/p^\ominus)^2}{K_{1873}^\ominus\, p_{CO_2}/p^\ominus}\right) \tag{5-49}$$

碳元素通过边界层的速度等于生成 CO 气体速度的 1/2。

$$\frac{dp_{CO}}{dt} = \frac{RTdn_{CO}}{Vdt} = \frac{2RTdn_C}{Vdt} \tag{5-50}$$

式中，R 为摩尔气体常数；V 为气泡体积。

$$\int_0^{p_{CO}'} \frac{dp_{CO}}{w([C]) - \dfrac{(p_{CO}/p^\ominus)^2}{K_{1873}^\ominus\, p_{CO_2}/p^\ominus}} = 2\times6000Ak_{dC}\frac{RT}{V}\int_0^t dt \tag{5-51}$$

若碳元素传质是控速环节，经过计算得一氧化碳分压与反应时间的关系如下：

$$\frac{\sqrt{K_{1873}^\ominus w([C])p_{CO_2}p^\ominus}}{2w([C])}\ln\frac{1+\dfrac{p_{CO}}{\sqrt{K_{1873}^\ominus w([C])p_{CO_2}p^\ominus}}}{1-\dfrac{p_{CO}}{\sqrt{K_{1873}^\ominus w([C])p_{CO_2}p^\ominus}}} = 2\times6000Ak_{dC}\frac{RT}{V}t \tag{5-52}$$

将表 5-4 等相关钢液条件代入式(5-52)得到一氧化碳分压与反应时间的关系，如图 5-3 所示。

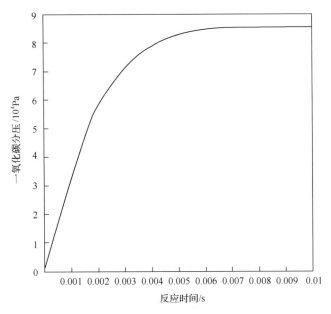

图 5-3　碳传质控速一氧化碳分压与反应时间关系图

由图 5-3 可知,若碳元素传质为整个反应的控速环节,由于碳氧反应的进行,在 0.005s 时气泡内一氧化碳气体分压达到极大值。

2. 一氧化碳传质控速模型建立

若一氧化碳传质为反应控速环节,根据传质理论,一氧化碳的传质速率为

$$\frac{\mathrm{d}n_{\mathrm{CO}}}{\mathrm{d}t}=Ak_{\mathrm{dCO}}(p_{\mathrm{COs}}-p_{\mathrm{CO}}) \tag{5-53}$$

式中,k_{dCO} 为一氧化碳传质系数;p_{COs} 为气泡表面处一氧化碳分压;p_{CO} 为气泡内部一氧化碳分压。利用等压方程将上式变换得如下微分式:

$$\frac{\mathrm{d}p_{\mathrm{CO}}}{\mathrm{d}t}=\frac{Ak_{\mathrm{dCO}}}{V}(p_{\mathrm{COs}}-p_{\mathrm{CO}}) \tag{5-54}$$

由反应 $CO_2(g)+[C]\!\!=\!\!=\!\!2CO(g)$,碳的界面浓度计算如下:

$$p_{\mathrm{COs}}=\sqrt{K^{\ominus}_{1873}w([C])p_{\mathrm{CO_2}}p^{\ominus}} \tag{5-55}$$

$$\frac{\mathrm{d}p_{\mathrm{CO}}}{\mathrm{d}t}=\frac{Ak_{\mathrm{dCO}}}{V}\left(\sqrt{K^{\ominus}_{1873}w([C])p_{\mathrm{CO_2}}p^{\ominus}}-p_{\mathrm{CO}}\right) \tag{5-56}$$

积分后得到一氧化碳分压与气泡在钢液内停留时间的关系如下:

$$\ln \frac{\sqrt{K_{1873}^{\ominus} w([C]) p_{CO_2} p^{\ominus}} - p_{CO}}{\sqrt{K_{1873}^{\ominus} w([C]) p_{CO_2} p^{\ominus}}} = \frac{A k_{dCO}}{V} t \tag{5-57}$$

由渗透理论可计算气体的传质系数如下：

$$k_{dCO} = 2\sqrt{\frac{D_g}{\pi t_e}} \tag{5-58}$$

其中气体扩散系数可由如下模型计算：

$$D_{CO-CO_2} = 1.8583 \times 10^{-3} T^{3/2} \times \frac{[(M_{CO} + M_{CO_2})/(M_{CO} \times M_{CO_2})]^{1/2}}{P \sigma_{CO-CO_2}^2 \Omega} \tag{5-59}$$

式中，D_{CO-CO_2} 为扩散系数；M_{CO} 为一氧化碳相对分子质量；M_{CO_2} 为二氧化碳相对分子质量；σ_{CO-CO_2} 为平均碰撞直径；Ω 为基于 Lennard-Jones 势函数碰撞积分的 $f\left(\dfrac{KT}{\varepsilon_{CO-CO_2}}\right)$，无因次。其中 Ω 可通过查表获得，ε_{CO-CO_2}、σ_{CO-CO_2} 可通过如下两式计算：

$$\frac{\varepsilon_{CO-CO_2}}{k} = \left(\frac{\varepsilon_{CO}}{k} \times \frac{\varepsilon_{CO_2}}{k}\right)^{1/2} \tag{5-60}$$

$$\sigma_{CO-CO_2} = \frac{1}{2}(\sigma_{CO} + \sigma_{CO_2}) \tag{5-61}$$

将钢液条件代入式(5-57)得到一氧化碳分压与反应时间的关系，如图 5-4 所示。

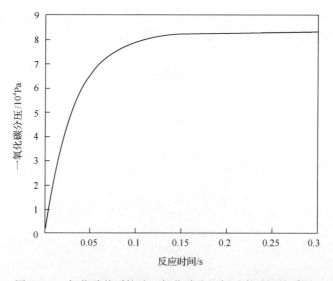

图 5-4　一氧化碳传质控速一氧化碳分压与反应时间关系图

从图 5-4 计算可知，若碳元素传质为整个反应的控速环节，由于碳氧反应的进行在 0.15s 时气泡内一氧化碳气体分压达到极大值。

3. 锰元素传质控速模型建立

LF 精炼炉内熔池锰元素与气泡内气体反应的过程机理如下：

(1) 溶解在钢液中的锰通过钢液边界层扩散到 CO$_2$ 气泡表面；

(2) 在 CO$_2$ 气泡表面发生化学反应 $CO_2(g) + [Mn] = CO(g) + (MnO)$；

(3) 生成的一氧化碳从气泡表面扩散到气泡内部，并随气泡上浮。

精炼过程中钢液内锰元素含量较低，若锰元素传质为反应控速环节，根据传质理论，锰的传质速率为

$$\frac{dn_{Mn}}{dt} = Ak_{dMn}(c_{[Mn]} - c_{[Mn],s}) \tag{5-62}$$

式中，k_{dMn} 为钢中锰的传质系数；A 为气泡表面积；$c_{[Mn]}$ 为钢液中锰的浓度，mol/m^3，$c_{[Mn],s}$ 钢液和气泡界面处锰的物质的量浓度，mol/m^3。

由溶质渗透理论可得

$$k_{dMn} = 2\sqrt{\frac{D_{Mn}}{\pi t_e}} \tag{5-63}$$

$$t_e = \frac{2r}{u_t} \tag{5-64}$$

$$u_t \approx 0.7\sqrt{gr} \tag{5-65}$$

式中，D_{Mn} 为钢中锰的扩散系数；t_e 为接触时间；r 为气泡半径；u_t 为气泡上浮速度；g 为重力加速度。

若化学反应不是控速环节，在气泡与钢液表面反应达到局部平衡，由反应 $CO_2(g) + [Mn] = CO(g) + (MnO)$，锰的界面浓度计算如下：

$$w([Mn])_s = \frac{p_{CO}a_{MnO}}{K_{1873}^{\ominus}p_{CO_2}} \tag{5-66}$$

式中，$w([Mn])_s$ 为 CO$_2$ 气泡表面处锰的质量分数；p_{CO} 为 CO$_2$ 气泡中 CO 分压；p_{CO_2} 为 CO$_2$ 气泡中 CO$_2$ 分压；$K_{1873}^{\ominus}$ 为 1873K 时该反应的平衡常数；设氧化锰局部浓度为 1，则 a_{MnO} 为 1。

质量分数代替摩尔浓度的换算关系如下：

$$c = \frac{w([\text{Mn}])\rho}{M_{\text{Mn}}} = 1309.1 w([\text{Mn}]) \tag{5-67}$$

式中，M_{Mn} 为碳元素摩尔质量，55×10^{-3} kg/mol；ρ 为钢液密度，为 7.2×10^{3} kg/m³。

$$\frac{\mathrm{d}n_{\text{Mn}}}{\mathrm{d}t} = 1309.1 A k_{\text{dMn}} \left(w([\text{Mn}]) - \frac{p_{\text{CO}}}{K_{1873}^{\ominus} p_{\text{CO}_2}} \right) \tag{5-68}$$

锰元素通过边界层的速度等于生成 CO 气体的速度。

$$\frac{\mathrm{d}p_{\text{CO}}}{\mathrm{d}t} = \frac{RT\mathrm{d}n_{\text{CO}}}{V\mathrm{d}t} = \frac{RT\mathrm{d}n_{\text{C}}}{V\mathrm{d}t} \tag{5-69}$$

式中，R 为摩尔气体常数；V 为气泡体积。

将式(5-69)代入式(5-68)，得到如下方程：

$$\frac{\mathrm{d}p_{\text{CO}}}{\mathrm{d}t} = \frac{1309.1 A k_{\text{dMn}} RT}{V} \left(w([\text{Mn}]) - \frac{p_{\text{CO}}}{K_{1873}^{\ominus} p_{\text{CO}_2}} \right) \tag{5-70}$$

若锰元素传质是控速环节，经过计算得一氧化碳分压与反应时间的关系如下：

$$p_{\text{CO}} = w([\text{Mn}]) K_{1873}^{\ominus} p_{\text{CO}_2} \left(1 - \mathrm{e}^{-\frac{1309.1 A k_{\text{dMn}} RT}{K_{1873}^{\ominus} p_{\text{CO}_2} V} t} \right) \tag{5-71}$$

将钢液条件代入式(5-71)得到一氧化碳分压与反应时间的关系，如图 5-5 所示。

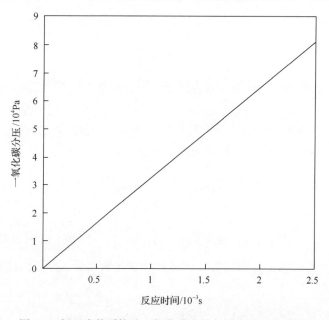

图 5-5　锰元素传质控速一氧化碳分压与反应时间关系图

从图 5-5 计算可知，若锰元素传质为整个反应的控速环节，由于锰与二氧化碳反应的进行，在 2.5×10^{-3} s 时气泡内一氧化碳气体分压达到极大值。

由图 5-3~图 5-5 所示，若碳元素传质为反应的控速环节，气泡内 CO 分压在约 0.005s 内达到极大值，而如果锰元素传质为反应的控速环节，CO 气泡分压达到 8×10^4 Pa 的时间约为 0.0025s，若 CO 传质为控速环节，气泡内 CO 分压达到 8×10^4 Pa 的时间约为 0.15s，约是钢液内元素传质控速的 100 倍。因此，从计算上可知，CO 气体的传质是整个反应的控速环节。气泡内 CO 分压越大，则说明钢液内有大量元素被氧化，因此，可进一步设计相关实验，将 CO₂ 气体应用到精炼过程中，探究底吹 CO₂ 气体对钢液内元素的氧化情况，并将实验结果与计算结果进行对比，以研究整个反应限制环节。

5.1.3　LF 炉底吹 CO₂ 气体的搅拌机理研究

钢包底吹气体精炼工艺对于均匀钢液成分及温度，更有效地去除夹杂物及脱硫和脱氧都有重要的意义，是提高钢液质量的重要手段之一。搅拌功率的大小是影响钢包底吹过程的关键因素。底吹气体搅拌对钢液所做的功主要包括：

(1) 气体在出口附近因温度升高所引起的膨胀功；

(2) 气体在钢液中上升过程中因静压力变化而引起的膨胀功；

(3) 浮力所做的功；

(4) 气体吹入时的动能；

(5) 气体从出口前压力降到出口压力时的膨胀功。

钢液底吹过程中动能的主要来源为气泡分散膨胀，因此，搅拌功率的计算公式可近似如下：

$$\varepsilon = \frac{6.18 \times 10^{-3} Q_q T_g}{W_g} \left[1 - \frac{T_q}{T_g} + \ln\left(1 + \frac{H}{1.46 \times 10^{-5} p_2} \right) \right] \tag{5-72}$$

式中，ε 为搅拌功率，W/t；T_g 为钢液温度，K；T_q 为底吹气体初始温度，K；W_g 为钢液质量，t；Q_q 为气体流量，L/min；H 为钢液深度，包括渣厚，cm。

从式 (5-72) 中可看出，底吹气体的搅拌功率与气体流量成正比，故增加气体流量可增加比搅拌功率，当气体流量为 300L/min，钢包容量为 70t，钢包熔池高度为 220cm，渣层厚度为 15cm 时，取钢液温度为 1873K，气体温度为 298K，计算底吹气体的搅拌功率为 83.06W/t。底吹 CO₂ 气体与底吹 Ar 的区别在于会有少量的 CO₂ 气体与钢液中的 [C] 元素反应而产生 CO，由反应 [C]+CO₂══2CO 可知，喷入 CO₂ 使气体总量增加，相当于使气体的流量增加，使搅拌功率增加，如图 5-6 所示，不同反应比的条件下与钢液中 [C] 搅拌功率增加的关系，反应比例的提高更有利于夹杂物的去除及脱硫反应的进行，使钢液质量进一步提高。CO₂ 气体与钢液元素反应产生的 CO 气体弥散于钢液中，将进一步增加钢液搅拌强度，有利于钢液的纯净。

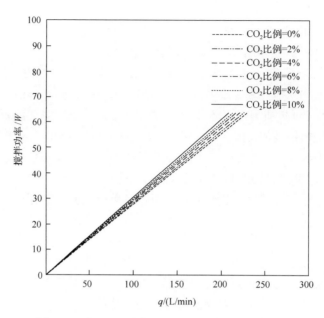

图 5-6　不同 CO_2 反应比例不同流量下的搅拌功率

5.2　CO_2 用于 AOD 炉冶炼不锈钢

不锈钢生产中，冶炼过程的物理化学反应非常复杂，在此通过冶金热力学的计算与分析，了解掌握熔池中主要反应的可能性，确定冶金反应过程的平衡状态，探索不锈钢脱碳保铬的机理。

5.2.1　CO_2 与主要元素的反应

不锈钢母液中的主要元素有[Fe]、[C]、[Si]、[Mn]、[P]、[Al]、[Cr]、[Ni]，有些还含有[V]元素。这些元素与 CO_2 反应的标准吉布斯自由能，根据张家芸编著的《冶金物理化学》计算，如表 5-7 所示。

表 5-7　CO_2 与钢液中各元素反应的标准吉布斯自由能

元素	CO_2 与之反应方程式	Gibbs 自由能计算/(J/mol)	$\ln K^{\ominus} = -\dfrac{\Delta G^{\ominus}}{RT}$ (1873K)
C	$[C] + CO_2(g) = 2CO(g)$	$\Delta G^{\ominus} = 137890 - 126.52T$	6.363
Fe	$Fe(l) + CO_2(g) = (FeO) + CO(g)$	$\Delta G^{\ominus} = 48980 - 40.62T$	1.740
Mn	$[Mn] + CO_2(g) = (MnO) + CO(g)$	$\Delta G^{\ominus} = -133760 + 42.51T$	3.477
Al	$2/3[Al] + CO_2(g) = 1/3(Al_2O_3) + CO(g)$	$\Delta G^{\ominus} = -239370 + 41.44T$	10.387
Si	$1/2[Si] + CO_2(g) = 1/2(SiO_2) + CO(g)$	$\Delta G^{\ominus} = -123970 + 20.59T$	5.484
P	$2/5[P] + CO_2(g) = 1/5(P_2O_5) + CO(g)$	$\Delta G^{\ominus} = 92408 - 19.41T$	-3.600
Cr	$2/3[Cr] + CO_2(g) = 1/3Cr_2O_3(s) + CO(g)$	$\Delta G^{\ominus} = -111690 + 32.37T$	3.279
Ni	$[Ni] + CO_2(g) = NiO(s) + CO(g)$	$\Delta G^{\ominus} = 48970 + 41.22T$	8.103
V	$2/3[V] + CO_2(g) = 1/3V_2O_3(s) + CO(g)$	$\Delta G^{\ominus} = -107993 + 21.29T$	4.374

在 1400～2000K 范围内，绘出 $\Delta G^\ominus$-T 线性关系图（$\Delta G^\ominus = -RT\ln(p_{CO}/p_{CO_2})$，如图 5-7 所示。从图中可以看到，在炼钢温度范围内，CO_2 与[Ni]不发生反应。作者也发现，CO_2 用于转炉顶底吹，有利于脱磷，但由图 5-7 所示，标态下 CO_2 是不能直接脱 P 的，而是通过先氧化铁，钢液中自由氧增加，以及控制钢液温度实现的；而在不锈钢生产中，CO_2 不与[Ni]反应，可以很好地达到节约镍资源的目的。

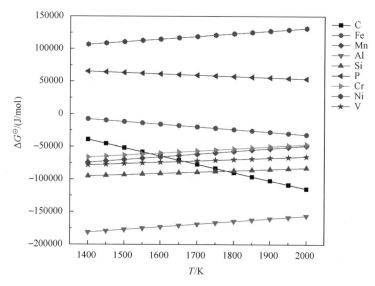

图 5-7　钢液中各元素与 CO_2 反应的 $\Delta G^\ominus$ 和 T 线性关系图

由表 5-7 中 1873K 温度下的 $\ln K^\ominus$ 值可知，CO_2 与钢液中[Al]的反应能在很短的时间内完成，并且[Al]可被 CO_2 氧化到很低的程度。根据选择性氧化的原理，$\Delta G^\ominus$ 越低，元素越先反应，所以其他元素与 CO_2 的反应顺序为：[Si]>[V]>[Mn]>[Cr]>Fe。CO_2 与[C]反应的 $\Delta G^\ominus$ 曲线斜率较大，在高温条件下反应更容易进行。同时，CO_2 与[C]反应的吉布斯自由能曲线与[Si]、[V]、[Mn]、[Cr]都有交点，即可以根据温度的调节，达到在完成脱碳的同时，也可以最大限度地保留钢液中元素，从而节约合金料，降低成本。

5.2.2　CO_2 氧化升温计算

1. 用 CO_2 氧化 1%[Cr]提高钢液温度的计算

对于 CO_2 与[Cr]的反应

$$\frac{3}{4}[Cr] + CO_2(g) = \frac{1}{4}Cr_3O_4(s) + CO(g) \tag{5-73}$$

$$\Delta_r G^\ominus = -82354 + 19.47T$$

根据 Gibbs-Helmholtz 方程可知：$\Delta_r H^\ominus = -82.354$kJ/mol，即 1mol CO_2 参与反应，氧化 $\frac{3}{4}$ mol [Cr]时，产生的热量为 82.354kJ。

根据热力学数据手册查到各元素 C_p，如表 5-8 所示。

表 5-8　各元素比定压热容 C_p 数据

物质	M_i/(kg/mol)	$C_p(1873\text{K})$/[J/(K·mol)]	$H_T-H_{298}(1873\text{K})$/(kJ/mol)
Fe	55.85×10^{-3}	46.02	
Cr	52×10^{-3}	46.68	
Ni	59×10^{-3}	43.10	
Cr₃O₄	220×10^{-3}	131.80*	
C	12×10^{-3}		
CO	28×10^{-3}	36.08	51.56
CO₂	44×10^{-3}	60.83	82.61
O₂	32×10^{-3}	37.75	53.88

*该数据为 1800K 条件下的 C_p 值。

将 304 不锈钢液简化成 73%Fe+18%Cr+9%Ni，则其定压热容为

$$C_{p304}=\frac{73\%}{M_{\text{Fe}}}\times46.02+\frac{18\%}{M_{\text{Cr}}}\times46.68+\frac{9\%}{M_{\text{Ni}}}\times43.10=828.85\,\text{J}/(\text{K}\cdot\text{kg})$$

则氧化 1%[Cr]可使 304 不锈钢液升温为

$$\Delta T=\frac{(82.354-82.61)\times10^3\times\dfrac{4}{3}\times\dfrac{1\%}{M_{\text{Cr}}}}{828.85+\dfrac{1}{3}\times\dfrac{1\%}{M_{\text{Cr}}}\times131.80}=-7.84\times10^{-2}\,\text{℃}$$

所以反应 1%[Cr]可使钢液温度减少 0.0784℃，可忽略不计。

2. 用 O_2 氧化 1%[Cr]提高钢液温度的计算

对于 O_2 和[Cr]反应：

$$\frac{3}{2}[\text{Cr}]+O_2(\text{g})=\!=\!=\frac{1}{2}\text{Cr}_3\text{O}_4(\text{s}) \tag{5-74}$$

$$\Delta_rG^{\ominus}=-721640+207.8T$$

根据 Gibbs-Helmholtz 方程可知：$\Delta_rH^{\ominus}=-721.64\text{kJ/mol}$，即 1mol O_2 参与反应，氧化 $\frac{3}{2}$ mol [Cr]时，产生热量为 721.64kJ。则氧化 1%[Cr]可使 304 不锈钢液升温为

$$\Delta T=\frac{(721.64-53.88)\times10^3\times\dfrac{2}{3}\times\dfrac{1\%}{M_{\text{Cr}}}}{828.85+\dfrac{1}{3}\times\dfrac{1\%}{M_{\text{Cr}}}\times131.80}=102.1\,\text{℃}$$

所以采用 O_2 氧化 1%[Cr]可使钢液温度升高 102.1℃。

3. 用 CO_2 氧化 0.1%[C]提高钢液温度的计算

对于 CO_2 与[C]的反应：

$$[C]+CO_2(g) = 2CO(g) \tag{5-75}$$

$$\Delta_r G^\ominus = 137890 - 126.52T$$

根据 Gibbs-Helmholtz 方程可知：$\Delta_r H^\ominus = 137.89\text{kJ/mol}$，即 1mol CO_2 参与反应，氧化 1mol [C]时，吸收热量为 137.89kJ。则氧化 0.1%[C]可使 304 不锈钢液降低温度：

$$\Delta T = \frac{(-137.89-82.61)\times10^3\times\dfrac{0.1\%}{M_C}}{828.85+2\times\dfrac{0.1\%}{M_C}\times36.08} = -22\ ℃$$

所以采用 CO_2 氧化 0.1%[C]可使钢液温度降低 22℃。

4. 用 O_2 氧化 0.1%[C]提高钢液温度的计算

对于 O_2 与[C]的反应：

$$2[C]+O_2(g) = 2CO(g) \tag{5-76}$$

$$\Delta_r G^\ominus = -281160 - 84.18T$$

根据 Gibbs-Helmholtz 方程可知：$\Delta_r H^\ominus = -281.16\text{kJ/mol}$，即 1mol O_2 参与反应，氧化 2mol [C]时，产生热量为 281.16kJ。则氧化 0.1%[C]可使 304 不锈钢液升温：

$$\Delta T = \frac{(281.16-53.88)\times10^3\times\dfrac{1}{2}\times\dfrac{0.1\%}{M_C}}{828.85+\dfrac{0.1\%}{M_C}\times36.08} = 11.4\ ℃$$

所以采用 O_2 氧化 0.1%[C]可使钢液温度升高 11.4℃。

5. 计算结果分析

从氧化升温计算可知，CO_2 与[Cr]反应放热量很小，基本可以忽略不计；而 O_2 与[Cr]反应放热量很大，每氧化 1%[Cr]可使钢液温度升高 102.1℃。CO_2 与[C]反应是吸热反应，每氧化 0.1%[C]可使钢液温度降低 22℃，而 O_2 与[C]反应为放热反应，每氧化 0.1%[C]可使钢液温度升高 11.4℃。若全吹 CO_2 进行脱碳保铬，Cr 氧化基本不影响钢液温度，但脱碳会降低钢液温度，如碳含量从 2%降低到 0.5%，钢液温度约降低 330℃。所以，采

用 CO_2 进行脱碳保铬反应时，钢液温度降低幅度较大，无法通过[Cr]、[C]等元素的氧化补充热量，若在 AOD 精炼过程中吹入 CO_2，需和 O_2 混合，不能全吹 CO_2 和 Ar，使得炉内温度能满足冶炼的要求。

5.2.3　脱碳保铬热力学

不锈钢生产中，最主要的就是脱碳保铬的问题，这也是不锈钢生产的理论基础。相关文献对铬氧化产物进行了分析，认为[Cr]＞9%的时候，产物为 Cr_3O_4，则存在下面两个反应：

$$3[Cr] + 4CO_2(g) = Cr_3O_4(s) + 4CO(g) \tag{5-77}$$

$$[C] + CO_2(g) = 2CO(g) \tag{5-78}$$

耦合成脱碳保铬反应式为

$$\frac{3}{2}[Cr] + 2CO(g) = \frac{1}{2}Cr_3O_4(s) + 2[C] \tag{5-79}$$

$$\Delta G^{\ominus} = -440488 + 291.973T \tag{5-80}$$

$$\Delta G = \Delta G^{\ominus} + RT \ln \frac{f_C^2 w([C])^2}{f_{Cr}^{3/2} w([Cr])^{3/2} p_{CO}^2} \tag{5-81}$$

式中，f_C、f_{Cr} 分别为 C、Cr 活度系数；$p_{CO} = p_{CO}/p^{\ominus}$ 为 CO 无量纲分压。

采用 Wagner 模型，对于元素[C]，则有

$$\lg f_C = e_C^C \cdot w([C]) + e_C^{Cr} \cdot w([Cr]) + e_C^{Ni} \cdot w([Ni]) + e_C^{Si} \cdot w([Si]) + e_C^{Mn} \cdot w([Mn]) \tag{5-82}$$

由 $\lg f_C = \dfrac{\ln f_C}{2.303}$ 得

$$\ln f_C = 2.303\left(e_C^C \cdot w([C]) + e_C^{Cr} \cdot w([Cr]) + e_C^{Ni} \cdot w([Ni]) + e_C^{Si} \cdot w([Si]) + e_C^{Mn} \cdot w([Mn])\right) \tag{5-83}$$

同理，对于元素[Cr]有

$$\ln f_{Cr} = 2.303\left(e_{Cr}^{Cr} \cdot w([Cr]) + e_{Cr}^C \cdot w([C]) + e_{Cr}^{Ni} \cdot w([Ni]) + e_{Cr}^{Si} \cdot w([Si])\right) \tag{5-84}$$

查阅资料知，元素间的一次相互作用系数取值如下：

$$e_C^C = 0.14, \quad e_{Cr}^{Cr} = -0.0003, \quad e_{Ni}^{Ni} = 0.009, \quad e_C^{Cr} = -0.024, \quad e_{Cr}^C = -0.12,$$

$$e_{\text{Ni}}^{\text{C}} = 0.042, \quad e_{\text{C}}^{\text{Ni}} = 0.012, \quad e_{\text{Cr}}^{\text{Ni}} = 0.0002, \quad e_{\text{Ni}}^{\text{Cr}} = -0.0003, \quad e_{\text{C}}^{\text{Si}} = 0.08,$$

$$e_{\text{Cr}}^{\text{Si}} = -0.0043, \quad e_{\text{C}}^{\text{Mn}} = -0.012 \text{。}$$

根据 $\Delta G = \Delta G^{\ominus} + RT \ln \dfrac{f_{\text{C}}^{2} w([\text{C}])^{2}}{f_{\text{Cr}}^{3/2} w([\text{Cr}])^{3/2} p_{\text{CO}}^{2}} = 0$，化简有

$$\frac{23005.4}{T} = 15.2489 + 0.46 w([\text{C}]) - 0.0485 w([\text{Cr}]) + 0.0237 w([\text{Ni}]) + 0.1665 w([\text{Si}])$$

$$-0.024 w([\text{Mn}]) + 2 \lg w([\text{C}]) - 1.5 \lg w([\text{Cr}]) - 2 \lg p_{\text{CO}} \tag{5-85}$$

式(5-85)即为冶炼达到平衡时，钢液中各元素成分[i]、CO 分压 p_{CO} 和温度 T 之间的关系。

1. 以 Cr18 为例计算

一般奥氏体不锈钢钢号为 1Cr18Ni9，其中最为广见的是 304 不锈钢，其成分要求如表 5-9 所示。

表 5-9　国标 304 不锈钢的成分要求　　　　　（单位：%，质量分数）

C	Cr	Ni	Si	Mn	S	P
≤0.08	18~20	8.25~10.5	≤1	≤2	≤0.03	≤0.05

以 304 奥氏体不锈钢的成分为例，代入式(5-81)中计算不同含碳量条件下冶炼温度 T 和 CO 分压 p_{CO} 的关系，结果如表 5-10 所示。

表 5-10　$w([\text{Cr}])=18\%$时，不同 $w([\text{C}])$条件下 T-p_{CO} 的关系

序号	钢液成分					T-p_{CO} 关系式
	$w([\text{Cr}])$/%	$w([\text{Ni}])$/%	$w([\text{Si}])$/%	$w([\text{Mn}])$/%	$w([\text{C}])$/%	
1					2.0	$23005.4/T = 14.2745 - 2\lg p_{\text{CO}}$
2					1.0	$23005.4/T = 13.2124 - 2\lg p_{\text{CO}}$
3					0.5	$23005.4/T = 12.3804 - 2\lg p_{\text{CO}}$
4	18	9	0.45	1.2	0.1	$23005.4/T = 10.7984 - 2\lg p_{\text{CO}}$
5					0.05	$23005.4/T = 10.1734 - 2\lg p_{\text{CO}}$
6					0.02	$23005.4/T = 9.3637 - 2\lg p_{\text{CO}}$

根据表 5-10 中的温度 T 与 $\lg p_{\text{CO}}$ 关系式，作出在温度区间 1600~2200K 的 T-$\lg p_{\text{CO}}$ 趋势图，如图 5-8 所示。

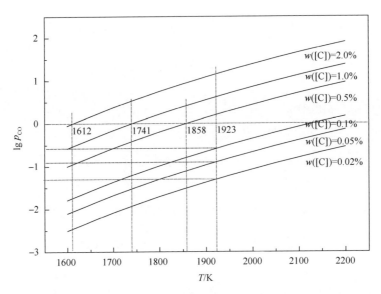

图 5-8　$w([Cr])=18\%$时的 $\lg p_{CO}$-T 关系图

从图 5-8 和表 5-11 中可以看出，当平衡温度相同时，平衡状态下一氧化碳分压随钢中碳含量的增加而增加。在高碳区$(w([C])\geqslant0.5\%)$，CO 分压取极限值 1 时，在 $w([C])=0.5\%$时其氧化转化温度为 1858K（1585℃），可知在该转化温度以上即可保证脱碳保铬的顺利进行，此阶段可较大比例喷吹氧气或者二氧化碳。在低碳区$(w([C])\leqslant0.5\%)$，若 CO 分压仍取极限值 1，在 $w([C])=0.05\%$时其氧化转化温度达到 2261K（1988℃），在生产中难以实现如此高温，所以需要降低 CO 分压。若取常规冶炼温度 1923K，将 $w([C])$脱到 0.02%则需CO 分压达到 0.050 以下，此时可通过混合喷吹氩气来实现降低一氧化碳分压，以利于脱碳保铬。

表 5-11　$w([Cr])=18\%$时，不同 $w([C])$和 p_{CO}条件下脱碳保铬的氧化转化温度

序号	钢液成分					p_{CO}/atm	T-p_{CO} 关系式	氧化转化温度/℃
	$w([Cr])$/%	$w([Ni])$/%	$w([Si])$/%	$w([Mn])$/%	$w([C])$/%			
1					2.0	1	$23005.4/T=14.2745-2\lg p_{CO}$	1338
2					1.0	1	$23005.4/T=13.2124-2\lg p_{CO}$	1468
3					0.5	1	$23005.4/T=12.3804-2\lg p_{CO}$	1585
4					0.1	1	$23005.4/T=10.7984-2\lg p_{CO}$	1857
5	18	9	0.45	1.2	0.05	1	$23005.4/T=10.1734-2\lg p_{CO}$	1988
6					0.5	0.5	$23005.4/T=12.3804-2\lg p_{CO}$	1499
7					0.05	0.2	$23005.4/T=10.1734-2\lg p_{CO}$	1715
8					0.05	0.1	$23005.4/T=10.1734-2\lg p_{CO}$	1617
9					0.05	0.05	$23005.4/T=10.1734-2\lg p_{CO}$	1528
10					0.02	0.01	$23005.4/T=9.3637-2\lg p_{CO}$	1448

2. 以 Cr15 为例计算

计算在 Cr 质量分数为 15%情况下，不同 $w([C])$ 时 T 和 p_{CO} 的关系，如表 5-12 所示。

表 5-12　$w([Cr])=15\%$时，不同 $w([C])$ 条件下 T-p_{CO} 的关系

序号	钢液成分					T-p_{CO} 关系式
	$w([Cr])$/%	$w([Ni])$/%	$w([Si])$/%	$w([Mn])$/%	$w([C])$/%	
1					2.0	$23005.4/T = 14.5387 - 2\lg p_{CO}$
2					1.0	$23005.4/T = 13.4767 - 2\lg p_{CO}$
3	15	9	0.45	1.2	0.5	$23005.4/T = 12.6446 - 2\lg p_{CO}$
4					0.1	$23005.4/T = 11.0627 - 2\lg p_{CO}$
5					0.05	$23005.4/T = 10.4376 - 2\lg p_{CO}$
6					0.02	$23005.4/T = 9.6279 - 2\lg p_{CO}$

根据表 5-12 中冶炼温度 T 与 CO 分压 p_{CO} 的关系式，作出在温度区间 1600～2200K 范围内的 T-p_{CO} 趋势图，如图 5-9 所示。

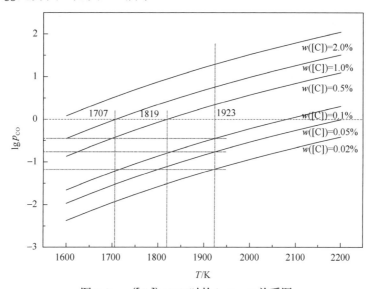

图 5-9　$w([Cr])=15\%$时的 $\lg p_{CO}$-T 关系图

结合图 5-9 和表 5-13 可知，其规律和 Cr18 时基本相同，但氧化转化温度有所降低，根据碳含量的高低为 30～60℃。在高碳区（$w([C])\geqslant 0.5\%$），CO 分压取极限值 1 时，在 $w([C])=0.5\%$ 时其氧化转化温度为 1819K（1546℃），即在该转化温度以上即可保证脱碳保铬的顺利进行，此阶段可较大比例喷吹氧气或者二氧化碳。在低碳区（$w([C])\leqslant 0.5\%$），若 CO 分压仍取极限值 1，在 $w([C])=0.05\%$ 时其氧化转化温度达到 2204K（1931℃），在生产中难以实现如此高温，所以需要降低 CO 分压。若取常规冶炼温度 1923K，将 $w([C])$ 脱到 0.02%则需 CO 分压达到 0.068MPa 以下，此时可通过混合喷吹氩气来降低一氧化碳分压，以利于脱碳保铬。

表 5-13　$w([Cr])=15\%$时，不同 $w([C])$ 和 p_{CO} 条件下脱碳保铬的氧化转化温度

序号	钢液成分					p_{CO}/atm	$T\text{-}p_{CO}$ 关系式	氧化转化温度/℃
	$w([Cr])/\%$	$w([Ni])/\%$	$w([Si])/\%$	$w([Mn])/\%$	$w([C])/\%$			
1					2.0	1	$23005.4/T=14.5387-2\lg p_{CO}$	1309
2					1.0	1	$23005.4/T=13.4767-2\lg p_{CO}$	1434
3					0.5	1	$23005.4/T=12.6446-2\lg p_{CO}$	1546
4					0.1	1	$23005.4/T=11.0627-2\lg p_{CO}$	1806
5	15	9	0.45	1.2	0.05	1	$23005.4/T=10.4376-2\lg p_{CO}$	1931
6					0.5	0.5	$23005.4/T=12.6446-2\lg p_{CO}$	1464
7					0.05	0.2	$23005.4/T=10.4376-2\lg p_{CO}$	1671
8					0.05	0.1	$23005.4/T=10.4376-2\lg p_{CO}$	1577
9					0.05	0.05	$23005.4/T=10.4376-2\lg p_{CO}$	1491
10					0.02	0.01	$23005.4/T=9.6279-2\lg p_{CO}$	1415

3. 以 Cr12 为例计算

计算在 Cr 含量为 12%情况下，不同 $w([C])$ 时 T 和 p_{CO} 的关系，如表 5-14 所示。

表 5-14　$w([Cr])=12\%$时，不同 $w([C])$ 条件下 $T\text{-}p_{CO}$ 的关系

序号	钢液成分					$T\text{-}p_{CO}$ 关系式
	$w([Cr])/\%$	$w([Ni])/\%$	$w([Si])/\%$	$w([Mn])/\%$	$w([C])/\%$	
1					2.0	$23005.4/T=14.8296-2\lg p_{CO}$
2					1.0	$23005.4/T=13.7676-2\lg p_{CO}$
3	12	9	0.45	1.2	0.5	$23005.4/T=12.9355-2\lg p_{CO}$
4					0.1	$23005.4/T=11.3536-2\lg p_{CO}$
5					0.05	$23005.4/T=10.7285-2\lg p_{CO}$
6					0.02	$23005.4/T=9.9188-2\lg p_{CO}$

根据表 5-14 中冶炼温度 T 与 CO 分压 p_{CO} 的关系式，作出在温度区间 1600～2200K 范围内的 $T\text{-}p_{CO}$ 趋势图，如图 5-10 所示。

结合图 5-10 和表 5-15 可知，其规律和 Cr18、Cr15 时也基本相同，由于碳含量不同，氧化转化温度相比 Cr18 降低 60～120。在高碳区（$w([C])\geqslant0.5\%$），CO 分压取极限值 1 时，在 $w([C])=0.5\%$时其氧化转化温度为 1778K（1505℃），即在该转化温度以上即可保证脱碳保铬的顺利进行，此阶段可较大比例喷吹氧气或者二氧化碳。在低碳区（$w([C])\leqslant0.5\%$），若 CO 分压仍取极限值 1，在 $w([C])=0.05\%$时其氧化转化温度达到 2144K（1871℃），在生产中难以实现如此高温，所以需要降低 CO 分压。若取常规冶炼温度 1923K，将 $w([C])$ 脱到 0.02%则需 CO 分压达到 0.095 以下，此时可通过混合喷吹氩气来实现降低一氧化碳分压，以利于脱碳保铬。

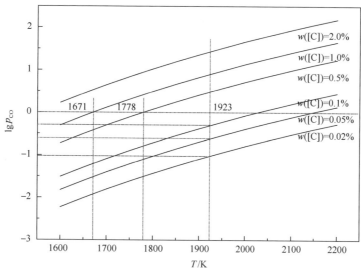

图 5-10　$w([Cr])=12\%$时的 $\lg p_{CO}\text{-}T$ 关系图

表 5-15　$w([Cr])=12\%$时，不同 $w([C])$ 和 p_{CO} 条件下脱碳保铬的氧化转化温度

序号	钢液成分					p_{CO}/atm	$T\text{-}p_{CO}$ 关系式	氧化转化温度/℃
	$w([Cr])$/%	$w([Ni])$/%	$w([Si])$/%	$w([Mn])$/%	$w([C])$/%			
1					2.0	1	$23005.4/T = 14.8296 - 2\lg p_{CO}$	1278
2					1.0	1	$23005.4/T = 13.7676 - 2\lg p_{CO}$	1398
3					0.5	1	$23005.4/T = 12.9355 - 2\lg p_{CO}$	1505
4					0.1	1	$23005.4/T = 11.3536 - 2\lg p_{CO}$	1753
5	12	9	0.45	1.2	0.05	1	$23005.4/T = 10.7285 - 2\lg p_{CO}$	1871
6					0.5	0.5	$23005.4/T = 12.9355 - 2\lg p_{CO}$	1426
7					0.05	0.2	$23005.4/T = 10.7285 - 2\lg p_{CO}$	1623
8					0.05	0.1	$23005.4/T = 10.7285 - 2\lg p_{CO}$	1534
9					0.05	0.05	$23005.4/T = 10.7285 - 2\lg p_{CO}$	1453
10					0.02	0.01	$23005.4/T = 9.9188 - 2\lg p_{CO}$	1380

　　由 Cr18、Cr15 和 Cr12 条件下 T 和 p_{CO} 的关系可知，在高碳区（$w([C])\geqslant0.5\%$）对冶炼条件的要求较小，无须混合 Ar 即可完成脱碳保铬，但在低碳区（$w([C])\leqslant0.5\%$）对冶炼条件较高，若想达到较优质不锈钢的碳含量要求（$w([C])\leqslant0.02\%$），需要掺入一定比例的 Ar 以进一步降低 CO 分压。

　　由式(5-85)计算不同温度、不同 Cr 含量时常压下的 Cr 氧化转折点，即 Cr 开始发生氧化时的 C 含量，如图 5-11 所示。由图可知，Cr 含量越高，Cr 开始氧化时的 C 含量也越高，且随着温度的升高，转折点 C 含量降低。当 $w([Cr])=18\%$、$T=1600℃$时，Cr 氧化转折点的 C 质量分数为 0.4571%，而随着温度升高到 1700℃时，转折点处 C 质量分数为 0.2492%，其降低幅度较大；当 $w([Cr])=12\%$、$T=1600℃$时，Cr 氧化转折点的 C 质量分数为 0.2668%，而温度升高到 1700℃时，转折点处 C 质量分数为 0.1394%，达到较低的碳含量水平。

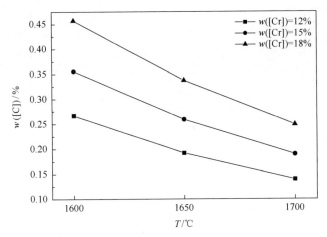

图 5-11　不同温度、不同 Cr 含量时的 Cr 氧化转折点

5.2.4　FactSage 计算

FactSage 多应用于冶金、材料、玻璃工业、陶瓷、地质等，其功能包括：

(1) 查看各种化合物或溶液的热力学参数；

(2) 自定义数据库编辑与保存；

(3) 计算纯物质、混合物或化学反应的各种热力学性能(H、G、V、S、C、A)变化；

(4) 等温优势区图计算；

(5) 等温 Eh-pH 图(Pourbaix 图)计算；

(6) 计算反应平衡时各物质的浓度；

(7) 相图计算；

(8) 数据库优化；

(9) 计算结果图表处理。

FactSage 可使用的热力学数据包括数千种纯物质数据库，评估及优化过的数百种金属溶液、氧化物液相与固相溶液，锍、熔盐、水溶液等溶液数据库。5.2.4 节仅采用 FactSage6.4 数据库中 Equilib 模块计算 Fe-C-Cr 溶液与 CO_2 和 O_2 混合气体反应的平衡状态，从而得到冶炼过程中碳、铬含量的变化趋势。

因为主要研究钢液中 C、Cr 两元素的反应情况，故将该钢液简单认为是 Fe-C-Cr 熔融钢液，其成分如表 5-16 所示。

表 5-16　初始 Fe-C-Cr 钢液成分　　　　　　(单位：%，质量分数)

Fe	C	Cr	合计
85.9	2.1	12	100

　　Fe-C-Cr 钢液总量为 600g，分别在不同比例 CO$_2$ 气体、不同气体流量、不同温度下计算最终平衡时的钢液中 C、Cr 含量。采用三因素三水平，共计 27 组数据结果。首先进入 Equilib 模块，数据库选 FactPS、FToxid、FSstel，输入初始钢液含量及气体量，然后选取 Compound Species 和 SolutionSpecies，再输入温度 T，最后进行计算，得到反应平衡后钢液中 C、Cr 元素含量。依次计算每 10min 后钢液中 C、Cr 元素的含量，其计算过程如图 5-12 所示，计算结果见图 5-13。

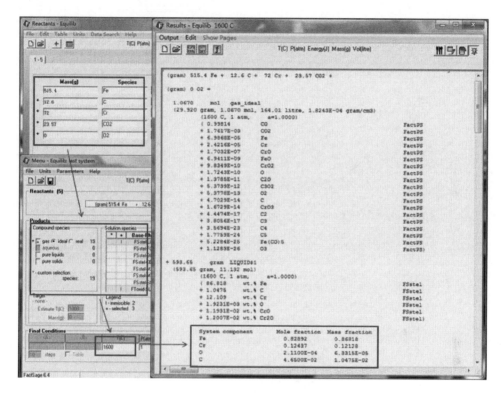

图 5-12　FactSage 计算过程示意图

　　从图 5-13 中可以看出，气体流量对脱 C 速率及 Cr 氧化影响较大；温度的影响较小，只在平衡状态时有所区别，表现在温度越高，平衡 C 含量越低，而 Cr 氧化越少；CO$_2$ 比例越小（即氧气比例越大），脱 C 速率越大，但 Cr 氧化也加剧。由于温度对平衡状态的影响有限，平衡状态下的 C 含量又与气体流量和 CO$_2$ 比例无关，故在各冶炼条件下，平衡状态时 C 含量范围基本相同，其平均值在 0.08%～0.22%，最低可达 0.04%。

　　图 5-13(a)、(b) 为全 CO$_2$ 吹炼时钢液中 C、Cr 含量的变化，可知在流量为 0.1L/min 时，在冶炼时间 120min 内，脱碳未能达到平衡，Cr 元素未发生氧化；在流量为 0.2L/min 时，脱碳在 110～120min 达到平衡，同时 Cr 元素开始出现部分氧化；在流量为 0.3L/min 时，脱碳在 70～80min 达到平衡，同时 Cr 元素开始出现氧化现象，其氧化速率基本相同，只是温度越高，Cr 氧化越少。

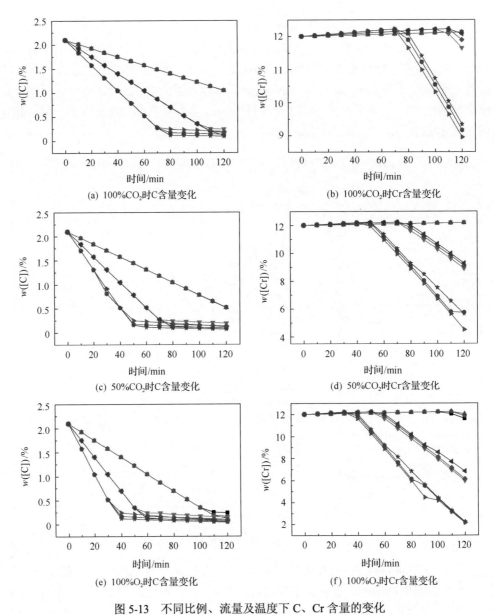

图 5-13　不同比例、流量及温度下 C、Cr 含量的变化

■—1　●—2　▲—3　▼—4　◆—5　◀—6　▶—7　●—8　★—9

1-0.1L/min，1600℃；2-0.1L/min，1650℃；3-0.1L/min，1700℃；4-0.2L/min，1600℃；5-0.2L/min，
1650℃；6-0.2L/min，1700℃；7-0.3L/min，1600℃；8-0.3L/min，1650℃；9-0.3L/min，1700℃

　　图 5-13(c)、(d) 为 CO_2 和 O_2 混合气体吹炼时钢液中 C、Cr 含量的变化，混合气体中 CO_2 和 O_2 的体积分数各占 50%。由图可知，在流量为 0.1L/min 时，脱碳速率比全 CO_2 吹炼时要大，但在 120min 内也未达到平衡，Cr 元素也未发生氧化；在流量为 0.2L/min 时，脱碳在 70～80min 达到平衡，同时 Cr 元素开始氧化；在流量为 0.3L/min 时，脱碳在 50min 处达到平衡，同时 Cr 元素开始出现较大氧化。

　　图 5-13(e)、(f) 为全 O_2 吹炼时钢液中 C、Cr 含量的变化，可知在流量为 0.1L/min

时，脱碳在 110min 处达到了平衡，此时 Cr 元素略有氧化；在流量为 0.2L/min 时，脱碳在 60min 处达到平衡，同时 Cr 元素开始氧化；在流量为 0.3L/min 时，脱碳在 40min 处达平衡，同时 Cr 元素开始大量氧化。

图 5-14 为不同温度下钢液中 Cr 含量与 C 含量的关系图。由图可以看到，同一温度下，随着钢液中 C 含量的不断降低，Cr 含量先保持不变，然后急剧降低，但变化趋势完全相同，即流量、CO$_2$ 比例对 Cr 氧化转折点没有影响。所以从热力学的角度来看，CO$_2$ 与 O$_2$ 的脱碳保铬的氧化转折点是一样的。而温度不同，Cr 氧化转折点不同，温度 T=1600℃时 Cr 氧化转折点的 C 含量为 0.27%，温度 T=1650℃时 Cr 氧化转折点的 C 含量为 0.2%，温度 T=1700℃时 Cr 氧化转折点的 C 含量为 0.14%。可见随着温度的升高，其 Cr 氧化转折点逐渐偏向 C 含量低的方向，这与前面的热力学计算是一致的。

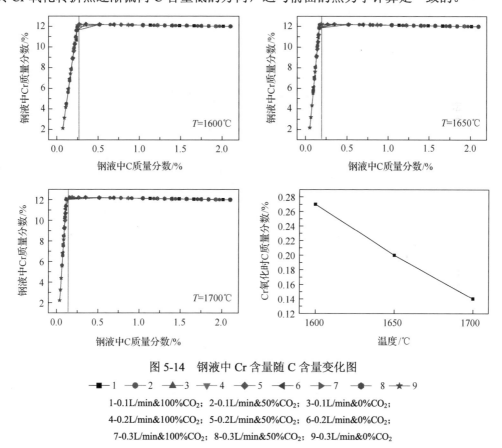

图 5-14　钢液中 Cr 含量随 C 含量变化图

■— 1　●— 2　▲— 3　▼— 4　◆— 5　◄— 6　►— 7　●— 8　★— 9

1-0.1L/min&100%CO$_2$；2-0.1L/min&50%CO$_2$；3-0.1L/min&0%CO$_2$；
4-0.2L/min&100%CO$_2$；5-0.2L/min&50%CO$_2$；6-0.2L/min&0%CO$_2$；
7-0.3L/min&100%CO$_2$；8-0.3L/min&50%CO$_2$；9-0.3L/min&0%CO$_2$

从 FactSage 计算结果可以看出，CO$_2$ 可以达到脱碳保铬的效果，其可将 C 含量脱到 0.5%以下，虽然其脱碳速率不及 O$_2$，但保铬的效果与 O$_2$ 基本相同。本节的 FactSage 计算只起到指导实验的作用，还需继续进行具体实验对 CO$_2$ 的脱碳保铬效果进行研究。

5.2.5　动力学分析

冶金动力学研究，与冶金过程热力学不同，是多相间物质传递与化学反应过程的结合，包括化学反应过程和物理传输过程，不仅可以探究反应机理和反应速率，对强化冶金过程、优化过程操作工艺、提高生产效率也有很重要的指导作用。

1. 模型假设

根据以前学者的脱碳保铬过程模型假定，精炼初期主要是氧气与钢液中 C、Si、Mn、Fe、Cr 的反应，在气液界面处同时达到平衡，各元素的氧化速率与氧气流量成正比；精炼后期，只有 C 和 Cr 继续氧化，碳的浓度较低，氧化速率主要受 C 的传质控制。

本书在研究 CO_2 脱碳保铬动力学时，不考虑钢液中各元素的氧化，只考虑 C 和 Cr 发生氧化反应，在界面处同时达到平衡，即脱碳保铬反应，其过程机理如下(图 5-15)：

(1)钢液中溶解的[C]、[Cr]元素通过钢液边界层扩散到气泡表面；

(2)[C]、[Cr]元素在气泡表面与 CO_2 发生氧化反应，其脱碳保铬反应式为

$$[C] + \frac{1}{4}Cr_3O_4 = \frac{3}{4}[Cr] + CO$$

(3)反应生成的 CO 从气泡表面扩散到气泡内部，生成的 Cr_3O_4 附着在气泡表面随气泡上升进入渣中。

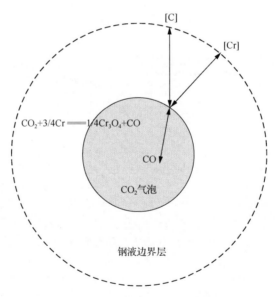

图 5-15 脱碳保铬过程机理示意图

2. 模型建立

由于钢液温度很高，在气液界面处反应很快达到平衡，并且气相传质速率要明显大于液相传质速率，在碳含量较低的情况下，碳的氧化主要受碳在钢液中的传质控制。

$$[C] + \frac{1}{4}(Cr_3O_4)(s) = \frac{3}{4}[Cr] + CO(g) \tag{5-86}$$

$$\Delta G^{\ominus} = 220244 - 145.987T \tag{5-87}$$

$$K^{\ominus} = e^{\frac{\Delta G^{\ominus}}{RT}} \tag{5-88}$$

根据菲克第一定律，对于钢液中碳、铬的传质，有

$$\frac{dn_C}{dt} = Ak_{dC}\left(c_{[C]} - c_{[C],s}\right) \tag{5-89}$$

$$\frac{dn_{Cr}}{dt} = Ak_{dCr}\left(c_{[Cr]} - c_{[Cr],s}\right) \tag{5-90}$$

式中，k_{dC}、k_{dCr} 为钢液边界层中碳、铬元素的传质系数；A 为气泡表面积；$c_{[C]}$、$c_{[Cr]}$ 分别为钢液中碳、铬元素浓度；$c_{[C],s}$、$c_{[Cr],s}$ 分别为气泡/钢液界面处碳、铬元素浓度。

化学反应不是控制环节，瞬间在界面处达到平衡，由

$$\Delta G = \Delta G^{\ominus} + RT\ln K = 0 \tag{5-91}$$

得到

$$K_T^{\ominus} = \frac{\left(p_{CO}/p^{\ominus}\right)f_{Cr}^{3/4}w([Cr])_s^{3/4}}{f_C w([C])_s a_{Cr_3O_4}^{1/4}} \tag{5-92}$$

可转化为

$$w([C])_s = \frac{\left(p_{CO}/p^{\ominus}\right)f_{Cr}^{3/4}w([Cr])_s^{3/4}}{K_T^{\ominus}f_C a_{Cr_3O_4}^{1/4}} \tag{5-93}$$

又因为

$$\frac{dn_C}{dt} = \frac{4}{3}\frac{dn_{Cr}}{dt} \tag{5-94}$$

且摩尔浓度与质量分数之间的换算关系如下：

$$c = \frac{\omega\rho}{M} \tag{5-95}$$

式中，M 为摩尔质量；ω 为质量分数；ρ 为钢液密度。

联立式(5-89)、式(5-90)、式(5-91)、式(5-92)和式(5-93)，可得

$$w([Cr])_s = w([Cr]) - \frac{3k_{dC}M_{Cr}}{4k_{dCr}M_C}\left(w([C]) - \frac{\left(p_{CO}/p^{\ominus}\right)f_{Cr}^{3/4}w([Cr])_s^{3/4}}{K_T^{\ominus}f_C a_{Cr_3O_4}^{1/4}}\right) \tag{5-96}$$

根据脱碳反应式(5-86)可知，碳元素通过钢液边界层的速度等于生成 CO 气体的速度，结合理想气体状态方程 $pV=nRT$，即有

$$\frac{\mathrm{d}p_{\mathrm{CO}}}{\mathrm{d}t} = \frac{RT}{V}\frac{\mathrm{d}n_{\mathrm{CO}}}{\mathrm{d}t} = \frac{RT}{V}\frac{\mathrm{d}n_{\mathrm{C}}}{\mathrm{d}t} = \frac{RT}{V}Ak_{\mathrm{dC}}\frac{\rho}{M_{\mathrm{C}}}\left(w([\mathrm{C}]) - w([\mathrm{C}])_{\mathrm{s}}\right) \tag{5-97}$$

由 Higbie 的溶质渗透理论可知：

$$k_{\mathrm{d}} = 2\sqrt{\frac{D}{\pi t_{\mathrm{e}}}} \tag{5-98}$$

$$t_{\mathrm{e}} = \frac{2r}{u_{t}} \tag{5-99}$$

$$u_{t} \approx 0.7\sqrt{gr} \tag{5-100}$$

式中，D 为钢液中元素的扩散系数；t_{e} 为气泡与钢液的接触时间；r 为气泡的半径；u_{t} 为气泡的上浮速度；g 为重力加速度，$9.8\mathrm{m/s}^2$。

假设刚吹入钢液的 CO_2 气泡半径为 $r=5\mathrm{mm}=0.005\mathrm{m}$，则

$$t_{\mathrm{e}} = \frac{2r}{u_{t}} = \frac{2r}{0.7\sqrt{gr}} = 0.0645\mathrm{s}$$

溶质在液相中扩散系数的计算方法还处于经验和半经验状态，其范围一般在 $10^{-9} \sim 10^{-10}\mathrm{m/s}^2$。根据 Stokes-Einstin 方程可知：

$$D_{\mathrm{AB}} = \frac{KT}{6\pi\gamma_{\mathrm{A}}\mu_{\mathrm{B}}} \tag{5-101}$$

式中，K 为玻尔兹曼常数；T 为钢液温度；γ_{A} 为扩散分子半径；μ_{B} 为纯溶剂的黏度。

查阅资料可知，$K=1.38\times10^{-23}\mathrm{J/K}$，$\mu_{\mathrm{Fe}}=6.5\times10^{-3}\mathrm{Pa\cdot s}$，$\gamma_{\mathrm{C}}=7.7\times10^{-11}\mathrm{m}$，$\gamma_{\mathrm{Cr}}=1.18\times10^{-10}\mathrm{m}$，则在 $T=1923\mathrm{K}$ 条件下，碳、铬在钢液中扩散系数分别为

$$D_{\mathrm{C}} = 2.81\times10^{-9}\mathrm{m}^2/\mathrm{s}$$

$$D_{\mathrm{Cr}} = 1.84\times10^{-9}\mathrm{m}^2/\mathrm{s}$$

故碳、铬在钢液中的传质系数为

$$k_{\mathrm{dC}} = 2\sqrt{\frac{D_{\mathrm{C}}}{\pi t_{\mathrm{e}}}} = 2.36\times10^{-4}$$

$$k_{dCr} = 2\sqrt{\frac{D_{Cr}}{\pi t_e}} = 1.90 \times 10^{-4}$$

同时，在钢液温度 $T=1923K$ 条件下，可得

$$K_T^{\ominus} = e^{-\frac{\Delta G^{\ominus}}{RT}} = 43.97$$

根据热力学计算，在式中只考虑 C、Cr 相互间的作用系数，易知

$$f_C = 0.7047 ，\quad f_{Cr} = 0.5683$$

对于 $a_{Cr_3O_4}$，可根据 AOD 炉冶炼渣系进行计算，精炼后期的渣成分可简化成表 5-17。

表 5-17　AOD 炉精炼后期渣成分　　　　　　　　　（单位：%，质量分数）

CaO	SiO$_2$	MgO	Al$_2$O$_3$	Cr$_3$O$_4$
50	25	6	2	1

根据熔渣分子结构假说计算 $a_{Cr_3O_4}$，首先计算 100g 渣中各氧化物的物质的量。

$$n_{CaO} = \frac{50}{56} = 0.8929 mol ，\quad n_{SiO_2} = \frac{25}{60} = 0.4167 mol ，\quad n_{MgO} = \frac{6}{40} = 0.15 mol ，$$

$$n_{Al_2O_3} = \frac{2}{102} = 0.0196 mol ，\quad n_{Cr_3O_4} = \frac{1}{220} = 0.0045 mol ，$$

$$n_{2CaO \cdot SiO_2} = n_{SiO_2} = 0.4167 mol$$

渣中自由氧化物 n_{RO} 的量为

$$n_{RO} = \left(n_{CaO} + n_{MgO} + n_{Al_2O_3} + n_{Cr_3O_4} \right) - 2n_{2CaO \cdot SiO_2} = 0.2336 mol$$

$$\sum n = n_{RO} + n_{2CaO \cdot SiO_2} = 0.6403 mol$$

所以有 $a_{Cr_3O_4} = x_{Cr_3O_4} = \dfrac{n_{Cr_3O_4}}{\sum n} = 0.0069$ 。

3. 模型求解

因为气泡在钢液中停留的时间很短，可以认为在某一个气泡上升阶段钢中的 $w([C])$、$w([Cr])$ 含量基本不变。则可利用 Maple 软件按照图 5-16 的思路进行求解。

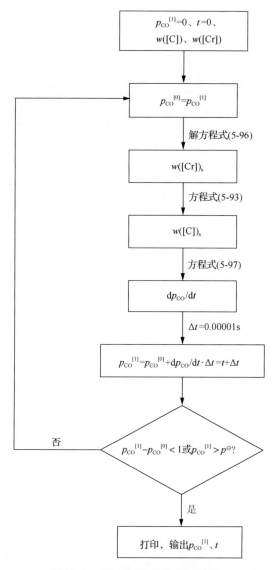

图 5-16　Maple 解决动力学思路

　　首先设定钢液中 $w([C])$、$w([Cr])$ 值，初始 CO_2 气泡吹入时 p_{CO} 为 0，根据式(5-96)，可以计算出 $w([Cr])_s$ 的值，从而由式(5-93)解出 $w([C])_s$，再利用式(5-97)解出在 $p_{CO}=0$ 处的 CO 分压增长速率 dp_{CO}/dt，采用极小的时间步长 $\Delta t=0.00001s$ 计算反应进行 0.00001s 后气泡中 CO 分压，如果 CO 仍存在较大增长（$p_{CO}^{[1]} - p_{CO}^{[0]} > 1$）或者其值没有超过外界大气压 $p^{\ominus}$，继续循环计算，直到达到结束循环条件。通过这种办法解决 CO_2 气泡在脱碳保铬过程中 CO 分压的变化，并且最后 p_{CO} 趋于稳定。

　　采用上述求解思路，当钢液中初始 $w([Cr])=12\%$ 时，计算在钢液中初始 $w([C])$ 分别为 2.1%、0.5%、0.4%、0.1% 情况下 CO 分压 p_{CO} 与时间 t 的关系图。相关参数取值如表 5-18 所示。

表 5-18　相关参数取值

参数	值	参数	值
r	0.005m	T	1923K
k_{dC}	2.36×10^{-9}m/s	k_{dCr}	1.90×10^{-9}m/s
M_C	0.012kg/mol	M_{Cr}	0.052kg/mol
f_C	0.7047	f_{Cr}	0.5683
$p^{\ominus}$	101325Pa	$K_T^{\ominus}$	43.97
$a_{Cr_3O_4}$	0.0069	ρ	7.2×10^{-3}kg/m³
K	1.38×10^{-23}J/K	R	8.314J/(mol·K)

根据图 5-16 的思路，计算 $w([Cr])=12\%$、$w([C])$ 分别为 2.1%、0.5%、0.4%、0.1% 时 CO 分压 p_{CO} 与时间 t 的关系曲线，结果如图 5-17 所示。

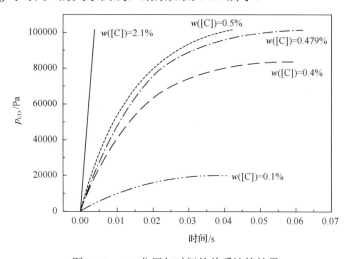

图 5-17　CO 分压与时间的关系计算结果

由图 5-17 可知，气泡中 CO 分压与钢液中碳含量有很大关系。当 $w([C])=2.1\%$ 时，气泡中 CO 分压在 0.004s 以内就达到最大 $p^{\ominus}$，即 CO₂ 与[C]完全反应生成 CO；而当 $w([C])=0.5\%$ 时，p_{CO} 在 0.042s 达到最大 $p^{\ominus}$，可以看到，随着碳含量的降低，CO 分压达到最大的时间变长。当碳含量达到某一含量以下时，CO₂ 并不能完全与[C]反应，CO 分压只达到饱和值，该饱和值要低于气泡总压 $p^{\ominus}$，气泡内是 CO₂ 与 CO 的混合气体。当 $w([C])=0.4\%$ 时，p_{CO} 在 0.06s 时达到饱和值 84347Pa；当 $w([C])=0.1\%$ 时，p_{CO} 在 0.04s 时达到饱和值 19901Pa，可以看到，随着碳含量的进一步降低，p_{CO} 达到饱和的时间逐渐变短，并且饱和分压值也在逐渐减小，这表明在低碳区($w([C])<0.5\%$)进一步脱碳需要更低的 CO 分压条件。

通过计算可知，CO 分压刚好达到气泡总压时，钢液中的碳含量为 0.479%。即当 $w([C])>0.479\%$ 时，气泡中 CO₂ 全部反应生成 CO；而当 $w([C])<0.479\%$ 时，气泡中 CO₂ 部分反应生成 CO。

由式(5-97)计算钢液中只有[C]、[Cr]反应，且 p_{CO}=1、氧化转化温度为 T_c=1923K 时钢液中的[C]质量分数，即有

$$\frac{23005.4}{1923} = 15.2489 + 0.46w([C]) - 0.0485 \times 12 + 2\lg w([C]) - 1.5\lg 12 \qquad (5\text{-}102)$$

求解得 $w([C])$=0.251%。

所以可以将 CO_2 脱碳保铬反应分成 3 个阶段：CO_2 与[C]完全反应阶段（$w([C]) \geqslant$ 0.479%）、CO_2 与[C]不完全反应阶段（0.251%$\leqslant w([C]) <$0.479%）、CO_2 与[C]和[Cr]不完全反应阶段（$w([C]) <$0.251%）。

1）CO_2 与[C]完全反应阶段

因为[Cr]不与 CO_2 发生反应，则氧化反应式可简化为

$$CO_2(g) + [C] \Longrightarrow 2CO(g) \qquad (5\text{-}103)$$

由[C]与 CO_2 完全反应，可得钢液中碳含量与时间的关系为

$$w([C]) = w([C])_0 - \frac{qM_C}{V_m m_s}t \qquad (5\text{-}104)$$

式中，$w([C])_0$ 为初始 C 含量，%；q 为 CO_2 流量；M_C 为碳元素摩尔质量，12g/mol；V_m 为气体标准摩尔体积，22.4L/mol；m_s 为钢液质量；t 为吹气时间。

2）CO_2 与 C 不完全反应阶段

因为[Cr]不与 CO_2 发生反应，[C]与 CO_2 发生不完全反应，由图 5-16 中解决思路分别计算不同 $w([C])$ 条件下 CO 分压的值，见表 5-19。

表 5-19　不同 $w([C])$ 条件下 p_{CO} 值

$w([C])$/%	p_{CO}	$w([C])$/%	p_{CO}	$w([C])$/%	p_{CO}
0.479	101319.2246	0.40	84348.33995	0.32	67163.29167
0.47	99385.88911	0.39	82200.72096	0.31	65014.82831
0.46	97237.51109	0.38	80052.25574	0.30	62866.14947
0.45	95089.97865	0.37	77904.00175	0.29	60718.37036
0.44	92941.32842	0.36	75756.02152	0.28	58569.61944
0.43	90793.59700	0.35	73607.38382	0.27	56422.03718
0.42	88644.82635	0.34	71459.16128	0.26	54273.78189
0.41	86497.05809	0.33	69311.43467	0.251	52340.58573

由表 5-19 中数据，可得到图 5-18，拟合成 p_{CO}-$w([C])$ 关系方程：

$$p_{CO} = 21482038w([C]) - 1580 \qquad (5\text{-}105)$$

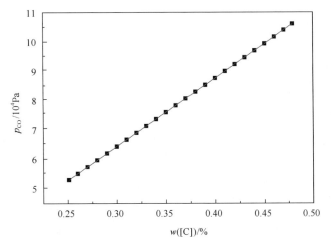

图 5-18　钢液气泡中 CO 分压与[C]含量关系

则在 Δt 时间内碳反应消耗 Δn_C 为

$$\Delta n_C = -\frac{\Delta w([C])m_s}{M_C} \tag{5-106}$$

式中，$\Delta w([C])$ 为碳质量分数变化量。

根据反应式(5-103)可得

$$n_{CO_2} = \frac{q\Delta t}{V_m} + \Delta n_C, \quad n_{CO} = 2\Delta n_C \tag{5-107}$$

而

$$\frac{P_{CO}}{P^{\ominus}} = \frac{n_{CO}}{n_{CO} + n_{CO_2}} \tag{5-108}$$

结合式(5-105)～式(5-108)，可得方程：

$$\frac{21482038w([C]) - 1580}{P^{\ominus}} = \frac{\dfrac{-2\Delta w([C])m_s}{M_C}}{\dfrac{q\Delta t}{V_m} - \dfrac{\Delta w([C])m_s}{M_C}} \tag{5-109}$$

式中，$P^{\ominus}$ 为标准大气压，1.01325×10^5 Pa；$w([C])$ 为钢液中碳质量分数，%；Δn_C 为钢液中 Δt 时间内碳含量变化，mol；n_{CO} 为反应生成的 CO 物质的量，mol；n_{CO_2} 为反应剩余的 CO₂ 量，mol。

式(5-109)化简，可得

$$\Delta t = \frac{m_s V_m}{M_C q} \cdot \frac{-2P^{\ominus} + 21482038w([C]) - 1580}{21482038w([C]) - 1580} \cdot \Delta w([C]) \tag{5-110}$$

两边取积分：

$$\int_{t_1}^{t} \mathrm{d}t = \int_{w([C])_1}^{w([C])} \frac{m_s V_m}{M_C q} \cdot \frac{-2P^{\ominus} + 21482038w([C]) - 1580}{21482038w([C]) - 1580} \cdot \mathrm{d}w([C]) \qquad (5\text{-}111)$$

化简得

$$t - t_1 = \frac{m_s \cdot V_m}{M_C \cdot q} \cdot \left[\begin{array}{l} w([C]) - \dfrac{2P^{\ominus}}{21482038} \cdot \ln\left(w([C]) - \dfrac{1580}{21482038}\right) - w([C])_1 \\[3mm] + \dfrac{2 \cdot P^{\ominus}}{21482038} \cdot \ln\left(w([C])_1 - \dfrac{1580}{21482038}\right) \end{array} \right] \qquad (5\text{-}112)$$

式中，t_1、$w([C])_1$ 分别为该阶段开始时间和初始碳含量，即上阶段终点时间和碳含量。式中各参数取值如表 5-20 所示。

表 5-20　各参数取值

参数	值	参数	值
$w([C])_1$	2.1%	m_s	600g
M_C	12g/mol	$P^{\ominus}$	1.01325×10^5Pa
V_m	22.4L/mol		

由方程式 (5-104) 可知，当 q 分别取 0.1L/min、0.2L/min、0.3L/min 时，第一阶段结束时间 t_1 为 181.6min、90.8min、60.5min，可见 0.1L/min 流量太小。计算 q 分别取 0.1L/min、0.2L/min 和 0.3L/min 时脱碳与时间的关系，其方程分别如下：

(1) 当 q =0.1L/min 时，

$$\frac{t}{11200} + w([C]) - 0.021 = 0 \qquad (w([C]) \geqslant 0.479\%)$$

(2) 当 q =0.2L/min 时，

$$\left\{ \begin{array}{l} \dfrac{t}{5600} + w([C]) - 0.021 = 0 \quad (w([C]) \geqslant 0.479\%) \\[3mm] t + \dfrac{567420000}{10741019}\ln\left(w([C]) - \dfrac{790}{10741019}\right) - 5600w([C]) + 219.004419 = 0 \quad (0.251\% \leqslant w([C]) < 0.479\%) \end{array} \right.$$

(3) 当 q =0.3L/min 时，

$$\left\{ \begin{array}{l} \dfrac{3t}{11200} + w([C]) - 0.021 = 0 \quad (w([C]) \geqslant 0.479\%) \\[3mm] t + \dfrac{378280000}{10741019}\ln\left(w([C]) - \dfrac{790}{10741019}\right) - \dfrac{11200}{3}w([C]) + 146.0362793 = 0 \quad (0.251\% \leqslant w([C]) < 0.479\%) \end{array} \right.$$

将该三条分段函数绘制成曲线，如图 5-19 所示。由图可知，当 CO_2 流量为 0.1L/min

时，在冶炼时间 120min 内，其脱碳速率一直保持定值，其值为 $8.929×10^{-3}$%/min。当 CO₂ 流量为 0.2L/min 时，在 $w([C])≥0.479$% 阶段，脱碳速率较快，并保持恒定值，其值为 $1.786×10^{-2}$%/min，随后脱碳速率开始降低，在 $w([C])=0.251$% 时，其值为 $6.218×10^{-3}$%/min，此时的时间已达到 112.9min。当 CO₂ 流量为 0.3L/min 时，在 $w([C])≥0.479$% 阶段，脱碳速率更快，并保持恒定值，其值为 $2.679×10^{-2}$%/min，随后脱碳速率开始降低，在 $w([C])=0.251$% 时，其值为 $9.327×10^{-3}$%/min，此时的时间已达到 75.3min。

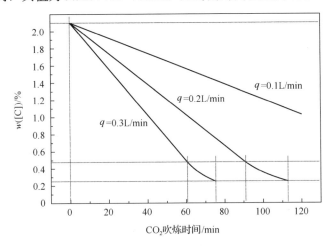

图 5-19　脱碳与时间的关系曲线

5.3　CO₂ 用于 RH 炉冶炼超低碳钢

5.3.1　CO₂ 作为 RH 提升气体的基础研究

本节基于对 CO₂ 作为 RH 提升气体时与钢中各元素反应的热力学分析，主要研究 CO₂ 作为 RH 提升气体时对精炼物料及能量的影响，建立了 CO₂ 作为 RH 提升气体时的物料及能量平衡模型，重点探讨了 CO₂ 作为 RH 提升气体时对钢液温度、钢液成分、炉气变化、合金加入情况的影响。

1. CO₂ 作为 RH 提升气体对物料的影响

CO₂ 作为 RH 提升气体的物料分析是计算精炼过程加入炉内和参与精炼过程的全部物料(入炉钢液、炉渣、CO₂ 气体、硅铁、碳粉、钙线、铝丸等)与炼钢产物(出炉钢液、炉气、炉渣、烟尘)之间的平衡关系。下面通过举例来计算分析，见表 5-21。

表 5-21　金属料成分质量分数及温度

C/%	Si/%	Mn/%	P/%	S/%	温度/℃
0.1553	0.2321	1.3732	0.0141	0.006	1600

CO₂ 脱碳动力学中得出的脱碳公式：

$$V_0 = \frac{20.38W}{\eta}\left(w([C])_f - w([C])_0\right) \tag{5-113}$$

式中，W 为钢液质量，t；$w([C])_0$ 为开始吹 CO_2 时，钢液中碳的质量分数；$w([C])_f$ 为吹 CO_2 结束时，钢液中碳的质量分数。

若生产的钢种为低合金钢，由于钢中合金元素含量比较低，一般采用以下公式计算合金加入量：

$$G = \frac{A-B}{FC} \times m \tag{5-114}$$

式中，G 为合金加入量，t；A 为目标成分，%；B 为残余成分，%；F 为合金中元素成分，%；C 为回收率，%；m 为钢液质量，t。

在不改变钢中碳含量的情况下，加入的合金中的碳含量计算如下：

$$F = \frac{\eta V_0}{2038CG} \times 100\% \tag{5-115}$$

在同时不改变合金元素总加入量和钢中碳含量的情况下，加入的合金中的碳含量计算如下：

$$\frac{F}{1-F} = \frac{\eta V_0}{2038Cm} \times 100\% \tag{5-116}$$

式中，m 为满足合金加入量的低碳合金的加入量。

根据上式，当吹入 CO_2 的气体量为 $30m^3$ 时，若合金中 C 的回收率为 1，满足合金加入量的低碳合金的加入量为 100kg，在保证钢中碳含量不变的条件下，采用的合金中碳含量增量随 CO_2 的反应率变化关系如图 5-20 所示。

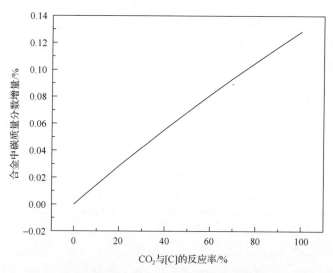

图 5-20　合金中碳含量增量和 CO_2 与[C]的反应率的关系

由图 5-20 可以看出，采用 CO_2 代替氩气作为 RH 提升气体，在不改变钢中碳含量的条件下，合金中碳含量增量与 CO_2 利用率正相关，理论上最多可以提高 14% 左右。

2. CO_2 作为 RH 提升气体的能量分析

假设条件如下：

(1) CO_2 作为 RH 提升气体的流量强度为 120Nm³/h，纯吹气时间为 15min，CO_2 气体总量为 30m³；

(2) CO_2 主要与钢中[C]、Fe、[Mn]反应，反应率为 0%；

(3) 入炉钢液量为 150t，温度为 1580℃，钢中[C]质量分数为 0.14%。

根据表 5-22 和表 5-23 可知，CO_2 与元素反应氧化热为

$$Q_{反应} = -103.059a + 119.269b - 36.505\eta$$

当 η 一定时，$a = 0$，$b = \eta$ 时，最大放热值 $Q_{反应} = 82.764\eta$（kJ/mol）

当 η 一定时，$a = \eta$，$b = 0$ 时，最大吸热值 $Q_{反应} = -139.564\eta$（kJ/mol）

表 5-22　底吹气物理热和化学热的计算式

CO_2 与元素的氧化反应式	化学反应热（ΔH_T）/(J/mol)
$CO_2 + [C] == 2CO$	$165896 - 11.75T - 6.36 \times 10^{-4}T^2 - 3.92 \times 10^6 T^{-1}$
$CO_2 + [Mn] == MnO + CO$	$-104629 - 15.31T + 1.59 \times 10^{-3}T^2 + 2.31 \times 10^6 T^{-1}$
$CO_2 + Fe == FeO + CO$	$24137 + 11.46T - 2.47 \times 10^{-3}T^2 - 8.08 \times 10^5 T^{-1}$

表 5-23　CO_2 与各元素反应的氧化热

熔池元素	反应产物	氧化量/mol	氧化热/kJ
C	CO	a	$-139.564a$
Mn	MnO	b	$82.764b$
Fe	FeO	$\eta - a - b$	$-36.505(\eta - a - b)$
	合计		$-103.059a + 119.269b - 36.505\eta$

CO_2 气体的总量为 30Nm³，物质的量为 1340mol；RH 采用 CO_2 代替氩气作为提升气体对冶炼系统的热量变化为 $-1.87 \times 10^5 \text{kJ/mol} \leqslant \Delta Q \leqslant 1.11 \times 10^5 \text{kJ/mol}$。

钢液的比热容为 0.8368kJ/(kg·K)，此热量变化导致的钢液温度变化范围为：$-1.49\text{K} \leqslant \Delta T \leqslant 0.88\text{K}$。

由计算可知，RH 采用 CO_2 代替氩气作为提升气体对冶炼系统的热量影响不大。

3. CO_2 作为 RH 提升气体时对钢液、炉气成分的影响

RH 进站的钢液通常来源于转炉钢液和 LF 精炼钢液，前者钢中碳氧基本符合碳氧平衡条件，后者钢液中的氧含量一般达到很低水平，铝含量较高，能达到 400×10^{-4}% 以上。这两种钢液来源导致采用 CO_2 作为 RH 提升气体时，钢中成分变化有较大区别，一般分开讨论。

1) BOF+RH 工艺流程

本部分主要通过热力学软件分析：在真空循环精炼条件下，冶炼某一含碳量的钢种，平衡状态钢液中成分碳、铝、氧的含量随提升气体气量的变化规律。并对比研究 Ar 和 CO_2 作为提升气体的区别。

当精炼采用 BOF+RH 工艺流程时，进站钢液满足碳氧平衡规律，为方便计算，冶炼钢种碳含量取 0.15%，铝含量取 0.02%，单元计算钢液中铁含量为 100g，提升气体气量上限为 $160Nm^3/h$，纯供气时间为 15min，换算成百克钢液气量，Ar、CO_2 分别为 0～0.0476g、0～0.05272g。

具体计算方法如表 5-24 所示。

表 5-24　BOF+RH 计算输入物质一览表

输入物质	质量
Fe	100g
C	0.15g
O	0.1533g
Al	0.02g
Ar	0～0.0476g
CO_2	0～0.05272g
环境条件	真空度为 1000Pa、温度为 1873K

计算结果如图 5-21 所示。

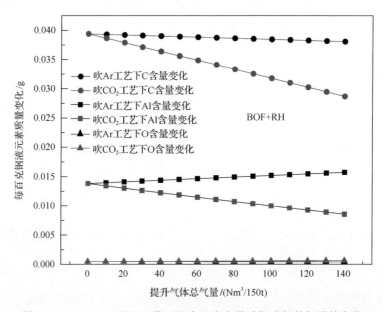

图 5-21　BOF+RH 不同工艺下钢中元素含量随提升气体气量的变化

由图 5-21 可以看出，当 RH 钢液来源于转炉时，经过 RH 真空循环熔炼后，真空度的降低，改变了碳氧平衡条件，钢中氧大部分与碳和铝发生氧化反应，所以钢中平衡的氧含量很低。

当 Ar 作为 RH 提升气体时，钢中氧元素氧化部分碳和铝，达到平衡后气体总量对钢中平衡体系没有较大改变，铝、碳元素含量基本不变；而当 CO$_2$ 作为 RH 提升气体时，钢中原有的平衡体系被破坏，随着 CO$_2$ 提升气体总量的增加，铝、碳元素含量都有一定程度的降低，特别是碳含量，在现有工艺供气强度条件下，CO$_2$ 代替 Ar 作为 RH 提升气体能增加脱碳 0.01% 以上。

由图 5-22 可以看出：当 Ar 作为 RH 提升气体时，精炼尾气的主要成分为 Ar 和 CO，随着提升气体总量的增加，尾气中 CO 的浓度不断减小。现有工艺供气强度条件下，当 Ar 作为 RH 提升气体时，尾气 CO 的浓度在 60% 左右。

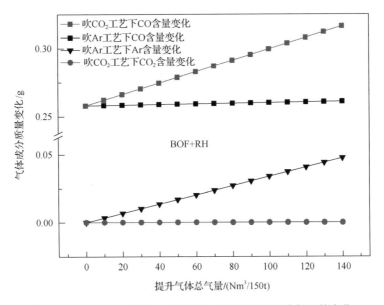

图 5-22　BOF+RH 不同工艺下尾气成分随提升气体气量的变化

当 CO$_2$ 作为 RH 提升气体时，精炼尾气几乎全部为 CO 气体，随着提升气体总量的增加，CO 气量在增加。现有工艺供气强度条件下，当 CO$_2$ 作为 RH 提升气体时，150t RH 精炼炉冶炼碳含量 0.15% 的钢种时，大约能回收 100Nm^3 的 CO 气体。

2）LF+RH 工艺流程

采用 LF+RH 工艺流程，进站钢液氧含量一般极低，铝含量较高，为方便计算，冶炼钢种碳含量取 0.15%，氧含量取 $1×10^{-5}$%，铝含量取 0.04%，单元计算钢液中铁含量为 100g，提升气体气量为 80~160Nm^3/h，纯供气时间为 15min，换算成百克钢液气量，Ar、CO$_2$ 分别为 0.02379~0.0476g、0.02636~0.05272g。

具体计算方法如表 5-25 所示。

表 5-25　LF+RH 计算输入物质一览表

输入物质	质量
Fe	100g
C	0.15g
Al	0.04g
O	1×10^{-3} %
Ar	0.02379~0.0476g
CO_2	0.02636~0.05272g
环境条件	真空度为 1000Pa、温度为 1873K

计算结果如图 5-23 所示。

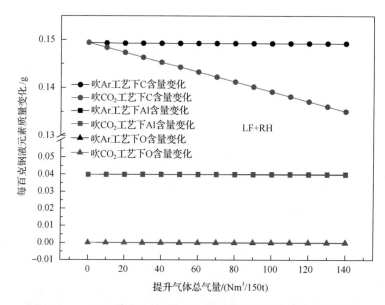

图 5-23　LF+RH 不同工艺下钢中元素含量随提升气体气量的变化

由图 5-23 可以看出，当 RH 钢液来源于 LF 炉时，钢液中氧含量极低，经过 RH 真空循环熔炼后，如果没有强化脱碳的操作，钢中元素的氧化量很少。

当 Ar 作为 RH 提升气体时，气体总量对钢中平衡体系没有较大改变，铝、碳元素含量基本不变，此时精炼工艺的主要功能为脱气，没有脱碳能力；而当 CO_2 作为 RH 提升气体时，冶炼钢种碳含量较高，优先参与反应，随着 CO_2 提升气体总量的增加，碳元素含量显著降低，在现有工艺供气强度条件下，CO_2 代替 Ar 作为 RH 提升气体能增加脱碳 10^{-2}%以上，而铝元素基本不参与反应(碳、铝元素的氧化顺序问题 5.3.2 节会讨论)。

由图 5-24 可以看出：此工艺流程下，当 Ar 作为 RH 提升气体时，因为没有脱碳能力，精炼尾气的主要成分为 Ar，氢气、氮气等未在此处考虑。而当 CO_2 作为 RH 提升气体时，精炼尾气几乎全部为 CO 气体，随着提升气体总量的增加，CO 气量在增加。现有工艺供气强度条件下，当 CO_2 作为 RH 提升气体时，150t RH 精炼炉大约能回收 $60Nm^3$ 的 CO 气体。

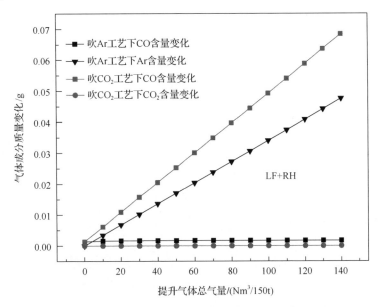

图 5-24　LF+RH 不同工艺下，尾气成分随提升气体气量的变化

5.3.2　CO₂ 作为 RH 提升气体的反应机理研究

在研究 CO_2 代替 Ar 作为 RH 提升气体的过程中，发现 CO_2 不仅具备 Ar 作为提升气体的脱气除杂的功能，同时可作为精炼过程的脱碳剂。国内外学者已在其他炼钢工序进行了相关方面的研究，发现 CO_2 会有效参与脱碳反应。关于 CO_2 作为 RH 提升气体时的相关机理，如真空条件下，CO_2 与熔池中[C]、Fe、[Al]等作用的机理、CO_2 的利用率、对熔池的搅拌能力及与采用 Ar 作为提升气体时的差异等基础理论还有待进一步研究。

1. CO₂ 作为 RH 提升气体的反应热力学

通过计算反应的标准吉布斯自由能，可知二氧化碳与钢中元素反应能否进行，并可以计算在反应达到平衡状态下化学反应进行的程度，本部分主要推算反应达到平衡状态时二氧化碳气体与钢液中元素的反应程度，及对精炼过程造成的影响。

根据钢中元素与氧气反应的标准吉布斯自由能和碳元素与氧气反应的标准吉布斯自由能，可通过耦合的方法计算出钢中元素与二氧化碳气体反应的标准吉布斯自由能，计算表格如表 5-26 所示。

表 5-26　钢中元素与二氧化碳反应的标准吉布斯自由能

元素	CO₂ 与之反应方程式	吉布斯自由能计算/(J/mol)
C	$CO_2(g) + [C] = 2CO(g)$	$\Delta G^{\ominus}=137890-126.52T$
Fe	$CO_2(g) + Fe(l) = (FeO) + CO(g)$	$\Delta G^{\ominus}=48980-40.62T$

续表

元素	CO_2 与之反应方程式	吉布斯自由能计算/(J/mol)
Mn	$CO_2(g) + [Mn] = (MnO) + CO(g)$	$\Delta G^{\ominus} = -133760 + 42.51T$
Al	$CO_2(g) + 2/3[Al] = 1/3(Al_2O_3) + CO(g)$	$\Delta G^{\ominus} = -239370 + 41.44T$
Si	$CO_2(g) + 1/2[Si] = 1/2(SiO_2) + CO(g)$	$\Delta G^{\ominus} = -123970 + 20.59T$
P	$CO_2(g) + 2/5[P] = 1/5P_2O_5(s) + CO(g)$	$\Delta G^{\ominus} = 30273 + 79.121T$
	$CO_2(g) + 2/5[P] = 1/5P_2O_5(l) + CO(g)$	$\Delta G^{\ominus} = 92408 - 19.41T$
Cr	$CO_2(g) + 2/3[Cr] = 1/3Cr_2O_3(s) + CO(g)$	$\Delta G^{\ominus} = -111690 + 32.37T$
Ni	$CO_2(g) + [Ni] = NiO(s) + CO(g)$	$\Delta G^{\ominus} = 48970 + 41.22T$
V	$CO_2(g) + 2/3[V] = 1/3V_2O_3(s) + CO(g)$	$\Delta G^{\ominus} = -107993 + 21.29T$

为方便研究,选取钢中[C]、Fe、[Al]为典型元素详细计算分析,并作图 5-25。由表及图可知,炼钢温度下反应的标准自由能变化均为负值,说明[C]、[Al]和 Fe 元素的氧化反应均可进行,反应的进行程度受反应时间及反应是否达到平衡影响。为进一步探索二氧化碳气体与钢液元素反应状态,前期假设元素反应达到平衡状态,再通过热力学计算平衡状态下元素的平衡含量,并结合后续实验验证,确定二氧化碳气体与钢中元素的反应状态及对冶炼工艺的影响。

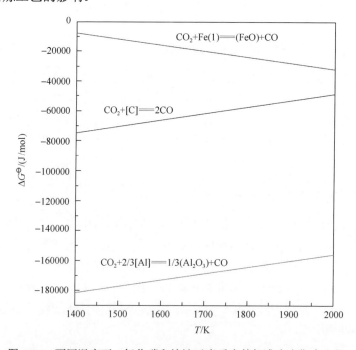

图 5-25　不同温度下二氧化碳和熔池元素反应的标准吉布斯自由能

2. CO_2 作为 RH 提升气体时元素的氧化顺序

本部分主要通过 FactSage 热力学软件分析:在真空循环精炼条件下,冶炼含碳量不同的钢种，平衡状态钢液中各成分的变化；同时分析在 CO₂ 作为 RH 提升气体的条件下，钢中元素的氧化顺序规律。

本次热力学计算采用 FactSage 7.0 进行，进站钢液满足碳氧平衡规律，为方便计算，铝含量取 0.04%，钢液含量为 100g。具体计算方法如表 5-27 所示。

表 5-27　FactSage 7.0 计算输入物质一览表

输入物质	质量
Fe	100g
C	\<A\>
O	1) 0.01≤C≤0.03, O=\<0.2726–7.0721A\>
	2) 0.03≤C≤0.1, O=\<0.0858–0.6881A\>
	3) 0.1≤C≤0.25, O=\<0.0289–0.0823A\>
Al	0.04g
CO₂	0.03954g
环境条件	真空度为 100Pa、1000Pa、1000Pa
	温度为 1853K、1873K、1893K

注：钢液中初始碳含量设定为变量，初始氧含量与碳含量符合碳氧平衡规律，氧含量为碳氧平衡曲线分段拟合的直线。

计算结果绘制成图，如图 5-26～图 5-28 所示。

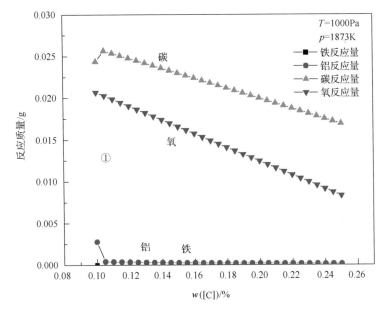

图 5-26　0.25%≥w([C])≥0.1%，平衡时钢中元素变化

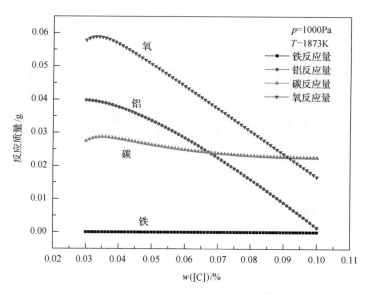

图 5-27 0.1%≥w([C])≥0.03%，平衡时钢中元素变化

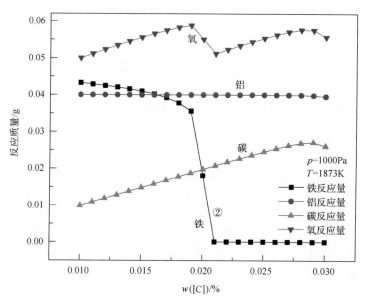

图 5-28 0.03%≥w([C])≥0.01%，平衡时钢中元素变化

图 5-26 和图 5-28 中①②转折点的数据如表 5-28 所示。

表 5-28 元素反应转折点数据

转折点	碳含量/%	平衡状态元素反应总量/mol					备注
		还原元素			氧化元素		
		铁	碳	铝	氧	CO_2	
①	0.105	0	0.00214	0	0.00127	0.00087	铝开始参与反应点
②	0.021	0	0.00173	0.00148	0.00320	0.00075	铁未参与反应点

根据图 5-26～图 5-28 及表 5-28 可以得出：

(1)冶炼 0.25%≥w([C])≥0.1%的钢种时，钢中碳含量较高，氧含量相对较低，钢中的铝和铁基本不参与氧化反应；当钢液进行 RH 真空熔炼时，真空度的降低改变了碳氧平衡条件，发生碳氧反应，同时 CO₂ 也和钢中碳发生氧化反应，并且 CO₂ 几乎完全参与反应。

(2)转折点①显示，冶炼钢种碳含量为 0.10%左右时，钢中铁没有参与氧化，铝元素开始参与反应，碳元素被钢中氧和 CO₂ 气体两部分氧化，并且 CO₂ 几乎全部参与反应。

(3)冶炼 0.10%≥w([C])≥0.03%的钢种时，相比于碳含量高于 0.1%的钢种，钢中初始氧含量的提高，使得易参与氧化的铝优先发生反应，但铁元素还未曾发生氧化，此时钢中的碳一部分与钢中的氧发生碳氧反应，一部分和 CO₂ 发生氧化反应，CO₂ 的反应率有所降低，达到 85%。

(4)转折点②显示，冶炼钢种碳含量为 0.021%左右时，钢中铁没有参与氧化，钢中的碳元素和铝元素已经被钢中氧和 CO₂ 气体氧化。

(5)冶炼 0.021%≥w([C])≥0.010%的钢种时，钢中碳含量进一步降低，钢中初始氧含量明显提高，使得钢中几乎全部的铝和一部分的铁被氧化，钢中的碳同样是一部分与钢中的氧发生碳氧反应，一部分和 CO₂ 发生氧化反应，CO₂ 的反应率进一步降低，达到 80%。

由以上数据分析可以得出以下结论：在 CO₂ 作为 RH 提升气体，符合正常冶炼工艺的条件下：随着钢中碳含量的降低，钢中元素氧化顺序为：钢中碳与钢中氧、CO₂ 发生氧化＞钢中铝与钢中氧发生氧化＞钢中铁与钢中氧发生氧化。

3. 钢中铝含量对碳、铝选择性氧化的影响

本部分通过 FactSage 热力学软件分析：在真空循环精炼条件下，冶炼某一碳含量的钢种，钢中碳和铝的氧化反应量随着钢中铝含量的增加而变化的关系；同时分析出在 CO₂ 作为 RH 提升气体的条件下，冶炼某一碳含量的钢种，铝不发生氧化的极限含量。

本次热力学计算采用 FactSage 7.0 进行，为方便计算，氧含量取 10^{-3}%，单元计算钢液中铁含量为 100g。

具体计算方法如表 5-29 所示。

表 5-29　FactSage 7.0 计算输入物质一览表

输入物质	质量
Fe	100g
C	0.03～0.07g
Al	<A>
O	10^{-3}%
CO₂	0.03954g
环境条件	真空度为 1000Pa、温度为 1873K

注：钢液中初始碳含量设定为变量，初始氧含量与碳含量符合碳氧平衡规律，氧含量为碳氧平衡曲线分段拟合的直线。

如图 5-29 所示：线①和线②表示的是冶炼碳质量分数为 0.03%的钢种时，钢中碳和铝的氧化反应量随着钢中铝含量的增加而变化的关系；线③和线④表示的是冶炼碳质量

分数为 0.04%的钢种时，钢中碳和铝的氧化反应量随着钢中铝含量的增加而变化的关系；其他线段依次类推。

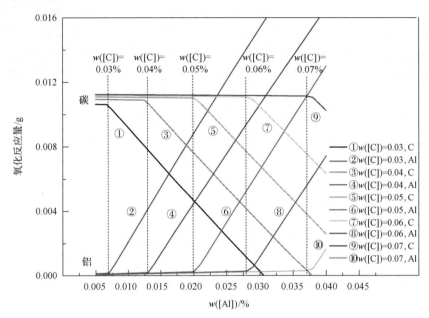

图 5-29　碳、铝被 CO_2 氧化反应量与钢中铝含量的关系

可以得出以下结论：

(1)冶炼某一碳含量的钢种时，随着铝含量的增加，铝被 CO_2 氧化的量逐渐增加，碳被 CO_2 氧化的量逐渐减少。

(2)冶炼某一碳含量的钢种时，存在一个铝不参与氧化的最大铝含量，而此极限铝含量随着冶炼钢种的碳含量的增加而增加。

4. CO_2 作为 RH 提升气体时 CO_2 的反应率

由钢中元素的氧化顺序研究可以看出，CO_2 作为 RH 提升气体时，在碳含量大于 0.01%的研究条件下，CO_2 并不参与其他元素的氧化，所以研究 CO_2 作为 RH 提升气体时 CO_2 反应率的问题就是研究 CO_2 的脱碳能力。本研究主要是通过 FactSage 的热力学计算，其涉及 CO_2 的脱碳问题的计算模型是真空下的 CO_2 脱碳热力学。根据勒夏特列原理：在一个已经达到平衡的反应中，如果改变影响平衡的条件之一，平衡将向着能够减弱这种改变的方向移动。根据反应式$[C]+CO_2$══$2CO(g)\uparrow$，CO_2 的反应率与冶炼钢种的碳含量和环境的真空度相关，据此研究 CO_2 的反应率与冶炼钢种的碳含量和环境的真空度的具体关系，分析出有利于 CO_2 脱碳反应进行的工艺，从而实现强化脱碳。

真空条件下的 CO_2 脱碳反应如式(5-117)所示。

$$[C]+CO_2=2CO(g)\uparrow \tag{5-117}$$

$$\Delta_r G^{\ominus} = 137890 - 126.52T \tag{5-118}$$

$$K^{\ominus} = \frac{\left(p_{CO}/p^{\ominus}\right)^2}{a_C \times p_{CO_2}\Big/p^{\ominus}} = \frac{(p_{CO})^2}{w([C]) \times f_C \times p^{\ominus} \times (p^{\ominus} - p_{CO})} \qquad (5\text{-}119)$$

气泡中 CO_2 的分压等于真空度(记 p^0)减去生成 CO 分压。

$$p_{CO_2} = p^0 - p_{CO} \qquad (5\text{-}120)$$

炼钢温度 1873K 下,以无限稀溶液为标准态,取 $f_C=1$,可以得到

$$w([C])_e = \frac{(p_{CO})^2}{K^{\ominus} \times p^{\ominus} \times (p^0 - p_{CO})} \qquad (5\text{-}121)$$

根据 $\Delta_r G^{\ominus} = -RT \ln K^{\ominus}$ 可以求得在 1873K 下, $K^{\ominus} = 579.86$。取标准大气压为 101325Pa,得出碳含量与气泡中 CO 分压的关系式:

$$w([C])_e = \frac{(p_{CO})^2}{5.875 \times 10^7 \times (p^0 - p_{CO})} \qquad (5\text{-}122)$$

根据式(5-122),假设真空度为 p^0, CO_2 的反应率为 η,仅考虑 CO_2 的脱碳反应时,则碳含量 $w([C])$ 与反应率 η 的关系式为

$$w([C])_e = \frac{4\eta^2 p^0}{5.875 \times 10^7 \times (\eta + 1) \times (1 - \eta)} \qquad (5\text{-}123)$$

根据上式,假设 CO_2 的反应率为 80%,根据目前 RH 真空冶炼的情况,真空度 p^0 可以降低到 100Pa 左右,此时的平衡碳含量 $w([C])_e = 1.21 \times 10^{-5}$。

可以看出,平衡碳含量 $w([C])_e$ 与真空度 p^0 正相关,同时 CO_2 具备强化脱碳、冶炼超低碳钢的能力。

将实际钢液成分和气相条件输入 FactSage 7.0 运行计算,得到平衡条件下的气相成分,据此计算出 CO_2 的反应率。同时考虑冶炼不同钢种和真空度条件下,得到 CO_2 反应率在不同真空度下随钢中碳含量变化的曲线,如图 5-30 所示。

由图 5-30 可以看出,在炼钢温度(1873K)下, CO_2 的反应率与冶炼钢种的碳含量和真空度有关。冶炼钢种的碳含量越低, CO_2 的反应率越低。冶炼碳含量较高的钢种, CO_2 几乎完全参与反应;而冶炼钢种碳含量较低时, CO_2 反应率会随着碳含量的降低快速降低,降低真空度可延缓这个转变。

由图中数据可以看出, CO_2 作为提升气体在碳含量较高的条件下, CO_2 几乎完全参与反应。以某厂 150t 真空循环精炼炉,提升气体气量 120Nm³/h 的供气条件来看, CO_2 代替 Ar 作为提升气体能增加脱碳 0.0107%,转炉出钢,钢液的氧含量相应降低,这个效果在冶炼低碳钢时越发明显。实验证明转炉出钢氧可降低 10%～20%。

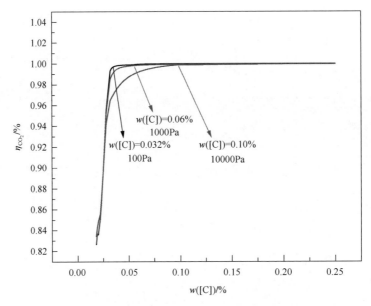

图 5-30　不同真空度下 CO_2 反应率随钢中碳含量变化

5. CO_2 作为 RH 提升气体的脱碳动力学

关于 CO_2 作为 RH 提升气体时 CO_2 与钢中元素的氧化机理问题,目前还存在几种不同的看法,本研究假定:

(1)CO_2 进入钢液时不发生溶解和分解反应,并且由于[O]较低,传质困难,气泡表面只存在各元素与 CO_2 的氧化反应;

(2)钢中 Fe、[C]、[Mn]、[Al]等元素向 CO_2 气泡表面进行传质,在气液界面发生反应:$CO_2(g) + Fe(l) = (FeO) + CO(g)$、$CO_2(g) + [C] = 2CO(g)$、$CO_2(g) + [Mn] = (MnO) + CO(g)$、$CO_2(g) + 2/3[Al] = 1/3(Al_2O_3) + CO(g)$ 等,生成的 CO 气体进入 CO_2 气泡中;

(3)上浮的 CO_2 气泡融合部分气泡外碳氧反应生成的 CO 以及钢液中的[H]、[N]生成的气体;

(4)CO_2 气泡内 CO 分压力逐渐增大,气泡上浮,从熔池表面脱离,该气泡的冶金过程结束。

RH 真空精炼过程中,由于钢液内各元素含量较低,以碳元素为例,可以认为碳元素传质为反应控速环节,根据传质理论,碳的传质速率为

$$\frac{dn_C}{dt} = Ak_{dC}(c_{[C]} - c_{[C],s}) \tag{5-124}$$

式中,A 为 CO_2 气泡表面积 mm^2;k_{dC} 为钢中碳的传质系数;$c_{[C]}$ 钢液中碳的浓度,mol/m^3;$c_{[C],s}$ 钢液和气泡界面处浓度,mol/m^3。

根据黑碧的溶质渗透理论得出:

$$k_{dC}=2\sqrt{\frac{D}{\pi t_e}} \tag{5-125}$$

$$t_e=\frac{2r}{u_t} \tag{5-126}$$

$$u_t \approx 0.7\sqrt{gr} \tag{5-127}$$

式中，D 为钢中碳的扩散系数；t_e 为接触时间；r 为 CO_2 气泡半径；u_t 为 CO_2 气泡上浮速度；g 为重力加速度。

由于在 1600℃高温下化学反应速率很大，在气泡表面界面化学反应达到局部平衡，由界面反应 $CO_2(g) + [C] =\!\!=\!\!= 2CO(g)$，碳的界面浓度计算如下：

$$w([C])=\frac{(p_{CO}/p^{\ominus})^2}{K_{1873}^{\ominus} p_{CO_2}/p^{\ominus}} \tag{5-128}$$

式中，$w([C])$ 为 CO_2 气泡表面处碳的质量分数；p_{CO} 为 CO_2 气泡中 CO 分压；p_{CO_2} 为 CO_2 气泡中 CO_2 分压；$p^{\ominus}=101325Pa$；$K_{1873}^{\ominus}$ 为 1873K 温度时该反应的平衡常数。

质量分数代替摩尔浓度的换算关系如下：

$$c=\frac{w([C])\rho}{M_C}=6000w([C]) \tag{5-129}$$

式中，M_C 为碳元素摩尔质量，$12\times10^{-3}kg/mol$；ρ 为钢液密度，$7.2\times10^3\ kg/m^3$。

将式(5-128)和式(5-129)代入式(5-124)得

$$\frac{dn_C}{dt}=6000Ak_{dC}\left(w([C])-\frac{(p_{CO}/p^{\ominus})^2}{K_{1873}^{\ominus} p_{CO_2}/p^{\ominus}}\right) \tag{5-130}$$

CO_2 气泡中生成 CO 气体速度等于碳元素通过边界层的传质速率的 2 倍。可以得出

$$\frac{dp_{CO}}{dt}=\frac{RTdn_{CO}}{Vdt}=2\frac{RTdn_C}{Vdt} \tag{5-131}$$

式中，R 为摩尔气体常数；V 为气泡体积。

将式(5-130)代入式(5-131)并分离变量积分，得到如下方程：

$$\int_0^{p'_{CO}} \frac{dp_{CO}}{w([C])-\dfrac{(p_{CO}/p^{\ominus})^2}{K_{1873}^{\ominus} p_{CO_2}/p^{\ominus}}}=2\times6000Ak_{dC}\frac{RT}{V}\int_0^t dt \tag{5-132}$$

气泡中 CO_2 的分压等于真空度(记 p^0)减去生成 CO 分压。

$$p_{CO_2} = p^0 - p_{CO} \tag{5-133}$$

将 (5-128) 代入 (5-129)，再运用 MATLAB 编程求积分，得

$$aK_{1873}^{\ominus}p^{\ominus}\lg\left(\frac{\dfrac{K_{1873}^{\ominus}p^{\ominus}w([C])}{2} - c}{\dfrac{K_{1873}^{\ominus}p^{\ominus}w([C])}{2} - c + p'_{CO}}\right) + bK_{1873}^{\ominus}p^{\ominus}\lg\left(\frac{\dfrac{K_{1873}^{\ominus}p^{\ominus}w([C])}{2} + c + p'_{CO}}{\dfrac{K_{1873}^{\ominus}p^{\ominus}w([C])}{2} + c}\right) \tag{5-134}$$

$$= 2 \times 6000 A k_{dC} \frac{RT}{V} t$$

式中，

$$a = \frac{1}{2}\sqrt{\frac{4(p^0)^2}{\left(K_{1873}^{\ominus}p^{\ominus}w([C])\right)^2 + 4p^0 K_{1873}^{\ominus}p^{\ominus}w([C])} + 1} - \frac{1}{2} \tag{5-135}$$

$$b = \frac{1}{2}\sqrt{\frac{4(p^0)^2}{\left(K_{1873}^{\ominus}p^{\ominus}w([C])\right)^2 + 4p^0 K_{1873}^{\ominus}p^{\ominus}w([C])} + 1} + \frac{1}{2} \tag{5-136}$$

$$c = \frac{\sqrt{K_{1873}^{\ominus}p^{\ominus}w([C])\left(K_{1873}^{\ominus}p^{\ominus}w([C]) + 4p^0\right)}}{2} \tag{5-137}$$

上式表示钢中碳含量与气泡上浮时间、气泡大小以及真空度之间的关系，代入实际数值，可以计算出一个 CO_2 气泡脱碳的效果。而实际生产中更加关心的是把钢中碳含量由起始值 $w([C])_0$ 降低到 $w([C])_f$，需要鼓入多少 CO_2 气体。

当只考虑 CO_2 脱碳反应时，一个 CO_2 气泡上浮过程中，会融合其与 [C] 反应生成的 CO 气体，导致气泡内分子数增加，同时在 RH 真空环境中，气泡压力和温度也与标准状态不同。当气泡上浮至钢液表面时，假设 CO_2 的反应率为 η，则气泡内分子数增加 $(1+\eta)$ 倍；气泡压力为真空度 p^0；温度为 1873K。则

$$dV = dV_0 \times (1+\eta) \times \frac{p^{\ominus}}{p^0} \times \frac{1873}{298} \tag{5-138}$$

一个 CO_2 气泡上浮脱碳的量为

$$dn_C = \frac{1}{2}dn_{CO} = \frac{1}{2}p'_{CO}\frac{dV_0 \times (1+\eta) \times \dfrac{p^{\ominus}}{p^0} \times \dfrac{1873}{298}}{RT} \tag{5-139}$$

一个气泡上浮引起钢液中碳含量的下降为 dw([C])， dn 与 dw([C]) 的关系为

$$-\mathrm{d}w([\mathrm{C}]) = \frac{M_\mathrm{C}\mathrm{d}n_\mathrm{C}}{1000w} \times 100 = \frac{12 \times 10^{-4}\mathrm{d}n_\mathrm{C}}{w} \tag{5-140}$$

式中，w 为钢液量，t；M_C 为碳原子的摩尔质量，kg/mol。

$$-\mathrm{d}w([\mathrm{C}]) = \frac{M_\mathrm{C}\mathrm{d}n_\mathrm{C}}{w \times 1000} \times 100 = \frac{12 \times 10^{-4}}{2w} \times p'_\mathrm{CO} \frac{\mathrm{d}V_0 \times (1+\eta) \times \dfrac{p^\ominus}{p^0} \times \dfrac{1873}{298}}{RT} \tag{5-141}$$

式中，dV_0 为 CO$_2$ 气泡在标准状态下的体积；p^0 为真空度；T 为炼钢温度，1873K；p'_CO 为上浮到钢液表面时气泡中 CO 分压。

其中上浮到钢液表面时气泡中 CO 分压与 CO$_2$ 的反应率有如下关系：

$$p'_\mathrm{CO} = \frac{2\eta}{1+\eta}p \tag{5-142}$$

代入式 (5-142) 并整理得

$$\mathrm{d}V_0 = -\frac{20.38w}{\eta}\mathrm{d}w([\mathrm{C}]) \tag{5-143}$$

上式积分后得

$$V_0 = \frac{20.38w}{\eta}\left(w([\mathrm{C}])_\mathrm{f} - w([\mathrm{C}])_0\right) \tag{5-144}$$

式中，$w([\mathrm{C}])_0$ 为开始吹 CO$_2$ 时，钢液中碳的质量分数；$w([\mathrm{C}])_\mathrm{f}$ 为吹 CO$_2$ 结束时，钢液中碳的质量分数。

假设 CO$_2$ 的反应率为 80%，将钢液碳含量由 0.04% 降到 0.03% 时，所需吹入 CO$_2$ 的气体量为 38 m^3。

由上式便可计算出 CO$_2$ 作为 RH 提升气时，钢中碳含量由起始值 $w([\mathrm{C}])_0$ 降低到 $w([\mathrm{C}])_\mathrm{f}$，需要鼓入 CO$_2$ 气体的总量。

6. CO$_2$ 作为 RH 提升气体对脱气的影响

CO$_2$ 作为 RH 提升气体与氩气都具备净化钢液的作用，但 CO$_2$ 的净化效果更为突出。以脱氢为例，在钢液氢含量相同的标准下，一个气泡的脱氢量与气泡的大小直接相关，而 CO$_2$ 气泡在上浮过程中由于存在反应 CO$_2$(g) + [C] === 2CO(g)，所以气泡体积会相应变大，从而达到更快的脱氢效率，缩短冶炼时间。

气泡脱氢主要包括三个主要步骤：

(1) 钢液中的氢原子通过钢液边界层扩散到 CO$_2$ 气泡表面；

（2）聚集的氢原子在钢液/气泡界面发生反应，生成氢分子；

（3）反应生成的氢分子传递到 CO_2 气泡内部并随之上浮排除钢液。

由于上述三个步骤速度都较快，气泡中 H_2 的分压接近与钢液中[H]相平衡的压力。已知：

$$2[H] \rightleftharpoons H_2(g)\uparrow \tag{5-145}$$

$$\Delta_r G^\ominus = -72950 - 60.9T \tag{5-146}$$

$$K^\ominus = \frac{p_{H_2} \big/ p^\ominus}{(a_H)^2} = \frac{p_{H_2}}{(w([H]))^2 \times (F_H)^2 \times p^\ominus} \tag{5-147}$$

炼钢温度 1873K 下，以无限稀溶液为标准态，取 $f_H = 1$，可以得到

$$(w([H]))^2 = \frac{p_{H_2}}{K^\ominus \times p^\ominus} \tag{5-148}$$

根据 $\Delta_r G^\ominus = -RT \ln K^\ominus$ 可以求得在 1873K 下，$K^\ominus = 1.64 \times 10^5$。取标准大气压为 101325Pa，得出平衡 H 质量分数与气泡中 H_2 分压的关系式：

$$p_{H_2} = 1.6617 \times 10^{10} \times (w([H]))^2 \tag{5-149}$$

一个 CO_2 气泡上浮过程中，一方面吸收钢液中反应生成的 CO 气泡以及[H]、[N]等反应生成的 H_2、N_2 等，另一方面 CO_2 自身也会和[C]反应生成 CO 气体，所以 CO_2 气泡在上浮过程中气泡内部的气体分子数是不断增加的；同时在 RH 真空环境中，气泡压力和温度也与标准状态不同。当气泡上浮至钢液表面时，假设分子数为 ξn；气泡压力为真空度 p^0（工艺条件不变时为常数）；温度为 1873K。则

$$dV = dV_0 \times \xi \times \frac{p^\ominus}{p^0} \times \frac{1873}{298} = \lambda dV_0 \tag{5-150}$$

一个 CO_2 气泡上浮脱氢的量为

$$dn = 2dn_{H_2} = 2p_{H_2} \frac{\lambda dV_0}{RT} \tag{5-151}$$

一个气泡上浮引起钢液中氢含量的下降为 $dw([H])$，dn 与 $dw([H])$ 的关系为

$$-dw([H]) = \frac{M_{[H]}dn}{1000w} \times 100 = 2p_{H_2} \frac{\lambda dV_0 M_{[H]}}{1000wRT} \times 100 \tag{5-152}$$

式中，w 为钢液量，t；$M_{[H]}$ 为氢原子的摩尔质量，kg/mol；dV_0 为 CO_2 气泡在标准状态下的体积；p^0 为真空度；T 为炼钢温度，1873K；p_{H_2} 为气泡中 H_2 分压。

代入式 (5-152) 并整理得

$$dV_0 = -\frac{4.69 \times 10^{-3} \times w}{(w([H]))^2 \lambda} \times dw([H]) \tag{5-153}$$

上式积分后得

$$V_0 = 4.69 \times 10^{-3} \times \frac{w}{\lambda} \times \left[\frac{1}{w([H])_f} - \frac{1}{w([H])_0} \right] \tag{5-154}$$

式中，$w([H])_0$ 为开始吹 CO_2 时，钢液中氢的质量分数；$w([H])_f$ 为吹 CO_2 结束时，钢液中氢的质量分数。

由上式便可以根据冶炼情况推算出 Ar 和 CO_2 分别作为 RH 提升气时，气泡形态参数 λ 的大小，并对比研究 CO_2 代替 Ar 作为 RH 提升气体时对脱氢的影响。

第6章 石灰石分解 CO_2 炼钢的理论

石灰石在炼钢温度可以分解出 CO_2 气体，因此用石灰石炼钢造渣可间接达到 CO_2 炼钢的目的。本章通过理论计算，结合实验过程，研究石灰石分解 CO_2 对炼钢各项冶金效果的影响，介绍石灰石炼钢过程的基础理论。

6.1 石灰石造渣炼钢中的硅挥发现象

6.1.1 转炉内硅挥发的机理

由本团队成员提出的直接利用石灰石造渣炼钢法，因其显著的经济效益和环境效益，在当前严峻的行业形势下，被越来越多的钢铁企业采用。在工业实践中发现，若按照 $CaCO_3$ 与 CaO 分子质量比投入石灰石代替石灰造渣炼钢，在铁液中硅含量大致相等的条件下，石灰石造渣的终渣碱度将大幅高于石灰造渣的终渣碱度，因此必须将石灰石的加入量减少 30%左右，而此时仍能够取得良好的脱磷效果。石灰石加入量的减少必然导致炉渣量减少，以 2014 年中国粗钢产量为 8.23 亿 t 为例，若吨钢产生 120kg 渣量，那么采用石灰石造渣法将减少 0.29 亿 t 钢渣，这将产生巨大的经济效益和环境效益。也有学者认为，造成这一现象的原因是铁液中的一部分[Si]没有进入炉渣，而是以 SiO 的形式进入炉气中挥发了，然而对于转炉中硅挥发的机理、影响硅挥发的因素还没有深入讨论，本节基于热力学计算对此进行了研究。

1. 硅挥发问题的提出

"石灰石替代石灰造渣炼钢"新工艺在多家企业的应用已证明该工艺的可行性，通过新工艺的应用，既为钢铁企业节约了成本，又在实践中发现了新的现象。北京科技大学与国内 S 钢厂、Q 钢厂进行合作，对石灰石造渣炼钢进行了多次工业试验，证明了该工艺的可行性及其优越性。在试验中发现，与现行"石灰造渣炼钢"模式相比，铁液中硅含量大致相等的条件下，石灰石的加入量比通过石灰换算成石灰石的量要少得多。表 6-1 为对 S 钢厂及 Q 钢厂采用石灰造渣与石灰石造渣炼钢的试验数据总结。

表 6-1 企业使用石灰与石灰石造渣炼钢平均物料消耗及炉渣碱度

企业	冶炼模式	铁液/t	铁液[Si]/%	石灰/kg	石灰石/kg	白云石/kg	终点[P]/%	终渣碱度
S 钢厂	石灰冶炼	53.9	0.5	1876	0	1829	0.012	3.6
	石灰石冶炼	58.1	0.46	0	2450	1729	0.013	3.6
Q 钢厂	石灰冶炼	102.3	0.46	3842	0	963	0.022	3.07
	石灰石冶炼	102.8	0.48	0	4514	406	0.015	3.26

将表 6-1 中的石灰、石灰石和白云石折算为吨铁物料消耗，见表 6-2。

表 6-2　石灰与石灰石造渣炼钢吨铁物料消耗　　　　　　（单位：kg/t）

企业	冶炼模式	石灰	石灰石	白云石	石灰/石灰石
S 钢厂	石灰冶炼	34.8	0	33.9	34.8/42.2=1/1.2
	石灰石冶炼	0	42.2	29.8	
Q 钢厂	石灰冶炼	37.6	0	9.4	37.6/43.9=1/1.2
	石灰石冶炼	0	43.9	3.9	

仅考虑各企业两种模式的石灰与石灰石消耗，则由上表可得，石灰加入量与石灰石加入量之比为 1/1.2，然而由等效氧化钙原则计算得到石灰/石灰石=1/1.7，即替代 1kg 的石灰，需要石灰石 1.7kg；因此，综合表 6-1 和表 6-2 可得：在入炉铁液硅含量大致相等的条件下，石灰石加入量小于理论计算量，仍能达到原先的脱磷水平(甚至更好)，且终渣碱度有所提高。石灰石加入量的减少，势必使得渣量减少，工业上已有数据表明，采用石灰石造渣炼钢渣量减少 20%～30%，这不仅能够产生很大的经济效益，也能产生巨大的环境和社会效益。

这一现象表明，采用石灰石造渣炼钢时，铁液中的一部分[Si]没有进入炉渣，根据现在掌握的知识范畴可以认为，这部分[Si]反应生成 SiO 挥发了。本节对石灰石冶炼工艺中 SiO 的产生的机理进行了研究。

2. 石灰石转炉内硅挥发的热力学计算

石灰石造渣炼钢与石灰造渣炼钢的一大区别就是石灰石分解会产生 CO_2 气体，而 CO_2 作为一种氧化剂，可以与铁液中的元素发生反应：

$$[Si]+2CO_2 \Longrightarrow SiO_2 \, (l) +2CO \qquad \Delta G^{\ominus} = -245687+40.693T \qquad (6\text{-}1)$$

$$[Mn]+ CO_2 \, (g) = MnO \, (l) +CO \, (g) \quad \Delta G^{\ominus} = -75120+15.258T \qquad (6\text{-}2)$$

$$[C]+CO_2 \, (g) = 2CO \, (g) \qquad \Delta G^{\ominus} = 138126-125.14T \qquad (6\text{-}3)$$

石灰石加入转炉后明显观察到硅挥发现象，说明铁液中的[Si]并非全部形成 SiO_2 进入炉渣，有一部分被氧化为低价态的 SiO 进入炉气，可能发生的反应为

$$[Si]+ CO_2 \Longrightarrow SiO \, (g) +CO \qquad \Delta G^{\ominus} = 248596-112.89T \qquad (6\text{-}4)$$

由反应(6-1)与反应(6-4)可得

$$SiO_2 \, (l) +CO \Longrightarrow SiO \, (g) +CO_2 \qquad \Delta G^{\ominus} = 494283-153.583T \qquad (6\text{-}5)$$

反应(6-5)的吉布斯自由能 $\Delta G = \Delta G^{\ominus} + RT\ln \dfrac{p_{CO_2} p_{SiO}}{p_{CO} a_{SiO_2}}$，当反应达到平衡时，可得：

$$p_{SiO} = a_{SiO_2} \frac{p_{CO}}{p_{CO_2}} \exp\left(-\frac{\Delta G^\ominus}{RT}\right)$$

由此式可得当体系中 SiO_2 活度不同时，p_{CO}/p_{CO_2} 与气相中 SiO 的分压之间的关系。

如图 6-1 所示，在相同 p_{CO}/p_{CO_2} 下，SiO 分压随温度的升高而急剧升高；p_{CO}/p_{CO_2} 越大，产生 SiO 所需温度就越低。SiO_2 活度越大，SiO 生成所需的温度越低，即在转炉冶炼前期，SiO_2 还未完全与 CaO 反应成渣时，硅挥发的趋势大。

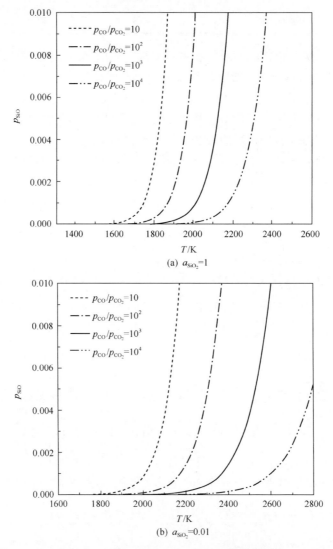

(a) $a_{SiO_2}=1$

(b) $a_{SiO_2}=0.01$

图 6-1　不同 p_{CO}/p_{CO_2} 下 p_{SiO} 与温度的关系

由此可见，CO_2 与[Si]反应生成 SiO，要满足两个条件：一是高温，二是较高的 p_{CO}/p_{CO_2}。在转炉内能达到此高温的区域只能是火点区，其温度可达 2773K，因此采用石灰石造渣发生的硅挥发现象可以解释为：在火点区高温及较高的 p_{CO}/p_{CO_2} 下，石灰石后分解出的 CO_2 可将铁液中的[Si]氧化为 SiO 进入炉气中。

3. 火点区温度的研究

转炉火点区是指在转炉氧枪下形成的高温区域。钢冶炼过程中氧气射流直接接触熔池，在氧气射流与钢液接触区域和熔池中 C、Si、Mn、Fe 反应形成的高温区域，如图 6-2 所示。日本新日铁公司通过安装于顶吹水冷氧枪内的新型光学传感器探头，连续监测炉内光辐射的频率、强度，测定出熔池火点温度，推算熔池火点区温度高达 2273～2773K。Ohno. Takamasa 通过该方法检测到火点区温度在 2373～2773K。

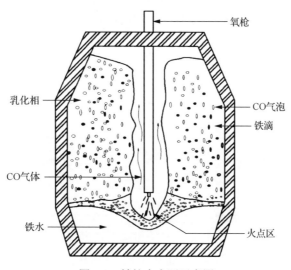

图 6-2　转炉火点区示意图

由上面的讨论可知，硅挥发现象的发生需要较高的温度，发生在转炉火点区，因为只有火点区才具有硅挥发所需的温度。目前关于转炉火点区的研究很少，本研究基于以下假设计算火点区温度。

假设条件：

(1) 铁液 C 与 O_2 在火点区 100%反应生成 CO；

(2) 石灰石分解形成的 CO_2 与铁液反应的比例为 100%；

(3) 火点区内的铁液中 Fe、C、Si、Mn、P 等元素在很短时间内被全部氧化；

(4) CO_2、O_2 与各元素的反应比例按照吉布斯自由能的比例计算；

(5) 各反应的反应热按 298K 时计算；

(6) 以铁液总质量为 100kg 计算，计算所用铁液成分见表 6-3。各元素的吉布斯自由能与反应热效应见表 6-4。CaO、$CaCO_3$ 的热容系数见表 6-5。火点区占总铁液 10%～40%，氧气流速及 $CaCO_3$ 加入量参照工业 100t 转炉(20000Nm^3/h、50kg/t)等比例缩小，计算中选取范围分别为氧气 2mol/s、4mol/s、6mol/s、8mol/s；$CaCO_3$ 加入量 0～10mol。

表 6-3　计算所用铁液成分　　　　　　(单位：%，质量分数)

C	Si	Mn	P
4.2	0.4	0.580	0.11

表 6-4　各元素的吉布斯自由能与反应热效应

物质	反应	标准吉布斯自由能/(J/mol)	反应热(298K)/(J/mol)
C	$[C]+1/2O_2 \Longrightarrow CO$	$\Delta G^{\ominus}C = -136900 - 43.51T$	131360
C	$[C]+CO_2 \Longrightarrow 2CO$	$\Delta G_1 = 138126 - 125.14T$	-172510
Si	$[Si]+O_2 \Longrightarrow (SiO_2)$	$\Delta G_{Si}^{\ominus} = -804880 + 210.04T$	795020
Si	$[Si]+2CO_2 \Longrightarrow (SiO_2)+2CO$	$\Delta G_2 = -245687 + 40.69T$	344820
Si	$[Si]+CO_2 \Longrightarrow SiO+CO$	$\Delta G_3 = 248596 + 112.89T$	-182600
Mn	$[Mn]+1/2O_2 \Longrightarrow (MnO)$	$\Delta G_{Mn}^{\ominus} = -361495 + 111.63T$	384960
Mn	$[Mn]+CO_2 \Longrightarrow (MnO)+CO$	$\Delta G_4 = -133760 + 42.51T$	101910
P	$2[P]+5/2O_2 \Longrightarrow (P_2O_5)$	$\Delta G_P^{\ominus} = -1291250 + 542.05T$	586040
P	$2[P]+5CO_2 \Longrightarrow (P_2O_5)+5CO$	$\Delta G_5 = 117050 - 10.18T$	-132980
Fe	$[Fe]+1/2O_2 \Longrightarrow (FeO)$	$\Delta G_{Fe}^{\ominus} = -229490 + 43.81T$	266640
Fe	$[Fe]+CO_2 \Longrightarrow (FeO)+CO$	$\Delta G_6 = 4343 - 13.65T$	-10980

表 6-5　CaO、CaCO₃ 的热容系数

	T/K	$a/[J/(K \cdot mol)]$	$b \times 10^{-3}$ /$[J/(K^2 \cdot mol)]$	$c' \times 10^5$ /$[J/(K/mol)]$
CaCO₃	298~1200	104.5	21.92	-25.94
CaO	298~2888	49.622	4.519	-6.945

铁液固态平均比热容 745J/(kg·K)，融化潜热为 217568J，液态平均潜热为 837J/(kg·K)，CaCO₃ 分解热效应为 179060J/mol。铁液初始温度为 1250℃，CaO 或 CaCO₃ 初始温度为 25℃。设氧气加入量为 A mol，CaCO₃ 加入量为 B mol，铁液火点区比例为 C%，CaO 加入量为 D mol。

热量收入项如下：

(1) 铁液物理热：

铁液熔点 $T_t = 1536 - (4.69 \times 100 + 0.55 \times 8 + 0.21 \times 0.5 + 0.11 \times 30 + 0.028 \times 25) = 1058.5℃$

火点区铁液物理热：

$Q = 100 \times w([C]) \times (745 \times (1058.5 - 25) + 217568 + 837 \times (1250 - 1058.5)) = 1147811 \times w([C])$ J

(2) 各元素与氧气反应的比例：

$$x_C = \frac{\Delta G_C^{\ominus}}{\Delta G_C^{\ominus} + \Delta G_{Mn}^{\ominus} + \Delta G_{Si}^{\ominus}/2 + \Delta G_P^{\ominus}/5 + \Delta G_{Fe}^{\ominus}}$$

$$x_{Si} = \frac{\Delta G_{Si}^{\ominus}/2}{\Delta G_C^{\ominus} + \Delta G_{Mn}^{\ominus} + \Delta G_{Si}^{\ominus}/2 + \Delta G_P^{\ominus}/5 + \Delta G_{Fe}^{\ominus}}$$

$$x_{Mn} = \frac{\Delta G_{Mn}^{\ominus}}{\Delta G_C^{\ominus} + \Delta G_{Mn}^{\ominus} + \Delta G_{Si}^{\ominus}/2 + \Delta G_P^{\ominus}/5 + \Delta G_{Fe}^{\ominus}}$$

$$x_P = \frac{\Delta G_P^\ominus / 5}{\Delta G_C^\ominus + \Delta G_{Mn}^\ominus + \Delta G_{Si}^\ominus / 2 + \Delta G_P^\ominus / 5 + \Delta G_{Fe}^\ominus}$$

$$x_{Fe} = \frac{\Delta G_{Fe}^\ominus}{\Delta G_C^\ominus + \Delta G_{Mn}^\ominus + \Delta G_{Si}^\ominus / 2 + \Delta G_P^\ominus / 5 + \Delta G_{Fe}^\ominus}$$

氧气与铁液元素氧化放热:

$$Q_{input} = n_{O_2} \cdot (2x_C \cdot \Delta H_C + x_{Si} \cdot \Delta H_{Si} + 2x_{Mn} \cdot \Delta H_{Mn} + \frac{4}{5} x_P \cdot \Delta H_P + x_{Fe} \cdot \Delta H_{Fe})$$

(3) CO_2 与[Si]反应生成 SiO_2 放热:

$$Q = 0.5 \times B \times \frac{\Delta G_2 / 2}{\Delta G_1 + \Delta G_2 / 2 + \Delta G_3 + \Delta G_4 + \Delta G_5 / 5 + \Delta G_6} \times 344820$$

(4) CO_2 与[Mn]反应生成 MnO 放热:

$$Q = B \times \frac{\Delta G_4}{\Delta G_1 + \Delta G_2 / 2 + \Delta G_3 + \Delta G_4 + \Delta G_5 / 5 + \Delta G_6} \times 101910$$

热量支出项如下:

(1) $CaCO_3$ 从室温升温至分解温度 1169K:

$$\Delta H_{CaCO_3} = \int_{298}^{1169} (104.5 + 21.9 \times 10^{-3}\,T)dT = 98538\ \text{J / mol}$$

(2) $CaCO_3$ 分解吸热: $\Delta H_分 = 179060$J/mol

(3) $CaCO_3$ 分解 CO_2 与铁液[C]反应生成 CO 吸热:

$$Q = \frac{\Delta G_1}{\Delta G_1 + \Delta G_2 / 2 + \Delta G_3 + \Delta G_4 + \Delta G_5 / 5 + \Delta G_6} \times 172510$$

(4) $CaCO_3$ 分解 CO_2 与铁液[Si]反应生成 SiO 吸热:

$$Q = \frac{\Delta G_3}{\Delta G_1 + \Delta G_2 / 2 + \Delta G_3 + \Delta G_4 + \Delta G_5 / 5 + \Delta G_6} \times 182600$$

(5) $CaCO_3$ 分解 CO_2 与铁液[P]反应生成 P_2O_5 吸热:

$$Q = 0.4 \times \frac{\Delta G_5 / 5}{\Delta G_1 + \Delta G_2 / 2 + \Delta G_3 + \Delta G_4 + \Delta G_5 / 5 + \Delta G_6} \times 132980$$

(6) $CaCO_3$ 分解 CO_2 与铁液[Fe]反应生成 FeO 吸热:

$$Q = \frac{\Delta G_6}{\Delta G_1 + \Delta G_2 / 2 + \Delta G_3 + \Delta G_4 + \Delta G_5 / 5 + \Delta G_6} \times 10980$$

（7）铁液升温吸热：

火点区铁液的物质的量 $n=100\times w([C])=C(kg)$

$$\Delta H= w([C])\times 837\times (T\text{–}1523)$$

（8）$CaCO_3$ 分解形成的 CaO 的升温吸热：

$$\Delta H_4 = \int_{1169}^{T} (49.622 + 4.519\times 10^{-3}T - 6.95\times 10^5 T^{-2})\,\mathrm{d}T$$

$$=49.62T + 2.26\times 10^{-3}T^2 + 695000/T - 61688 \ (\mathrm{J/mol})$$

根据热平衡原理，可以求出火点区的温度 T。

图 6-3 所示为不同火点区面积条件下，$CaCO_3$ 的添加量及氧气添加量对转炉火点区温度的影响。从图中可以看出，随着 $CaCO_3$ 加入量的增加，火点区温度逐渐下降，在相同 $CaCO_3$ 加入量条件下，氧气供给速度越大，火点区温度越高。从图中还可以看出，在不添加 $CaCO_3$ 时，火点区面积越大，其温度越低，但随着 $CaCO_3$ 的添加，火点区越大，其温降越小。

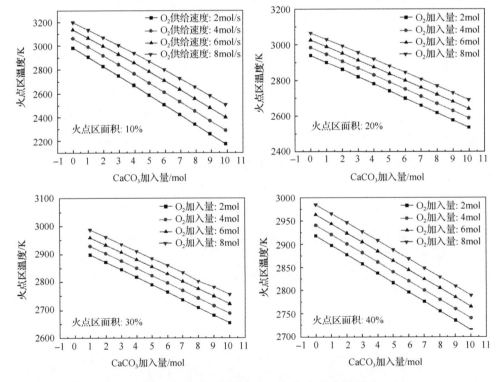

图 6-3　火点区温度与 $CaCO_3$ 加入量的关系

根据热平衡原理，同样可以求出 CaO 作为添加剂时火点区的温度。图 6-4 为在火点区面积为 40%，氧气供给量为 8mol 下，$CaCO_3$ 和 CaO 的添加对火点区温度的影响。从图中可以看出，$CaCO_3$ 对火点区温度的影响要远大于 CaO，在添加量为 10mol 时，$CaCO_3$

使火点区温度降低了 195K，而同样情况下，CaO 仅降低了 42K。这主要是由于 CaCO₃ 加入火点区后其分解会吸收大量热，同时，分解产物 CO₂ 与铁液反应也会吸收大量热量。

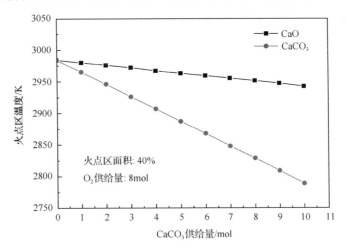

图 6-4　不同造渣剂火点区温度对比

图 6-5～图 6-7 为氧气供给量、铁液硅含量、碳含量与火点区温度之间的关系。由于 [C]与 O₂ 反应为放热反应，因此随着铁液碳含量及氧气供给量的增加，火点区温度逐渐增高。这一结果与 Young E. Lee 的研究结果相符，他认为火点区的温度随氧气供给流量的增长而增长，其温度增量与氧气供给流量之间的关系为

$$\Delta T(\mathrm{K}) = 2Q_{\mathrm{O}_2}$$

而[Si]与 O₂ 反应，生成 SiO₂ 为放热反应，生成 SiO 为吸热反应。在两者的相互作用下，铁液硅含量的变化对火点区温度几乎没有影响。

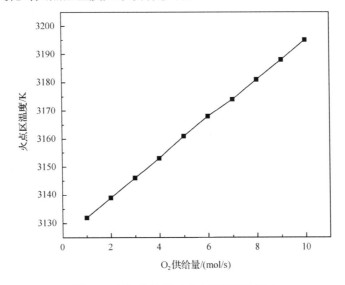

图 6-5　氧气供给量对火点区温度的影响

$w([\mathrm{C}])=4.2\%$，$w([\mathrm{Si}])=0.4\%$

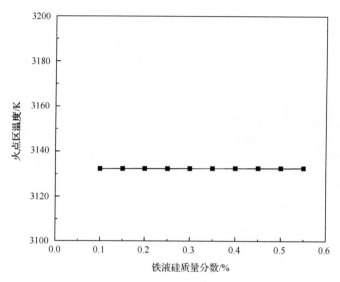

图 6-6　铁液硅含量对火点区温度的影响

$w([C])=4.2\%$，O_2 供给量 7.2mol/s

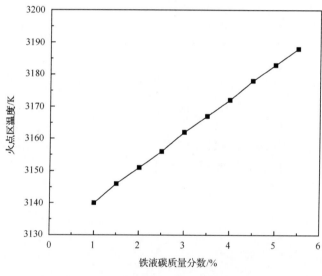

图 6-7　铁液碳含量对火点区温度的影响

$w([Si])=0.4\%$，O_2 供给量 7.2mol/s

6.1.2　转炉内硅挥发的影响因素

　　由于硅挥发现象发生在转炉火点区，实验室内的试验条件难以达到其所需温度，而工业试验又难以保证对单因素变量的控制，所以本节通过 FactSage7.0 热力学软件研究硅挥发的规律。FactSage 平衡计算条件及参数选择如下。

　　铁液质量：1000g；

　　温度：2373～2773K；

　　气压：101kPa；

FactSage 数据库选择: CO, O_2, CO_2, SiO 采用 FactPS 数据库, 溶液模块选择 FSstel; 熔渣: Ftoxid。

1. 石灰石用量对硅挥发的影响

石灰石造渣炼钢的工业实践表明, 硅挥发现象与加料方式息息相关, 因此, 考察石灰石加入量对硅挥发的影响。如果以 $CaCO_3$ 的加入量作为变量考察石灰石加入量对硅挥发的影响, 从计算结果(图 6-8)可以看出, 在等温条件下, 随着 $CaCO_3$ 的加入, 体系中 SiO 的质量呈现先增大后减小的趋势, 出现拐点的原因在于体系中 p_{CO}/p_{CO_2} 比例减小, 在该气氛下, Si 已经不能全部被氧化为 SiO, 被氧化为 SiO_2 的部分增加, 随着 $CaCO_3$

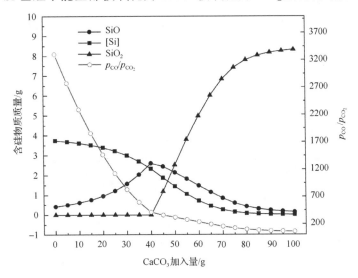

图 6-8　$CaCO_3$ 加入量对体系中含硅物质质量、p_{CO}/p_{CO_2} 的影响

$w([C])=4.2\%$, $m_{O_2}=50g$, $T=2573K$

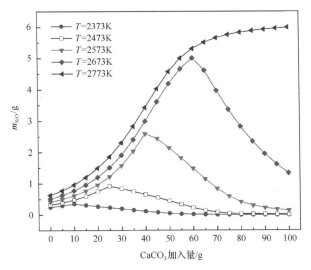

图 6-9　不同温度下 $CaCO_3$ 加入量对硅挥发的影响

$w([C])=4.2\%$, $w([Si])=0.4\%$, $m_{O_2}=50g$

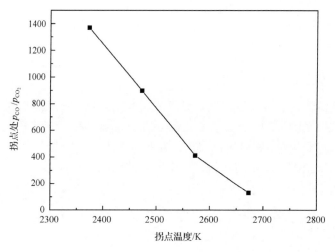

图 6-10　拐点处 p_{CO}/p_{CO_2} 与温度之间的关系

的继续加入，氧化为 SiO_2 的部分迅速增大。从图 6-9 可以看出，火点区温度越高，气相中 SiO 的含量越高，拐点对应的临界 $CaCO_3$ 质量越大。从图中还可以看出，随温度的升高，SiO 生成量最大时对应的 $CaCO_3$ 最大值增加。从图 6-10 可以看出，随着温度的升高，各拐点处对应的 p_{CO}/p_{CO_2} 逐渐降低，这表明，温度对 $CaCO_3$ 的最佳加入量影响要大于 p_{CO}/p_{CO_2}，即使在较低的分压下，温度足够高，也能增加硅挥发的量。

2. 铁液成分对硅挥发的影响

图 6-11 为 FactSage 计算得出的硅含量对硅挥发的影响，不难看出，气相中 SiO 的质量随着硅含量的升高而增加，主要原因是铁液中[Si]含量的提高导致了硅活度的提高。同时，由于温度越高越有利于硅的挥发，因此高温下 SiO 质量变化曲线的斜率要比低温时大。

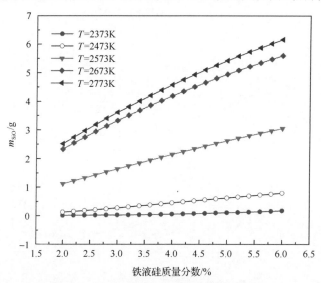

图 6-11　铁液硅含量对 SiO 生成量的影响

$w([C])$=4.2%，m_{CaCO_3}=50g，m_{O_2}=50g

　　碳含量对硅挥发的影响比较复杂，从图 6-12 中可以看出，随着碳含量的升高，硅挥发率先增大，当达到某一峰值后又开始下降，并且这一峰值对应的碳含量随温度的升高而降低。

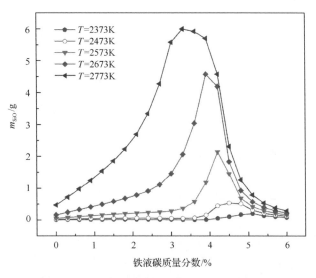

图 6-12　不同温度下铁液碳含量对 SiO 生成量的影响

$w([Si])=0.4\%$，$m_{CaCO_3}=50g$，$m_{O_2}=50g$

　　由图 6-13 可以看出，随着碳含量的升高，p_{CO}/p_{CO_2} 是急剧增长的。从热力学上看，等温下，p_{CO}/p_{CO_2} 越大，越有利于硅挥发反应的进行，而实际中 SiO 的含量并非一直增大，而是经历了先增大后减小的过程。这说明转炉体系内硅挥发的反应不仅存在反应 (6-4)，还存在反应：

$$SiO(g)+[C]=\!=\![Si]+CO \qquad \Delta G^{\ominus}=-110470-12.25T \qquad (6\text{-}6)$$

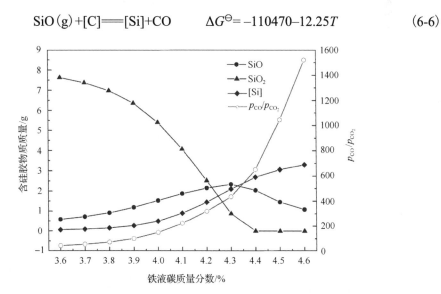

图 6-13　铁液碳含量对体系中含硅物质、p_{CO}/p_{CO_2} 的影响

$m_{O_2}=50g$，$m_{CaCO_3}=50g$，$T=2573K$

即铁液中的[C]可以将 SiO 还原入铁液中，降低气相中 SiO 的含量。随着铁液中[C]含量的升高，体系中 p_{CO}/p_{CO_2} 逐渐增大，体系中 CO_2 与[Si]的反应产物中，SiO 占的比例越来越大，同时 SiO 被进一步还原入铁液的比例也越来越大，当达到某一临界碳含量时，体系中 SiO 含量不再升高，转而开始降低。由于反应(6-6)的 $\Delta G^{\ominus}$ 是放热反应，即温度越高，SiO 向[Si]转换的趋势就越小，相应地，图 6-12 中峰值对应的碳含量随温度的升高而降低。

6.1.3　采用石灰石造渣时硅挥发的有利条件

1. CO_2 的微观搅拌作用及泡沫渣

石灰石进入转炉后的快速分解过程，形成强烈的微观搅拌作用，加强了气液反应的动力学条件，促进了火点区 Si 的气化反应。

$CaCO_3$ 的分解具有结晶化学转变的特点。由金属离子 Ca^{2+} 和碳酸根离子 CO_3^{2-} 组成的 $CaCO_3$ 受热分解($CO_3^{2-}=O^{2-}+CO_2$)，形成的 CO_2 在反应相界面上吸附，再经过脱附排出，O^{2-} 与 Ca^{2+} 形成 $Ca^{2+} \cdot O^{2-}$ 团。

由 $CaCO_3$ 的分解过程可知，气体 CO_2 存在于碳酸离子 CO_3^{2-} 中。为了计算逸出的 CO_2 在转炉内的膨胀倍数，现假设在石灰石受热分解放出 CO_2 的过程中存在一中间状态，即 $CaCO_3$ 受热分解生成固体的 CaO 和气体的 CO_2 时，CO_2 还未及时逸出，此时气体的 CO_2 分子由于受一定压强的原因而被认为是一种假想的"固体"形式，其体积即为石灰石的体积。

本研究中石灰石颗粒为规则实心球体，即不考虑石灰石颗粒本身所具有的孔隙，认为石灰石颗粒致密，石灰石密度为 $2.7 \times 10^3 kg/m^3$，含 $CaCO_3$ 的质量分数 $\omega(CaCO_3)$（$\omega(CaCO_3)=0.98$）。则对于含 n mol $CaCO_3$ 的石灰石其室温下固体的体积(即"固体" CO_2 的体积)为

$$V_{CaCO_3}=\frac{nM_{CaCO_3} \cdot \omega(CaCO_3)}{\rho_{CaCO_3}} \tag{6-7}$$

膨胀为铁液温度时的体积：

$$V_{CO_2,steel}=\frac{nRT_{steel}}{P} \tag{6-8}$$

根据假设，石灰石中 $CaCO_3$ 分解过程中体积不变，则石灰石进入转炉后体积膨胀倍数

$$\lambda=\frac{V_{CO_2,steel}}{V_{CaCO_3}}=\frac{RT_{steel}\rho_{CaCO_3}}{PM_{CaCO_3} \cdot \omega(CaCO_3)} \tag{6-9}$$

取铁液温度为 1573K，标准大气压 $P=101kPa$，$M_{CaCO_3}=100 \times 10^{-3}kg/mol$，计算可得

$\lambda=3603$，已有的工业试验表明，石灰石加入转炉后 2～3min 即可分解完毕，那么石灰石膨胀的速率为 20～30 倍/s。如此剧烈的气体膨胀过程，使得熔池得到更强的搅拌，同时使得转炉前期形成大量的泡沫渣，加强了气液反应的动力学条件。大量泡沫渣的形成使得氧气流速衰减加快，加强了石灰石分解造成的微观搅拌作用。

2. 炉气量增大

石灰石进入转炉后分解出大量的 CO_2 气体，以及 CO_2 再与铁液中的[C]、[Si]等元素反应，使得转炉炉气量相对于石灰炼钢增加，降低了铁液面上的 p_{SiO}，促进了 Si 被氧化为 SiO 的反应。

加入石灰石后转炉体系内气体量的变化如下：

以实际冶炼实践为例，吨钢消耗石灰石约 43kg，纯度为 98%，含 CO_2 为 18.5kg，折合为 1573K，1atm 下体积为

$$V = \frac{m_{CO_2}/M_{CO_2}RT}{P} = 55.1\text{m}^3/\text{t} \qquad (6\text{-}10)$$

从 CO_2 与铁液元素的反应式可以看出，1 体积的 CO_2 与[Si]、[Mn]反应生成 SiO_2、MnO，均生成 1 体积 CO，而与[Si]、[C]生成 SiO 气体及 CO 时，体积翻倍。

$$1/2[\text{Si}]+CO_2\,(\text{g}) = 1/2SiO_2\,(\text{l})+CO\,(\text{g})$$

$$[\text{Si}]+ CO_2\,(\text{g}) = SiO\,(\text{g})+CO\,(\text{g})$$

$$[\text{Mn}]+ CO_2\,(\text{g}) = MnO\,(\text{l})+CO\,(\text{g})$$

$$[\text{C}]+CO_2\,(\text{g}) = 2CO\,(\text{g})$$

为简化计算，可将与[Si]、[C]生成 SiO 气体及 CO 的 CO_2 部分简化为 50%，那么采用石灰石替代石灰炼钢最终炉气增加为：$55.1 \times (1+50\%) = 82.1\text{m}^3/\text{t}$。

采用石灰造渣的转炉，炉气的发生量约为 60～80m^3/t，那么采用石灰石造渣法的转炉，其炉气量是石灰造渣法的 2.08～2.38 倍。大量增加的炉气量会降低铁液面上的 p_{SiO}，从而推进反应向 Si 被氧化为 SiO 的方向进行。

3. 开吹时的低枪位操作

除此之外，不同于石灰模式(图 6-14)，石灰石转炉冶炼过程采取了低-低-高的枪位控制模式进行吹炼，在吹炼前期便将氧枪位置下降到石灰造渣吹炼法的脱碳期枪位吹氧。枪位的降低，不仅使火点区面积增大，转炉内的铁滴数量也会增加，促进了气液反应的进行。

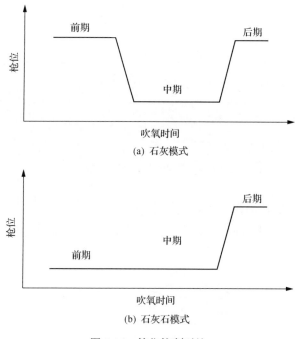

图 6-14　枪位控制对比

6.2　转炉石灰石放出的 CO_2 对铁液的氧化作用

6.2.1　石灰石在铁液中分解反应实验

石灰石在转炉中分解会产生大量的 CO_2 气体，在转炉氧枪的剧烈搅拌作用之下和转炉铁液充分接触，其与铁液中各元素反应的可能性和优先性，还需要通过具体实验来验证，并与热力学计算结果进行比对。本小节通过以下实验，研究了石灰石分解产生的 CO_2 与铁液的具体作用。

1. 实验方法

将石灰石颗粒投入坩埚铁液中，其立即分解产生 CO_2 并与铁液反应，通过检测铁液中各元素成分的变化，来研究石灰石分解产生的 CO_2 对铁液中各元素的作用。将石灰石颗粒投入坩埚铁液中，向铁液通入氩气进行搅拌，间隔固定时间后，取铁液样检测其成分，根据铁液中各元素含量的具体变化来研究石灰石分解产生的 CO_2 与铁液反应行为规律。本次实验所选用石灰石为国内某钢厂用于转炉炼钢的天然石灰石，CO_2 质量分数为 42.6%。为了减少形状差异对实验结果的影响，将天然石灰石统一加工成相同半径的球形，质量在 6.2g 左右。在前期预实验中发现，石灰石加入铁液 4.5min 后已无气泡产生，可认为石灰石的分解反应在 4.5min 前已经完成，因此实验过程中取样截止到 4min。实验装置如图 6-15 所示，实验过程中向坩埚吹入氩气以搅拌熔池，操作过程中加入了石灰石。

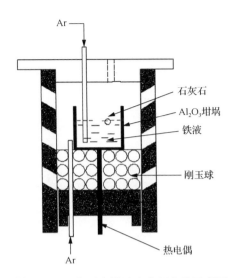

图 6-15　石灰石在铁液中分解实验示意图

实验具体步骤如下：

(1) 首先称取 300g 左右生铁块装入刚玉坩埚，生铁块由工业纯铁外配石墨，分析用纯硅以及锰粉熔融冷却而成。将刚玉坩埚放入高温管式炉中，在 4L/min 的氩气保护下升温至目标温度并保温，实验目标温度取 1200℃、1300℃和 1400℃三个水平。保温 30min 后，用纯铁棒搅拌铁液，确保生铁块完全熔清后，使用石英管取样器吸取少量铁液，并立即放置于冰水中急冷，然后检测取样铁液初始成分。

(2) 将刚玉管插入到距离铁液底部 2mm 左右的深度，并通过刚玉管以一定的流量往铁液中通入氩气进行搅拌。

(3) 通过炉口将选定球形石灰石投入铁液中，并开始计时，在 1min、2min、3min、4min 时刻用石英取样器吸取少量铁液，并立即放置在冰水中急冷。

(4) 对取出的铁液试样表面进行抛光去除氧化层后，分析 [C]、[Si]、[Mn]。

2. 实验结果

(1) 1200℃温度下实验的铁液中各试样的成分及对应的实验条件如表 6-6 所示，经数据处理可得到石灰石分解 CO_2 和铁液的相互作用规律。

表 6-6　1200℃下铁液成分变化

炉次	搅拌流量/(L/min)	石灰石质量/g	取样时刻/min	$w([C])$/%	$w([Si])$/%	$w([Mn])$/%
			0	3.24	1.55	0.36
			1	3.23	1.54	0.36
1	0.8	6.58	2	3.23	1.53	0.36
			3	3.22	1.52	0.36
			4	3.22	1.52	0.36

续表

炉次	搅拌流量/(L/min)	石灰石质量/g	取样时刻/min	$w([C])$/%	$w([Si])$/%	$w([Mn])$/%
2	1.2	5.97	0	3.74	1.33	0.36
			1	3.73	1.32	0.36
			2	3.73	1.31	0.36
			3	3.72	1.30	0.36
			4	3.71	1.30	0.36
3	1.6	5.96	0	3.79	1.33	0.38
			1	3.79	1.32	0.38
			2	3.78	1.32	0.38
			3	3.77	1.30	0.38
			4	3.76	1.29	0.37

图 6-16 为 1200℃、氩气流量 0.8L/min 条件下，加入石灰石后铁液中各元素被氧化量随时间的变化。

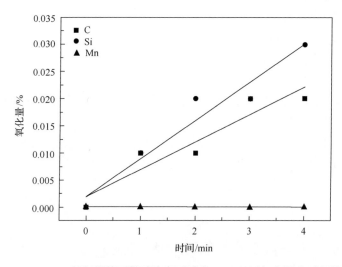

图 6-16　0.8L/min 氩气搅拌下铁液中各元素在 1200℃时氧化量和时间的关系

由图 6-16 及表 6-6 可知，在石灰石加入铁液后，[Si]、[C]含量明显降低，[Si]质量分数在 4min 内从 1.55%降低至 1.52%，[C]质量分数从 3.24%降低至 3.22%，[Si]被氧化量多于[C]被氧化量，而[Mn]含量在前 4min 内没有被氧化，这说明此条件下，[Si]、[C]能被石灰石释放的 CO_2 氧化，而[Mn]不能。

图 6-17 为 1200℃、氩气流量 1.2L/min 条件下，加入石灰石后铁液中各元素被氧化量随时间的变化。由图 6-17 及表 6-6 可知，[Si]、[C]含量在石灰石加入铁液后有明显降低，且随着时间增长降低量逐渐增加，[Si]质量分数在 4min 内从 1.33%降低至 1.30%，[C]质量

分数从 3.74%降低至 3.71%，说明[Si]、[C]能被石灰石分解产生的 CO₂ 氧化。和图 6-16
相比，铁液中[Mn]元素在前 4min 内同样无变化。

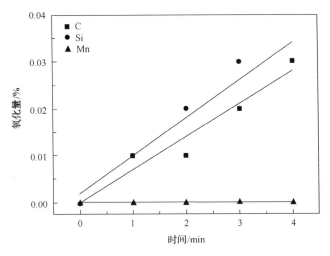

图 6-17　1.2L/min 氩气搅拌下铁液中各元素在 1200℃时氧化量和时间的关系

图 6-18 为 1200℃、氩气流量 1.6L/min 条件下，加入石灰石后铁液中各元素被氧化量
随时间的变化。由图 6-18 及表 6-6 可知，[Si]、[C]同样能够被石灰石分解产生的 CO₂ 氧化，
铁液中[Si]质量分数在 4min 内从 1.33%降低至 1.29%，[C]质量分数从 3.79%降低至 3.76%，
被氧化量和时间接近线性关系。同图 6-16 和图 6-17 相比较说明，随着氩气搅拌流量的升高，
铁液中[Si]、[C]被氧化量也会增加，这说明氩气搅拌作用能够促进石灰石分解产生的 CO₂
同铁液元素之间的反应。而且在 1200℃条件下铁液中[Mn]不能被石灰石分解产生的 CO₂ 所
氧化。

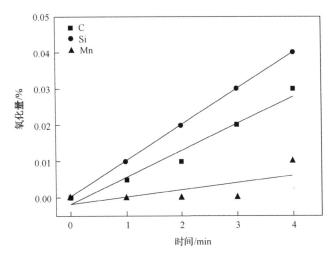

图 6-18　1.6L/min 氩气搅拌下铁液中各元素在 1200℃时氧化量和时间的关系

（2）1300℃温度下铁液中各试样的成分及对应的实验条件如表 6-7 所示。经数据处理
可得到 1300℃条件下 CO₂ 和铁液的相互作用规律。

表 6-7　1300℃下铁液成分变化

炉次	搅拌流量/(L/min)	石灰石质量/g	取样时刻/min	$w([C])/\%$	$w([Si])/\%$	$w([Mn])/\%$
1	0.8	6.53	0	3.64	1.29	0.37
			1	3.64	1.29	0.37
			2	3.62	1.29	0.37
			3	3.60	1.28	0.37
			4	3.59	1.26	0.37
2	1.2	6.51	0	3.69	1.29	0.36
			1	3.68	1.29	0.36
			2	3.66	1.29	0.36
			3	3.64	1.28	0.36
			4	3.62	1.27	0.36
3	1.6	6.48	0	3.70	1.30	0.36
			1	3.67	1.29	0.36
			2	3.65	1.29	0.36
			3	3.63	1.28	0.36
			4	3.63	1.27	0.36

　　图 6-19 为 1300℃，氩气流量 0.8L/min 条件下，加入石灰石后铁液中各元素被氧化量随时间的变化。由图 6-19 及表 6-7 可知铁液中[Si]、[C]元素含量在石灰石加入铁液后明显降低，铁液中[C]质量分数在 4min 内从 3.64%降低至 3.59%，[Si] 质量分数从 1.29%降低至 1.26%，而铁液中[Mn]在前 4min 内没有被氧化。

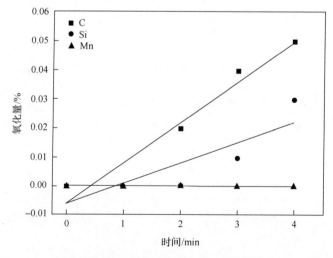

图 6-19　0.8L/min 氩气搅拌下铁液中各元素在 1300℃时氧化量和时间的关系

　　图 6-20 为 1300℃，氩气流量 1.2L/min 条件下，加入石灰石后铁液中各元素被氧化量随时间的变化。由图 6-20 和表 6-7 可知，铁液中[Si]、[C]元素含量在石灰石加入铁液后明显降低，铁液中[C]质量分数在 4min 内从 3.69%降低至 3.62%，[Si]质量分数从 1.29%降低至 1.27%，而铁液中[Mn]在前 4min 内仍然没有被氧化。

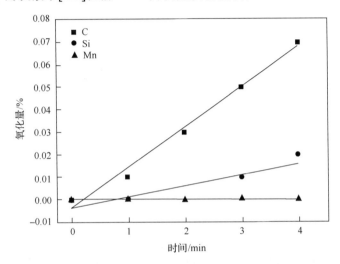

图 6-20　1.2L/min 氩气搅拌下铁液中各元素在 1300℃时氧化量和时间的关系

　　图 6-21 为 1300℃，氩气流量 1.6L/min 条件下，加入石灰石后铁液中各元素被氧化量随时间的变化。由图 6-21 和表 6-7 可知，铁液中[Si]、[C]元素含量在石灰石加入铁液后明显降低，铁液中[C]质量分数在 4min 内从 3.69%降低至 3.62%，[Si]质量分数从 1.30%降低至 1.27%，而铁液中[Mn]在前 4min 内仍然没有被氧化。

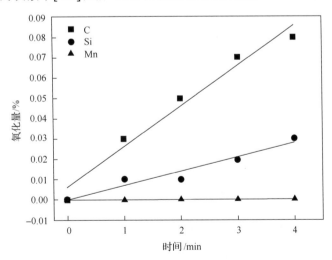

图 6-21　1.6L/min 氩气搅拌下铁液中各元素在 1300℃时氧化量和时间的关系

　　(3)1400℃温度下铁液中各试样的成分及对应的实验条件如表 6-8 所示。经数据处理可得到 1400℃条件下 CO₂ 和铁液的相互作用规律。

表 6-8 1400℃下铁液成分变化

炉次	搅拌流量/(L/min)	石灰石质量/g	取样时刻/min	$w([C])$ /%	$w([Si])$ /%	$w([Mn])$ /%
1	0.8	6.51	0	3.65	1.30	0.37
			1	3.59	1.29	0.37
			2	3.57	1.28	0.37
			3	3.55	1.28	0.37
			4	3.54	1.28	0.37
2	1.2	6.20	0	3.26	1.58	0.36
			1	3.22	1.58	0.36
			2	3.20	1.58	0.36
			3	3.16	1.57	0.36
			4	3.13	1.57	0.36
3	1.6	6.44	0	3.78	1.29	0.36
			1	3.65	1.28	0.36
			2	3.67	1.28	0.36
			3	3.64	1.27	0.36
			4	3.61	1.28	0.36

图 6-22 为 1400℃，氩气流量 0.8L/min 条件下，加入石灰石后铁液中各元素被氧化量随时间的变化。由图 6-22 和表 6-8 可知，[C]含量在石灰石加入铁液后明显降低，在 4min 内从 3.65%降低至 3.54%，[Si]质量分数从 1.30%降低至 1.28%，同比降低较少，而铁液中[Mn]在前 4min 内没有被氧化。

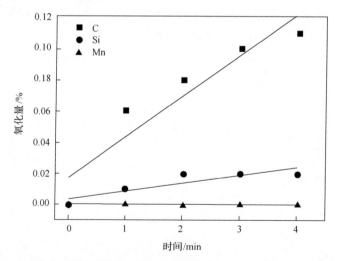

图 6-22 0.8L/min 氩气搅拌下铁液中各元素在 1400℃时氧化量和时间的关系

图 6-23 为 1400℃，氩气流量 1.2L/min 条件下，加入石灰石后铁液中各元素被氧化量随时间的变化。由图 6-23 和表 6-8 可知，[C]含量在石灰石加入铁液后明显降低，在 4min 内从 3.69%降低至 3.62%，[Si]质量分数只从 1.58%降低至 1.57%，而铁液中[Mn]在前 4min 内仍然没有被氧化。

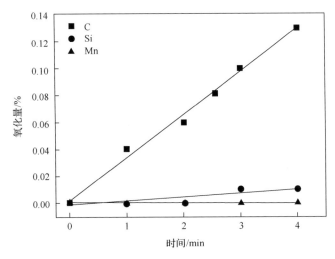

图 6-23　1.2L/min 氩气搅拌下铁液中各元素在 1400℃时氧化量和时间的关系

图 6-24 为 1400℃，氩气流量 1.6L/min 条件下，加入石灰石后铁液中各元素被氧化量随时间的变化。由图 6-24 和表 6-8 可知，[C]含量在石灰石加入铁液后明显降低，在 4min 内从 3.78%降低至 3.61%，[Si]质量分数从 1.29%降低至 1.28%，几乎没有被氧化，同时铁液中[Mn]在前 4min 内仍然没有被氧化。

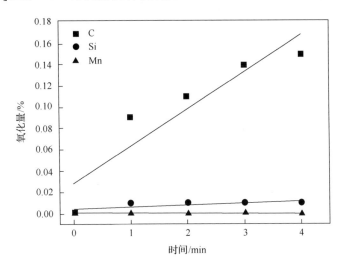

图 6-24　1.6L/min 氩气搅拌下铁液中各元素在 1400℃时氧化量和时间的关系

由三种温度和三种搅拌强度条件下的实验结果可知，石灰石加入铁液中后会立即分解，分解产生的 CO_2 会迅速和铁液进行反应，能够明显氧化铁液中的[C]、[Si]元素，且随着温度和搅拌强度的增加，铁液中[C]、[Si]元素被氧化量总量升高，在 1200～1300℃[C] 被氧化量超过了[Si]被氧化量。试验中发现，在 1200～1400℃，石灰石分解产生的 CO_2 基本不能氧化[Mn]元素。

3. 石灰石分解产生 CO_2 的脱碳脱硅特点

石灰石加入铁液中后,随着温度和搅拌强度的升高,铁液中[C]、[Si]元素被氧化总量升高,其中搅拌强度对铁液中各元素的氧化作用的影响效果不太明显;温度对铁液中各元素被氧化作用具有强烈的影响效果,随着温度变化,铁液中元素被氧化量变化幅度很大。但是研究发现,温度对铁液中的[C]和[Si]元素二者被氧化的影响呈现不同的特点。

图 6-25～图 6-27 为随温度变化石灰石分解产生 CO_2 对铁液的脱硅效果,整体而言,随着温度的升高,铁液中 Si 元素被氧化量明显下降,这说明温度升高会抑制 CO_2 对转炉铁液的脱 Si 效果,随搅拌气体流量的增加脱 Si 效果会增加,这说明石灰石在加入转炉初期,铁液温度低,分解产生的 CO_2 有助于提升转炉铁液的脱 Si 效果。

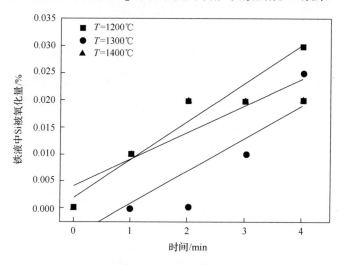

图 6-25　0.8L/min 氩气搅拌下硅被氧化量和铁液温度的关系

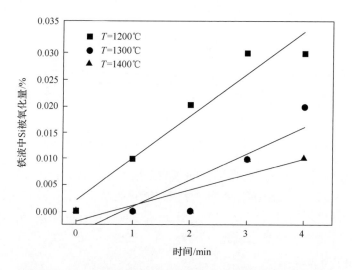

图 6-26　1.2L/min 氩气搅拌下硅被氧化量和铁液温度的关系

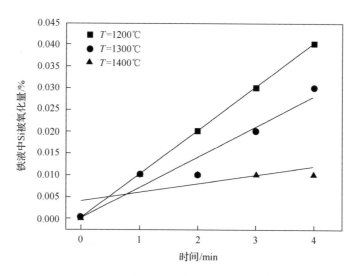

图 6-27　1.6L/min 氩气搅拌下硅被氧化量和铁液温度的关系

图 6-28～图 6-30 为随温度变化石灰石分解产生 CO_2 对铁液的脱 C 效果的影响，由图中可以明显看出，随着铁液温度的升高，铁液中[C]元素被氧化量明显增加，这说明温度升高会大大促进 CO_2 对转炉铁液的脱 C 效果，而且随搅拌流量的增加脱 C 效果会略增加，但是增加效果不显著。因此可知，温度升高能够促进铁液脱 C 效果，但抑制铁液的脱 Si 效果。

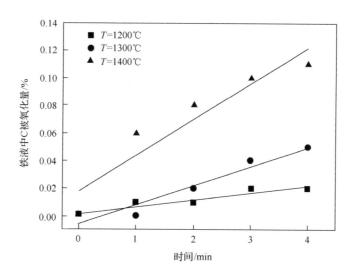

图 6-28　0.8L/min 氩气搅拌下碳被氧化量和铁液温度的关系

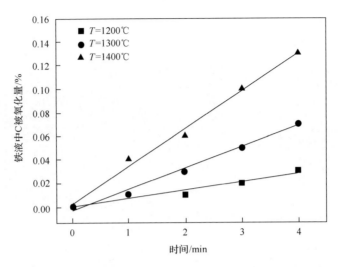

图 6-29　1.2L/min 氩气搅拌下碳被氧化量和铁液温度的关系

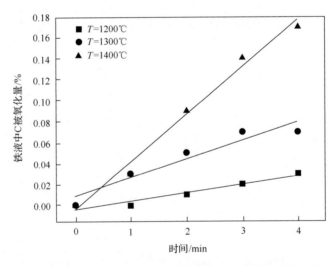

图 6-30　1.6L/min 氩气搅拌下碳被氧化量和铁液温度的关系

4. 石灰石分解产生 CO_2 与铁液中各元素的反应优先性

温度升高有助于铁液脱 C，却不利于铁液脱 Si，说明 CO_2 对铁液中[C]、[Si]、[Mn]元素的选择性氧化和铁液温度密切相关。图 6-31～图 6-33 为氩气流量 1.6L/min，不同铁液温度条件下，加入石灰石后铁液中各元素被氧化量随着时间的变化。由图 6-31 可知，铁液中 Si 被氧化速率明显大于铁液中 C 被氧化速率，因此可得，在 1200℃下 CO_2 优先氧化[Si]元素，其次是[C]元素。由图 6-32 可知，铁液中 C 被氧化速率明显大于铁液中 Si 被氧化速率，与图 6-31 中不同之处为 1300℃下铁液中[C]元素减少量多于[Si]元素，这说明铁液中[C]元素优先被 CO_2 氧化，而后铁液中[Si]元素才被氧化。由图 6-33 可知，在 1400℃下铁液中[C]元素被 CO_2 氧化的优先性更加突出，而铁液中[Si]元素在石灰石加入铁液后几乎不被氧化。

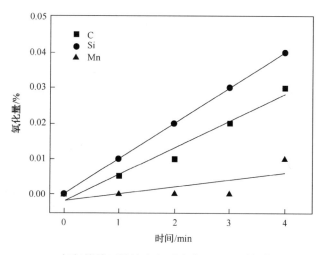

图 6-31 1.6L/min 氩气搅拌下铁液中各元素在 1200℃时氧化量和时间的关系

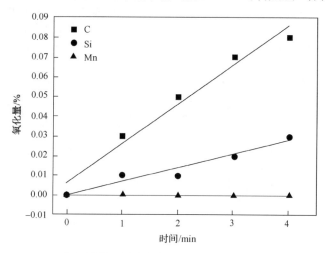

图 6-32 1.6L/min 氩气搅拌下铁液中各元素在 1300℃时氧化量和时间的关系

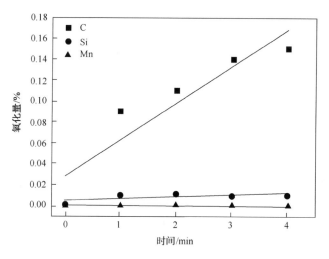

图 6-33 1.6L/min 氩气搅拌下铁液中各元素在 1400℃时氧化量和时间的关系

总结可知，在不同的温度条件下，CO_2 会和铁液中的不同元素优先发生反应，1200℃下，CO_2 优先氧化铁液中的[Si]，而在 1300℃以后则会优先氧化铁液中的[C]。在目前的实验条件下几乎观测不到[Mn]元素被氧化，主要原因是石灰石密度较小，漂浮在铁液表面，加之实验室条件下产生的 CO_2 总量不大。

6.2.2　CO_2 与[C]、[Si]选择性氧化的热力学讨论

通过 6.2.1 小节中研究发现，CO_2 和铁液中元素的反应具有优先选择性，为了解释这一特点，首先计算 CO_2 和铁液中各元素反应的标准吉布斯自由能。在标准状态下，铁液中溶解的各元素的标准态为质量分数 1%的溶液，反应气体的标准态为反应体系中气体的分压均为 100kPa。由文献可得以下各反应方程的热力学数据。

$$Si(l) + O_2 == SiO_2(s) \qquad \Delta_r G_1^\ominus = -946350 + 197.64T$$

$$Mn(l) + 0.5O_2 == MnO(s) \qquad \Delta_r G_2^\ominus = -407354 + 88.37T$$

$$Fe(l) + 0.5O_2 == FeO(l) \qquad \Delta_r G_3^\ominus = -256060 + 53.68T$$

$$C(s) + 0.5O_2 == CO \qquad \Delta_r G_4^\ominus = -114400 - 85.77T$$

$$C(s) + O_2 == CO_2 \qquad \Delta_r G_5^\ominus = -39350 - 0.54T$$

$$Si(l) = [Si] \qquad \Delta_r G_6^\ominus = -131500 - 17.61T$$

$$Mn(l) = [Mn] \qquad \Delta_r G_7^\ominus = 4080 - 38.16T$$

$$0.5O_2 = [O] \qquad \Delta_r G_8^\ominus = -117150 - 2.89T$$

$$C(s) = [C] \qquad \Delta_r G_9^\ominus = 22590 - 42.26T$$

$$FeO(s) = (FeO) \qquad \Delta_r G_{10}^\ominus = 0$$

$$MnO(s) = (MnO) \qquad \Delta_r G_{11}^\ominus = 0$$

$$SiO_2(s) = (SiO_2) \qquad \Delta_r G_{12}^\ominus = 0$$

根据以上反应方程的吉布斯自由能函数进行运算，可耦合出以下几个方程的吉布斯自由能函数方程式。

$$CO_2 + [C] == 2CO \qquad \Delta_r G_{13}^\ominus = 143960 - 128.74T$$

$$CO_2 + 0.5[Si] == 0.5(SiO_2) + CO \qquad \Delta_r G_{14}^\ominus = -126475 + 22.395T$$

$$CO_2+[Mn]=\!=\!=(MnO)+CO \qquad \Delta_r G_{15}^{\ominus}=-130484+41.3T$$

$$CO_2+Fe(l)=\!=\!=(FeO)+CO \qquad \Delta_r G_{16}^{\ominus}=24890-31.55T$$

在 1373～1873K 对以上各式进行计算，可得到 CO_2 和铁液中各元素反应的标准吉布斯自由能随温度的变化，如图 6-34 所示。从图中可以看出，CO_2 与铁液中碳元素和硅元素反应的交点在 $T=1725K$ 处。在 1725K 以下，CO_2 与铁液中的 Si 元素反应更容易。而在 1725K 以上，CO_2 则与铁液中的碳元素反应更为容易。

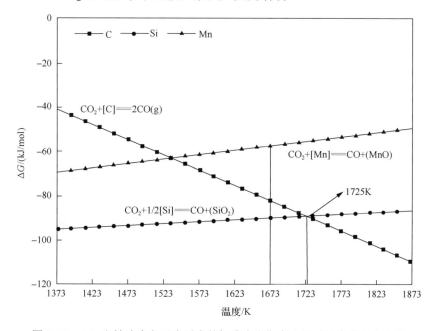

图 6-34　CO_2 和铁液中各元素反应的标准吉布斯自由能随温度的变化关系

但是 1725K（1452℃）远远高于具体实验得到的数据 1200℃，这是因为在实际的铁液溶液中，还需要考虑各物质在铁液中的浓度，以及各物质相互之间的作用，CO_2 对铁液中硅和碳的具体影响还要通过以下热力学计算来说明。实际铁液溶液反应的热力学计算如下所示：

$$\Delta G_{13}=\Delta_r G_{13}^{\ominus}+RT\ln\frac{(p_{CO}/p^{\ominus})^2}{(p_{CO_2}/p^{\ominus})f_C w([C])} \tag{6-11}$$

$$\Delta G_{14}=\Delta_r G_{14}^{\ominus}+RT\ln\frac{(p_{CO}/p^{\ominus})a_{SiO_2}^{0.5}}{(p_{CO_2}/p^{\ominus})(f_{Si}w([Si]))^{0.5}} \tag{6-12}$$

$$\Delta G_{15}=\Delta G_{15}^{\ominus}+RT\ln\frac{(p_{CO}/p^{\ominus})a_{MnO}}{(p_{CO_2}/p^{\ominus})f_{Mn}w([Mn])} \tag{6-13}$$

$$\Delta G_{16} = \Delta G_{16}^{\ominus} + RT \ln \frac{\left(p_{CO}/p^{\ominus}\right)a_{FeO}}{\left(p_{CO_2}/p^{\ominus}\right)} \tag{6-14}$$

对于 Fe-C-Si-Mn-S-P 体系来说，铁液中[C]、[Si]、[Mn]的活度系数根据 Wagner 模型计算，如式(6-15)～式(6-17)所示。

$$\lg f_C = e_C^C w([C]) + e_C^{Si} w([Si]) + e_C^{Mn} w([Mn]) + e_C^P w([P]) + e_C^S w([S]) \tag{6-15}$$

$$\lg f_{Si} = e_{Si}^C w([C]) + e_{Si}^{Si} w([Si]) + e_{Si}^{Mn} w([Mn]) + e_{Si}^P w([P]) + e_{Si}^S w([S]) \tag{6-16}$$

$$\lg f_{Mn} = e_{Mn}^C w([C]) + e_{Mn}^{Si} w([Si]) + e_{Mn}^{Mn} w([Mn]) + e_{Mn}^P w([P]) + e_{Mn}^S w([S]) \tag{6-17}$$

就理论计算来说，当铁液中各组分含量很高时，不能使用 $e_{Si}^C(\omega_C/\omega_\theta)$ 来计算 $\lg f_{Si}$，但是由于高碳铁液范围内缺乏详细的热力学数据，因此铁液中的[C]对其他组分的相互作用系数沿用低碳领域的研究结果。相互作用系数缺乏低温范围内的数据，近似采用正规溶液的规律。

表 6-9 中给出铁液中各元素的相互作用系数和温度的关系。再由式(6-15)～式(6-17)求出[C]、[Si]、[Mn]不同温度和成分下的活度系数，将温度及 CO、CO_2 的分压和[C]、[Si]、[Mn]的质量分数和活度系数代入式(6-11)～式(6-13)，可求出本次实验条件下 CO_2 与铁液中[C]、[Si]、[Mn]反应的吉布斯自由能。不同具体条件热力学计算结果如图 6-35～图 6-38 所示。

表 6-9　铁液中各元素的相互作用系数和温度的关系

元素	相互作用系数和温度的关系		
C	$e_C^C = 158/T + 0.0581$	$e_{Si}^C = 380/T - 0.023$	$e_{Mn}^C = -131.11/T$
Si	$e_C^{Si} = 162/T - 0.008$	$e_{Si}^{Si} = 34.5/T + 0.089$	$e_{Mn}^{Si} = -0.3746/T$
Mn	$e_C^{Mn} = -30.456/T + 0.043$	$e_{Si}^{Mn} = 3.746/T$	$e_{Mn}^{Mn} = 0$
P	$e_C^P = 120.258/T - 0.0191$	$e_{Si}^P = 206.03/T$	$e_{Mn}^P = -6.4505/T$
S	$e_C^S = 108.468/T - 0.0163$	$e_{Si}^S = 104.88/T$	$e_{Mn}^S = -89.9/T$

图 6-35 为 CO_2 分压为 0.9 时与铁液中各元素反应的吉布斯自由能。从图中可知，1473K 时 Si、C 被 CO_2 氧化的吉布斯自由能几乎相同，而随着温度的升高，C 元素与 CO_2 发生氧化反应的吉布斯自由能越来越低于 Si 元素，这说明 1473K(1200℃)后，铁液中 C 元素更容易被 CO_2 氧化，刚好与实验结果相互印证。而当铁液中 CO_2 分压降低到 0.7 时，如图 6-36 所示，可以明显发现，CO_2 与铁液中 C 元素和 Si 元素反应吉布斯自由能的交点升高至 $T=1550K$ 处。当铁液中 CO_2 分压降低到 0.3 时，如图 6-38 所示，可以明显发现，CO_2 与铁液中 C 元素和 Si 元素反应吉布斯自由能的交点升高至 $T=1623K$ 附近。这说明

随着铁液中 CO_2 分压降低，CO_2 与铁液中 Si 元素反应吉布斯自由能降低得更快，也就是随着 CO_2 分压的降低，铁液中的 Si 元素更容易被 CO_2 氧化。

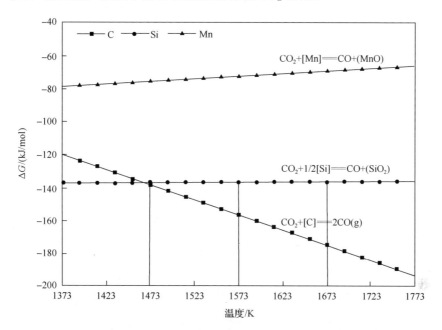

图 6-35　CO_2 分压为 0.9 时与铁液中各元素反应的吉布斯自由能
$w([C])=3.8\%$, $w([Si])=1.3\%$, $w([Mn])=0.4\%$, $p_{CO}=0.1P^\ominus$, $p_{CO_2}=0.9P^\ominus$

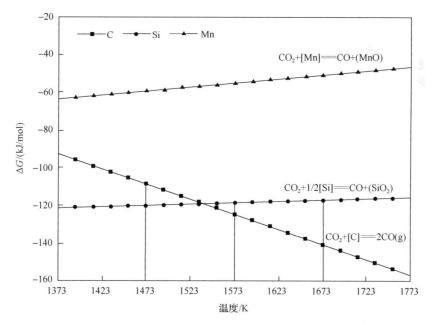

图 6-36　CO_2 分压为 0.7 时与铁液中各元素反应的吉布斯自由能
$w([C])=3.8\%$, $w([Si])=1.3\%$, $w([Mn])=0.4\%$, $p_{CO}=0.3P^\ominus$, $p_{CO_2}=0.7P^\ominus$

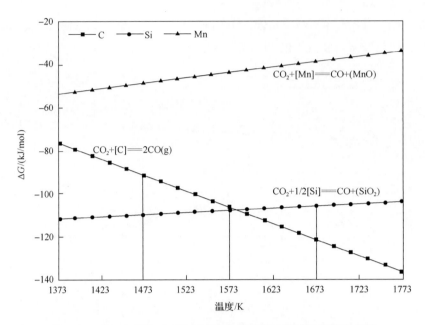

图 6-37　CO_2 分压为 0.5 时与铁液中各元素反应的吉布斯自由能
$w([C])=3.8\%$，$w([Si])=1.3\%$，$w([Mn])=0.4\%$，$p_{CO}=0.5P^{\ominus}$，$p_{CO_2}=0.5P^{\ominus}$

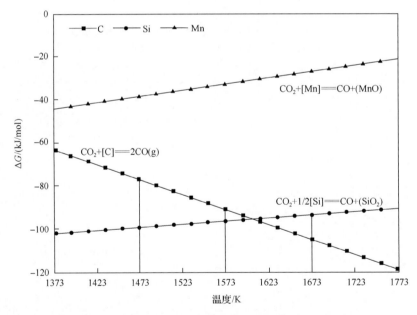

图 6-38　CO_2 分压为 0.3 时与铁液中各元素反应的吉布斯自由能
$w([C])=3.8\%$，$w([Si])=1.3\%$，$w([Mn])=0.4\%$，$p_{CO}=0.7P^{\ominus}$，$p_{CO_2}=0.3P^{\ominus}$

6.2.3　CO_2 与铁液反应的利用率

由 6.2.2 节可知，向铁液中投入石灰石后，4min 内[C]和[Si]含量均不同程度降低，但[Mn]含量未有明显降低。这可能是因为石灰石在铁液中分解产生的 CO_2 总量不大，而

分解产生的 CO_2 优先和铁液中的[C]和[Si]进行反应，因此本次实验结果中未看到[Mn]有明显变化。本小节根据实验结果计算石灰石分解产生的 CO_2 与铁液的反应情况时，只考虑 CO_2 与铁液中[C]和[Si]的反应。

石灰石分解产生的 CO_2 参与铁液中[C]和[Si]反应的总量为

$$n_{利用} = \frac{m_{铁液}}{100}\left(\frac{w([C])_0 - w([C])_t}{12} + 2 \times \frac{w([Si])_0 - w([Si])_t}{28}\right) \quad (6\text{-}18)$$

石灰石分解产生的 CO_2 总量为

$$n_{产生} = \frac{m_{石灰石} \times w(CO_2)}{44 \times 100} \quad (6\text{-}19)$$

式中，$w(CO_2)$ 为石灰石中 CO_2 的质量分数，%，本次实验 CO_2 含量为 42.6%；$m_{石灰石}$ 为投入的石灰石的质量，g。

CO_2 利用率

$$\eta = \frac{n_{反应}}{n_{产生}} \times 100\% \quad (6\text{-}20)$$

将表 6-7、表 6-8 中第 0min 和第 4min 时的数据代入式(6-18)、式(6-19)和式(6-20)，得到不同温度和搅拌流量下 CO_2 的利用率，如图 6-39 所示。

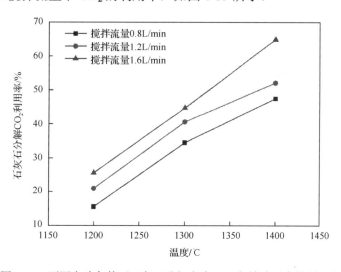

图 6-39　不同实验条件下石灰石分解产生 CO_2 与铁液反应的利用率

由图 6-39 可知，不同的实验条件下，CO_2 利用率在 16.5%～67.3%内变化，而且随着搅拌强度的增加和温度的升高而增大。

铁液温度在 1200℃时，CO_2 利用率根据搅拌强度的不同在 16.5%～25.1%范围内变化，由于温度太低，因此 CO_2 和铁液之间的反应性较差。而铁液温度继续升高至1400℃时，CO_2 的利用率迅速增加，在 46.9%～67.3%内变化。温度升高使 CO_2 利用率增大，主要是

由于 CO_2 与[C]的反应性加强。CO_2 与[C]之间的反应作为 CO_2 参与的主要反应，随着温度的升高，其 ΔG 不断降低，促进了该反应的进行，从而使 CO_2 总利用率升高。CO_2 利用率随搅拌强度的增大而增大，是由于搅拌强度的增大使石灰石颗粒与铁液之间的接触更加充分，增大了反应界面。

6.3　CO_2 在石灰石溶解及分解中的作用

6.3.1　研究目的

从以上讨论可知，石灰石释放出的 CO_2 不论是在促进铁液硅元素的挥发还是在加强转炉熔池搅拌方面，其在石灰石造渣炼钢工艺中扮演着重要的角色。CO_2 在石灰石溶解过程中的作用是另一个值得瞩目的问题。在转炉炼钢中，石灰在渣中的溶解速度是影响冶炼的一个重要因素，传统的石灰造渣冶炼工艺中，石灰石先在石灰窑中煅烧成石灰，再加入转炉中参与造渣反应。而在石灰石造渣炼钢工艺中，这两个过程是同时在转炉内发生的。工业生产实践表明，石灰石在渣中溶解的速度不亚于石灰，据推测，CO_2 的释放能加速石灰石的溶解。然而目前关于此方面的研究还不充分，需要进一步研究，为石灰石造渣炼钢技术的推广提供技术支持。

6.3.2　实验方法

1. 渣系及原料的准备

目前影响实验室条件下石灰石溶解研究的一大难题是泡沫渣的抑制。通过选取黏度合适的渣系能有效控制泡沫渣的形成，使溶解实验顺利进行。图 6-40～图 6-43 为利用 FactSage 软件计算得到的在本实验条件下碱度、FeO、MgO、MnO 对熔渣黏度的影响。

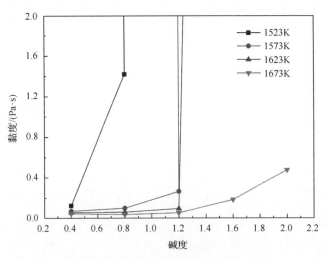

图 6-40　熔渣黏度与碱度之间的关系

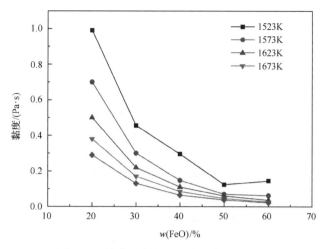

图 6-41 熔渣黏度与 FeO 含量之间的关系

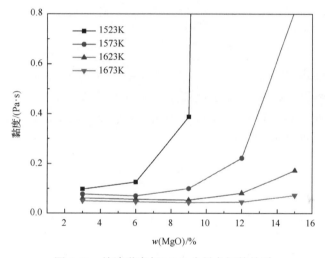

图 6-42 熔渣黏度与 MgO 含量之间的关系

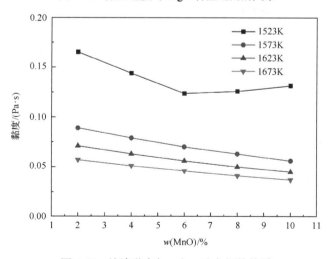

图 6-43 熔渣黏度与 $w(MnO)$ 之间的关系

可以看出，熔渣黏度随着碱度、MgO 含量的升高而升高，而 FeO 含量的升高则会降低熔渣的碱度。在较高温度下，熔渣黏度与 MnO 含量之间呈反相关关系，而在 1523K 时，熔渣黏度出现先降低后升高的趋势，在 6%含量时出现最低值。

结合石灰石冶炼工业试验数据和以上黏度分析，为能真实地反映实际溶解情形并利于实验的进行，本次试验配制的渣系为 CaO-SiO$_2$-FeO- MnO-MgO 五元渣系，CaO、SiO$_2$、FeO、MnO、MgO 的质量比为 27∶36∶28∶6∶3。

其中 FeO 的制备方法如下：

(1)称量混合。用天平按摩尔质量比 1∶1 分别称量 165.712g Fe$_3$O$_4$ 粉末和 40g Fe 粉，在研钵中使 Fe$_3$O$_4$ 粉末和 Fe 粉充分混合均匀；

(2)样品压块。用液压机在 5.5atm 的压力下进行压样，每个样压 10min（压后样品厚约 15mm，太厚不容易压实而易碎；也不能太薄，脱模容易碎）。

(3)焙烧。将压制完成的样品放在铸铁坩埚内，把装有压样的铸铁坩埚放入钼丝炉恒温带中。通入高纯氩气，在 1200℃下保温时间 10h，反应完毕后研磨成粉末。

2. 实验过程

选一大块质地均匀的石灰石，加工成若干个半径为 8mm 的圆球，中间钻孔，插入钼丝打弯，能够吊着石灰石球插入铁液或提出。石灰石的密度 ρ_{ls} 为 2.69×10^{3}kg/m^3，煅烧后生成石灰密度 ρ_{lime} 为 1.48×10^{3}kg/m^3。石灰石的成分如表 6-10 所示，由表可知石灰石中 CaCO$_3$ 的质量分数为 98.2%。

表 6-10　石灰石的化学成分　　　　　（单位：%，质量分数）

CaO	H$_2$O	MgO	S	SiO$_2$	CO$_2$
55.5	0.3	0.3	0.04	0.5	43.36

由预实验得知，石灰石在渣中的分解溶解过程中会形成大量的泡沫渣溢出坩埚，因此实验使用铁长坩埚做反应容器，以防止泡沫渣溢出，并能够蓄热以缓解石灰石分解导致的熔池降温。

实验装置如图 6-44 所示，竖式高温炉发热元件为硅钼棒。铁坩埚内径 45mm，外径 55mm，高度为 160mm，外套氧化铝保护坩埚，通 Ar 保护。实验在 1523K，1573K，1623K，1673K 四个温度下进行，实验时先将炉温升至设定温度，保温 20min 使熔渣（每炉实验试剂总量为 120g）充分熔化，用钼丝悬吊石灰石球在炉口预热 20s 后插入渣中，同一温度实验重复 5 次，插入渣中时间分别为 30s，60s，90s，120s，150s，然后拎出在水中急冷。冷却后的石灰石球用"环氧树脂+乙二胺"溶液镶嵌后沿直径方向切开，通过等面积法获得未反应核与整个球体的半径。实验过程中泡沫渣的高度通过钼丝上残留的泡沫渣的长度获得。

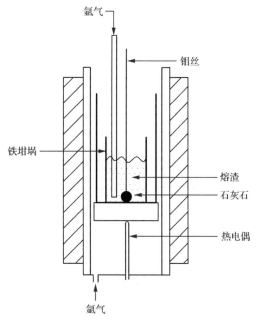

图 6-44 实验装置示意图

6.3.3 石灰石在渣中的溶解

1. 石灰/石灰石溶解原理

图 6-45 是初始温度为 1623K 的石灰石在熔渣中反应不同时间后的径向剖面图。图中接近炉渣的浅色部位为石灰产物层,其包裹的浅色部位内部内核为未发生分解的石灰石,中间贯通的长棒为钼丝。从剖面图估算,该试验中石灰石小球从接触熔渣到表层发生溶解,大约需要 90s 以上的时间,其间新生石灰产物层逐渐长大,但没有脱落;而在 120s 和 150s 的断面上可以看出,球形试样已脱落了较厚的一层,半径明显缩小,未反应的石灰石核半径也随时间的延长逐渐减小。

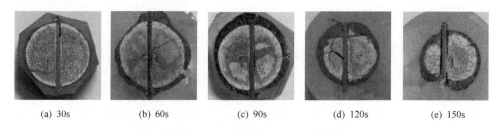

(a) 30s   (b) 60s   (c) 90s   (d) 120s   (e) 150s

图 6-45 初始温度 1623K 插入熔渣不同时刻的石灰石球剖面

实际炼钢中,由于熔池的强烈搅拌,石灰石颗粒表面更新很快,可以认为该表面一直与高温渣接触,新生石灰产物与炉渣会瞬间发生反应,而成为图 6-45(d)或(e)的样子,即边分解(物理解体+碳酸钙分解反应)边溶解。传统的煅烧石灰-转炉炼钢过程中,石灰在石灰窑里煅烧,转炉里应该只有石灰的溶解过程,如果石灰中存在生烧部分,则外层溶解内部也会发生分解。假设分解和溶解反应均在明确的反应界面上进行，那么石灰石造渣工艺中石灰石颗粒的断面变化可用图 6-46(a) 表示，而生烧石灰相当于图 6-46(b)，其中的一段时间内都有明显的未反应核，外层则不断地脱落。描述这一变化的模型为脱落型未反应核模型，石灰石更为明显，其过程可用如下步骤描述：

(1) 石灰石在半径为 r 的固固反应界面上发生分解反应：

$$CaCO_3 \Longrightarrow CaO+CO_2, \quad \Delta G^{\ominus} l_s=169120–144.6T \text{ (J/mol)}$$

(2) 气体产物 CO_2 通过多孔的固体产物层逸出到达固体表面，进而进入熔渣；

(3) 石灰产物层不断与周围熔渣发生反应，未脱落核半径 R_t 不断减小，直至消失。

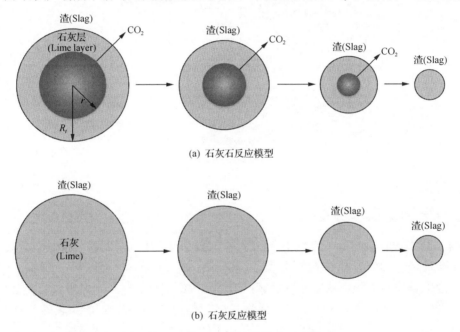

(a) 石灰石反应模型

(b) 石灰反应模型

图 6-46　石灰石/石灰在熔渣中反应模型

2. 石灰石溶解的动力学分析

图 6-47 为不同温度下石灰石投入熔渣后，石灰石未脱落核半径随时间的变化规律。由图可知，在试样加入渣中后最初的一段时间内，石灰产物层半径未有明显变化。熔渣温度越低，这一阶段持续时间越长。试样由低温加入到高温的熔渣中后，由外向内发生着吸热升温、碳酸钙分解、二氧化碳逸出的现象，因此石灰石-熔渣界面在一定时间内处于较低温度，阻碍了石灰产物的溶解。随着熔渣向固体小球不断传热，小球表面温度升高，石灰开始向渣中溶解，石灰产物层半径逐渐减小。从图中还可以看出，温度是影响石灰石溶解的一个至关重要的因素。在工业生产中，采用石灰石炼钢时，转炉所需的冷却剂(如废钢)加入量要少于石灰炼钢，以满足转炉铁液保持在合适的温度。

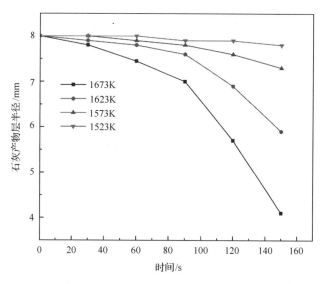

图 6-47 试样溶解过程中石灰产物层半径 R_t 随时间的变化

CaO 向熔渣的传质方程为

$$-\frac{dR_t}{dt} = \frac{k_{CaO}\rho_{slag}}{100\omega\rho_{lime}} \cdot \Delta\%CaO \tag{6-21}$$

式中，ρ_{slag} 为熔渣密度，$3.10\times10^3 kg/m^3$；$\Delta\%CaO$ 为石灰溶解的驱动力，其数值可从相图中读出。本研究借助 FactSage 软件计算求得 $FeO\text{-}CaO\text{-}SiO_2\text{-}MnO\text{-}MgO$ 体系在 1523K，1573K，1623K，1673K 时的液相线如图 6-48 所示。以 1523K 为例，将熔渣成分点与 CaO

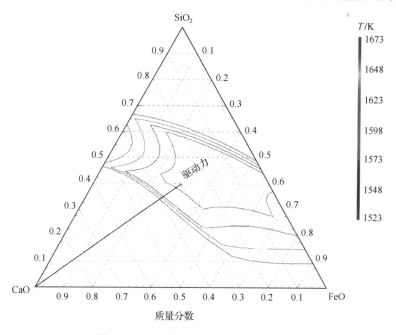

图 6-48 $FeO\text{-}CaO\text{-}SiO_2\text{-}MnO\text{-}MgO$ 相图

表 6-11　传质系数 k 的计算

温度/K	1673	1623	1573	1523
$-\mathrm{d}R_t/\mathrm{d}t/$ (mm/s)	0.036	0.025	0.019	0.008
$\Delta(\%\mathrm{CaO})$	9	7.7	6.8	2.3
$k_{\mathrm{CaO}}/$ (mm/s)	0.135	0.083	0.032	0.028

连接一条直线，该直线和液相线之间的交点的 CaO 质量分数与熔渣成分之间的差即为驱动力 $\Delta(\%\mathrm{CaO})$。将图 6-48 中各数据点线性拟合可得不同温度下的 $\mathrm{d}R_t/\mathrm{d}t$ 的值。将以上数据代入式(6-21)，得到不同条件下 CaO 的传质系数 k_{CaO}，结果如表 6-11 所示。

石灰石溶解的表观活化能如下：

根据 Arrhenius 方程，

$$k_{\mathrm{CaO}} = A\exp\left[-\frac{E_a}{RT}\right] \tag{6-22}$$

两边取自然对数，可得

$$\ln k_{\mathrm{CaO}} = -\frac{E_a}{R}\frac{1}{T} + \ln A \tag{6-23}$$

对不同温度条件下石灰石溶解速度的实验结果作 $\ln k$ 与 T^{-1} 关系图，结果如图 6-49 所示，可以求出石灰石向熔渣溶解的活化能为 226.8kJ/mol。

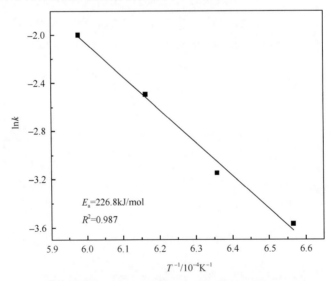

图 6-49　温度与石灰产物层溶解速度的关系

文献中，作者将 CaO 圆柱样品置于 FeO 摩尔分数为 40%、CaO 与 SiO_2 摩尔比为 0.8 的熔渣中，以 300r/min 速度进行溶解，求得 1573K 下，CaO 的溶解速度为 0.0035mm/s，而从表 6-11 知，本实验条件下，1573K 时石灰石的溶解速度为 0.019mm/s。另外，该文献中得到 CaO 向熔渣溶解的活化能为 137kJ/mol。文献中冶金石灰于 1673K，50mL/min

氩气中搅拌，在 40%FetO-20%CaO-40%SiO$_2$（质量分数）中的传质系数最大为 0.1mm/s，本实验条件下石灰石的传质系数为 0.16mm/s。即在相近的熔渣成分条件下，未经搅拌，石灰石直接在渣中溶解速度便能达到搅拌条件下石灰在渣中的溶解速度，造成这一结果的原因有以下几方面：

(1) 在两种工艺条件下石灰的反应活性不同。石灰石在石灰窑内煅烧过程中，其分解反应从表面向中心逐渐进行，待其中心完成分解时，其外各层已发生不同程度的过烧，使其活性降低。石灰加入到熔渣后再次在高温下受热、过烧，使其活性进一步降低。而活性低的石灰溶解速度慢，在高温下继续长时间受热，活性变得更低。这种"过烧→活性低→溶解慢→过烧加重→活性更低"的恶性循环，严重阻碍了石灰向渣中的溶解。将石灰石直接加入熔渣中，其溶解与分解同时进行，在最理想条件下，球体表层新生成的石灰未经过烧、在活性最高的时候便向渣中溶解。因此在同样的条件下石灰石在渣中的溶解速度大于石灰。

(2) 石灰石释放出的 CO_2 在石灰石的溶解过程中起着巨大的作用。图 6-50 为典型的石灰石边分解边造渣的过程，大量的 CO_2 穿过石灰产物层，逸出渣层，在球体附近的熔渣中形成局部的对流，加快了熔渣向球体的传热。

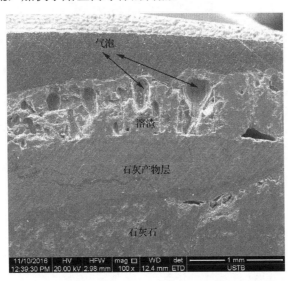

图 6-50 CO_2 穿过石灰层从渣层逸出

CO_2 的逸出不仅加强了熔渣的搅拌条件，也改变了石灰表面渣层的化学成分。传统的石灰在熔渣中的溶解过程中，由于 2CaO·SiO$_2$ 高熔点产物层的形成，阻碍了石灰向熔渣的溶解，2CaO·SiO$_2$ 高熔点产物层的剥离成为石灰溶解的限制性环节。然而在本实验中，石灰与熔渣界面处并未观察到高熔点产物层（图 6-51）。图 6-51 中各点的化学成分如表 6-12 所示，可以看出，界面处熔渣的主要成分为 CaO·SiO$_2$，而非 2CaO·SiO$_2$。造成这一现象的原因可能是石灰石分解产物 CO_2 的逸出不断破坏界面处的 2CaO·SiO$_2$ 层，破碎的 2CaO·SiO$_2$ 层在 CO_2 的对流搅拌作用下进入熔渣中，造成实验中观察不到 2CaO·SiO$_2$ 产物层。即在石灰石的溶解过程中不存在 2CaO·SiO$_2$ 高熔点产物层的剥离这一限制性环节。

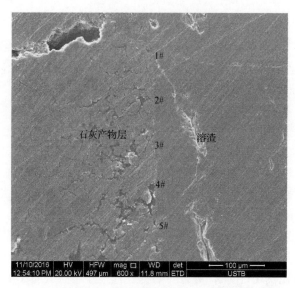

图 6-51　石灰石溶解过程中反应界面

表 6-12　界面处的化学成分

元素	$w(O)$/%	$w(Mg)$/%	$w(Si)$/%	$w(Ca)$/%	$w(Mn)$/%	$w(Fe)$/%	Ca 与 Si 物质的量比
1	16.94	1.34	16.45	23.49	4.37	27.06	1
2	17.77	2.39	16.36	20.59	4.06	27.56	0.883
3	18.81	1.94	20.76	21.41	4.90	26.82	0.723
4	25.70	2.81	17.79	21.67	4.40	25.86	0.855
5	21.84	1.90	16.95	21.35	4.48	31.65	0.884

图 6-52 为不同搅拌条件下产物层半径 R_t 随时间的变化。由图可知，未加 Ar 搅拌时，在试样加入渣中后最初的一段时间内，未脱落核半径未有明显改变，从石灰石投入熔渣

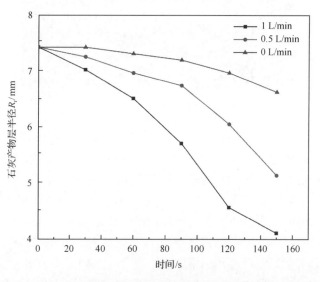

图 6-52　1573K 不同氩气搅拌速度下产物层半径 R_t 随时间的变化

中到表层发生溶解，大约需要 30s。这是由于试样从常温加入到高温的熔渣中后，其表面温度在一定时间内仍低于渣的熔点，与试样表面接触的熔渣凝固，阻碍了石灰石的溶解。在通 Ar 搅拌后，这个时间缩短，搅拌流量越大，石灰石开始溶解所需要的时间越短。这是因为增大搅拌气体流量可以强化熔渣向试样的对流传热，促进石灰的溶解。

6.3.4　石灰石在熔渣中的分解

根据前人的研究，石灰石分解的控速因素可能有 CO_2 的扩散、石灰石的分解反应、热量的传递三种因素。以 1623K 为例，基于脱落型未反应核模型研究石灰石在熔渣中分解的限制环节。

1. CO_2 通过多孔固体产物层的内扩散为限制环节

反应界面 r 上 CO_2 的生成速率 N_{CO_2}

$$N_{CO_2} = \frac{dn_{CO_2}}{dt} = -4\pi r^2 D_{eff} \frac{dc_{CO_2}}{dr} \tag{6-24}$$

分离变量，积分：

$$\int_{c_{CO_2,i}}^{c_{CO_2,s}} dc_{CO_2} = -\frac{N_{CO_2}}{4\pi D_{eff}} \int_r^{R_t} \frac{dr}{r^2} \tag{6-25}$$

化简得

$$N_{CO_2} = 4\pi D_{eff}(c_{CO_2,s} - c_{CO_2,i})\frac{R_t r}{r - R_t} \tag{6-26}$$

若是内扩散传质控速，

$$c_{CO_2,i} = c_{CO_2,e} \qquad c_{CO_2,s} = c_{CO_2,b} \tag{6-27}$$

式中，N_{CO_2} 为反应界面 r 上 CO_2 的生成速率，mol/s；$c_{CO_2,i}$ 为反应界面浓度，mol/m^3；$c_{CO_2,s}$ 为颗粒表面上 CO_2 的浓度，mol/m^3；$c_{CO_2,b}$ 为环境中 CO_2 的浓度，mol/m^3，本次实验中为氩气保护，环境 CO_2 浓度为 0；D_{eff} 为 CO_2 在 CaO 产物层中的等效扩散系数，$0.17 \times 10^{-4} m^2/s$[①]。

整个颗粒环境温度设为 1573K。

将环境中 CO_2 分压视为 1atm

$$c_{CO_2,b} = \frac{p}{RT} \tag{6-28}$$

---

① 谢建云. 石灰石煅烧过程等效扩散系数的测量. 燃烧科学与技术，2001，7(4)：226-229.

$$p_{CO_2,e} = p^{\ominus} \exp\left(\frac{-169120 + 144.6T}{RT}\right) = 1.47 \times 10^{12} \exp(-161300 / RT) \qquad (6\text{-}29)$$

$$c_{CO_2,e} = \frac{p_{CO_2,e}}{RT} \qquad (6\text{-}30)$$

同时，CO_2 的生成量与石灰石的失重之间的关系为

$$N_{CO_2} = -\frac{dn_{CaCO_3}}{dt} = -\frac{4\pi r^2 \rho}{M_{CaCO_3}} \frac{dr}{dt} \qquad (6\text{-}31)$$

式中，ρ 为 $CaCO_3$ 的密度，$2.69 \times 10^3 kg/m^3$。

联立以上可得未反应核半径与时间的关系：

$$\frac{dr}{dt} = \frac{D_{eff}(c_{CO_2,e} - c_{CO_2,b})M_{CaCO_3}}{\left(\dfrac{1}{R_t} - \dfrac{1}{r}\right)r^2 \rho} \qquad (6\text{-}32)$$

2. 界面化学反应为限制环节

$$N_{CO_2} = 4\pi r^2 \frac{c_{CO_2,e} - c_{CO_2,i}}{c_{CO_2,e}} k \qquad (6\text{-}33)$$

式中，N_{CO_2} 为反应界面 r 上 CO_2 的生成率，mol/s；k 为分解反应的速率常数，$mol/(m^2 \cdot s)$，

$$k = 6.08 \times 10^7 \exp\left(-\frac{205000}{RT}\right) \qquad (6\text{-}34)$$

$$c_{CO_2,i} = c_{CO_2,b} \qquad (6\text{-}35)$$

由于

$$N_{CO_2} = -\frac{dn_{CaCO_3}}{dt} = -\frac{4\pi r^2 \rho}{M_{CaCO_3}} \frac{dr}{dt} \qquad (6\text{-}36)$$

联立以上两式：

$$\frac{dr}{dt} = -\frac{(c_{CO_2,e} - c_{CO_2,b})k M_{CaCO_3}}{\rho c_{CO_2,e}} \qquad (6\text{-}37)$$

积分得

$$\int_{R_t}^{r} dr = -\int_{0}^{t} \frac{(c_{CO_2,e} - c_{CO_2,b})k M_{CaCO_3}}{\rho c_{CO_2,e}} dt \qquad (6\text{-}38)$$

$$t = \frac{\rho R_t c_{CO_{2,e}}}{(c_{CO_{2,e}} - c_{CO_{2,b}})kM_{CaCO_3}}\left(1 - \frac{r}{R_t}\right) \tag{6-39}$$

转化得未反应核半径与时间的关系：

$$r = R_t - \frac{(c_{CO_{2,e}} - c_{CO_{2,b}})kM_{CaCO_3}}{\rho c_{CO_{2,e}}}t \tag{6-40}$$

3. 传热为限制环节

在推导热量传输为限制环节的动力学模型时作如下基本假设：传热过程是拟稳态过程；到达反应界面的热量全部用于 $CaCO_3$ 分解反应，未分解的碳酸钙界面温度始终保持分解温度 T_d，根据 $CaCO_3$ 反应方程式可得标准大气压下 T_d=1169.6K。

通过固体产物层到达分解界面 r 处的导热速率 Q_{lime} 为

$$Q_{lime} = 4\pi\lambda(T_s - T_d) / \left(\frac{1}{r} - \frac{1}{R_t}\right) \tag{6-41}$$

式中，CaO 的导热系数 λ 取 $0.69W/(m \cdot K)$。

根据 6.3.3 小节的分析可知，石灰产物层边界与熔渣反应的产物为 $CaO \cdot SiO_2$，

$$CaO + SiO_2 = CaO \cdot SiO_2 \qquad \Delta G_{CS}^{\ominus}{}^{①} = -92500 + 2.5T$$

由基尔霍夫公式可得

$$\Delta_r H_m^{\ominus}(slag, T) = -28271.94 + 17.96T - 14.13 \times 10^{-3}T^2 - \frac{43.91 \times 10^5}{T} \tag{6-42}$$

设石灰产物层向中心推进的速度为 v，那么单位时间内由以上反应产生的热量 Q_{react} 为

$$Q_{react} = \frac{4\pi R_t^2 \omega \rho_{lime} v}{M_{CaO}} \Delta_r H_m \tag{6-43}$$

$$v = \frac{dR_t}{dt} \tag{6-44}$$

图 6-53 为 1623K 下泡沫渣高度与时间的关系。从图中可以看出，在不同反应时期，坩埚内泡沫渣的高度不尽相同。在 60s 内，石灰石分解较慢，坩埚内熔渣泡沫化程度不高，熔渣流动性差，60s 后，泡沫发展迅速，为防止泡沫渣溢出坩埚，实验中采用了长度为 160mm 的铁坩埚作为反应容器。根据泡沫渣的高度，将石灰石分解过程分为两个阶段。

---

① 下标 CS 为产物硅酸钙的简称。

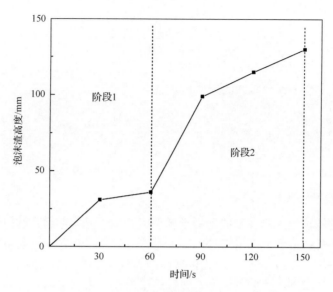

图 6-53　不同时刻泡沫渣的高度(1673K)

在第一阶段(0～60s)内,泡沫渣高度并不高时,即石灰石分解反应速率较低时,CO_2 对熔渣的搅拌作用并不强烈,由于本实验中没有外加搅拌,因此在该反应阶段,为简化计算,将 CO_2 的搅拌作用忽略不计,即假定熔渣静止,熔渣与小球之间的传热符合第三类边界条件。熔渣向颗粒表面的传热速率为

$$Q_{slag} = 4\pi R_t^2 \alpha (T_b - T_s) \tag{6-45}$$

流体流过单个球体时,流体与球面之间的平均对流给热系数可用准数方程近似计算:

$$Nu = 2 + 0.6Re^{1/2}Pr^{1/3} \tag{6-46}$$

当流体静止时,$Nu \approx 2$,对流换热系数 $\alpha = Nu\lambda_{slag}/2R_t$,其中熔渣在 1523K、1573K、1623K、1673K 时的导热系数 λ_{slag} 分别近似取 0.8、0.5、0.4、0.3。

基于准稳态的假设,

$$Q_{lime} = Q_{slag} \tag{6-47}$$

可得

$$T_s = \frac{r\lambda T_s + R_t(R_t - r)\alpha T_b}{r\lambda + R_t(R_t - r)\alpha} \tag{6-48}$$

$$Q_{lime} = Q_{slag} = 4\pi\lambda r \frac{R_t\alpha(T_b - T_d)}{(\lambda r / R_t) + \alpha(R_t - r)} \tag{6-49}$$

反应界面上的化学反应吸热速率:

$$Q_r = v_{CO_2} \Delta H \tag{6-50}$$

$$v_{CO_2} = -\frac{4\pi r^2 \omega \rho_{ls}}{M_{CaCO_3}} \frac{dr}{dt} \tag{6-51}$$

ΔH 需考虑分解产物 CO_2 由分解温度升高到环境温度引起的热焓的变化:

$$\Delta H = \Delta_r H_m^{\ominus}(T) + \int_{T_s}^{T_b} C_{p,m}^{\ominus}(CO_2)dT \tag{6-52}$$

根据上述的假设:

$$Q_{lime} + Q_{react} = Q_r \tag{6-53}$$

将上述各式代入式(6-53),分离变量,积分可得第一阶段内未反应核半径与时间的关系:

$$\frac{dr}{dt} = -\frac{M_{CaCO_3}(R_t \dfrac{\omega \rho_{lime} \upsilon}{M_{CaO}} \Delta_r H_m(slag) + R_t \alpha(T_b - T_d))}{r\omega\rho_{ls}[(r/R_t) + \alpha/\lambda(R_t - r)]\Delta H} \tag{6-54}$$

在第二阶段(60～150s)内,泡沫渣处于较高水平时,石灰石分解速率较高,此时熔渣得到较强搅拌,为简化计算,将熔渣与小球之间的传热视为第一类边界条件,即 $T_s = T_b$。

同样根据上述的假设,分离变量,积分可得第二阶段内未反应核半径与时间的关系:

$$\frac{dr}{dt} = -(M_{CaCO_3}\lambda(T_b - T_d))/\left(\frac{1}{r} - \frac{1}{R_t}\right) + \frac{M_{CaCO_3}\omega\rho_{lime}\Delta_r H_m}{M_{CaO}}R_t^2\upsilon)/r^2\Delta H\omega\rho_{ls} \tag{6-55}$$

将各项参数分别代入式(6-32)、式(6-40)、式(6-54)、式(6-55)中,求解可得不同控速环节下未反应核半径与时间的关系,如图 6-54 所示。从图中可以看出,石灰石在渣中分解的实验数据与热传递控速环节的模型相符合,石灰石在渣中分解的限制环节为热量的传递。脱落型未反应核模型都能很好地解释石灰石在熔渣中的分解规律。传统的认知中,石灰石分解反应为吸热反应,可能会导致石灰石周围的熔渣温度降低,影响熔渣向石灰石的传热。但实际情况与此相反,从图 6-54 中可以看出,在未加外界搅拌的前提下,在分解反应的第二阶段,石灰石分解形成的 CO_2 对熔渣的搅拌作用变得十分强烈,以至熔渣向石灰石的传热条件近似符合第一类边界条件,石灰石分解吸热对熔渣的传热影响不大。

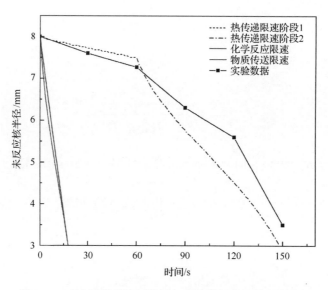

图 6-54　动力学模型计算结果与实验数据的比较(1623K)

第7章 CO_2 对含铬熔体的脱碳保铬

与 O_2 相似，CO_2 既可以与铁占多数的不锈钢熔体(铁铬碳体系)中的碳发生反应，又可以与铬占多数的铬铁合金熔体(铬铁碳体系)中的碳发生反应，完成脱碳保铬的冶炼任务。本章就 CO_2 与不锈钢熔体、铬铁合金熔体和锰铁合金熔体反应的热力学及动力学行为进行介绍。

7.1 CO_2 对含铬熔体脱碳的热力学

7.1.1 CO_2 用于铁铬碳(不锈钢)熔体脱碳的热力学

CO_2 与不锈钢熔体中的 C、Cr 发生反应，生成相应的氧化物的反应方程式及对应的吉布斯自由能如下所示。

$$4CO_2+3[Cr]=\!=\!=(Cr_3O_4)+4CO$$

$$\Delta_r G^{\ominus} = -289150 + 64.3T \tag{7-1}$$

$$CO_2+[C]=\!=\!=2CO$$

$$\Delta_r G^{\ominus} = 137890 - 126.52T \tag{7-2}$$

计算钢液升降温所需数据见表 7-1。

含铬不锈钢的冶炼温度一般在 1550℃以上，根据上述反应式可知，尽管 CO_2 属于弱氧化性气体，在不锈钢冶炼温度下式(7-1)与式(7-2)仍然均可以发生，CO_2 应用于不锈钢冶炼在理论上是可行的。

表 7-1 计算钢液升降温所需数据

物质	M_i/(kg/mol)	C_p(1800K)/[J/(K·mol)]	H_T–H_{298}(1800K)/(kJ/mol)
Cr_3O_4	220×10^{-3}	131.80	
Cr	52×10^{-3}	45.10	
C	12×10^{-3}	24.89	30.67
Fe	55.85×10^{-3}	43.93	
CO	28×10^{-3}	35.94	
O_2	32×10^{-3}	37.24	51.71
CO_2	44×10^{-3}	60.15	78.16

7.1.2　CO₂ 用于铬铁碳熔体脱碳的热力学

1. CO₂ 与铬铁碳(铁合金)熔体的反应

CO₂ 与铬铁碳(铁合金)熔体中的 C 和 Cr 亦可以发生反应，反应方程式如下。

$$3CO_2 + 2[Cr] \rightleftharpoons (Cr_2O_3) + 3CO$$

$$\Delta_r G^{\ominus} = -335070 + 97.11T \tag{7-3}$$

$$CO_2 + [C] \rightleftharpoons 2CO$$

$$\Delta_r G^{\ominus} = 137890 - 126.52T \tag{7-4}$$

铬系铁合金生产温度一般在 1600℃以上，在此温度下，式(7-3)与式(7-4)均可发生，使用 CO₂ 对铬铁碳体系脱碳在理论上是可行的。

2. 喷吹 O₂ 或 CO₂ 对熔池温度的影响

由于铬系铁合金熔体中铬占主体地位，在本节计算中，根据实际生产中铬铁合金的主要元素组成，假设用于计算的铁合金熔体元素组成为 63%Cr+32%Fe+2%C+3%Si，熔体总质量为 100g。计算熔体温度变化所需数据见表 7-2。

表 7-2　计算熔体温度变化所需数据

物质	M_i/(kg/mol)	C_p(1900K)/[J/(K·mol)]	H_T–H_{298}(1900K)/(kJ/mol)
Cr₂O₃	152×10⁻³	136.87	
Cr	52×10⁻³	47.19	
C	12×10⁻³	24.41	32.88
Fe	55.85×10⁻³	46.02	
CO	28×10⁻³	36.09	
O₂	32×10⁻³	37.51	55.41
CO₂	44×10⁻³	60.05	85.42
Si	28×10⁻³	27.20	

1) O₂ 氧化 1%[Cr]提高钢液温度的计算

对于反应　　　　$$\frac{4}{3}[Cr] + O_2(g) \rightleftharpoons \frac{2}{3}Cr_2O_3(s)$$

$$\Delta_r G^{\ominus} = -780320 + 233.607T$$

所以，$\Delta_r H^{\ominus} = -780320J$。

1mol O₂ 与 4/3mol [Cr]反应，其热量的变化为

$$Q_1 = -780320 + 55410 = -724910$$

对作为计算对象的熔体而言，氧化 1%[Cr]即参与氧化反应的铬为 1g，计算可得，生成的 Cr$_2$O$_3$ 质量为 1.46g，剩余熔体为 99g。

反应后熔体的等压比热容为

$$
\begin{aligned}
C_{p(\mathrm{CrFe})} &= \sum_{i-1}^{n} \frac{w([i])}{M_i} C_{p(i)} \\
&= \frac{62}{99M_{\mathrm{Cr}}} C_{p(\mathrm{Cr})} + \frac{32}{99M_{\mathrm{Fe}}} C_{p(\mathrm{Fe})} + \frac{2}{99M_{\mathrm{C}}} C_{p(\mathrm{C})} + \frac{3}{99M_{\mathrm{Si}}} C_{p(\mathrm{Si})} \\
&= 905.206
\end{aligned}
$$

Cr$_2$O$_3$ 的等压比热容为

$$C_{p(\mathrm{Cr_2O_3})} = \frac{C_{p(\mathrm{Cr_2O_3})}}{M_{\mathrm{Cr_2O_3}}} = 900.461$$

通过以上数据可以计算出反应结束后熔体的温度变化 Δt

$$\Delta t = \frac{Q}{C_p m} = \frac{724910 \times \dfrac{3}{4 \times 52}}{\dfrac{905.206}{1000} \times 99 + \dfrac{900.461}{1000} \times 1.46} = 115$$

即吹氧氧化 1%[Cr]时可使钢液温度提高 115℃。

2) O$_2$ 氧化 1%[C]提高钢液温度的计算

对于反应　　　　　　　　　2[C]+O$_2$(g) === 2CO

$$\Delta_{\mathrm{r}} G^{\ominus} = -281165 - 84.18T$$

所以，$\Delta_{\mathrm{r}} H^{\ominus} = -281165$。

1mol O$_2$ 与 2mol [C]反应，其热量变化为

$$Q_2 = -281165 + 55410 = -225755$$

对作为计算对象的熔体而言，氧化 1%[C]即参与反应的碳为 1g，生成的 CO 质量为 2.33g。

反应后熔体的等压比热容为

$$
\begin{aligned}
C_{p(\mathrm{CrFe})} &= \sum_{i-1}^{n} \frac{w([i])}{M_i} C_{p(i)} \\
&= \frac{63}{99M_{\mathrm{Cr}}} C_{p(\mathrm{Cr})} + \frac{32}{99M_{\mathrm{Fe}}} C_{p(\mathrm{Fe})} + \frac{1}{99M_{\mathrm{C}}} C_{p(\mathrm{C})} + \frac{3}{99M_{\mathrm{Si}}} C_{p(\mathrm{Si})} \\
&= 893.825
\end{aligned}
$$

CO 的等压比热容为 $C_{p(CO)} = \dfrac{C_{p(CO)}}{M_{CO}} = 1288.929$

通过以上数据计算出反应结束后熔体的温度变化 Δt

$$\Delta t = \frac{Q}{C_p \cdot m} = \frac{\dfrac{225755}{24}}{\dfrac{893.825}{1000} \times 99 + \dfrac{1288.929}{1000} \times 2.33} = 103$$

即吹氧气氧化 0.1%[C]时可使熔体温度提高 103℃。

3)CO₂ 氧化 1%[Cr]提高熔体温度的计算

对于反应　　　　　　　$2[Cr] + 3CO_2(g) = Cr_2O_3(s) + 3CO(g)$

$$\Delta_r G^\ominus = -335070 + 97.11T$$

所以，$\Delta_r H^\ominus = -335070$。

2mol [Cr]与 3mol CO₂ 反应，其热量变化为

$$Q_3 = -335070 + 3 \times 85420 = -78810$$

对作为计算对象的熔体而言，氧化 1%[Cr]即参与氧化反应的铬为 1g，计算可得，生成的 Cr₂O₃ 质量为 1.46g，生成的 CO 质量为 1.27g，剩余熔体为 99g。

反应后熔体和 Cr₂O₃ 的等压比热容与 1)中相同，CO 的等压比热容与 2)中相同，将数据代入公式，得到

$$\Delta t = \frac{Q}{C_p m} = \frac{\dfrac{78810}{104}}{\dfrac{905.206}{1000} \times 99 + \dfrac{900.461}{1000} \times 1.46 + \dfrac{1288.929}{1000} \times 1.27} = 8.18$$

即 CO₂ 氧化 1%[Cr]时可使熔体温度提高 8.18℃。

4) CO₂ 氧化 1%[C]提高钢液温度的计算

对于反应　　　　　　　$[C] + CO_2(g) = 2CO(g)$

$$\Delta_r G^\ominus = 137890 - 126.52T$$

所以，$\Delta_r H^\ominus = 137890$。

1mol CO₂ 与 1mol [C]反应，其热量变化为

$$Q_2 = 137890 + 85420 = 223310$$

对作为计算对象的熔体而言，氧化 1%[C]即参与反应的碳为 1g，生成的 CO 质量为 4.67g。

反应后熔体和 CO 的等压比热容与 2)中相同，将数据代入公式，得到

$$\Delta t = \frac{Q}{C_p \cdot m} = \frac{\dfrac{-223310}{12}}{\dfrac{893.825}{1000} \times 99 + \dfrac{1288.929}{1000} \times 4.66} = -197$$

即 CO_2 氧化 0.1%[Cr]时可使熔体温度降低 19.7℃。

上述计算未考虑炉渣及炉衬的吸热量，计算结果仅为粗略的估计值。但是仍然可以看出，在铬铁碳体系(铁合金)中使用 O_2 和 CO_2 进行氧化反应会得到不同的热效应，这对生产工艺的改进有一定的启发。

从计算结果得出的结论是：

用 O_2 氧化每 1%[Cr]　　　　　　　　提高熔体温度约 115℃

用 O_2 氧化每 0.1%[C]　　　　　　　　提高熔体温度约 10.3℃

用 CO_2 氧化每 1%[Cr]　　　　　　　　提高熔体温度约 8.18℃

用 CO_2 氧化每 0.1%[C]　　　　　　　　降低熔体温度约 19.7℃

通过对氧气和二氧化碳与不同体系中碳、铬元素间化学反应吉布斯自由能和热效应的计算可以看出，在冶炼温度下，氧气和二氧化碳同样可以与熔体中的碳、铬元素进行反应，但二者对熔体温度的影响截然不同，氧气与熔体中元素的反应会放出大量的热量，使熔体的温度上升，二氧化碳与熔体中元素的反应放热量相对较小，甚至会使熔池温度下降。计算结果说明，氧气和二氧化碳均可以用于不锈钢/铬铁合金的精炼工作，而二者不同的热效应对生产工艺的改进也提供了选择。

7.2　CO_2 用于对含铬 Fe-Cr-C 熔体脱碳的动力学

7.2.1　CO_2 用于 Fe-Cr-C 熔体脱碳的反应机理

CO_2 用于 Fe-Cr-C 熔体的脱碳应包括直接脱碳和间接脱碳两部分。直接脱碳即直接发生反应 $[C] + CO_2(g) = 2CO(g)$。由于熔池中碳含量相对于金属铁、铬较低，直接脱碳只占总反应的一部分。间接脱碳指的是 CO_2 气体首先与熔体中占多数的金属元素反应生成金属氧化物，金属氧化物再被熔池中的碳还原为金属的脱碳过程，这一过程属于气液反应，其反应过程应遵循一般气液反应的反应机理。以顶吹熔体为例，整个反应过程由以下几个步骤组成：

(1) CO_2 气体通过气-液边界层传递到气-液反应界面；

(2) 气-液边界层的 CO_2 与熔体中的金属 M(Fe/Cr)反应生成金属氧化物 M_xO_y 和 CO 气体；

$$yCO_2(g) + xM(l) = M_xO_y(s) + yCO(g)$$

(3)金属氧化物 M_xO_y 按分配定律部分进入金属相，部分留在渣相，进入金属相的以 M 原子[M]和氧原子[O]形式存在，留在渣相的以(M_xO_y)形式存在；

$$M_xO_y = (M_xO_y)$$

$$[M_xO_y] = x[M] + y[O]$$

(4)进入金属相的[O]和金属中的[C]向 CO 气泡-金属界面迁移；

(5)迁移到 CO 气泡-金属界面的[C]和[O]发生反应，生成气态 CO；

$$[C]+[O] == CO(g)$$

(6)CO 气泡长大、上浮，先后通过金属相、渣相，进入炉气。

7.2.2　CO₂ 用于 Fe -Cr-C 熔体脱碳的反应控速环节

7.2.1 小节中以顶吹气体为例，描述了 CO_2 用于 Fe -Cr-C 熔体脱碳的反应机理和步骤，上述步骤中包含了物质在渣相、金属相中的物质传输和在气-液界面上的化学反应，而确定反应过程的速度控制环节则对工艺的优化和使用具有重要意义。

对于不同的吹炼体系，过程的速度控制步骤也不相同，不能一概而论。反应过程速度控制环节的确定可以通过以下两种手段：①从实际生产数据中总结规律，确定反应过程的速度控制环节；②根据热力学、动力学和传输原理推导反应过程各个步骤的速度表达式，将其进行比较以得到反应过程的速度控制环节。

下面对 7.2.1 节中列出的各反应步骤的速度表达式进行讨论和计算。

由 7.1 节可知，脱碳反应需要较高的温度，该温度一般在 1550℃以上，故步骤(2)和步骤(5)中在界面发生的化学反应达到局部平衡，一般不考虑成为反应过程的速度控制环节；步骤(6)为 CO 气泡的扩散逸出过程，对于顶吹体系，由于反应位置距熔池表面较近，气泡逸出距离较短，速度较快，一般不对其步骤进行计算：

步骤(1)中的 CO_2 传质属于对流传质，传质速率

$$R_{CO_2} = k_{CO_2}(p_{CO_2G} - p_{CO_2i})$$

式中，R_{CO_2} 为传质速率；k_{CO_2} 为 CO_2 的传质系数；p_{CO_2G} 为流体中 CO_2 的分压；p_{CO_2i} 为 CO_2-熔体边界层上 CO_2 的平衡压力。

步骤(3)为渣中氧载体 M_xO_y 向熔体的扩散和分解。

步骤(4)为熔体中[C]和[O]的传质，传质速率为

$$R_{[C]} = Ak_{[C]}\rho_m\left(c_{[C]} - c_{[C]}^*\right)$$

$$R_{[O]} = Ak_{[O]}\rho_m\left(c_{[O]} - c_{[O]}^*\right)$$

式中，$R_{[C]}$ 为熔体中[C]的传质速度；A 为界面面积；$k_{[C]}$ 为[C]在熔体内的传质系数；ρ_m

为熔体密度；$c_{[C]}$ 为熔体中[C]的浓度；$c_{[C]}^*$ 为界面上的[C]浓度；$R_{[O]}$ 为熔体中[O]的传质速度；$k_{[O]}$ 为[O]在熔体内的传质系数；$c_{[O]}$ 为熔体中[O]的浓度；$c_{[O]}^*$ 为界面上的[O]浓度。

从中不难看出，在给定一个熔池体系的情况下，将数据代入上述各式可以得到各个步骤的最大速度，从而确定反应过程的速度控制环节。

7.3　脱碳保铬原理

7.1 节、7.2 节讨论了 CO₂ 用于 Fe-Cr-C 体系及 Cr-Fe-C 体系脱碳的热力学和动力学原理，不论是铁铬碳体系(不锈钢熔体)还是铬铁碳体系(铁合金熔体)，在脱碳的同时，对熔池中铬的保护，即在脱碳时不氧化或尽量少氧化熔池中的铬都至关重要，这就涉及熔体中[Cr]和[C]的氧化转化温度的控制问题。

7.3.1　CO₂ 冶炼不锈钢对体系氧化转化温度的影响

在 7.1.1 小节中已经得到了 CO₂ 与不锈钢熔体中碳、铬元素反应的化学方程式，将式(7.1)与式(7.2)进行耦合，得到如下方程式，该式达到平衡时的温度即脱碳保铬的氧化转化温度。

$$\frac{3}{2}[Cr]+2CO(g) = 2[C]+\frac{1}{2}(Cr_3O_4)$$

$$\Delta_r G^\ominus = -420355 + 285.19T \tag{7-5}$$

因为

$$
\begin{aligned}
\Delta_r G &= \Delta_r G^\ominus + RT \ln \frac{a_C^2 a_{(Cr_3O_4)}^{1/2}}{a_{Cr}^{3/2}\left(p_{CO}/p^\ominus\right)^2} \\
&= \Delta_r G^\ominus + RT \ln \frac{f_C^2 P[w([C])]^2}{f_{Cr}^{3/2}[w([Cr])]^{3/2}\left(p_{CO}/p^\ominus\right)^2}
\end{aligned}
\tag{7-6}
$$

渣中的 (Cr_3O_4) 处于饱和状态，所以其活度为 1。在 Cr 系不锈钢中一般 Ni 作为合金元素出现，所以 f_C 和 f_{Cr} 分别按下式计算：

$$\lg f_C = e_C^C w([C]) + e_C^{Cr} w([Cr]) + e_C^{Ni} w([Ni])$$

$$\lg f_{Cr} = e_{Cr}^{Cr} w([Cr]) + e_{Cr}^C w([C]) + e_{Cr}^{Ni} w([Ni])$$

查得 1600℃下，铁液中各元素的 e_i^j 如下：$e_C^C = 0.14$，$e_C^{Cr} = -0.024$，$e_C^{Ni} = 0.012$，$e_{Cr}^{Cr} = -0.0003$，$e_{Cr}^C = -0.12$，$e_{Cr}^{Ni} = 0.0002$。

将数据代入上式，得到

$$\Delta_r G = -420355 + 285.19T + 19.14T \cdot \begin{cases} 0.46w([C]) - 0.0476w([Cr]) + 0.0237w([Ni]) \\ +2\lg w([C]) - 1.51\lg w([Cr]) - 2\lg\left(p_{CO}/p^{\ominus}\right) \end{cases} \quad (7-7)$$

从式(7-7)中可以看出，$\Delta_r G$ 与 T、$w([Cr])$、$w([C])$、$w([Ni])$、p_{CO} 有关。代入相关数值即可得到不同钢液组成和 CO 分压下的吉布斯自由能表达式，进而得到对应的[C]和[Cr]的氧化转化温度，整理得到表 7-3。

表 7-3 冶炼不锈钢时[C]和[Cr]的氧化转化温度计算结果

实例	钢液成分质量分数/%			p_{CO}/Pa	$\Delta_r G/(\mathrm{J/mol})$	氧化转化温度/℃
	[Cr]	[Ni]	[C]		$(\Delta_r G^{\ominus} = -420355 + 285.19T)$	
1	12	9	0.35	101325	$-420355 + 232.99T$	1531
2	12	9	0.10	101325	$-420355 + 209.96T$	1729
3	12	9	0.05	101325	$-420355 + 197.99T$	1850
4	10	9	0.05	101325	$-420355 + 202.09T$	1807
5	18	9	0.35	101325	$-420355 + 222.46T$	1616
6	18	9	0.10	101325	$-420355 + 199.44T$	1835
7	18	9	0.05	101325	$-420355 + 187.47T$	1969
8	18	9	0.35	67550	$-420355 + 229.20T$	1561
9	18	9	0.05	50662	$-420355 + 198.99T$	1839
10	18	9	0.05	20265	$-420355 + 214.23T$	1689
11	18	9	0.05	10132	$-420355 + 225.75T$	1589
12	18	9	0.02	5066	$-420355 + 221.78T$	1622
13	18	9	1.00	101325	$-420355 + 245.64T$	1438
14	18	9	4.50	101325	$-420355 + 301.46T$	1121

由表中可以看出，p_{CO} 对氧化转化温度影响较大，适当降低 p_{CO} 可以有效降低氧化转化温度，因为 CO_2 在冶炼过程中既可以作氧化剂，同时还可以代替氩气或氮气作为惰性气体降低 CO 分压。所以与使用 O_2 冶炼铬系不锈钢相比，使用 CO_2 可以在较低温度下达到相似的脱 C 保 Cr 效果，这对不锈钢冶炼过程的工艺改进和节能具有重要意义。

7.3.2 CO₂ 冶炼铬铁合金对氧化体系转化温度的影响

与不锈钢熔体相似，使用 CO_2 冶炼铬铁合金同样需要对熔体中[C]和[Cr]的氧化转化温度进行计算，以研究 CO_2 的加入对冶炼的影响。

对式(7-5)和式(7-6)进行耦合，得到如下方程式，该式达到平衡时的温度即脱碳保铬的氧化转化温度。

$$2[Cr] + 3CO(g) \Longrightarrow 3[C] + (Cr_2O_3)$$

$$\Delta_r G^{\ominus} = -748740 + 467.67T$$

因为

$$
\begin{aligned}
\Delta_r G &= \Delta_r G^{\ominus} + RT \ln \frac{a_c^3 a(\mathrm{Cr_2O_3})}{a_{\mathrm{Cr}}^2 \left(p_{\mathrm{CO}} / p^{\ominus}\right)^3} \\
&= \Delta_r G^{\ominus} + RT \ln \frac{f_C^3 w([\mathrm{C}])^3}{f_{\mathrm{Cr}}^2 w([\mathrm{Cr}])^2 \left(p_{\mathrm{CO}} / p^{\ominus}\right)^3}
\end{aligned}
\tag{7-8}
$$

渣中的 $(\mathrm{Cr_2O_3})$ 处于饱和状态，所以其活度为 1。设铬铁合金熔体为 Cr-Fe-C-Si 体系，f_C 和 f_{Cr} 分别按下式计算：

$$\lg f_C = e_C^C w([\mathrm{C}]) + e_C^{\mathrm{Cr}} w([\mathrm{Cr}]) + e_C^{\mathrm{Si}} w([\mathrm{Si}])$$

$$\lg f_{\mathrm{Cr}} = e_{\mathrm{Cr}}^{\mathrm{Cr}} w([\mathrm{Cr}]) + e_{\mathrm{Cr}}^{C} w([\mathrm{C}]) + e_{\mathrm{Cr}}^{\mathrm{Si}} w([\mathrm{Si}])$$

查得 1600℃下，铁液中各元素的 e_i^j 如下：$e_C^C = 0.14$，$e_C^{\mathrm{Cr}} = -0.024$，$e_C^{\mathrm{Si}} = 0.08$，$e_{\mathrm{Cr}}^{\mathrm{Cr}} = -0.0003$，$e_{\mathrm{Cr}}^{C} = -0.12$，$e_{\mathrm{Cr}}^{\mathrm{Si}} = -0.0043$。

将数据代入式 (7-8)，得到

$$
\Delta_r G = -748740 + 467.67T + 19.14T \cdot
\begin{Bmatrix}
0.18 w([\mathrm{C}]) - 0.0714 w([\mathrm{Cr}]) + 0.2486 w([\mathrm{Si}]) \\
+ 3\lg w([\mathrm{C}]) - 2\lg w([\mathrm{Cr}]) - 3\lg \left(p_{\mathrm{CO}} / p^{\ominus}\right)
\end{Bmatrix}
\tag{7-9}
$$

从式 (7-9) 中可以看出，$\Delta_r G$ 与 T、$w([\mathrm{Cr}])$、$w([\mathrm{C}])$、$w([\mathrm{Si}])$、p_{CO} 有关。代入相关数值即可得到不同钢液组成和 CO 分压下的吉布斯自由能表达式，进而得到对应的[C]和[Cr]的氧化转化温度，整理得到表 7-4。

表 7-4　冶炼铬铁合金时[C]和[Cr]的氧化转化温度计算结果

实例	钢液成分质量分数/%			p_{CO}/Pa	$\Delta_r G / (\mathrm{J/mol})$ $(\Delta_r G^{\ominus} = -748740 + 467.67T)$	氧化转化温度/℃
	[Cr]	[Si]	[C]			
1	67	1	4	101325	−748740+359.32T	1811
2	67	1	3	101325	−748740+348.70T	1874
3	67	1	2	101325	−748740+335.14T	1961
4	67	1	1	101325	−748740+314.41T	2108
5	67	1	0.75	101325	−748740+306.37T	2171
6	67	1	0.5	101325	−748740+295.40T	2262
7	67	1	0.25	101325	−748740+277.26T	2427
8	67	1	1	67550	−748740+324.52T	2034

续表

实例	钢液成分质量分数/%			p_{CO}/Pa	$\Delta_r G / (\text{J} / \text{mol})$	氧化转化温度/℃
	[Cr]	[Si]	[C]		$(\Delta_r G^\ominus = -748740 + 467.67T)$	
9	67	1	1	50662	−748740+331.69T	1984
10	67	1	1	20265	−748740+354.54T	1838
11	67	1	1	10132	−748740+371.83T	1741
12	67	1	1	5066	−748740+389.12T	1651

由表中数据可以看出，铬铁合金熔体中[C]和[Cr]的氧化转化温度较不锈钢熔体高。同样，p_{CO} 对氧化转化温度具有较大影响，适当降低 p_{CO} 可以有效降低氧化转化温度，与使用 O_2 冶炼相比，使用 CO_2 冶炼时可以在较低温度下取得相似的脱碳保铬效果。由于中低微碳铬铁合金的生产温度较高，常规吹氧生产对炉衬寿命影响较大，引入 CO_2 控制温度对这些产品的冶炼具有更大的意义。

7.4　CO_2 脱碳保铬实验研究案例

本书著作者带领的团队自 2005 年起致力于研发一种将温室气体 CO_2 应用于转炉炼钢的新工艺，即二氧化碳-氧气混合喷吹炼钢工艺，简称 COMI 炼钢工艺，其在转炉炼钢生产中取得成功后，作者又成功将 COMI 工艺应用到转炉冶炼不锈钢或铬铁合金的生产中，并取得了一定研究进展。

7.4.1　CO_2 应用于不锈钢冶炼的实验室研究

北京科技大学的毕秀荣曾经尝试在实验室条件下使用 COMI 工艺对不锈钢进行冶炼，实验装置简图如图 7-1 所示。实验采用的混合气体中 CO_2 体积分数分别为 0%、50%、100%。

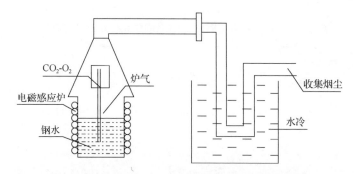

图 7-1　CO_2-O_2 混合气体冶炼不锈钢实验装置简图

从图 7-2(a)给出的实验结果中不难看出，CO_2 的加入对熔池温度的升高有抑制作用，且 CO_2 比例越大，抑制作用越明显。此外，通过对吹炼终点的熔体取样分析发现，吹入 CO_2-O_2 混合气体相对于单独吹入 O_2 具有更好的脱碳保铬效果(具体效果见表 7-5)。

此外，如图 7-2(d)所示，由于 CO₂ 在冶炼温度下不与熔池中的镍发生反应，通入 CO₂ 的情况下熔池镍含量较 O₂ 喷吹时高。通常来说，镍的存在可以细化晶粒，增强钢的冲击韧性，从这个角度而言 CO₂ 的通入对冶炼不锈钢也是有益的。

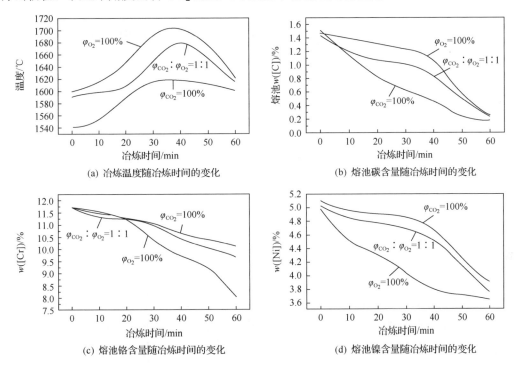

图 7-2　CO₂-O₂ 混合气体吹炼不锈钢时熔池参数随冶炼时间的变化

表 7-5　不同比例混合气体吹炼不锈钢的脱碳保铬效果(%)

CO₂ 体积分数	0	50	100
脱碳比例	—	12.7	22.7
终点铬含量相比于纯 O₂ 吹炼的增加比例	0	19.93	25.78

虽然 CO₂ 在不锈钢冶炼领域的应用还处于实验室阶段，但这一工艺应用到工业生产实践是可期待的，粗略估算利用 CO₂ 代替部分 Ar 和 O₂，在 AOD 精炼炉生产不锈钢过程中，吹炼初、中期使用 CO₂，当钢液 $w([C])$ 降至 0.08%～0.15% 后改吹氩气直到吹炼结束，冶炼每吨不锈钢可利用 5～11m³ CO₂，按 Ar 价格为 CO₂ 价格的 5～8 倍计算，吨钢可降低成本 20～45 元，且在降低冶炼成本的同时也提高了脱碳速率。美国已有应用 CO₂ 冶炼不锈钢的厂家，年产 100 万 t 的不锈钢厂家可节约生产成本 2000 万～4500 万元/年。

7.4.2　CO₂ 应用于铬铁合金冶炼的实验室研究

北京科技大学的郁鸿超曾经在实验室条件下使用 CO₂-O₂ 混合气体对不同碳含量的铬铁合金进行脱碳，也取得了积极的结果，其实验装置如图 7-3 所示。

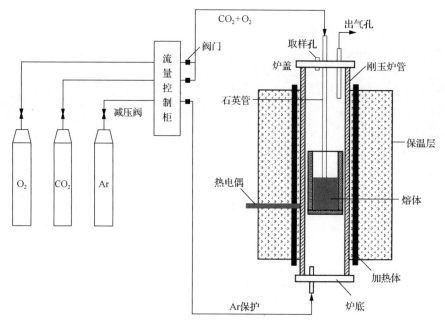

图 7-3　CO_2-O_2 混合气体冶炼铬铁合金实验装置图

实验结果如图 7-4 和图 7-5 所示。从图 7-4 中可以看出，与不锈钢实验结果相似，CO_2 的使用可以有效降低熔池温度，且 CO_2 流量越大，熔池温度下降幅度越大，这一点与 7.1.2 节中热力学计算所得出的 CO_2 的引入会降低熔池温度的结论相互验证。

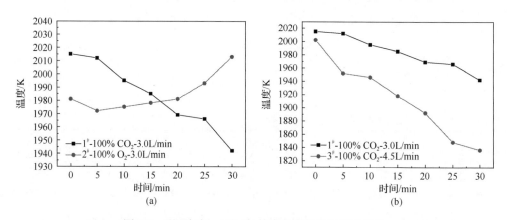

图 7-4　不同气氛、不同气体流量对熔体温度的影响

CO_2-O_2 吹炼高、中碳铬铁实验过程中熔体铬与碳含量的对应关系如图 7-5 所示。从中可以看出，加入 CO_2 之后，熔体碳含量下降的同时，随着混合气体中 CO_2 比例的增加，熔体铬含量下降的幅度逐渐降低，这说明 CO_2 的使用降低了冶炼过程熔体中铬的损失，起到了脱碳保铬的作用。

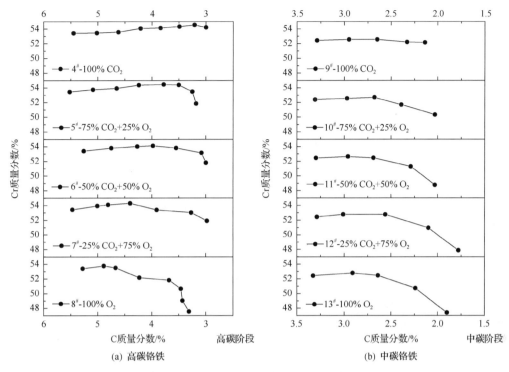

图 7-5　CO$_2$-O$_2$ 混合气体氧化高、中碳铬铁合金时熔体内 Cr-C 变化关系

7.5　CO$_2$ 脱碳保锰的实验研究举例

锰铁合金与铬铁合金同属铁合金体系，对高碳锰铁进行吹氧脱碳时，由于熔体中元素与氧气反应剧烈，放出大量热量，造成熔池温度快速上升，导致炉衬寿命下降，锰元素挥发损失非常严重。由于 CO$_2$ 作为氧化剂时的特殊性，研究人员对 CO$_2$ 在锰铁合金冶炼中起到的作用进行了初步探索。

表 7-6　不同气体与高碳锰铁熔体中元素反应的热力学参数

气体	反应方程式	$\Delta G^{\ominus} = \Delta H^{\ominus} - T\Delta S^{\ominus}$ / (J / mol)	热量变化情况
	$O_2(g) + C(s) = CO_2(g)$	$\Delta G^{\ominus} = -395390 + 0.08T$	放热
	$O_2(g) + 2C(s) = 2CO(g)$	$\Delta G^{\ominus} = -232630 - 167.78T$	放热
O_2	$O_2(g) + 2Fe(l) = 2FeO(l)$	$\Delta G^{\ominus} = -441410 + 77.82T$	放热
	$O_2(g) + Si(l) = SiO_2(l)$	$\Delta G^{\ominus} = -940150 + 195.81T$	放热
	$O_2(g) + 2Mn(l) = 2MnO(s)$	$\Delta G^{\ominus} = -803750 + 171.57T$	放热
	$CO_2(g) + C(s) = 2CO(g)$	$\Delta G^{\ominus} = 162760 - 167.86T$	吸热
	$CO_2(g) + Fe(l) = (FeO) + CO(g)$	$\Delta G^{\ominus} = 58370 - 45.06T$	吸热
CO_2	$2CO_2(g) + Si(l) = SiO_2(l) + 2CO(g)$	$\Delta G^{\ominus} = -382000 + 27.87T$	放热
	$CO_2(g) + Mn(l) = MnO(s) + CO(g)$	$\Delta G^{\ominus} = -122800 + 1.815T$	放热

表 7-6 给出了 CO_2 与 O_2 分别与高碳锰铁熔体中的各元素反应时的热力学参数。

由表中数据经过热力学计算可以发现,当温度高于 1600℃时, CO_2 与高碳锰铁熔体中的主要元素 Si、C、Fe、Mn 均可以发生反应。所以,将 CO_2 引入转炉吹炼中、低碳锰铁工艺,代替一部分 O_2 进行脱碳的方案在热力学上是可行的。

此外, CO_2 与 C、Fe 之间的反应是吸热反应,能够起到降低熔池温度的作用;而其与 Si、Mn 的反应虽然是放热反应,但反应放出的热量与 O_2 和 Si、Mn 的反应相比要小很多,对熔池产生的升温效果也较弱。由此可知,在转炉吹氧法中引入部分 CO_2 进行吹炼,熔池升温速率将低于喷吹纯 O_2 时的升温速率,可以通过 CO_2 加入量的变化控制熔池温度,从而降低锰的挥发损失、减少炉衬耐材的热侵蚀。

在使用不同比例的 CO_2-O_2 混合气体对高碳锰铁熔体进行吹炼之后,得到如图 7-6 所示的实验结果。

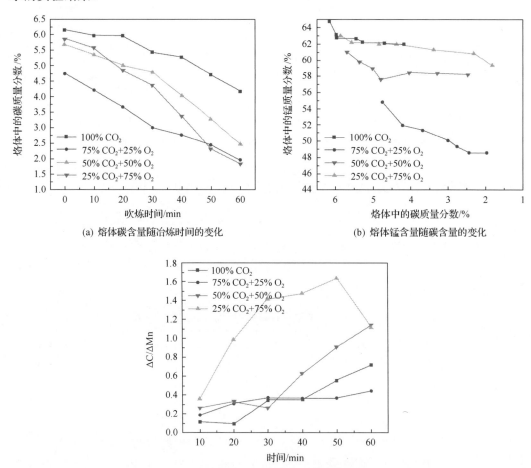

(a) 熔体碳含量随治炼时间的变化　　　　　(b) 熔体锰含量随碳含量的变化

(c) 脱碳量与锰损比值 $\Delta C/\Delta Mn$ 随时间的变化

图 7-6　CO_2-O_2 混合气体吹炼高碳锰铁实验过程中熔体参数的变化

如图 7-6 所示,使用 CO_2-O_2 混合气体吹炼高碳锰铁可以完成对熔体脱碳的任务图 7-6(a),同时也可以对熔体中的锰起到一定的保护作用图 7-6(b),初步说明使用 CO_2-O_2

混合气体对高碳锰铁熔体进行吹炼可以在得到一定碳含量的中、低碳锰铁的前提下，降低熔体中锰的损失，对熔体中的锰有一定的保护作用。混合气体的 CO$_2$ 比例不同也会造成脱碳保锰效果的差异，从图 7-6(c) 中可以看出，在该实验中，混合气体中 CO$_2$ 比例为 25% 时，可以取得最好的脱碳保锰效果。

　　而 CO$_2$ 应用于锰铁冶炼的动力学机理、CO$_2$ 引入的最佳比例及喷吹方式，还需要进一步研究。

第8章 CO₂的转炉提钒保碳研究

钒是世界上重要的稀缺资源之一，在自然界中的分布很分散，目前尚未发现单独可采的钒矿物。研究发现，CO_2用于转炉炼钢具有良好的提钒效果，为钒提取工艺提供了优化原料结构的新思路，因此本章将对CO_2在转炉中的提钒保碳效果展开叙述。

8.1 钒 的 概 述

8.1.1 钒资源概况

钒(V)是一种过渡族金属元素，也是典型的变价元素，具有+2、+3、+4和+5价态。金属钒在常温下化学性质较稳定，高温下较活泼，因具有优良的强度、硬度及抗疲劳效应，被广泛地应用于钢铁、化工、航空等领域，被用于钢铁领域的钒大约占84%。钒作为合金元素溶解到钢中形成VC和VN，用于细化晶粒，抑制贝氏体和珠光体的发育，增加马氏体强度，从而提高钢的硬度、强度、韧性和抗磨损性能。钒是我国重要的战略性资源，表8-1所示为钒的主要用途。

表8-1 钒的主要用途

钒添加量/%	添加形式	产品	用途
0.02～0.06	钒铁	高强低合金钢	容器、船板、桥梁
0.10～0.20	钒铁	合金工具钢	切削工具、轴承
1.00～5.00	钒铁	高速工具钢	切削工具
0.15～0.25	钒铁	耐热钢	汽轮机叶片
1.00～5.10	钒金属	耐热合金	汽轮机叶片、喷嘴
7	V_2O_5	催化剂	石油、化学工业

全球钒的总储量约为6300万t，可开采储量为1020万t。用于提钒的原料种类很多，世界上88%的钒是从钒钛磁铁矿中获得，其余提钒原料有石煤、废催化剂、石油灰渣、碳质页岩等。

8.1.2 钒钛磁铁矿提钒工艺

经近百年的发展，对于从钒钛磁铁矿中提钒，形成了两条主要的提钒工艺。一是先提钒工艺，即钒钛磁铁矿直接钠化氧化焙烧，采用湿法冶金的方法水浸处理焙烧熟料提取钒；二是以提铁为主，钒以副产品的形式加以回收，即钒钛磁铁矿进入高炉冶炼成含钒铁液，含钒铁液经选择性氧化吹炼后钒富集于钒渣中，钒渣经氧化焙烧为熟料后即采用湿法工艺提取。目前国内外多采用第二种工艺，以提铁为主，钒作为副产品。

对于含钒铁液的处理方法有很多，目前俄罗斯、中国、南非、新西兰是世界产钒大国，分别采用转炉提钒(俄罗斯、中国)、摇包提钒、铁液包提钒工艺分离钒铁。1972 年攀钢采用雾化提钒工艺开始对铁液中钒进行提取，但钒回收率及钒渣质量指标并不理想。1995 年攀钢采用转炉提钒工艺，经过五年技术攻关，到 2000 年技术经济指标已达较高水平。承钢最初于 1960 年采用地坑式转炉侧吹空气分离钒铁提取钒渣，2000 年改建成为 100t 氧气转炉提钒。俄罗斯丘索夫冶金工厂采用空气底吹转炉提钒法，俄罗斯下塔吉尔钢铁公司采用的是氧气顶吹转炉提钒法，南非海威尔德钢钒公司采用摇包提钒法，新西兰主要采用铁液包吹氧提钒以及转炉单联吹氧提钒方法。世界上主要的钒渣生产方法如图 8-1 所示。

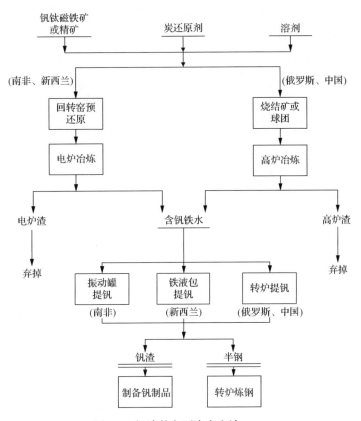

图 8-1　钒渣的主要生产方法

对于我国普遍采用的转炉提钒工艺，主要以纯氧气顶吹为手段，将含钒铁液中的钒元素氧化成为钒渣。该工艺具有钒氧化率高的优点，但也有其不足：

(1)由于采用纯氧对铁液中的钒进行氧化，氧与铁液中的碳、钒、铁、硅、锰、钛等元素的反应均为强放热反应，使熔池中的温度不断上升，极易超过碳钒转折温度，从而加快碳的氧化并且抑制钒的氧化，达不到提钒和保碳的目的；

（2）必须向炉内加入冷却剂进行控温，冷却剂含有的其他杂质元素也将被氧化进入钒渣中，会污染钒渣，导致生成的钒渣品位降低；

（3）提钒操作过程中烟尘量较大。

现行的转炉提钒工艺存在着以上缺点，使其在提钒效率与钒渣品位方面很难有进一步的提高。

8.1.3 转炉提钒原理

转炉提钒是一个选择性氧化的过程，与转炉炼钢过程的主要区别在于转炉提钒过程的主要目的是使铁液中钒大量氧化富集形成钒渣，并且控制铁液中碳元素尽量少氧化；而转炉炼钢过程主要是脱碳和去除铁液中有害杂质元素磷、硫等。转炉提钒过程是一个去钒保碳的过程，为了使提钒后的半钢在后续炼钢工序能够正常地被冶炼成成分与温度合格的钢液，提钒过程应尽量避免碳的氧化。

转炉提钒的化学原理是通过向熔池中吹入 O_2 使铁液中的铁、钛、硅、锰、钒、碳等元素氧化到渣中。各种元素的氧化速度与最终在渣铁间的分配则取决于铁液的化学成分、组元在渣中的活度和动力学条件。铁液中各元素氧化的途径有以下三种：

（1）与气相中的氧气反应：

$$x[\text{M}]+0.5y(\text{O}_2) =\!\!= (\text{M}_x\text{O}_y)_{\text{渣、气}} \tag{8-1}$$

（2）与溶于金属中的氧反应：

$$x[\text{M}]+y[\text{O}] =\!\!= (\text{M}_x\text{O}_y) \tag{8-2}$$

（3）与铁氧化物反应：

$$x[\text{M}]+y(\text{FeO}) =\!\!= (\text{M}_x\text{O}_y)+y[\text{Fe}] \tag{8-3}$$

式中，[M] 为铁液中的组元；(M_xO_y) 为渣中的氧化物或气体氧化物；x，y 为化学计量数。

研究表明，在提钒吹炼的初期，铁液中的铁元素在气液界面按照式(8.1)被 O_2 大量氧化，生成的 FeO 进入渣相；而后渣中的 FeO 按照式(8.3)不断将传质到渣铁界面的各种元素氧化。传质到渣铁界面的碳、钒、硅、锰、钛等元素的氧化反应过程是竞争性氧化反应，其中的碳钒量元素的选择性氧化行为一直是转炉提钒热力学所需研究的重点。

碳钒选择性氧化转折温度的热力学描述如下，已知：

$$\text{C(s)}+\frac{1}{2}\text{O}_2 = \text{CO(g)} \qquad \Delta G_1^\ominus = 114400-85.77T \tag{8-4}$$

$$\text{C(s)} = [\text{C}] \qquad \Delta G_2^\ominus = -22590-42.26T \tag{8-5}$$

$$\frac{2}{3}\text{V(s)}+\frac{1}{2}\text{O}_2 = \frac{1}{3}(\text{V}_2\text{O}_3) \qquad \Delta G_3^\ominus = -40096-79.18T \tag{8-6}$$

$$V(s) = [V] \qquad\qquad \Delta G_4^\ominus = -20710 - 45.61T \tag{8-7}$$

将以上四个反应耦合可以得到如下反应式：

$$\frac{2}{3}[V]+CO = \frac{1}{3}(V_2O_3)+[C] \qquad \Delta G_5^\ominus = -250170 + 153.09T \tag{8-8}$$

在标准状态下，可根据反应(8-8)的吉布斯自由能计算出碳钒选择性氧化转折温度为 1361℃。当温度大于 1361℃时，CO 的生成吉布斯自由能更大，所以铁液中的碳被大量氧化，而铁液中的钒则不被氧化。当温度小于 1361℃时，V_2O_3 的生成吉布斯自由能更大，铁液中的大量钒被氧化进入渣相，而铁液中的碳则不被氧化，由此便可达到"提钒保碳"这一核心目标，所以提钒工艺的关键是控制熔池温度在碳钒转折温度之下。

上述结论是在标准状态下得到的，即碳、钒为铁液中的饱和溶质，渣中除 V_2O_3 外没有其他组分，气相中的 CO 为 1atm。但是实际转炉提钒过程并非标准状态。尽管其趋势是与非标准态一致，但是上述结论不能应用于实际生产。

由此，依据反应(8-8)可知，等温方程式为

$$\Delta G_5 = \Delta G_5^\ominus + RT\ln K = \Delta G_5^\ominus + RT\ln\left(\frac{a_{[C]}\cdot a_{(V_2O_3)}^{1/3}}{a_{[V]}^{2/3}\cdot p_{CO}}\right) \tag{8-9}$$

式中，R 为摩尔气体常数，8.314J/(K·mol)；$a_{[C]}$、$a_{[V]}$ 分别为含钒铁液中碳和钒的活度；p_{CO} 为气相中 CO 的分压；$a_{(V_2O_3)}$ 为钒渣中 V_2O_3 的活度。令 $\Delta G_5 = 0$ 时，有以下等式：

$$250170 + 153.09T + RT\ln\frac{a_{[C]}\cdot a_{(V_2O_3)}^{1/2}}{a_{[V]}^{2/3}\cdot p_{CO}} = 0 \tag{8-10}$$

这样可以得到提钒过程选择性氧化的转折温度：

$$T_{转} = 250170 / \left(153.09 + R\ln\frac{a_{[C]}\cdot a_{(V_2O_3)}^{1/2}}{a_{[V]}^{2/3}\cdot p_{CO}}\right) \tag{8-11}$$

由式(8-11)可知，转炉提钒过程的实际转折温度随着炉渣中的 V_2O_3 含量增大（即铁液中的钒含量降低）而降低，保碳变得困难。同时，随着铁液中钒浓度的升高和氧分压的增大，转折温度有所增加。实际操作过程的吹钒温度一般控制在 1360～1400℃。

在攀钢现行转炉炼钢提钒工艺中，氧气与硅、锰、钒、钛及部分碳元素发生氧化反应，产生大量的热，导致熔池温度很快上升至 1400℃以上，超过熔池碳-钒氧化的转折温度，使提钒保碳的热力学条件变差。为此，生产中通过加入生铁块、铁矿石、氧化铁皮

以及废钢等块状冷却剂进行控温。通过对转折温度的计算，可以依据实际生产工艺的要求对半钢成分做出规定，即在合适的成分下结束提钒以保证提钒的质量和半钢炼钢的要求。同时依据铁液成分和半钢成分可以计算出提钒终点的温度，由此可以做出热平衡计算，从而计算需要加入的冷却剂的用量。

8.2　CO_2在氧化提钒过程中冷却效应

二氧化碳在氧化提钒过程中主要的热效应由以下两部分共同作用体现：

(1)二氧化碳由室温进入铁液升到高温的物理吸热。

(2)二氧化碳与含钒铁液中的常见元素反应产生的化学热。

对于二氧化碳的物理吸热，已知气体摩尔定压热容(C_p)与温度的关系如下：

$$C_p = a + bT + cT^2 \tag{8-12}$$

对于转炉喷吹所使用的常见的三种气体，式中 a、b、c 的取值见表 8-2。对气体物理吸热的计算需要采取对气体比热容的积分的形式。当室温为 25℃ (298K)，终点铁液温度为 1380℃ (1653K) 时，吸热量的计算公式如式(8-13)所示。

$$Q = \int_{298}^{1653} C_p \mathrm{d}T \tag{8-13}$$

表 8-2　气体的摩尔定压热容与温度的关系

气体名称	$a/[\text{J}/(\text{mol}\cdot\text{K})]$	$b/[10^{-3}\,\text{J}/(\text{mol}\cdot\text{K})]$	$c/[10^{-6}\,\text{J}/(\text{mol}\cdot\text{K})]$	适用温度/K	$Q_{1380℃}/(\text{J/mol})$
O_2	36.16	0.845	−0.7494	273～3800	48.99
CO_2	26.75	42.258	−14.25	300～1500	70.77
N_2	27.32	6.226	−0.9502	273～3800	43.83

由此可得到不同温度时三种气体的物理吸热量，如表 8-2 所示。在转炉提钒温度区间内，二氧化碳的物理吸热量远高于氧气和氮气，在上限温度为 1380℃时，每摩尔二氧化碳物理吸热量比氧气多 44.5%，而氮气的物理吸热量略小于氧气，故二氧化碳的物理吸热量大于氧气、氮气等常见转炉喷吹气体。

根据本书前几章的热力学计算，在 1300～1400℃ 这一提钒温度区间，利用二氧化碳的弱氧化性可以氧化含钒铁液里面的各种常见元素。而反应所放出的热量可以由某一温度下该反应的焓变来体现，二氧化碳和氧气与熔池中主要元素反应的焓变如表 8-3 所示。

表 8-3　各元素反应的标准焓变(T=1300℃)

化学反应	ΔH /(kJ/mol)	化学反应	ΔH /(kJ/mol)
$[Si]+2CO_2(g)=SiO_2+2CO(g)$	−304.778	$[Si]+O_2(g)=SiO_2$	−864.824
$2[V]+3CO_2(g)=V_2O_3+3CO(g)$	−354.684	$2[V]+3/2O_2(g)=V_2O_3$	−1194.754
$Fe(l)+CO_2(g)=FeO+CO(g)$	3.144	$Fe(l)+1/2O_2(g)=FeO$	−276.879
$[Ti]+2CO_2(g)=TiO_2+2CO(g)$	−362.667	$[Ti]+O_2(g)=TiO_2$	−922.713
$[Mn]+CO_2(g)=MnO+CO(g)$	−128.796	$[Mn]+1/2O_2(g)=MnO$	−408.820
$[C]+CO_2(g)=2CO(g)$	187.256	$[C]+1/2O_2(g)=CO(g)$	−185.535
		$[C]+O_2(g)=CO_2(g)$	−372.791

由表 8-3 可知，与氧气对比，二氧化碳与铁液中的 C 和 Fe 反应的 ΔH 均大于 0，为吸热反应，而二氧化碳与 Si、V、Ti、Mn 的反应虽为放热反应，但放热量对比氧气分别下降了 64.8%、70.3%、60.7%、68.5%。因此相比于氧气，二氧化碳在氧化喷吹过程中可在一定程度上抑制铁液升温。

假设入炉温度为 25℃，提钒终点升至 1380℃，则二氧化碳的冷却效应可由式(8-14)计算。

$$Q_{CO_2} = \int_{298}^{1653} C_{p,CO_2} dT + \lambda_{CO_2} + w(FeO) \cdot \left(\frac{56}{72}\right) \cdot \Delta H_{FeO}^{\ominus} \tag{8-14}$$

球团矿和绝废渣的冷却效应主要靠 FeO 和 Fe_2O_3 的分解吸热，根据攀钢冷却剂成分(表 8-4)，可以用关系式(8-15)计算其冷却效应。

$$Q_s = \int_{298}^{1653} C_{p,s} dT + \lambda_s + w(Fe_2O_3)\left(\frac{112}{160}\right)\Delta H_{Fe_2O_3}^{\ominus} + w(FeO)\left(\frac{56}{72}\right)\Delta H_{FeO}^{\ominus} \tag{8-15}$$

式中，λ_{CO_2} 与 λ_s 为二氧化碳与固体冷却剂的化学热。

表 8-4　攀钢转炉提钒所用冷却剂成分　　　(单位：%，质量分数)

冷却剂	V_2O_5	TiO_2	CaO	SiO_2	FeO	Fe_2O_3	MnO	P_2O_5	Cr_2O_3	MgO	Al_2O_3
球团矿	0.278	2.805	0.602	7.965	35.79	39.45	0.506	0.134	0.065	0.981	3.275
绝废渣	17.29	10.86	0.561	13.69	41.94	0.50	6.110	0.183	3.070	2.980	3.290

由此，可将二氧化碳、球团矿、绝废渣在相同初始成分和温度下铁液中加入的冷却效应作对比。经计算可知，二氧化碳冷却效果为 4799kJ/kg，与攀钢所用球团矿 4973kJ/kg 接近，大于绝废渣的 3007kJ/kg，故二氧化碳具有较好的冷却效果，与生产所用固体冷却剂的冷却效应相当。

8.3 CO₂用于提钒的效果

8.3.1 钒的氧化率

为了探究实际过程中二氧化碳对钒的氧化效果，在实验室内进行不同比例的二氧化碳与氧气混合气体喷吹提钒实验。该实验在高温硅钼炉进行，控制每组实验的初始铁液量和铁液成分一致，实验初始温度均为 1300℃，且实验过程中炉子升温速率与散热速率基本一致，不同二氧化碳喷吹比例下钒含量随时间的变化如图 8-2 所示。

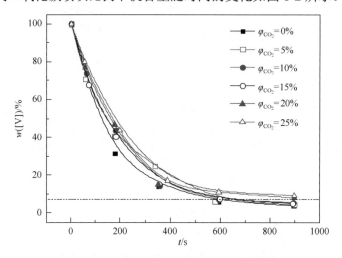

图 8-2　不同 CO₂ 喷吹比例下钒含量随时间变化

从图 8-2 中可以看到，随着反应的进行，熔池中钒含量逐渐下降，且前期下降较快，后期下降较缓慢，即前期钒元素的氧化速率高，后期氧化速率减小，因为反应前期熔池温度较低，且钒元素含量相对较多，故有利于钒元素的大量氧化，而反应中后期随着温度的提升和钒含量的下降，钒的反应速率逐渐降低，这与工业生产数据相吻合。

工业要求提钒率大于 90%，在该实验条件下 600s 左右可达到该钒氧化率，因此可以认为 600s 为提钒终点，此时当二氧化碳的含量以 5% 的间隔由 0% 增至 25% 时，钒氧化率分别为 94.1%、93.9%、93.1%、92.6%、89.5% 和 89.1%，可见二氧化碳的添加会在一定程度上影响钒的氧化率，延长提钒时间，但适度添加二氧化碳并不会影响最终的钒氧化率。

8.3.2 提钒保碳的效果

魏寿昆在针对镍锍脱硫的研究中曾提出，为了使脱硫保镍顺利进行，应使熔池温度高于理论计算的转折温度，而降低熔池气体氧化产物分压，将有助于脱硫时氧化的转折温度降低。同样，为了满足铁液提钒保碳的冶炼要求，应使熔池温度保持低于碳钒转折温度。而增大气体反应物的分压，可以达到提高熔池的转折温度，使钒优先于碳发生氧化。

与传统纯氧喷吹工艺相比，喷吹气体中加入少量二氧化碳后，因为二氧化碳与铁液中元素反应将产生一氧化碳，故一氧化碳的分压会有较大改变。使用热力学计算软件 FactSage 在终点 T=1380℃，p=1atm 条件下，结合转炉提钒物料平衡计算，对氧气喷吹和二氧化碳喷吹下的碳钒转折温度进行计算，不同氧化剂反应下的一氧化碳分压计算结果如表 8-5 所示。由表可知，在氧气中混入 5%的二氧化碳后，一氧化碳的分压由 0.906 变为 0.942，发生了较大改变，并随混合气体中二氧化碳量的增加而继续增加；当氧化剂只有二氧化碳时，产物中一氧化碳分压接近 1。

表 8-5　O₂ 及 CO₂ 喷吹下 p_{CO} 计算值

氧化剂	p_{CO}
O₂	0.906
5%CO₂+95%O₂	0.942
10%CO₂+90%O₂	0.945
15%CO₂+85%O₂	0.957
20%CO₂+80%O₂	0.970
25%CO₂+75%O₂	0.976
CO₂	0.999

为了探究实际提钒过程中二氧化碳的提钒保碳效果，在实验室内进行不同比例的二氧化碳与氧气混合气体喷吹提钒实验，该实验在高温硅钼炉进行，实验时控制的唯一变量为二氧化碳与氧气的混合比例，实验过程中取铁液样进行钒、碳含量的化学分析。为了更好地比较不同二氧化碳比例下转炉提钒保碳的能力，对铁液中钒的氧化率达到 90%时的钒、碳氧化率的比值进行考量，以得到实验条件下的最佳二氧化碳喷吹比例，图 8-3 为钒的氧化率与碳的氧化率的比值随二氧化碳含量变化的关系。

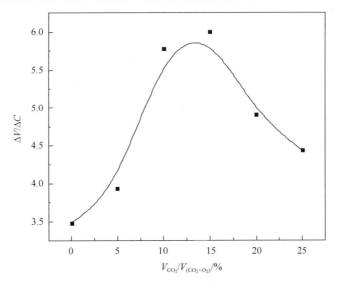

图 8-3　钒的氧化率与碳的氧化率的比值随二氧化碳含量变化的关系

由图 8-3 可知，随二氧化碳含量增加，钒与碳的氧化率的比值有先增加后减小的趋势。二氧化碳含量为 10%与 15%时该比值高于其他二氧化碳混合比例喷吹下的值，表明二氧化碳含量为 10%～15%内更有利于提钒保碳，在此范围内，碳的相对氧化量最低，钒碳氧化率比值由纯氧喷吹的 3.5 提升至 6.0 左右，提钒保碳效果最佳。

8.3.3　实验温度测量

为了探究实际提钒过程中二氧化碳的热效应，在实验室内进行不同比例的二氧化碳与氧气混合气体喷吹提钒实验，并设置氮气与氧气混合气体喷吹作为对照实验。该实验在高温硅钼炉进行，实验时调节炉体升温功率到合适的值，使炉体在一定时间内的升温速率与炉体散热速率基本一致，喷吹时熔池温度采用热电偶与记录仪实时记录。实验过程中热电偶实时测的温度数据如图 8-4 所示。

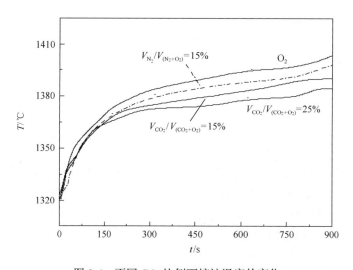

图 8-4　不同 CO_2 比例下熔池温度的变化

提钒反应前期主要是以铁液中的硅元素为主的反应，放出大量的热，导致 200s 前温度迅速上升，随后温度上升趋于平稳，不同比例二氧化碳实验组的温差逐渐显现出来。随着二氧化碳比例增加，在同一喷吹时刻的熔池温度降低，且二氧化碳比例每提高 10%，温度约下降 7℃。当二氧化碳含量为 15%时，与纯氧喷吹相比可使铁液温度下降 15℃，与氮气相比，因参与化学反应，二氧化碳冷却能力明显比 15%的氮气喷吹更优。在喷吹终点 600s 时：纯氧气喷吹的温度为 1405℃；15%的氮气喷吹的温度为 1399℃；15%的二氧化碳喷吹温度为 1390℃；25%的二氧化碳喷吹温度为 1383℃。在本实验中，炉体升温速率设定为与喷吹前铁液的散热速率基本一致，但是实验过程中温度会不断升高，铁液与环境的热交换会有一定的提升，因此反应中后期实际氧化放热应略高于此温度曲线的温升效果，但二氧化碳所具有的冷却效果已经有所体现。

8.3.4　CO₂ 与其他冷却剂对比

在转炉提钒过程中选择采用优质纯净又含钒的降温物料，避免向熔池中带入外来杂质，减少对钒渣的污染，是保证钒渣品位不被降低的主要措施。故适宜在提钒过程中加入的冷却剂除了应该具有冷却能力外，还应该具有一定的氧化能力，并且要求带入的杂质尽量少。现常用的冷却剂有：绝废钒渣、氧化铁皮、烧结矿、球团矿、铁矿石、废钢、生铁等。

绝废钒渣的主要成分为是钒渣在后续的破碎磁选中选出的含有大量金属铁的钒渣，其主要成分为金属铁，可增加半钢产量，但仍不可避免地含有 CaO、P_2O_5 等杂质。

氧化铁皮、烧结矿、球团矿、铁矿石等既是冷却剂又是氧化剂，主要成分均为氧化铁。其中氧化铁皮最好，因为它的杂质较少，并且除了具有一定的氧化能力外还能与渣中的(V_2O_3)结合成稳定的钒铁尖晶石($FeO·V_2O_3$)，但是氧化性冷却剂的加入会增加钒渣中的氧化铁含量，如加入时间过晚则更为严重，进而降低钒渣品位。

用废钢和生铁作冷却剂可增加半钢产量，但生铁需加入由钒钛磁铁矿所炼的生铁，才不会对钒渣品位造成较大影响；生铁及废钢中的 Si 在提钒过程中会优先氧化放热，造成提钒过程升温较快，不利于铁液钒的氧化，另外 Si 氧化进入钒渣，使钒渣产渣率增加，造成钒渣品位下降，且废钢中通常不含钒，加入会降低半钢中钒的浓度，影响钒在渣与铁间的分配，进而影响钒渣的质量。

相比于以上传统的冷却剂，二氧化碳有以下优点：

(1)高温下二氧化碳具有弱氧化性。二氧化碳与熔池中含量最多的铁和碳元素的反应均为吸热反应，与其他元素的反应为弱放热反应，故可作为气体冷却剂对提钒过程控温，同时对熔池中钒等元素进行氧化，并降低火点区温度，使提钒过程烟尘量得到控制。

(2)改善熔池动力学条件。1mol 二氧化碳与碳元素反应可以生成 2mol 一氧化碳，与其他金属元素反应前后气体物质的量不变，故喷吹二氧化碳时熔池内会产生大量一氧化碳气泡，不仅存在喷枪射流的物理搅拌作用，由于化学反应生成的一氧化碳气泡的上浮，也会产生强烈的化学搅拌作用，可改善熔池的动力学条件，提高转炉提钒的效率。

(3)反应产物为一氧化碳气体。二氧化碳的反应产物将提高炉内一氧化碳的分压，可起到抑制碳氧反应的作用，并且由式(8-11)可知，一氧化碳的分压的增加有利于碳钒转折温度的提高，对转炉提钒保碳有利，并可提高转炉煤气的品位。

(4)不影响钒渣质量。因为二氧化碳本身不会给钒渣带来杂质元素，故大量加入也不会对钒渣品位带来不利影响。

(5)传统冷却剂均为块状冷却剂,集中加入时不仅会使熔池产生激冷,影响钒渣质量,而且还易引起喷溅,分批加入时应严控生产节奏,若加入过晚时钒渣中氧化铁含量高、品位低；并且块状冷却剂存在熔化的过程，短时间内不能完全熔化，不利于生产节奏较快的提钒工艺流程的顺行，而二氧化碳作为一种气体，可以温和且连续加入，有优于固体冷却剂的独特优势。

综上所述，二氧化碳是一种可应用于提钒过程的绿色冷却剂。

8.4 提钒速率方程的建立

8.4.1 提钒模型建立与分析

转炉喷吹氧化提钒过程中生成的熔渣和铁液在渣-金界面上的反应，属于高温下的液-液两相反应，由表观两相区内部的传质作用与在渣-金界面处的化学反应两个部分组成。液-液反应的表观反应速率一般由传质速率或者界面化学反应的速率决定，又或者是由这两个分步骤综合决定。由于喷吹过程中熔池温度很高，因而化学反应往往进行得非常迅速，除去少部分的特殊反应，绝大部分的渣-金高温反应速率仅仅只由在各相内的传质过程的速率决定。目前双膜理论主要用于研究液-液两相反应。

8.4.2 铁液中 V 氧化的动力学研究

在混合喷吹过程中，由于铁液中主要元素为铁，故首先生成以 FeO 为主的初渣；之后由 FeO 在渣中，将[O]传递到渣-金界面，[O]最后在渣-金界面和[V]发生氧化反应。因此在这整个过程中，铁液里钒的氧化反应的特征是：初渣内部的 FeO 传递[O]，铁液内部传递[V]到渣-金界面上，再发生界面化学反应。

而通过热力学分析可以知道，铁液里的钒发生氧化反应后进入渣中的形式主要是 V_2O_3，有关化学反应为

$$(FeO) \!\!=\!\! [Fe] + [O]$$

$$2[V] + 3[O] \!\!=\!\! (V_2O_3)$$

钒的总氧化反应为

$$3(FeO) + 2[V] = 3[Fe] + (V_2O_3)$$

如图 8-5 所示，铁液中钒的氧化反应由五步组合而成：

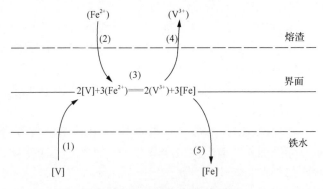

图 8-5　钒的氧化过程示意图

(1)铁液中的[V]向渣-金界面进行扩散；

(2)渣中生成的(FeO)向渣-金界面进行扩散；

（3）在渣-金界面上发生化学反应；

（4）反应生成的 (V_2O_3) 从渣-金界面扩散进入渣相；

（5）反应生成的 [Fe] 从渣-金界面扩散进入铁液。

在以上的五个步骤里面，考虑到在渣中氧离子的扩散系数比亚铁离子的扩散系数大很多，因此在第二步中直接忽略了氧离子在渣中的扩散，同时氧离子在渣中的浓度也是远远高于渣中亚铁离子的浓度，所以最终确定氧化亚铁在熔渣中的扩散速度基本上是由亚铁离子的扩散速度决定的。而且在喷吹过程中混合气体和铁液首先生成大量的氧化亚铁，所以渣中大量的氧化亚铁保证了其在渣中的扩散速度。同时热力学的研究表明，在1300～1400℃这一温度区间内，钒在渣-金界面发生氧化反应的速率非常快，也就是说在实验条件下（1300℃）第三步进行得很快，不会成为限制性环节。目前大多数研究者认为，在高温冶金反应过程中，铁在铁液中的扩散往往并非总反应速率的限制环节，所以可忽略第五步中作为反应产物的铁在铁液中的扩散过程。

综合以上几点，结合实际实验条件，认为可以忽略反应过程中的第（2）、（3）、（5）步，因此完全可以忽略反应机理中（2）、（3）、（5）步骤的阻力，即把 [V] 在铁液内的扩散和 $[V^{2+}]$ 在渣中的扩散作为钒氧化反应的限制性环节，这是进行后续工作的基础。

8.4.3　铁液在 CO_2-O_2 混合喷吹条件下提钒速率方程

目前认为除 [Fe] 外铁液中各元素的氧化过程以间接氧化为主，其氧化过程的反应式如下：

$$2[V]+3(Fe)^{2+}=2(V^{3+})+3[Fe] \qquad (8\text{-}16)$$

$$CO_2+O_2+3[Fe]=3(FeO)+CO \qquad (8\text{-}17)$$

两个反应的平衡常数为

$$K_1=\frac{a_{(V_2O_3)}^{*2}\cdot a_{[Fe]}^{*3}}{a_{[V]}^{*2}\cdot a_{(FeO)}^{*3}}=\frac{\gamma_{(V_2O_3)}^{2}\cdot c_{(V_2O_3)}^{*2}\cdot a_{[Fe]}^{*3}}{c_{[V]}^{*2}\cdot f_{[V]}^{2}\cdot a_{(FeO)}^{*3}} \qquad (8\text{-}18)$$

$$K_2=\frac{a_{(FeO)}^{*3}\cdot p_{CO}^{*}}{a_{[Fe]}^{*3}\cdot p_{CO_2}^{*}\cdot p_{O_2}^{*}}=\frac{a_{(FeO)}^{*3}\cdot p_{CO}^{*}}{p_{CO_2}^{*}\cdot p_{O_2}^{*}} \qquad (8\text{-}19)$$

式中，K_1、K_2 为两个反应的平衡常数；$a_{(V_2O_3)}$、$a_{[Fe]}$、$a_{[V]}$、$a_{(FeO)}$ 为平衡时渣中氧化钒、铁液中铁、铁液中钒、渣中氧化铁的活度；$\gamma_{(V_2O_3)}$、$f_{[V]}$ 为渣中氧化钒、铁液中钒的活度系数；$c_{(V_2O_3)}$、$c_{[V]}$ 为渣中氧化钒、铁液中钒的浓度；p_{CO}^{*}、$p_{CO_2}^{*}$、$p_{O_2}^{*}$ 为平衡时 CO、CO_2、O_2 的分压。

由双膜理论得：

$$J_{[V]}=\beta_{[V]}\left(c_{[V]}-c_{[V]}^{*}\right) \qquad (8\text{-}20)$$

$$J_{(V_2O_3)} = \beta_{(V_2O_3)} \left(c^*_{(V_2O_3)} - c_{(V_2O_3)} \right) \tag{8-21}$$

$$J_{[V]} = J_{(V_2O_3)} \tag{8-22}$$

式中，$J_{[V]}$、$J_{(V_2O_3)}$ 为铁液中钒、渣中钒离子的传质通量；$\beta_{[V]}$、$\beta_{(V_2O_3)}$ 为铁液中钒、渣中钒离子的传质系数。由式(8-18)~式(8-22)求解，得到式(8-23)：

$$-\frac{dW_{[V]}}{dt} = K' \left(W_{[V]} - W_{(V_2O_3)} \cdot \frac{\gamma_{(V^{3+})}}{f_{[V]}} \cdot \frac{\rho_S}{\rho_L} \cdot \frac{M_{[V]}}{M_{(V_2O_3)}} \cdot \frac{1}{\sqrt{K_1 \cdot K_2} \cdot \sqrt{\dfrac{p^*_{O_2} \cdot p^*_{CO_2}}{p^*_{CO}}}} \right) \tag{8-23}$$

式(8-23)即为以双膜理论推导出的铁液中 V 氧化的速率表达式。其中

$$K' = \frac{A}{V_1} \cdot \frac{f_{[V]}}{\dfrac{\gamma_{(V^{3+})}}{\beta_{(V^{3+})} \cdot \sqrt{K_1 \cdot K_2} \cdot \sqrt{\dfrac{p^*_{O_2} \cdot p^*_{CO_2}}{p^*_{CO}}}} + \dfrac{f_{[V]}}{\beta_{[V]}}}$$

式中，$W_{[V]}$、$W_{(V_2O_3)}$ 为铁液中钒、渣中钒离子的质量分数；ρ_L、ρ_S 为铁液、渣的密度；$M_{(V_2O_3)}$、$M_{[V]}$ 为三氧化二钒、钒的相对分子质量；V_1 为铁液体积。

推导得到的方程中：$W_{[V]}$、$W_{(V_2O_3)}$ 可从化学成分分析结果中找到；查阅文献得 $\rho_L = 7 \times 10^{-3} g/mm^3$，$\rho_S = 3 \times 10^{-3} g/mm^3$，$M_V = 51$，$M_{V_2O_3} = 150$；$K_1$、$K_2$ 根据公式 $\Delta G = \Delta G^{\ominus} + R \times T \times \ln K$ 求得。由流体内物质扩散速率的积分式：$\lg[(W_{[V]} - W_e)/(W_0 - W_e)] = -(\beta/2.3) \times (A/V) \times t$ 求出。以 $\lg[(W_{[V]} - W_e)/(W_0 - W_e)]$ 对时间 t 作图，直线斜率就是 $(\beta/2.3) \times (A/V)$ 的值，如图 8-6 所示。

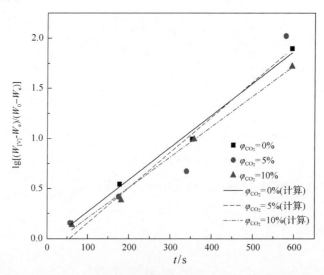

图 8-6　φ_{CO_2} 为 0%、5%、10%时 $\lg[(W_{[V]} - W_e)/(W_0 - W_e)]$ 与时间 t 的关系

令 $K' = (\beta \times A)/V$，由图 8-6 和图 8-7 求得 K' 的值，如表 8-6 所示。

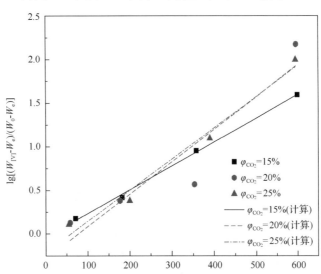

图 8-7　φ_{CO_2} 为 15%、20%、25% 时 $\lg[(W_{[V]}-W_e)/(W_0-W_e)]$ 与时间 t 的关系

表 8-6　不同 φ_{CO_2} 下的 K' 值

φ_{CO_2} /%	0	5	10	15	20	25
$K'/10^{-3}$	7.36	8.096	6.992	6.394	8.556	8.211

再求得 $K_1 = 2.73 \times 10^4$，$K_2 = 1.25 \times 10^{12}$，$(K_1 K_2)^{1/2} = 1.85 \times 10^8$，$(p_{O_2} \times p_{CO_2}/p_{CO})^{1/2}$ 的数量级为 $10^0 \sim 10^1$，可见式 (8-23) 中 $(K_1 K_2)^{1/2}$ 的数量级远远大于同式中其他项的数量级，故

$$V_{[V]} = K' \times W_{[V]} \tag{8-24}$$

式 (8-24) 即为最终的 V 氧化速率方程。

8.4.4　实验验证

实验条件：初始温度 T=1300℃，混合气体总流量 0.6L/min；由实验结果中的 V 含量随时间的变化曲线可以求得不同时刻下 V 的氧化速率，再将 V 的氧化速率对时间 t 作图。

[V] 在铁液内的扩散和 [V²⁺] 在渣中的扩散为钒氧化反应的限制性环节，在此前提下，将上面得到的数据代入式 (8-24) 中可求得 V 的氧化速率，将其与实验得到的 V 氧化速率对比作图。

从图 8-8～图 8-10 可知，由推导出的公式求得的 [V] 氧化速率与实验得到的结果趋势一致，都是在初期反应速率最高，之后开始逐渐降低，在喷吹时间为 600s 时反应速率趋近于 0，说明反应基本达到平衡。综合来看，计算结果与实验值较为一致。

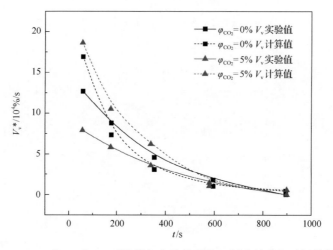

图 8-8　φ_{CO_2} 为 0% 和 5% 时计算与实验得到的 V 氧化速率与时间的关系

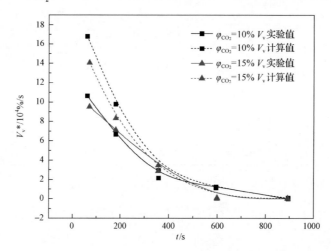

图 8-9　φ_{CO_2} 为 10% 和 15% 时计算与实验得到的 V 氧化速率与时间的关系

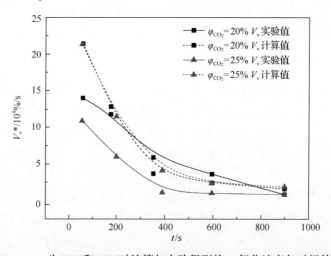

图 8-10　φ_{CO_2} 为 20% 和 25% 时计算与实验得到的 V 氧化速率与时间的关系

8.5　提钒过程加石灰石的试验研究

为了研究在铁液提钒过程中加入部分石灰石对铁液的温度影响和提钒保碳能力的影响，分别进行了在实验条件下混合喷吹 10% 含量的 CO_2 并添加不同比例的石灰石提钒的实验及不喷吹气体仅添加不同比例石灰石的实验。实验装置见图 8-11。

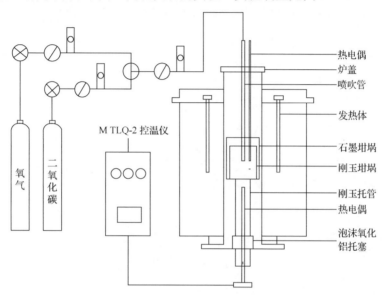

图 8-11　混合喷吹实验装置示意图

实验使用攀钢含钒生铁 360g，成分见表 8-7 所示。

表 8-7　含钒生铁初始成分

元素	C	V	Si	Mn	P	S
质量分数/%	3.73	0.32	0.053	0.14	0.081	0.145

实际添加的 $CaCO_3$ 的质量按实验方案的渣中 Ca/V 物质的量比计算，具体比例见表 8-8 和表 8-9。

表 8-8　实验一

实验编号	1	2	3	4
$V_{CO_2} : V_{O_2}$		10 : 90		
$n_{Ca} : n_V$	2 : 1	4 : 1	6 : 1	8 : 1

表 8-9　实验二

实验编号	5	6	7	8
喷吹气体的情况		不喷吹气体		
$n_{Ca} : n_V$	2 : 1	4 : 1	6 : 1	8 : 1

8.5.1　石灰石分解对转炉提钒氧化速率的影响

在转炉提钒过程中,添加的石灰石由于达到其分解温度,石灰石会分解为氧化钙与二氧化碳。由于氧化钙并不与铁液中的元素进行反应,所以主要是二氧化碳与铁液中的元素进行氧化还原反应。CO_2 本身具有弱氧化性,并且与铁液中的[Fe]、[C]反应为吸热反应,与铁液中其他元素的反应为低放热反应。

表 8-10 给出了对实验一过程中所取铁样进行化学分析后得到的结果。

表 8-10　化学分析结果　　　　　　　　　　　　(单位:%)

$n_{Ca}:n_V$	$w([C])_0$	$w([V])_0$	$w([P])_0$	$w([C])_f$	$w([V])_f$	$w([P])_f$
2:1	3.73	0.325	0.081	2.65	0.028	0.073
4:1	3.73	0.325	0.081	2.65	0.026	0.071
6:1	3.73	0.325	0.081	2.65	0.025	0.066
8:1	3.73	0.325	0.081	2.68	0.023	0.048

1. 铁液中[C]元素氧化的影响

在 CO_2-O_2 喷吹的情况下,添加石灰石对铁液中[C]元素氧化的影响的分析结果如表 8-11 所示。

表 8-11　[C]元素变化量

$n_{Ca}:n_V$	$w([C])_0/\%$	$w([C])_f/\%$	氧化率/%
2:1	3.73	2.65	28.95
4:1	3.73	2.65	28.95
6:1	3.73	2.65	28.95
8:1	3.73	2.68	28.15

由表 8-11 知,随着反应的进行,熔池中[C]含量整体呈下降趋势,而且添加碳酸钙的量对碳元素的最终氧化量并没有影响,所以由实验结果可知,添加碳酸钙对熔池中碳元素的氧化并无显著影响。

2. 铁液中[V]元素的氧化的影响规律

在 CO_2-O_2 喷吹的情况下,添加石灰石对铁液中[V]元素的氧化影响的分析结果如表 8-12 所示。

表 8-12　[V]元素变化量

$n_{Ca}:n_V$	$w([V])_0/\%$	$w([V])_f/\%$	氧化率%
2:1	0.325	0.028	91.3
4:1	0.325	0.026	91.9
6:1	0.325	0.025	92.2
8:1	0.325	0.023	92.8

由表 8-12 知，随着反应的进行，熔池中[V]含量整体呈下降趋势，并且随着碳酸钙的加入量增加，钒元素的氧化量有少许的增加。所以由实验结果知，碳酸钙的添加对在喷吹混合气体的情况下，熔池中钒元素的氧化有些许加强。在本实验条件下，钒元素的氧化率均高于 90%。

3. 铁液中[P]元素氧化的影响

在 CO₂-O₂ 喷吹的情况下，添加石灰石对铁液中的[V]元素的氧化的影响的分析结果如表 8-13 所示。

表 8-13　[P]元素变化量

$n_{Ca}:n_V$	$w([P])/\%$	$w([P])/\%$	氧化率%
2:1	0.081	0.073	9.9
4:1	0.081	0.071	12.4
6:1	0.081	0.066	18.5
8:1	0.081	0.048	40.7

由表 8-13 可知，随着反应的进行，熔池中[P]含量整体呈下降的趋势，并且由于碳酸钙的量的增加，磷的氧化率也逐渐增加，最高可达到 40.7%。

8.5.2　石灰石对转炉提钒的热效应研究

为了研究添加石灰石在喷吹气体和不喷吹混合气体两种不同过程、不同比例的石灰石对提钒熔池温度的影响，在实验室条件下进行转炉提钒的模拟热态试验。试验用攀钢含钒铁液 350g；实验分别测量添加 2.24g、4.48g、6.72g、8.96g 四种不同质量的碳酸钙下熔池的温度变化，喷吹起始温度都为 1300℃，熔池温度用热电偶表头记录。

图 8-12 是喷吹 CO₂ 含量为 10%条件下，添加不同 CaCO₃ 比例下熔池温度随时间的变化图。图中 300s 时温度转折点为开始添加 CaCO₃ 并停止喷吹点。

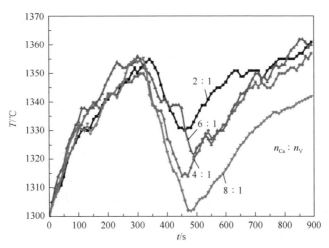

图 8-12　喷吹 $\varphi_{CO_2} = 10\%$ 条件下不同 nCa:nV 时熔池温度随时间变化图

在固定开度下，炉体在单位时间内的升温速率基本一致。图 8-13 是通过热电偶记录未喷吹气体，只加入不同比例 $CaCO_3$ 条件下温度变化图。为了得到更准确的数据，在此将图 8-13 中炉体的升温速率算出，通过实际温度减去炉体升温的计算方式，得到了忽略炉体升温的熔池温度变化图 8-14。

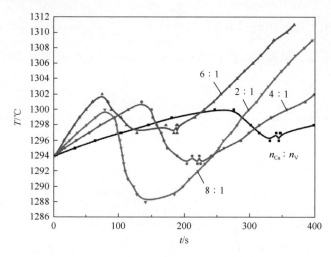

图 8-13 在不喷吹气体条件下熔池温度随时间变化图

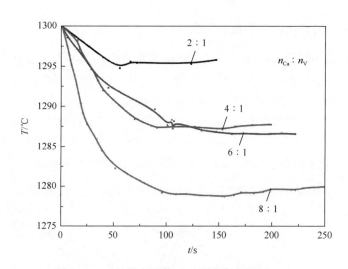

图 8-14 对炉体升温修正后的温度变化图

可以从图中看出，添加了碳酸钙后，熔池温度有明显的下降趋势。在添加 2.24g 的情况下，由于添加的质量少，所以温度下降比较少，当碳酸钙反应完时，熔池的温度不再发生变化，温度下降了 5℃ 左右。在添加 4.48g 与 6.72g 的条件下，由于 4.48g 与 6.64g 的球径相差不大，所以两条曲线的斜率相似，但是由于 6.72g 比 4.48g 的质量大，所以在 4.48g 温度结束下降后，即 4.48g 完全反应完时，温度下降了 10℃ 左右；6.72g 依然未反应完，所以 6.72g 组实验曲线仍在下降，待 6.72g 碳酸钙完全反应完时，温度下降了 14℃ 左右。在添加 8.96g 的情况下，由于 8.96g 质量比较多，所以在实验过程中，是分为两个

4.48g 的碳酸钙球加入的，所以 8.96 组的曲线斜率比 4.48 组的曲线斜率大，而且由于添加的质量多，所以碳酸钙分解持续的时间长，温差与其他三组曲线相比较也是最大的，温度降了 20℃ 左右。

石灰石分解的热效应主要有两方面的影响，即石灰石分解的物理热和化学热。

1) 碳酸钙分解温度

$CaCO_3$ 受热分解为 CaO 与 CO_2，其反应方程式如下：

$$CaCO_3(s) = CaO(s) + CO_2(g) \qquad \Delta G^\Theta = -144.6T + 169120 \qquad (8\text{-}25)$$

由于 $CaCO_3$ 与 CaO 为固体，所以 a_{CaCO_3}，a_{CaO} 分别等于 1，可查得分解温度与 CO_2 分压间的关系为：

$$T = \frac{-8908}{\lg p_{CO_2} - 7.53}$$

在喷吹 10% 的 CO_2 的条件下 $T_{\text{分解}} = 1044.84K$。

2) 碳酸钙分解吸收的物理热

由摩尔等压比热容计算公式可知，1mol 碳酸钙所吸收的物理热为

$$\int_{298}^{1044.84} 104.5 + 21.92 \times 10^{-3}T - 25.94 \times 10^5 \times T^{-2} dT = 13806896$$

查表知 $C_{Fe} = 0.778 J/(g \times K)$，则加入 1g $CaCO_3$ 所吸收物理热引起的铁液温度变化为：$T_{Fe} = 1.928K$。

3) 碳酸钙分解吸收的化学热

查表知：

$$\Delta_f H^\Theta_{298K}(CaCO_3, s) = -1206.87$$

$$\Delta_f H^\Theta_{298K}(CaO, s) = -634.29$$

$$\Delta_f H^\Theta_{298K}(CO_2, g) = -393.52$$

所以：$\Delta_r H^\Theta_m(298K) = 179.06 kJ/mol$

查表知：

$$C^\Theta_{p,m}(CaCO_3, s) = 104.5 + 21.92 \times 10^3 T - 25.94 \times 10^{-5} T^{-2}$$

$$C^\Theta_{p,m}(CaO_3, s) = 49.62 + 4.52 \times 10^3 T - 6.95 \times 10^{-5} T^{-2}$$

$$C^\Theta_{p,m}(CO_2, g) = 44.14 + 9.04 \times 10^3 T - 8.54 \times 10^{-5} T^{-2}$$

$$C_{p,\,m}^{\ominus} = -10.74 - 8.36 \times 10^3 T - 10.45 \times 10^{-5} T^{-2}$$

$$\Delta_r H_m^{\ominus}(1176.15\text{K}) = \Delta_r H_m^{\ominus}(298\text{K}) + \int_{298}^{1176.15} \Delta_r C_{p,\,m}^{\ominus} dT$$

经计算得 1mol CaCO₃ 的分解反应所吸收的化学热为

$$\Delta_r H_m^{\ominus}(1176.15\text{K}) = 179060 - 18414.165 + 3571.72 = 164217.555\text{J}$$

则加入 1g 的 $CaCO_3$ 所吸收化学热引起的铁液温度变化为

$$T_{\text{Fe}} = 164217.555 / (0.36 \times 0.46 \times 10^3 \times 100) = 9.92$$

综上，加入 1g 的 $CaCO_3$ 所吸收热引起的铁液温度变化为：$T_{\text{Fe}}=11.84℃$。

由理论分析与实验数据可知，加入碳酸钙后可有效降低熔池温度，并且由于分解放出的二氧化碳的作用，熔池升温变缓。由于在本实验中，体系并不是完全封闭，外界环境、炉子、坩埚等的蓄热造成熔池下降的温度与理论计算有出入，但是毋庸置疑，加入碳酸钙能起到冷却剂的作用。

8.5.3　石灰石对铁液提钒的钒渣组成及物相变化的影响

1. 钒渣的矿相

利用 XRD 的手段分析试验所得钒渣，所得结果如图 8-15 所示。图中 1 为钒铁尖晶石，2 为钛尖晶石，3 为橄榄石，4 为透辉石，5 为磷酸三钙。可以明显看出相比未添加碳酸钙的钒渣，添加了碳酸钙的渣中含有透辉石与磷酸三钙，表明钙在渣中主要是以透辉石与磷酸三钙的形式结合的。从图 8-15 中可以得出钙与磷的结合形式是 $Ca_3(PO_4)_2$。

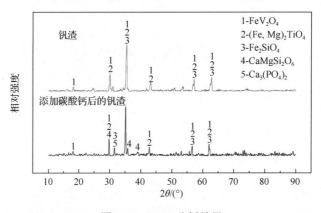

图 8-15　XRD 分析结果

2. 钒渣的成分

表 8-14 中的数据是人工调配的初始渣的成分，渣中的碳酸钙按铁液中的钒比例为 1∶1 计。

表 8-14　初渣成分　(单位：g)

物质	FeO	CaO	SiO₂	TiO₂	V₂O₃	MnO	Al₂O₃	MgO	合计
初渣	55.00		15.00	9.00	7.00	4.00	5.00	5.00	100.00
初渣含钙	55.00	5.22	15.00	9.00	7.00	4.00	5.00	5.00	105.22

利用 XRF 的手段分析试验所得钒渣，所得成分结果如表 8-15 所示。

表 8-15　终渣 XRF 分析结果　(单位：%，质量分数)

物质	CaO	P₂O₅	S	SiO₂	V₂O₃	TiO₂	MnO	Al₂O₃	MgO	FeO	合计
未加 CaCO₃	0.55	0.12	0.07	17.5	10.32	10.86	5.07	8.33	5.16	41.9	100.0
加 CaCO₃	5.67	0.32	0.12	15.07	10.54	10.60	4.30	8.91	4.80	45.01	105.33

对比表 8-14 与表 8-15，可得未添加碳酸钙的渣中含三氧化二钒 10.32g，而其初渣含三氧化二钒 7g，从铁液中经氧化作用得到 3.32g 的三氧化二钒；添加碳酸钙的渣中含三氧化二钒 10.54g，而其初渣含三氧化二钒 7g，从铁液中经氧化作用得到 3.54g 的三氧化二钒，提钒率相对提高了 6.63%。未添加碳酸钙的渣中含硫元素 0.07g；添加碳酸钙的渣中含硫 0.12g，硫元素的脱除率相对提高了 71.43%。未添加碳酸钙的渣中含五氧化二磷 0.12g；添加碳酸钙的渣中含五氧化二磷 0.32g，硫元素的脱除率相对提高了 166.67%。

综上所述，在不影响提钒的情况下，添加碳酸钙可以有效去除硫、磷元素，进一步提高后续产品半钢的质量。

3. 钒渣的微观形貌及成分

利用 SEM 和 EDS 对所得钒渣试样进行分析与扫描。

1) 分析结果

图 8-18 是未添加 CaCO₃ 的钒渣的背散射电子像及二次电子像电镜结果。对不同位置进行 EDS 成分分析，结果如表 8-16 所示。

表 8-16　未添加 CaCO₃ 的 EDS 分析结果　(单位：%，质量分数)

点	主要相	C	O	Mg	Al	Si	Ti	V	Mn	Fe	合计
1	橄榄石相	5.37	43.99	—	6.53	13.10	4.50	1.53	2.96	22.02	100.00
2	橄榄石相	6.08	44.80	10.62	—	14.17			3.40	20.93	100.00
3	橄榄石相	8.26	45.44	11.19	—	13.45			3.05		100.00
4	尖晶石相	3.93	29.71	2.18	2.60	—	7.49	19.25	2.96		100.00
5	尖晶石相	4.94	24.79	1.90	2.97		8.19	19.15	2.84		100.00
6	尖晶石相	4.29	25.18	2.06	3.26		9.78	16.19	2.79		100.00

选取图 8-16 中标"1"位置，得到放大 3000 倍后的 SEM 图像，并对该区域进行 EDS 面扫描分析，如图 8-17 所示。

图 8-17，表 8-14 EDS 分析结果，对整个区域进行 EDS 面扫描分析可知铁、钒、硅、钛、钙、磷元素的分布情况，由第一张图可知，铁的分布十分均匀，尖晶石相及橄榄石相均有铁的分布，而且含量不低。由图 8-18 第二张图可知，钒主要分布于尖晶石相中，

在橄榄石相中钒几乎没有分布。由第三张图可知，硅主要在橄榄石相中，在尖晶石相中，几乎没有硅的分布。由第四张图可知，钛主要分布在尖晶石相中，在橄榄石相中几乎没有分布，与钒的分布情况相似。由于本组实验没有添加碳酸钙，所以由第五、第六图可知，在该区域中，没有钙与磷的分布。

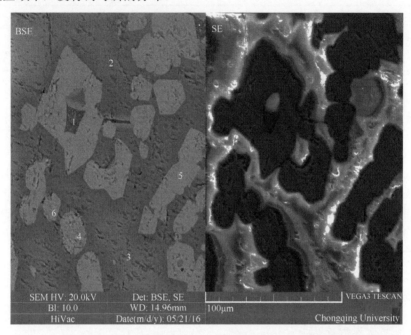

图 8-16　1000 倍下钒渣 SEM 背散射图谱及二次电子图谱

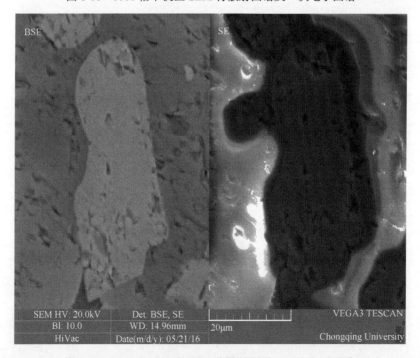

图 8-17　3000 倍下钒渣 SEM 背散射图谱及二次电子图谱

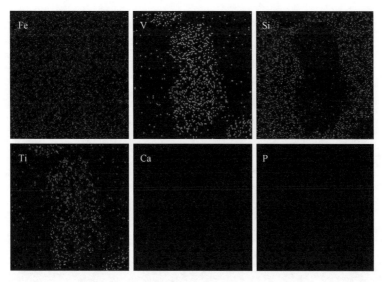

图 8-18　未添加 CaCO₃ 的 EDS 面扫描分析

2）添加 CaCO₃ 的分析结果

图 8-19 是未添加 CaCO₃ 的钒渣背散射电子像及二次电子像电镜结果。对不同位置进行 EDS 成分分析，结果如表 8-17 所示。

选取图 8-19 标"9"区域位置，得到放大 3000 倍后的 SEM 图像，并对该区域进行 EDS 面扫描分析，如图 8-20。

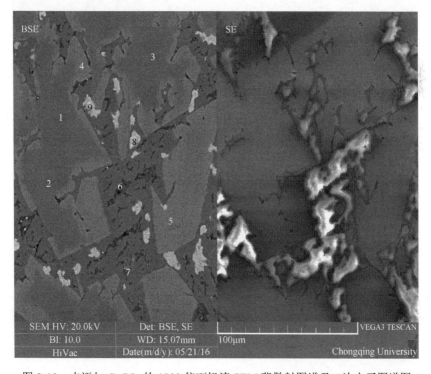

图 8-19　未添加 CaCO₃ 的 1000 倍下钒渣 SEM 背散射图谱及二次电子图谱图

表 8-17　EDS 分析结果　　　　　　　（单位%，质量分数）

点	主要相	C	O	Mg	Al	Si	Ca	Ti	V	Mn	P	S	Fe	合计
1	尖晶石	4.01	29.52	3.76	9.77	—	0.04	6.75	14.08	2.79	—	—	29.28	100.00
2	尖晶石	—	25.44	4.02	11.26	—	—	7.59	15.20	2.84	—	—	33.64	100.00
3	尖晶石	4.04	26.46	4.29	10.37	0.12	0.09	6.92	13.98	2.83	0.07	—	30.83	100.00
4	尖晶石	4.28	32.19	2.87	6.30	—	—	10.38	5.18	2.66	0.01	0.07	36.06	100.00
5	尖晶石	4.68	31.52	2.47	6.74	—	0.04	11.83	2.25	2.36	0.13	0.10	37.88	100.00
6	辉石相	13.34	38.99	0.44	4.80	12.55	7.47	0.09	0.20	1.46	0.63	2.12	17.90	100.00
7	辉石相	7.59	39.01	1.53	1.40	12.63	7.41	0.37	—	3.90	0.48	0.36	25.32	100.00
8	Fe$_2$O$_3$	3.25	26.68	0.86	—	—	0.28	1.14	—	1.73	—	—	66.06	100.00
9	Fe$_2$O$_3$	—	29.52	0.66	0.36	0.19	0.25	1.03	0.67	1.41	—	—	65.90	100.00

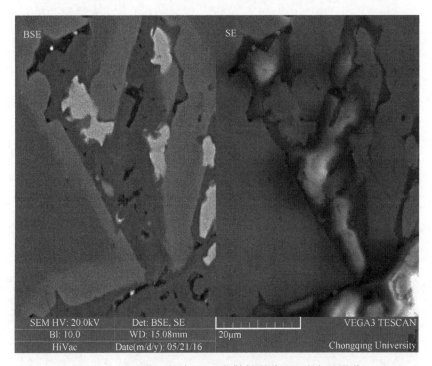

图 8-20　3000 倍下钒渣 SEM 背散射图谱及二次电子图谱

　　图 8-21 结合表 8-17EDS 分析结果，对整个区域进行 EDS 面扫描分析可知铁、钒、硅、钛、钙、磷元素的分布情况，由第一张图可知，铁的分布十分均匀，尖晶石相及辉石相中均有铁的分布，而且含量不低。由第二张图可知，钒主要分布于尖晶石相中，在辉石相中几乎没有分布。由第三张图可知，硅主要分布在辉石相中，在尖晶石相中几乎没有。由第四张图可知，钛主要分布在尖晶石相中，在辉石相中几乎没有。由于本组实验添加碳酸钙，对比上组未加碳酸钙的图，由第五、第六图可知，在该区域中，钙主要分布在透辉石相中，而磷则较为分散地分布在尖晶石相与辉石相中。

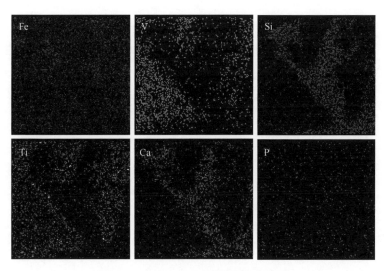

图 8-21　添加 CaCO₃ EDS 面扫描分析

4. 钒渣熔点分析

以熔化至初始位置(从上向下第 1 条线处)一半状态时(从上向下第 3 条线)的温度作为渣样的半球点温度,记为熔化温度,且进行多次测试,两次温度相差 10℃以内时进行记录。以添加碳酸钙的钒渣测试为例,如图 8-22 所示。

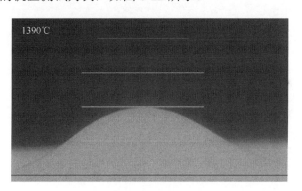

图 8-22　熔渣半球点温度测试

所测半球点数据如表 8-18 所示:

表 8-18　熔点测试结果　(单位:℃)

物质	1	2	平均
未添加碳酸钙	1390.0	1394.0	1392.0
添加碳酸钙	1355.0	1346.0	1350.5

由于纯的钒铁尖晶石的熔点大约为 1700℃,远高于钒渣中的其他物相,所以在转炉提钒过程中,最先结晶析出的就是钒铁尖晶石。另外,由于铁橄榄石的熔点大约为 1220℃,所以它要比钒铁尖晶石析出晚,并将已析出的钒铁尖晶石包裹在内。除了铁橄

榄石,CaO 也会与熔渣中的主要元素生成熔点低的物相,钒酸钙(正钒酸钙熔点为 1380℃,焦钒酸钙熔点为 1015℃,偏钒酸钙熔点为 778℃)是一种低熔点物相,它的生成会降低熔渣熔点、黏度并进一步促进 CaO 的溶解。

　　所以由本测试结果可以得出,添加碳酸钙可以降低钒渣的熔点,熔点的降低可以改善钒渣的流动性,有利于渣-金反应。

第9章　CO₂炼钢的应用实践

通过对 CO_2 在炼钢领域应用的理论研究，发现 CO_2 气体完全具备作为冷却剂、搅拌气、氧化气进行炼钢或精炼的能力，通过 CO_2 炼钢循环利用的研究，获得了大量现场数据。本章将介绍 CO_2 资源化用于炼钢领域的工业试验过程。

9.1　CO₂用于转炉常规炼钢工艺技术研究

为进一步研究转炉喷吹 CO_2 炼钢工艺技术，在300t转炉进行常规冶炼喷吹 CO_2 试验，试验采用顶吹 O_2-CO_2 底吹 CO_2 的转炉冶炼工艺，分别研究底吹 CO_2 与顶吹 O_2-CO_2 对生产工艺的影响。

9.1.1　供气制度

试验供气流量方案如表9-1和图9-1所示。

表9-1　试验气体流量方案

方案	流量/(Nm³/h)			顶吹 CO₂ 混入比例/%	试验炉数
	顶吹 O₂	顶吹 CO₂	底吹 CO₂		
底吹	56000	—	400 和 800	—	239
复吹	54000	3000～5000	400 和 800	5.26～8.5	46
原工艺	56000	—	—	—	242

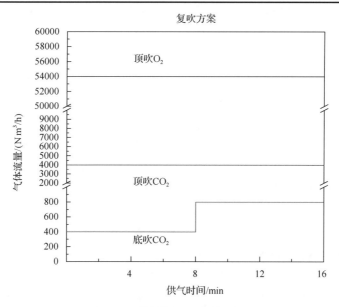

图9-1　常规转炉复吹流量图

转炉原工艺是采用顶吹 O_2 底吹 Ar 的转炉冶炼工艺，试验工艺采用顶吹 O_2-CO_2 底吹 CO_2 的转炉冶炼工艺，底吹全程喷吹纯 CO_2，试验期间转炉炉龄为 600~1300 炉，试验结果和分析如下。

9.1.2 底吹结果讨论分析

记录底吹试验期间冶炼炉次的煤气气量和成分、铁液和废钢质量等原始数据，表 9-2 所示为其中部分炉次数据。

表 9-2　底吹试验部分数据

日期	炉次号	铁液质量/t	钢液质量/t	废钢合计/t	试验类型	煤气统计		
						φ_{CO} /%	φ_{CO_2} /%	煤气量/m^3
2016-09-24	162E05510	296.0	278.000	37.14	底	55.57	14.78	35951
2016-09-24	162E05511	300.0	301.000	37.08	底	54.65	15.12	35391
2016-09-24	162E05512	295.0	295.000	31.64	底	50.33	16.83	34940
2016-09-25	162E05538	296.0	295.000	37.69	底	52.03	14.85	32167
2016-09-25	162E05542	293.0	297.000	32.34	底	48.99	16.68	32309
2016-09-25	162E05543	287.0	301.000	32.82	底	55.94	15.16	33599
2016-09-25	162E05544	294.0	291.000	32.44	底	52.99	17.16	32255
2016-09-25	162E05545	294.0	289.000	32.10	底	53.22	16.88	32301
2016-09-26	162E05546	295.0	301.000	31.69	底	56.96	13.96	26719
2016-09-26	162E05547	295.0	290.000	32.32	底	57.2	14.22	34327
2016-09-26	162E05548	294.0	294.000	32.04	底	53.96	15.99	34359
2016-09-26	162E05549	297.0	283.000	37.80	底	53.1	14.4	34780
2016-09-26	162E05550	292.0	291.000	37.56	底	59.24	14.18	33357
2016-09-26	162E05551	289.0	288.000	32.38	底	56.31	14.23	30039
2016-09-26	162E05552	295.0	301.000	37.54	底	61.22	13.17	30937
2016-09-26	162E05553	295.0	305.000	31.82	底	59.25	13.40	31058
2016-09-26	162E05554	296.0	283.000	31.29	底	58.2	12.74	31964
2016-09-26	162E05555	296.0	307.000	37.26	底	53.86	15.33	34295
2016-09-26	162E05556	298.0	295.300	38.22	底	56.86	13.87	29337
2016-09-26	162E05565	295.0	297.600	32.90	底	60.92	12.78	30401
2016-09-26	162E05566	293.0	296.500	38.04	底	64.9	12	31655
2016-09-26	162E05567	294.0	297.200	32.28	底	54.04	15.77	31694
2016-09-26	162E05568	293.0	296.800	32.20	底	54.39	14.66	30240
2016-09-26	162E05569	295.0	284.000	37.78	底	50.6	16.68	32572
2016-09-27	162E05571	295.0	284.000	38.74	底	51.62	16.05	33552

续表

日期	炉次号	铁液质量/t	钢液质量/t	废钢合计/t	试验类型	煤气统计		
						φ_{CO} /%	φ_{CO_2} /%	煤气量/m^3
2016-09-27	162E05572	295.0	296.800	37.88	底	55.1	13.82	33022
2016-09-27	162E05573	296.0	296.700	32.12	底	52.34	16.24	32379
2016-09-27	162E05574	295.0	296.500	32.94	底	57.7	14.18	29488
2016-09-27	162E05575	296.0	296.200	32.38	底	58.8	14.64	28399
2016-09-27	162E05576	297.0	297.100	31.79	底	57.71	15.4	30519
2016-09-27	162E05577	299.0	298.200	32.19	底	55.81	15.07	28411
2016-09-28	162E05589	298.0	312	32.46	底	55.8	14.56	31521
2016-09-28	162E05590	292.0	296.8	32.20	底	50.44	15.96	31474
2016-09-28	162E05591	291.0	296.3	38.50	底	53.91	15.7	28683
2016-09-28	162E05592	293.0	297.2	32.18	底	53.7	15.74	28152
2016-09-28	162E05593	295.0	297.1	37.34	底	53.14	14.78	30724
2016-09-28	162E05594	295.0	296.5	31.96	底	50.58	16.54	30249
2016-09-28	162E05595	296.0	295.2	31.96	底	53.88	13.91	29766
2016-09-28	162E05596	294.0	294.1	37.64	底	53.87	14.65	32490
2016-09-28	162E05597	295.0	295.2	14.48	底	54.42	14.75	27236
2016-09-28	162E05598	291.0	296.6	37.30	底	53.04	14.84	29007
2016-09-28	162E05599	295.0	295.8	32.88	底	49.18	17.02	28519
2016-09-28	162E05600	297.0	292.9	37.84	底	55.89	14.74	31798
2016-09-28	162E05601	284.0	294.6	38.10	底	55.1	14.84	33056
2016-09-29	162E05602	296.0	275	38.00	底	53.79	14.78	33440
2016-09-29	162E05603	294.0	294	31.92	底	53.34	15.62	32004
2016-09-29	162E05604	295.0	289	37.22	底	53.04	15.82	34419
2016-09-29	162E05605	295.0	295	37.36	底	57.48	14.81	31065
2016-09-29	162E05606	296.0	294.1	37.23	底	53.04	15.46	35511
2016-09-29	162E05614	290.0	300	34.16	底	54.44	14.73	31395
2016-09-29	162E05615	298.0	306	34.70	底	53.31	14.7	32708
2016-09-29	162E05616	295.0	288.8	35.14	底	51.81	16.57	34011
2016-09-29	162E05617	295.0	291.3	37.58	底	53.42	15.24	31993
2016-09-29	162E05618	300.0	292.7	31.49	底	54.98	15.15	29433
2016-09-29	162E05619	297.0	295	37.74	底	53.66	15.91	33571
2016-09-29	162E05620	295.0	294	38.00	底	50.2	16.47	34793
2016-09-29	162E05621	297.0	297.6	38.18	底	49.82	17	33466

日期	炉次号	铁液质量/t	钢液质量/t	废钢合计/t	试验类型	煤气统计		
						φ_{CO} /%	φ_{CO_2} /%	煤气量/m^3
2016-09-29	162E05622	293.0	297.6	37.25	底	51.3	17.20	27405
2016-09-29	162E05623	296.0	297.4	38.41	底	53.2	16.38	29308
2016-09-29	162E05624	294.0	295.5	32.51	底	52.1	16.18	29274
2016-09-29	162E05625	294.0	296.6	21.59	底	52.66	15.59	26998
2016-09-29	162E05626	295.0	296.6	32.14	底	53.43	15.03	28663
2016-09-30	162E05627	293.0	297.3	37.50	底	55.36	15.17	31868
2016-09-30	162E05628	293.0	297.1	38.22	底	57.42	14.6	30731
2016-09-30	162E05629	296.0	296.6	38.37	底	55.11	15.43	32663
2016-09-30	162E05630	292.0	298.4	37.50	底	54.57	15.64	32131
2016-09-30	162E05631	295.0	273	38.66	底	51.71	16.72	32153
2016-09-30	162E05632	296.0	288	38.00	底	53.2	15.94	32469
2016-09-30	162E05633	297.0	294	37.64	底	52.17	16.05	31044
2016-09-30	162E05634	300.0	296	36.29	底	55.65	14.96	32094
2016-09-30	162E05635	296.0	294.4	31.70	底	54.8	16.26	29398
2016-09-30	162E05636	292.0	295.2	37.64	底	55.81	15.08	34052
2016-09-30	162E05637	295.0	294.7	37.80	底	54.4	15.4	34018
2016-09-30	162E05640	297.0	293.8	38.14	非	56.23	14.17	32734
2016-09-30	162E05641	296.0	295.5	37.52	底	52	16.71	33089
2016-09-30	162E05642	295.0	295.8	38.54	底	54.67	14.33	32608
2016-09-30	162E05643	295.0	278	38.42	底	48.11	17.32	29727
2016-09-30	162E05644	291.0	302	37.16	底	52.99	15.7	32165
2016-09-30	162E05645	294.0	295	36.60	底	54.72	15.31	33344
2016-09-30	162E05646	295.0	291.6	37.34	底	51.82	15.73	36929
2016-09-30	162E05647	299.0	291.8	38.08	底	52.51	16.83	32089
2016-09-30	162E05648	296.0	291.4	37.16	底	57.33	14.2	34148
2016-09-30	162E05649	295.0	291.7	37.38	底	56.7	14.11	31754
2016-09-30	162E05650	296.0	292.6	37.30	底	60.45	13.33	25967
2016-10-01	162E05651	296.0	291.8	37.52	底	56.83	13.99	31456
2016-10-01	162E05652	296.0	288	34.34	底	52.97	15.34	30652
2016-10-01	162E05653	295.0	298	34.78	底	56.19	14.88	30925
2016-10-01	162E05654	294.0	297	34.64	底	50.8	16.97	31981
2016-10-01	162E05655	296.0	294.1	34.08	底	53.5	15.78	30907

续表

日期	炉次号	铁液质量/t	钢液质量/t	废钢合计/t	试验类型	煤气统计		
						φ_{CO} /%	φ_{CO_2} /%	煤气量/m³
2016-10-01	162E05656	295.0	302	37.14	底	50.41	16.36	31108
2016-10-01	162E05657	295.0	289.1	37.22	底	55.1	14.98	33385
2016-10-01	162E05658	297.0	299	37.16	底	54.09	14.42	31785
2016-10-01	162E05659	290.0	288.9	32.18	底	51.53	16.89	31340
2016-10-01	162E05660	295.0	285	38.06	底	46.61	16.76	32414
2016-10-01	162E05661	293.0	295	36.90	底	54.14	15.11	31052
2016-10-01	162E05663	295.0	298	37.98	底	53.14	14.1	32722
2016-10-01	162E05664	295.0	283	38.56	底	55.97	15.29	34406
2016-10-01	162E05671	296.0	295.8	33.00	底	48.16	17.08	32323
2016-10-01	162E05672	294.0	281	31.36	底	49.07	16.75	34371
2016-10-02	162E05673	294.0	294.4	37.80	底	48.93	17.79	29014

1. 炉底情况

试验期间大部分时间，转炉炉底 6 个清晰可见，炉龄为 600～1000 炉，如图 9-2(a) 所示。试验过程中，有一些时候底吹孔若隐若现，如图 9-2(b) 所示。

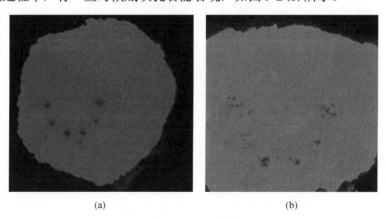

(a)　　　　　　　　　　　　(b)

图 9-2　底吹试验过程的底吹孔

通过连续 2 周观察，转炉底吹 CO$_2$ 未造成底吹元件堵塞，未造成底吹元件侵蚀。分析炉底测厚数据和终点碳氧积变化，底吹 CO$_2$ 工艺时未发现异常。在转炉炼钢温度和环境条件下，底吹 CO$_2$ 工艺可以完成正常冶炼任务，保证底吹元件的正常使用。而且由于底吹 CO$_2$ 有化学反应吸热冷却效应，可保护炉底及减少护炉料的消耗。

2. 煤气回收量

试验期间转炉煤气量和成分统计如表 9-3 所示。

表 9-3　转炉炉气成分

煤气成分平均值	煤气量/(m³/炉)	φ_{CO} /%	φ_{CO_2} /%	统计炉数
全部非试验	31254.51	52.15	14.91	242
底吹 CO_2 试验	31480.52	53.12	15.50	207
变化量	386.14	−0.53	0.55	—

底吹 CO_2 工艺与同时期非试验工艺相比，转炉回收煤气量平均增加 386.14m³/炉，吨钢增加煤气量 1.3m³。试验炉次 CO_2 用量为 0.7m³/吨钢，按全部转化为 CO，增加 CO 量为 1.4m³/吨钢。若增加 CO_2 喷入量，回收煤气量继续增加。

分析煤气回收量和脱碳量的关系，如图 9-3 所示。随着脱碳量增大，底吹 CO_2 工艺和非试验工艺煤气回收量都增加，底吹 CO_2 工艺煤气回收量变化率更大。底吹 CO_2 工艺在冶炼低碳钢情况下，比原工艺回收煤气量大。

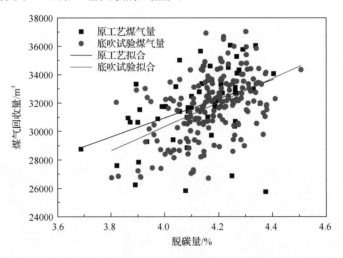

图 9-3　煤气回收量与脱碳量的关系

3. 炉渣分析对比

底吹试验炉次渣样 86 个，非试验炉次渣样 105 个，数据如表 9-4 所示。

表 9-4　转炉渣样成分(质量分数)及碱度

平均值	转炉渣样成分/%								R
	CaO	SiO₂	MgO	P₂O₅	MnO	FeO	TFe	Al₂O₃	
非试验	40.91	11.21	8.79	2.36	2.73	26.20	20.38	2.69	3.76
底吹 CO_2	42.17	11.03	7.95	2.05	2.36	26.02	20.24	2.90	3.92

底吹 CO_2 试验炉次比非试验炉次渣中全铁平均值低 0.14%，略有下降。底吹 CO_2 对终渣全铁的改善不明显，因为底吹气流量和累计量太小，CO_2 发生反应后的化学搅拌和物理搅拌等复合搅拌效果未能完全体现。

4. 氮含量分析

氮在钢中多数情况下是杂质元素，影响钢的高温强度和塑性，降低钢的深冲性能和时效性。钢液中氮溶解度的大小与钢液化学成分、钢液温度、钢液表面的氮分压密切相关。在炼钢温度下，温度对氮溶解度影响不大，但随着碳含量的增加，氮溶解度增大。

氮的溶解需要经过在表面活性点上的吸附，而钢液中氧、硫的表面活性比氮强，所以当钢液中氧、硫含量较高时，会在钢液面与氮争夺吸附点，减少氮的吸附，从而降低氮的溶解速率。当钢液中氧含量大于 0.04%时，钢液基本不吸氮，当钢液中硫含量大于 0.06%时，钢液氮含量保持不变。

在转炉炼钢吹炼前期和中期，一次反应区 C 与 O₂、CO₂反应产生的 CO 气泡降低氮分压，乳化的渣相和 CO 气泡共同提供了足够大的反应面积，使脱氮反应剧烈进行，一次反应区以外区域强烈的乳化炉渣、较高的氧势及 CO 气泡的局部真空能抑制吸氮；另外，吹炼前期和中期钢液中碳和硫含量高，氮的吸附小于脱除。因此采用底吹 CO₂不会增加钢液氮含量。在吹炼后期，随着碳含量和硫含量的降低，钢中氮溶解度上升，尤其是在冶炼终点测温取样时，钢液吸氮速度大于脱氮速度，可能会造成钢液增氮。

为研究底吹 CO₂对钢中氮含量的影响，试验期间分析冶炼前后炉次的冶炼终点氮含量，结果如表 9-5 所示。

表 9-5　底吹试验氮含量对比

冶炼工艺	炉次号	终点氮质量分数/%	平均值/%
底吹 CO₂	162E05510	0.0012	
	162E05511	0.0008	
	162E05512	0.0009	0.0010
	162E05513	0.0013	
	162E05515	0.0008	
底吹 Ar	162E05544	0.0021	
	162E05845	0.0014	
	162E05846	0.0011	0.0016
	162E05847	0.0017	
	162E05848	0.0016	

分析比较表 9-5 发现，底吹 CO₂比原冶炼工艺终点氮含量降低 37.5%，底吹 CO₂炉次平均氮含量为 0.0010%，原冶炼工艺炉次平均氮含量为 0.0016%。对应于前述的脱氮机理，CO₂的喷入有利于钢液脱氮，底吹 CO₂工艺的脱氮效果优于底吹 Ar，采用底吹 CO₂工艺冶炼超低氮钢具有很大的优势。本研究试验数据较少，但电弧炉底吹 CO₂工艺大量数据证明了该结果的正确性。

转炉底吹 CO₂冶炼工艺从两方面减少钢液氮含量，相比传统冶炼工艺，在 300t 转炉采用底吹 CO₂工艺可以达到较低的终点氮含量，为后续精炼减轻了脱氮的负担。

9.1.3 复吹结果讨论分析

记录顶底复吹试验期间冶炼炉次的氧气消耗、煤气气量和和成分、铁液和废钢质量等原始数据，表 9-6 所示为其中部分炉次数据。

表 9-6 复吹试验部分结果数据

日期	炉次号	铁液质量/t	钢液质量/t	废钢合计/t	试验类型	煤气统计		
						φ_{CO} /%	φ_{CO_2} /%	煤气量/m^3
2016-09-24	162E05513	295.0	293.000	38.00	复	56.82	14.38	34298
2016-09-24	162E05514	297.0	288.000	37.65	复	56.38	14.87	34343
2016-09-24	162E05515	296.0	288.000	32.64	复	52.57	16.26	35715
2016-09-25	162E05539	296.0	285.000	33.26	复	57.49	15.75	29270
2016-09-25	162E05540	295.0	292.000	32.32	复	59.94	14.66	33054
2016-09-25	162E05541	297.0	258.000	36.20	复	54.09	15.31	36247
2016-09-26	162E05557	296.0	294.500	37.66	复	57.95	12.86	33840
2016-10-11	162E05898	295.0	299.000	35.18	复	52.84	14.37	29904
2016-10-12	162E05916	296.0	287.800	37.50	复	56.6	15.64	32693
2016-10-12	162E05919	298.0	286.500	38.52	复	53.68	15.69	34804
2016-10-12	162E05920	294.0	287.800	34.14	复	55.88	14.79	37286
2016-10-12	162E05927	294.0	287.000	32.46	复	50.41	15.51	33872
2016-10-14	162E05966	296.0	296.100	31.83	复	53.71	15.02	33763
2016-10-14	162E05971	294.0	297.400	19.68	复	52.63	15.96	34485
2016-10-14	162E05972	297.0	297.400	20.24	复	51	16.41	30917
2016-10-14	162E05973	294.0	290.000	32.64	复	48.25	16.2	34704
2016-10-14	162E05974	295.0	286.000	37.80	复	53.33	15.59	32258
2016-10-17	162E06029	298.0	289.100	31.34	复	53.88	14.52	36856
2016-10-17	162E06032	295.0	277.000	31.88	复	52.17	14.92	36714
2016-10-17	162E06033	296.0	307.000	37.46	复	55.18	14.89	30428
2016-10-17	162E06034	297.0	292.000	37.36	复	52.61	14.35	37548
2016-10-17	162E06035	296.0	309.000	38.08	复	48.09	16.83	30168
2016-10-18	162E06036	296.0	290.000	31.38	复	54.75	14.57	29816
2016-10-18	162E06037	296.0	296.000	32.38	复	53.07	14.92	30618
2016-10-18	162E06038	296.0	312.000	37.10	复	51.93	15.63	36640
2016-10-18	162E06039	295.0	286.000	22.88	复	55.63	14.73	29678
2016-10-18	162E06050	288.0	292.700	32.92	复	53.86	15.38	33211

日期	炉次号	铁液质量/t	钢液质量/t	废钢合计/t	试验类型	煤气统计		
						φ_{CO} /%	φ_{CO_2} /%	煤气量/m^3
2016-10-19	162E06070	297.0	296.100	31.48	复	55.6	12.83	27951
2016-10-19	162E06071	296.0	296.700	38.46	复	56.46	12.85	33469
2016-10-19	162E06072	296.0	296.600	33.04	复	57	12.99	35232
2016-10-19	162E06073	294.0	294.000	32.44	复	50.88	15.33	37055
2016-10-19	162E06075	295.0	295.000	31.88	复	48.88	15.53	35325
2016-10-19	162E06077	295.0	296.100	22.42	复	47.29	14.81	29496
2016-10-20	162E06094	295.0	310.000	37.14	复	51.43	14.93	37793
2016-10-20	162E06095	296.0	288.000	32.59	复	56.63	15.15	37263
2016-10-20	162E06096	296.0	273.000	38.84	复	52.39	14.53	36932
2016-10-20	162E06098	294.0	288.000	32.14	复	58	12.75	36472
2016-10-20	162E06100	298.0	293.000	37.70	复	58.3	12.52	37302
2016-10-20	162E06102	296.0	293.000	38.14	复	55.46	14.27	34118
2016-10-21	162E06125	296.0	286.000	37.59	复	57.29	12.9	35155
2016-10-21	162E06126	297.0	287.000	31.94	复	57.82	12.7	34497
2016-10-21	162E06128	296.0	289.000	38.38	复	56.84	13.07	34604
2016-10-21	162E06129	296.0	287.000	31.64	复	61.46	12.66	34142
2016-10-21	162E06130	296.0	297.800	37.06	复	54.83	14.06	36272
2016-10-21	162E06132	298.0	282.000	37.32	复	57.16	13.32	34206
2016-10-21	162E06133	298.0	276.000	31.36	复	46.17	16.81	34781

1. 煤气量分析

将试验期间转炉炉气成分统计如表 9-7 所示。

表 9-7　转炉炉气成分

煤气成分平均值	煤气量/(m^3/炉)	φ_{CO} /%	φ_{CO_2} /%
非试验炉次	31254.51	52.15	14.91
复吹 CO$_2$ 试验	34025.98	54.23	14.65

分析表 9-7，从转炉炉气成分的平均值来看，复吹 CO$_2$ 试验煤气量增加 2771.47m^3/炉（8.9%），折合吨钢煤气量增加 9.52m^3/t 钢，吹炼过程 CO 平均含量增加 2.08%，CO$_2$ 平均含量降低 0.26%，顶吹 CO$_2$ 可以大幅增加转炉煤气回收量，提高煤气品质和热值。

分析底吹 N$_2$ 和 CO$_2$ 回收煤气热值随脱碳量的关系，如图 9-4 所示，按转炉煤气统一折算标准，热值量 1800×4.18MJ/Nm^3 计算。

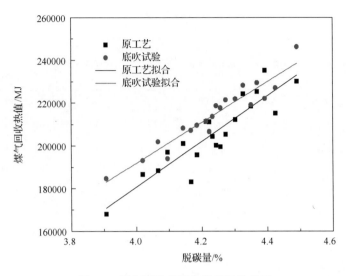

图 9-4　煤气回收热值与脱碳量的关系

分析图 9-4 可知，底吹 CO_2 工艺和原工艺的回收煤气热值随脱碳量增大均增大，两种工艺相比，CO_2 冶炼工艺回收煤气热值高于原工艺，这是煤气量增加和煤气中 CO 含量提高共同作用的结果。

2. 炉渣分析对比

试验期间，复吹试验炉次渣样数据对比如表 9-8 所示。

表 9-8　转炉渣样成分（质量分数）及碱度

项目	转炉渣样成分/%								R
	CaO	SiO₂	MgO	P₂O₅	MnO	FeO	TFe	Al₂O₃	
非试验	41.12	10.81	8.58	2.39	2.93	25.83	20.09	2.43	3.92
复吹试验	41.76	10.82	7.62	2.20	3.10	26.76	19.83	2.39	3.87
最优复吹炉次	42.27	10.78	10.06	2.66	2.95	20.26	15.76	3.26	3.92

复吹试验终渣全铁平均值为 19.83%，比非试验炉次降低 0.26%。试验过程中，最优复吹试验炉次（顶吹 CO_2 流量为 5000Nm³/h）的全铁可以降至 15.76%，比非试验工艺低 4.33%。因此，较大的 CO_2 流量可以明显降低终渣全铁，增强熔池搅拌。

采用扫描电镜分析试验渣样，如图 9-5 所示，试验工艺和原工艺渣样的形貌一致，能谱分析的成分均为 FeO 和 CaO。分析采用的飞纳电镜参数如下：分辨率，大于 8nm；数字放大，Max.12×；加速电压，5～15kV。

采用 XRD 物相分析仪分析试验渣样物相结构，利用 X 射线衍射方法，对试样中由各种元素形成的具有固定结构的化合物进行定性和定量分析，其结果不是试样的化学成分，而是由各种元素形成的具有固定结构的化合物的组成和含量。如图 9-6 所示，试验工艺和原工艺结果峰值角度一致，说明物相结构一致。

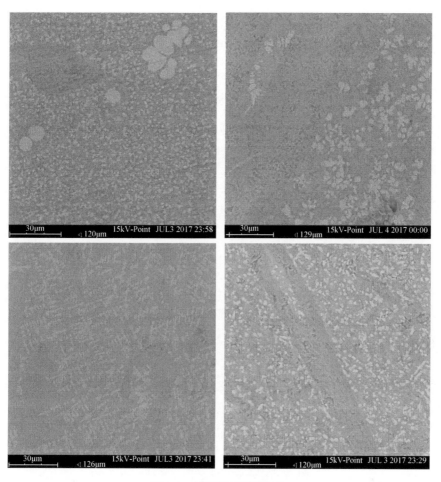

图 9-5　炉渣组织形貌对比
上：原工艺；下：复吹工艺

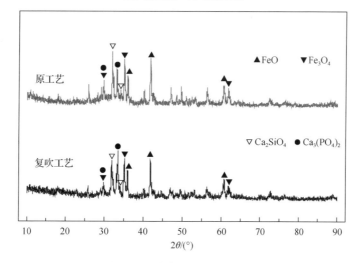

图 9-6　炉渣 XRD 物相对比
上：原工艺；下：复吹工艺

通过 SEM 和 XRD 分析观察试验和非试验工艺的炉渣物相结构发现，喷吹 CO_2 冶炼工艺对转炉渣物相结构无明显影响。

3. 碳氧积分析

复吹试验炉次与非试验炉次平均终点碳氧积接近，但当 CO_2 流量到达 5000 Nm^3/h 后，碳氧积下降非常明显，终点碳氧积为 0.0018，比原工艺下降 0.00039。所以增加顶吹 CO_2 流量可以更好地改善转炉熔池搅拌，降低终点碳氧积。

如图 9-7 所示，相比原炼钢工艺，喷吹 CO_2 炼钢工艺的终点氧含量较低，碳氧积也较低。下面分析终点含量和底吹搅拌功对比，进一步研究喷吹 CO_2 炼钢工艺对终点碳氧积的影响。

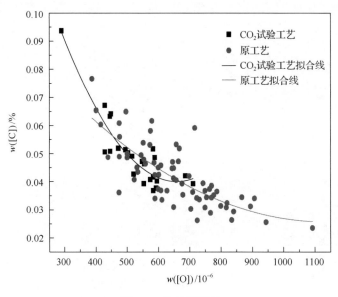

图 9-7　终点碳氧积

1）终点氧含量分析

图 9-8 所示为终点 O 含量与 CO_2 用量的关系。减少 O_2 用量，若终点控制好，可以改善终点过氧化，降低终点钢液中 O 含量。根据拟合曲线，吨钢增加 $1m^3$ CO_2 可以降低终点 $w([O]) = 0.199 \times 10^{-3}$。$CO_2$ 气体可与熔池中的[C]、[Al]、[Si]、[Mn]、[Fe]等元素发生化学反应，但相对于 O_2 的氧化性要弱很多，所以终点[O]含量随着与 CO_2 用量的增加而减少。

这主要是由于氮气、氩气均不与钢液中元素发生剧烈的反应，对炼钢熔池的搅拌作用仅局限于底吹气体本身的动能；而二氧化碳在炼钢温度下均可与钢液中元素发生化学反应，产生的一氧化碳气泡弥散于整个熔池，气泡从钢液中排出时，强烈搅拌熔池，不仅可以使钢液成分和温度均匀，改善熔池反应的动力学条件，还降低了终点氧含量和终点碳氧积。

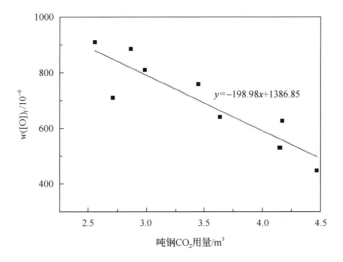

图 9-8　终点 O 含量与 CO₂ 用量的关系

2) 底吹搅拌功比较

转炉底吹 CO_2 气体的熔池搅拌能 E_{CO_2} 主要包括 4 项：①底吹孔处 CO_2 的初始动能 $W_{初}$；②底吹孔处 CO_2 从室温热膨胀到钢液温度的膨胀功 $W_{热}$；③CO_2 与钢液碳反应产生 2 倍体积 CO 的膨胀功 W_{CO_2}；④CO_2+CO 混合气体上浮时浮力所做的功 $W_{浮}$。即

$$E_{CO_2} = W_{初} + W_{热} + W_{CO_2} + W_{浮}$$

而底吹 Ar 的熔池搅拌能 E_{Ar} 主要包括三项：①底吹孔处 Ar 的初始动能 $W_{初}$；②底吹孔处 Ar 从室温 T_1 热膨胀到钢液温度的膨胀功 $W_{热}$；③Ar 气体上浮时浮力所做的功 $W_{浮}$。即

$$E_{Ar} = W_{初} + W_{热} + W_{浮}$$

底吹 Ar 的熔池搅拌能 E_{Ar} 相比 E_{CO_2}，少一项反应的膨胀功 W_{CO_2}，在底吹气量相同时，底吹 CO_2 熔池搅拌能较大。而且前人经实验总结，在熔池碳含量较高时，底吹 CO_2 的搅拌强度约为 Ar、N_2 的 2 倍。

采用喷吹 CO_2 冶炼工艺时，底吹搅拌能增大，熔池反应动力学条件改善，冶炼终点的碳氧积下降。

4. 碳氧积分析

分析转炉炼钢的氧气和二氧化碳气体用量，统计试验期间各炉次气体用量，取平均值后如表 9-9 所示。

表 9-9 气体用量

项目	统计炉数	气体用量			
		氧气/(m³/炉)	氧气/(m³/t 钢)	CO_2/(m³/炉)	CO_2/(m³/t 钢)
非试验炉次	242	13495	46.56	0	0
复吹平均	46	13950	47.94	824	2.83
复吹最大	20	13800	47.42	1387	4.76

试验炉次与非试验炉次氧气消耗接近。复吹试验炉次平均 CO_2 用量 824 为 m³/炉 (2.83m³/t 钢)，CO_2 占总气量比例为 5.6%。最大 CO_2 用量为 1387m³/炉 (4.76m³/t 钢)，CO_2 占总气量比例为 9.0%。若铁液热量富余，可以提高 CO_2 喷吹量，增加混入比例。

9.2 CO_2 用于转炉预脱磷工艺技术研究

为改善脱磷转炉冶炼的效果，研究 CO_2 在转炉预脱磷流程的工艺技术，在 300t 大型脱磷转炉进行喷吹 CO_2 试验，试验第一阶段进行单独底吹 CO_2 试验，采用顶吹 O_2 底吹纯 CO_2 的半钢冶炼工艺，试验约 420 炉次。

第二阶段采用顶吹 O_2-CO_2 混合气底吹纯 CO_2 的复合吹炼脱磷半钢冶炼工艺，试验共计 224 炉次，对比同期原冶炼工艺生产 273 炉次。

9.2.1 底吹 CO_2 工艺研究

在 300t 脱磷转炉进行底吹 CO_2 试验研究。本次试验采用顶吹 O_2 底吹 CO_2 气体或 CO_2/N_2 混合气体的脱磷工艺，研究脱磷转炉底吹 CO_2 的工艺技术，具体试验过程的喷吹方案和取样方案等如下。

1. 底吹方案

1) 供气制度

在试验过程中，顶吹氧气操作按照原有方式进行。底吹元件采用目前首钢京唐钢铁联合有限责任公司 1# 脱磷转炉使用的集束型底吹元件，共 8 支，取其中 2 支 12# 和 13# 用于试验。试验过程底吹供气参数见表 9-10，底吹试验气体流量方案见表 9-11，包括 3 种试验供气流量方案。

表 9-10 供气参数

顶吹操作	
工作氧压	0.53～0.80MPa
氧流量	12000～35000Nm³/h
供气时间	8～10min
底吹操作	
氮气每支底吹流量	100～400Nm³/h
氮气总流量	800～3600Nm³/h
底吹工作压力	0.4～1.5MPa

表 9-11　底吹试验气体流量方案

底吹方案	每支流量/(Nm³/h)	两支总流量/(Nm³/h)	采集炉次
A：纯吹 N₂(调试)	100～400	200～800	30～40
B：各一半混吹	N₂：50～200 CO₂：50～200	N₂：100～400 CO₂：100～400	200～250
C：纯吹 CO₂	100～400	200～800	200～250

非冶炼阶段的每支底吹元件的底吹流量见表 9-12。

表 9-12　各阶段底吹流量

阶段	生产阶段					其他阶段		
	空炉	兑铁加废钢	吹炼期	出钢过程	溅渣过程	烘炉	检修	补炉底
每支流量/(Nm³/h)	100	100	125～375	100	375	100	50	200
两支流量/(Nm³/h)	200	200	250～750	200	750	200	100	400
气体种类	CO₂	CO₂	CO₂	CO₂	CO₂	CO₂	CO₂	CO₂

入炉铁液的化学成分和温度见表 9-13。

表 9-13　原料铁液条件

铁液	铁液温度/℃	铁水化学成分/%				
		C	Si	Mn	P	S
参数	1347	4.285	0.125	0.167	0.1157	0.0005

2) 数据采集

(1) 记录铁液温度和终点温度；

(2) 采集脱磷转炉吹炼时间和冶炼周期数据；

(3) 记录脱磷过程渣料消耗、氧耗等冶炼工况数据，金属样品(铁液、半钢样)C、Si、Mn、S、P 含量等；

(4) 每班用激光测厚仪测炉底厚度。

2. 试验概况

1) 气体供应设备

(1) CO₂ 供应。

使用汽化供气系统供应 CO₂ 气体。采用液化 CO₂ 储槽车来供应 CO₂ 气体，通过气体蒸发器连接 CO₂ 储罐供气。选用 20～30t 液化 CO₂ 储槽车，每车可使用 2～4 天。气体蒸发器蒸发量为 800Nm³/h，满足试验用 CO₂ 流量 200～800Nm³/h 的要求。CO₂ 储槽车外形尺寸参数为：车高，3.32m；车宽，2.6m；车身长，13m。CO₂ 供应流程如图 9-9 所示。为保证稳定供应二氧化碳，增加立式储气罐，容积 60m³。

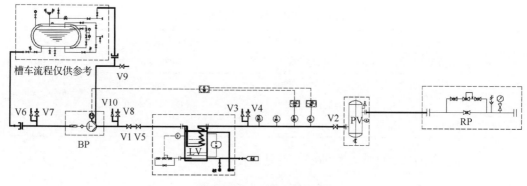

图 9-9　CO_2 供应流程图

低温液体泵如图 9-10 所示，用于抽取液体二氧化碳，技术参数见表 9-14。

图 9-10　低温液体泵

表 9-14　低温液体泵参数

低温泵技术项目	参数
输送介质	液体二氧化碳(CO_2)
型式	卧式、单缸、活塞泵
流量	600～1500L/h
最大出口压力	3.0MPa
最大进口压力	2.4MPa
最小进口压力	1.38MPa
缸径	55mm
行程	40mm
输入电源	380V，三相四线，50Hz
电机转速	500～1000r/min
功率	7.5kW

　　低温液体泵概述：BPC600-1500 型往复式二氧化碳液体泵是用于二氧化碳充装系统的主要部机，其工作目的是将储槽中的液体二氧化碳压送后充入二氧化碳气瓶。它的性能稳定，容易操作，维护方便，启动时间为 1min，泵头可独立卸下，检修后再装上，此过程可在 1h 内完成。流通式的设计使泵可以无需卸压即可再次启动，此外，该泵运转声音极小，可用于严格控制噪声的地区。

　　此低温泵设有自动停泵和声光报警，在汽化器后气体压力高于 2.6MPa，或温度低于 −10℃时，会自动停泵，同时在操控画面有相应显示。

水浴式汽化器和气体缓冲罐如图 9-11 所示，技术参数见表 9-15。

(a)　　　　　　　　　　　　　　(b)

图 9-11　水浴式汽化器(a)和气体缓冲罐(b)

表 9-15　汽化器参数

汽化器参数项目	参数
汽化量规格	$800Nm^3/h$
电加热功率	80kW
工作温度	50～70℃
管内设计压力	3.0MPa
管内最高工作压力	2.86MPa
外壳压力	常压

气体缓冲罐参数见表 9-16。

表 9-16　气体缓冲罐参数

气罐参数项目	参数
容器类别	第Ⅱ类
工作压力	2.86MPa
设计压力	3.0MPa
最高允许工作压力	—
工作温度	常温
设计温度	20℃
工作介质	CO_2
介质特性	不可燃，无毒
介质密度	—
主要受压元件材质	Q345R
焊接接头系数	1/1
腐蚀裕量	1mm
几何容积	$30m^3$
实际容积	$30m^3$
体积充装系数	—
安全阀动作压力	3.0MPa

注："—"为未统计参数。

本汽化器由三大部分组成：汽化器本体、电控装置和电加热器。汽化器本体上设有进水及通气口、排水口、温度表、液位计、二氧化碳液体进口、二氧化碳气体出口，二氧化碳出气管上设有压力表和安全阀，在上端盖上设有温度传感器接口。缓冲罐图 9-11(b)所示，减压平衡装置的参数为：入口压力，$2.0 \sim 2.4MPa$；出口压力，$1.5 \sim 1.8MPa$；入口安全阀，整定压力 $3.0MPa$；出口安全阀，整定压力 $1.9MPa$。

(2)氮气和压缩空气供应。

氮气采用车间中压氮气路供应，经过减压阀，保证压力为 $1.2 \sim 1.5MPa$ 和流量为 $100 \sim 800Nm^3/h$ 即可。

空气用于底吹元件发生堵塞时，吹通底吹元件。空气采用车间压缩空气供应，压力为 $0.6MPa$，保证流量为 $0 \sim 100Nm^3/h$。

2)阀组调控设备

(1)混气阀门柜。

底吹试验气体控制阀门柜如图 9-12 所示，其中入口为：CO_2、N_2、压缩空气。出口为混气集合管。

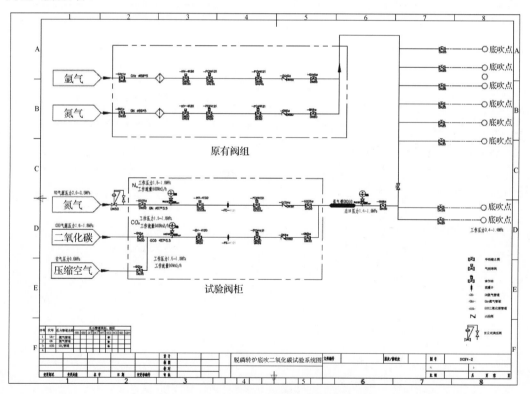

图 9-12　底吹试验混气阀门柜示意图

气体控制阀门柜实物如图 9-13 所示。

(2)操控画面。

底吹气体模式分为 CO_2 模式、氮气模式和混气模式，在混气模式下可以控制混气比例。图 9-14 是底吹试验操控画面,操控画面可以检测低温泵运行情况,低温液体泵停泵可自动声光报警。

(a) 底吹控制柜

(b) 底吹压力表

(c) 控制柜内部阀门

图 9-13　底吹试验混气阀门柜内部和接气点

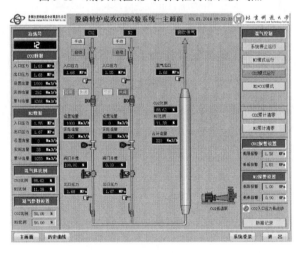

图 9-14　底吹试验操控画面

(3)底吹阀门室接口。

如图 9-13(c)所示,试验气路在底吹阀门室接入 12$^{\#}$、13$^{\#}$ 底吹元件。

3. 结果分析

1)CO$_2$ 供气情况

本次试验采用液态二氧化碳槽车供应气体,经过低温泵和水浴式汽化器,将液态二氧化碳汽化产生 CO$_2$ 气体,经过 30m^3 缓冲罐,在混气阀组调整控制下,按照试验方案供气制度,供应气体给脱磷转炉底吹使用。

经过此次长时间试验,发现这种 CO$_2$ 供应方式,能够满足连续生产对气体的供应需求。槽车内液态二氧化碳的汽化与脱磷转炉的分阶段不同气量用气方式,可以很好地衔接,解决了供气与用气的链接技术。通过调节低温泵转速在 400～800r/min,保持缓冲罐内压力在 1.8～2.4MPa,可以满足单支底吹元件用气量 125～375Nm^3/h。

试验过程中 CO_2 气体供应正常，试验进行冶炼半钢约 420 炉次。试验过程共计使用 7 车液态二氧化碳，累计用量 157.82t。

2）底吹元件情况

经过 14 天底吹 CO_2 试验发现，脱磷转炉底吹 CO_2 对底吹元件不会造成侵蚀和堵塞，暂未发现底吹 CO_2 对底吹元件有不利之处，具体结果和分析如下。

（1）测厚变化情况。

试验过程中，每班测厚一次，如图 9-15 为 2016 年 1 月 5 日激光测厚测量的炉底数据。

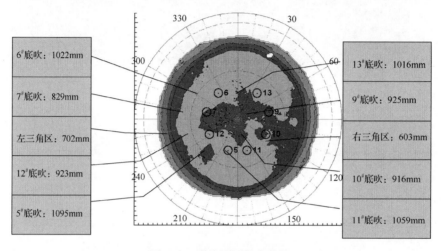

图 9-15　激光测厚炉底数据

试验期间的测厚数据如表 9-17 和表 9-18 所示。

表 9-17　混气底吹时 8 支底吹测厚数据表（mm）

日期	13#	9#	10#	11#	5#	12#	7#	6#
12 月 27 日	1134	1112	1209	1294	1228	1130	978	1222
12 月 28 日	1104	1083	1165	1191	1181	1077	936	1172
12 月 29 日	1258	1130	1205	1644	1422	1159	965	1283
12 月 30 日	1183	1272	1254	1461	1288	1180	1085	1297
12 月 31 日	1019	876	1068	1063	997	925	786	1019
1 月 1 日	924	899	932	1029	973	905	809	939
1 月 2 日	1024	924	1032	1051	974	939	857	998

表 9-18　纯 CO_2 时 8 支底吹测厚数据表（mm）

日期	13#	9#	10#	11#	5#	12#	7#	6#
1 月 3 日	935	939	965	1092	1029	854	767	976
1 月 4 日	1120	1011	1066	1139	1062	907	915	1053
1 月 5 日	1016	925	916	1059	1095	923	829	1022
1 月 6 日	1022	912	910	1035	1065	934	908	1040
1 月 7 日	1098	1072	1213	1137	1122	1034	964	1043
1 月 8 日	992	1023	985	1086	1128	929	942	1016
1 月 9 日	1003	1039	1047	1218	1093	979	951	1057

分析图 9-16 和图 9-17 可知，在 14 天试验期内，12# 和 13# 试验底吹元件与其他 6 支非试验底吹元件测厚数据变化趋势相同，除洗炉底外，未发现 12# 和 13# 底吹元件测厚大幅度增大或减小，试验期间冶炼指标正常，因此底吹 CO_2 工艺不会造成底吹元件的侵蚀或堵塞。

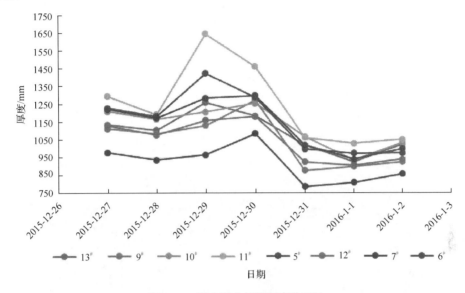

图 9-16　底吹混合气测厚变化对比

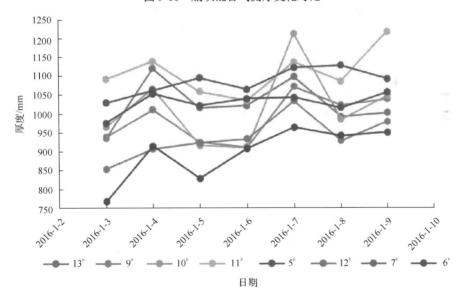

图 9-17　底吹纯 CO_2 测厚数据

(2) 观察情况。

整个试验过程中，肉眼基本无法观察到底吹元件。只有两次洗炉底看到部分底吹元件，12# 底吹元件两次都可看到，13# 底吹元件都未看到。

2015 年 12 月 31 日下午，常规模式冶炼洗炉底，结果可以看到 $6^\#$、$7^\#$、$12^\#$、$9^\#$ 共 4 个底吹元件。

2016 年 1 月 5 日下午，加锡铁洗炉后，只有 $12^\#$ 底吹元件可以清晰地看到，有轻微冒火现象，可能为 CO_2 反应产生 CO 的燃烧造成。

以上结果说明，底吹 CO_2 对底吹透气元件没有坏处，有一定好处，使 $12^\#$ 底吹元件可以更容易被洗出来，更易被肉眼观察到。

（3）主控和阀柜流量监测情况。

如图 9-18 所示，对试验气路的流量和压力进行实时监测，未发现异常流量和压力，试验底吹元件没有堵塞迹象。另外，每隔 2h，到主控室对底吹画面进行拍照，监测 $12^\#$ 和 $13^\#$ 试验底吹元件的流量和压力变化。

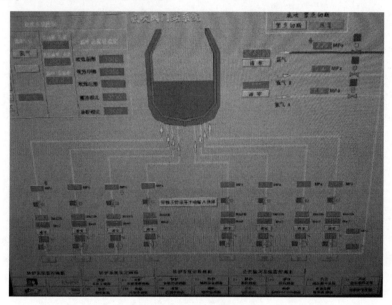

图 9-18　流量监测情况

3）冶炼节奏变化

分析脱磷转炉底吹 CO_2 试验期间各炉次的吹炼时间和冶炼周期数据，发现脱磷转炉主吹炼时间仍为 5～8min，冶炼周期为 25～35min，与原冶炼操作相比均无明显变化，对主控室操作工和炉前炼钢工的冶炼操作无影响。采用底吹 CO_2 冶炼工艺，不会对冶炼节奏造成影响，可以满足生产计划和保证产量。

4）冶金效果

与脱磷转炉原有底吹氮气冶炼工艺相比，冶炼终点碳、磷含量无明显变化，半钢温度未发现大幅度升温降温，与其他参数试验期间未发现底吹 CO_2 对脱磷转炉冶炼的不利影响，表明底吹 CO_2 冶炼工艺可以用于 300t 大型脱磷转炉的底吹冶炼。

9.2.2　复吹 CO$_2$ 工艺研究

1. 复吹方案

1) 试验工艺

为研究脱磷转炉顶吹 O$_2$-CO$_2$ 底吹 CO$_2$ 的复吹 CO$_2$ 工艺技术，考虑物料平衡和能量平衡计算模型，结合脱磷转炉生产工艺需要，制定脱磷转炉顶底复吹 CO$_2$ 试验供气流量方案，如表 9-19 和图 9-19 所示，装料制度与原冶炼工艺保持一致。

表 9-19　复吹试验气体流量方案

方案	阶段	顶吹 O$_2$ /(Nm^3/h)	顶吹 CO$_2$ /(Nm^3/h)	底吹 CO$_2$ /(Nm^3/h)	顶底 CO$_2$ 总量 /(Nm^3/h)	顶吹 CO$_2$ 混入比例/%	试验炉数
1	前期	35000	2000～3500	800	3800	5.4～9.1	56
	后期	24000	0～6000	3000	9000	0～20	
2	前期	35000	7000	800	7800	16.67	8
	后期	24000	2400	3000	5400	9.1	
3	前期	40000	4000	800	4800	9.1	26
	后期	25000	5000	3000	8000	16.67	
4	前期	40000	8000	800	8800	16.67	17
	后期	25000	2500	3000	5500	9.1	
原工艺	前期	40000	—	—	—	0	—
	后期	25000	—	—	—	0	

注：前期指供氧量小于 1400m^3 阶段，后期指供氧量大于 1400m^3 阶段。

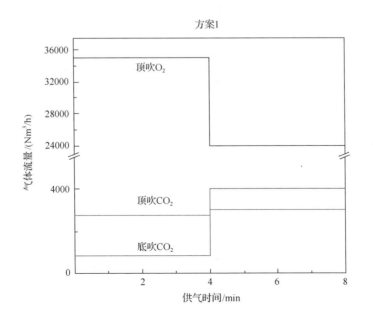

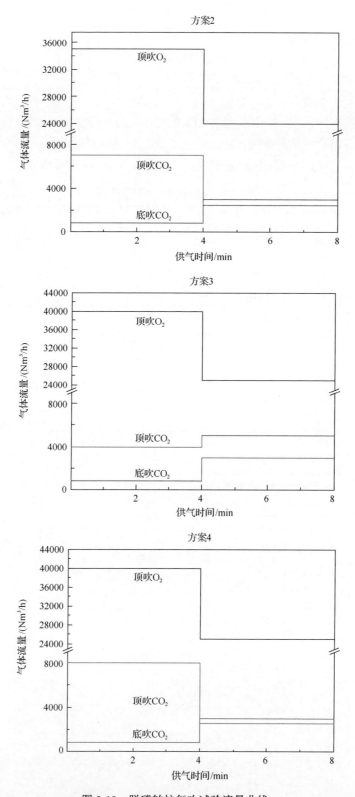

图 9-19　脱磷转炉复吹试验流量曲线

如图 9-19 所示，方案 1 和 3 的 CO_2 顶吹流量前期小后期大，而方案 2 和 4 的顶吹 CO_2 流量前期大后期小。方案 1 和 2 比原有冶炼工艺的顶吹氧气流量低，方案 3 和 4 与原有冶炼工艺的顶吹氧气流量相同，方案 4 顶吹 CO_2 流量前期高于方案 3。4 种方案的底吹流量与原底吹氩气流量相同。

试验期间脱磷转炉炉龄为 5500～6300 炉。

2) 试验设备

图 9-20 为大流量 CO_2 气体供应设备，包括大规格的低温液体汽化泵、蒸汽水浴汽化器和 30 立气体缓冲罐，CO_2 供气流量为 $1000～10000Nm^3/h$，可满足试验顶底复吹 CO_2 流量需要。仅需将低温液体泵和汽化器换成大规格，之后的转炉常规炼钢试验，也采用此套供气设备供应 CO_2 气体。

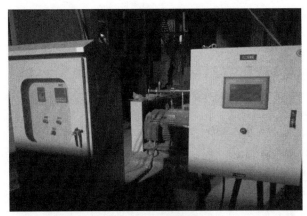

(a) 液态CO_2蒸发控制装量

(b) 储存点

图 9-20　大流量 CO_2 供气设备

2. 复吹 CO$_2$ 工艺技术分析

统计试验期间冶炼炉次的煤气成分变化、转炉烟道粗灰净重、顶吹和底吹 CO$_2$ 的用量等试验数据，表 9-20 为其中部分炉次数据。

取试验炉次的平均值和选出最优试验方案与原工艺进行对比，分析结果如下。

表 9-20　脱磷转炉复吹 CO$_2$ 部分试验数据记录表

日期	炉次号	试验类型	煤气成分/%		粗灰净重/kg	CO$_2$用量/m^3		氧气/m^3
			φ_{CO}	φ_{CO_2}		顶吹	底吹	
2016-03-31	160D02565	复	7.61	19.54		396	300	2895
2016-03-31	160D02566	复	7.37	19.35		372	245	2733
2016-03-31	160D02567	复	7.10	20.29		383	211	2741
2016-03-31	160D02568	复	8.01	20.21		328	198	2747
2016-03-31	160D02569	复	17.46	16.88		337	178	2524
2016-03-31	160D02570	复	15.61	17.76		309	223	2544
2016-03-31	160D02571	复	14.80	18.01		220	80	2515
2016-03-31	160D02572	复	10.75	19.70		372	298	2692
2016-03-31	160D02573	复	4.24	20.89		148	160	2984
2016-03-31	160D02574	顶	5.58	19.81		71	0	2987
2016-03-31	160D02575	非	7.09	19.69		0	0	2981
2016-03-31	160D02576	非	6.81	20.54		0	0	2988
2016-04-01	160D02577	非	2.34	19.36		0	0	3113
2016-04-01	160D02578	非	11.20	18.30		0	0	2992
2016-04-01	160D02579	非	11.45	19.25		0	0	2979
2016-04-01	160D02580	非	6.78	18.26		0	0	2824
2016-04-01	160D02581	非	16.97	13.69		0	0	2204
2016-04-01	160D02582	非	13.94	15.53		0	0	2276
2016-04-01	160D02583	非	3.06	18.33		0	0	2910
2016-04-01	160D02584	非	10.88	18.88		0	0	2811
2016-04-01	160D02585	非	9.21	17.98		0	0	2764
2016-04-01	160D02586	非	3.92	19.27		0	0	2830
2016-04-01	160D02587	非	8.62	16.72		0	0	2819
2016-04-01	160D02588	非	10.35	18.11		0	0	2713
2016-04-01	160D02589	非	14.09	16.26		0	0	2622
2016-04-01	160D02590	非	9.00	17.95		0	0	2809
2016-04-01	160D02591	非	12.57	17.18		0	0	2498
2016-04-01	160D02592	非	12.61	17.46		0	0	2551
2016-04-01	160D02593	非	13.53	16.75		0	0	2601
2016-04-01	160D02594	非	16.49	15.51		0	0	2516
2016-04-01	160D02595	非	6.58	19.82		0	0	3098

续表

| 日期 | 炉次号 | 试验类型 | 煤气成分/% | | 粗灰净重/kg | CO₂用量/m³ | | 氧气/m³ |
			φ_{CO}	φ_{CO_2}		顶吹	底吹	
2016-04-01	160D02596	非	11.27	18.20	434	0	0	3594
2016-04-01	160D02597	顶	15.53	19.45	397	351	0	2692
2016-04-01	160D02598	顶	9.65	21.02	392	434	0	3002
2016-04-01	160D02599	顶	6.87	20.26	365	415	0	2904
2016-04-01	160D02600	复	10.36	18.51	371	259	187	2501
2016-04-01	160D02601	非	9.87	18.18	428	0	0	2492
2016-04-01	160D02602	非	10.28	17.45	421	0	0	2565
2016-04-01	160D02603	顶	9.92	18.03	432	229	0	2549
2016-04-01	160D02604	顶	8.28	20.93	197	268	0	2749
2016-04-01	160D02605	非	10.64	18.89	413	0	0	2816
2016-04-02	160D02606	非	7.00	20.23	186	0	0	2933
2016-04-02	160D02607	非	7.38	18.47	232	0	0	2766
2016-04-02	160D02608	非	8.90	18.89	356	0	0	2739
2016-04-02	160D02609	非	8.19	17.87	381	0	0	2685
2016-04-02	160D02610	非	7.05	20.04	259	0	0	2855
2016-04-02	160D02611	非	9.94	18.68	428	0	0	2501
2016-04-02	160D02612	非	4.57	19.96	333	0	0	3152
2016-04-02	160D02613	顶	6.18	19.76	319	64	0	2707
2016-04-02	160D02614	顶	8.93	19.18	351	74	0	2601
2016-04-02	160D02615	顶	6.02	18.90	210	75	0	2643
2016-04-02	160D02616	顶	12.67	17.47	427	78	0	2440
2016-04-02	160D02617	顶	5.45	18.08	333	132	0	2652
2016-04-02	160D02618	顶	7.07	19.45	193	76	0	3173
2016-04-02	160D02619	顶	5.82	18.80	329	131	0	2781
2016-04-02	160D02620	顶	8.07	20.15	160	134	0	2826
2016-04-02	160D02621	顶	10.37	19.56	356	136	0	2535
2016-04-02	160D02622	顶	5.21	20.84	307	137	0	3076
2016-04-10	160D02845	复	12.29	18.53	285	343	187	2790
2016-04-10	160D02846	复	12	20.71	190	343	166	2801

1) 终点成分分析

将试验期间几种工艺炉次半钢温度及成分进行统计平均，如表 9-21 所示。

由表 9-21 可知，在铁液温度基本相同的情况下，试验工艺与原工艺半钢终点温度接近，由于气量较小，CO₂ 未造成熔池大幅度降温。顶底复吹 CO₂ 试验工艺半钢碳含量比原工艺提高了 0.0494 个百分点，如图 9-21 所示，脱磷炉喷吹 CO₂ 会抑制脱磷炉中碳的烧损，节省脱碳炉硅铁消耗。由图 9-21 可知，半钢磷质量分数由原工艺的 0.0510% 降低为 0.0470%，降 0.004 个百分点，可见顶底复吹 CO_2 可以更好地完成脱磷炉的脱磷任务，脱磷炉喷吹 CO_2 有利于脱磷保碳。

表 9-21　半钢温度及成分

平均值	统计炉数	钢包温度/℃	炉后钢包内钢液成分质量分数/%				
			C	Si	Mn	P	S
原工艺	273	1322.8	3.1903	0.0207	0.0410	0.0510	0.0056
复吹试验工艺	107	1321.5	3.2397	0.0195	0.0405	0.0470	0.0058
复吹方案 3	26	1323.1	3.2622	0.0192	0.0415	0.0443	0.0061
单顶吹	41	1320.1	3.2696	0.0199	0.0315	0.0468	0.0058
单底吹	31	1324.5	3.1501	0.0204	0.0436	0.0484	0.0055

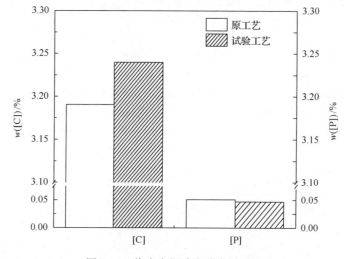

图 9-21　终点半钢碳和磷含量对比

试验发现，供气方案 3 的冶炼效果最好，CO_2 流量在 4000～5000Nm³/h，过大流量会造成降温严重，过小流量则 CO_2 的影响不明显。

如表 9-22 所示，顶底复吹 CO_2 试验工艺比原工艺脱磷率提高 3.58 个百分点，方案 3 冶炼工艺的脱磷率明显高于原工艺，提高 6.99 个百分点，复合试验工艺的脱碳率与原工艺比降低 0.71 个百分点，方案 3 工艺的脱碳率比原工艺降低 0.75 个百分点。CO_2 试验工艺与原工艺相比，温度下降接近，略高于原冶炼工艺 1～4℃，CO_2 与钢液中碳、铁元素反应吸热，造成温度略有下降，所以喷吹 CO_2 对脱磷炉的温度基本无影响。

表 9-22　终点指标对比

指标平均值	统计炉数	指标		
		脱碳率/%	脱磷率/%	半钢温度下降/℃
原工艺	273	25.64	56.41	27.82
复吹试验工艺	107	24.93	59.99	29.07
复吹方案 3	26	24.89	63.40	32.04
单顶吹	41	24.21	60.64	33.15
单底吹	31	26.33	58.10	25.26

　　下面研究转炉预脱磷采用 CO$_2$ 冶炼工艺时，CO$_2$ 用量造成的影响和脱磷的影响因素。

　　(1)冶炼终点指标与 CO$_2$ 用量关系分析。

　　研究脱磷转炉冶炼终点半钢的磷含量和碳含量与吨钢 CO$_2$ 用量的关系，结果如图 9-22 和图 9-23 所示。

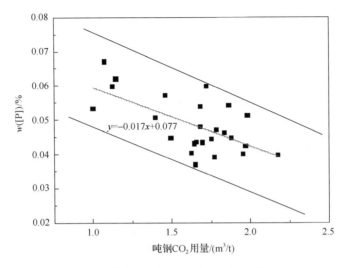

图 9-22　终点磷含量与吨钢 CO$_2$ 用量的关系

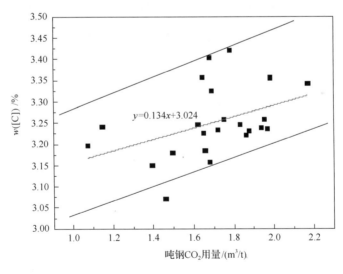

图 9-23　终点碳含量与吨钢 CO$_2$ 用量关系

　　脱磷转炉冶炼终点半钢磷含量随着吨钢 CO$_2$ 用量的增加而减小，吨钢增加 1Nm^{3}CO$_2$ 用量，脱磷炉终点碳含量提高 0.017 个百分点，半钢碳含量随吨钢 CO$_2$ 用量的增加而增大，吨钢增加 1Nm^{3}CO$_2$ 用量，脱磷炉终点碳含量提高 0.134 个百分点。因此脱磷转炉喷入 CO$_2$ 有利于降低终点磷和提高终点碳，CO$_2$ 的引入可以更好地完成脱磷炉的脱磷保碳任务。

(2)脱磷影响因素分析。

分析转炉预脱磷采用 CO_2 冶炼工艺时，各因素对脱磷率的影响。图 9-24 所示是脱磷率与脱碳量的关系。

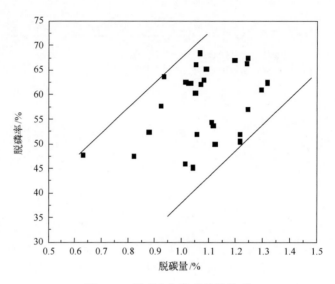

图 9-24　脱磷率与脱碳量的关系

由图 9-24 可知，随着脱碳量增大，脱磷率呈上升趋势。较大的脱碳量会产生较多的 CO 气泡，对熔池的搅拌较好，反应的动力学条件较好，使脱磷反应更接近热力学平衡，从而有较大的脱磷率。

分析渣中全铁(TFe)含量对脱磷率的影响，图 9-25 是脱磷率与渣中全铁含量的关系。

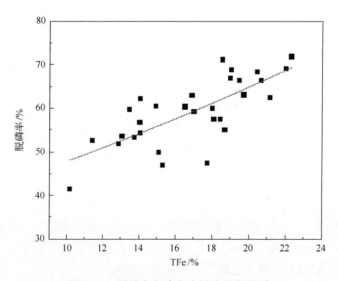

图 9-25　脱磷率与渣中全铁含量的关系

由图 9-25 可知，随着渣中全铁含量增加脱磷率呈上升趋势，与热力学分析一致。渣中全铁较高时，炉渣氧化性较强，高氧化性有利于熔池脱磷，所以有较高的熔池脱磷率。300t 脱磷转炉喷吹 CO_2 冶炼工艺，渣氧化性较高有利于脱磷。

图 9-26 是脱磷率与吨钢 CO_2 用量的关系，脱磷率随吨钢 CO_2 用量的增加而增大，吨钢增加 1 Nm^3 CO_2 用量，脱磷率提高 14 个百分点。所以脱磷转炉喷入 CO_2 有利于完成脱磷任务，提高脱磷率。CO_2 参与熔池反应生成的 CO 气泡改善了反应的动力学条件，反应吸热调控了熔池温度，这些都有利于钢液脱磷，使得脱磷率随着 CO_2 用量的增加而增大。

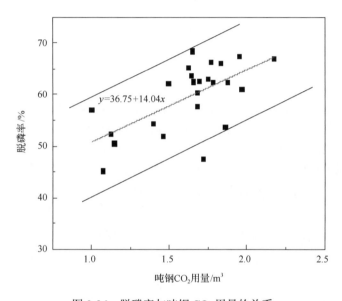

图 9-26　脱磷率与吨钢 CO_2 用量的关系

2) 炉渣成分及脱磷能力分析

顶底复吹 CO_2 试验工艺渣中全铁 (TFe) 为 17.36%，比原工艺低 0.64 个百分点，喷入 1molCO_2 反应生成 2molCO，气量的增加增强了熔池搅拌，降低了渣中全铁。顶底复吹 CO_2 试验工艺渣中 P_2O_5 比原工艺高 0.5 个百分点，验证了此前半钢终点磷降低、脱磷率提高的结论。原工艺和试验工艺碱度均为 2.0，CO_2 的喷入对炉渣碱度无影响。

磷分配比和磷容量是炼钢过程判定炉渣的脱磷能力的主要技术指标，下面通过计算对 CO_2 冶炼工艺的脱磷能力进行判定。

(1) 炉渣中磷的分配系数。

炉渣中磷的分配比计算式为

$$Lp = w((P_2O_5))/w([P]) \tag{9-1}$$

由表 9-22 和表 9-23 中数据，计算可得磷分配系数 (表 9-24)。

表 9-23　脱磷转炉炉渣成分(质量分数)及碱度

炉渣平均值	炉数	转炉渣样成分/%							R
		CaO	SiO₂	MgO	P₂O₅	MnO	FeO	TFe	
原工艺	47	29.28	14.72	5.48	6.75	9.51	23.14	18.00	2.00
试验工艺	34	29.11	14.65	5.34	7.25	10.26	22.33	17.36	2.01

注：部分炉次未取渣样，总复吹试验炉次 107 炉，原工艺 273 炉次。

表 9-24　磷分配系数

工艺	$w((P_2O_5))/\%$	$w([P])/\%$	Lp
原工艺	6.75	0.051	132.35
试验工艺	7.25	0.047	154.25
变化	0.5	−0.004	21.9

由表 9-24 可知，CO_2 试验工艺的磷分配系数为 154.25，大于原冶炼工艺的 132.25，磷分配系数提高了 21.9，在采用喷吹 CO_2 冶炼工艺时磷元素更容易进入渣中。

(2)磷容量计算。

转炉炼钢脱磷反应为气-渣-金较为复杂的多相化学反应过程，磷容量 C_P 表示炉渣溶解或吸收脱磷氧化产物能力的大小，因此转炉炼钢过程中磷容量是衡量渣钢间脱磷过程的重要技术指标。

当炉渣的氧势 $p_{O_2} > 10^{-13}$Pa 时，磷在炉渣中的主要存形式为磷酸盐(PO_4^{3-})；而当炉渣的氧势 $p_{O_2} < 10^{-13}$Pa 时，磷在炉渣中的主要存形式为(P^{3-})。炉渣的氧分压主要是由(FeO)-[O]之间的平衡反应决定的，然而由(FeO)-[O]平衡所计算得到的氧分压要比生成磷酸盐(PO_4^{3-})的最小氧分压还要大，所以普遍认为磷在转炉炉渣中的存在形式为磷酸盐(PO_4^{3-})。Wagne 根据气-渣之间的化学反应，得出了磷酸盐容量 $C_{PO_4^{3-},\ W}$ 的数学表达式：

$$\frac{1}{2}P_2(g) + \frac{5}{4}O_2(g) + \frac{3}{2}(O^{2-}) = (PO_4^{3-})\quad C_{PO_4^{3-},\ W} = \frac{w((PO_4^{3-}))}{(p_{O_2}/p^\ominus)^{5/4} \cdot (p_{P_2}/p^\ominus)^{1/2}} \quad (9-2)$$

Yang 基于渣-金之间脱磷的化学反应，得出了磷酸盐容量 $C_{PO_4^{3-},\ Y}$，其表达式如下：

$$[P] + \frac{5}{2}[O] + \frac{3}{2}(O^{2-}) = (PO_4^{3-})\quad C_{PO_4^{3-},\ Y} = \frac{w((PO_4^{3-}))}{a_{[P]} \times a_{[O]}^{5/2}} \quad (9-3)$$

在化学分析的过程中，P 通常以氧化物 P_2O_5 的形式存在于炉渣中。为了便于理论计算与分析，可以得出磷酸盐(PO_4^{3-})的质量分数与 P_2O_5 的质量分数之间的关系，如式(9-4)所示：

$$w((\mathrm{PO_4^{3-}}))=2\times\frac{w((\mathrm{P_2O_5}))}{M_{\mathrm{P_2O_5}}}M_\mathrm{P}+2\times\frac{w((\mathrm{P_2O_5}))}{M_{\mathrm{P_2O_5}}}4M_\mathrm{O}=1.3382w((\mathrm{P_2O_5})) \tag{9-4}$$

则式(9-3)的磷酸盐容量 $C_{\mathrm{PO_4^{3-},Y}}$ 可写为

$$C_{\mathrm{PO_4^{3-},Y}}=\frac{w((\mathrm{PO_4^{3-}}))}{a_{[\mathrm{P}]}a_{[\mathrm{O}]}^{5/2}}=\frac{1.3382w((\mathrm{P_2O_5}))}{a_{[\mathrm{P}]}a_{[\mathrm{O}]}^{5/2}} \tag{9-5}$$

由于炼钢过程中上式的[P]和[O]都很低，可认为 $a_{[\mathrm{P}]}=w([\mathrm{P}])$，$a_{[\mathrm{O}]}=w([\mathrm{O}])$。

磷容量可以通过气渣反应和渣金反应平衡测出，对于一定组成的渣，在恒温下为定值。贝格曼总结了多种复杂熔渣的磷容量和光学碱度之间的关系，得到

$$\lg C_\mathrm{P}=21.55\varLambda+\frac{32912}{T}-27.90 \tag{9-6}$$

式中，$\varLambda$ 为炉渣的光学碱度，多种氧化物或化合物组成的炉渣，其碱度和渣中 $a_{\mathrm{O^{2-}}}$ 有关，由渣中各化合物施放电子能力的总和表示炉渣的光学碱度，可由下式计算炉渣的光学碱度：

$$\varLambda=\sum_{i=1}^{n}x_i\varLambda_i \tag{9-7}$$

式中，$\varLambda_i$ 为氧化物光学碱度；

x_i 为氧化物中阳离子的摩尔分数。

$$x_i=\frac{n_\mathrm{O}x_i'}{\sum n_\mathrm{O}x_i'} \tag{9-8}$$

式中，x_i' 为氧化物的摩尔分数；n_O 为氧化物中的氧原子数。

根据表 9-23 和表 9-24 中数据计算可得原工艺和试验工艺炉渣的光学碱度和磷容量，如表 9-25 所示。

表 9-25　炉渣光学碱度和磷容量

项目	$\varLambda$	T/K	$\lg C_P$
原工艺	0.65	1595.8	6.73
CO₂ 试验工艺	0.65	1594.5	6.75

根据试验结果计算可得，CO₂ 试验工艺炉渣光学碱度和原工艺相同，渣的磷容量略高于原工艺。

脱磷反应必要的热力学条件是：较高的炉渣碱度、较高的氧化铁含量、较低的熔池温度、适当的渣量。转炉喷吹 CO₂ 冶炼工艺可以创造这些条件，促进脱磷反应的发生。工业试验证明，脱磷转炉采用 CO₂ 冶炼工艺对炉渣碱度无影响，CO₂ 与 C、Fe 元素反应

吸热使熔池温度较低，采用喷吹 CO_2 冶炼工艺的磷在渣金间分配系数大于原冶炼工艺，渣的磷容量也高于原工艺，所以喷吹 CO_2 冶炼工艺有利于熔池脱磷。

3）钢铁料消耗分析

将试验期间几种工艺炉次的钢铁料消耗，进行统计平均，如表 9-26 所示。

表 9-26　钢铁料消耗对比

平均值	统计炉数	钢铁料				
		铁液质量/t	废钢质量/t	铁液比/%	半钢质量/t	钢铁料消耗/(kg/t)
原工艺	273	292.2	27.11	91.51%	310.018	1030.18
复吹试验工艺	107	293.2	27.18	91.52%	311.210	1029.40
复吹方案 3	26	294.1	27.04	91.58%	312.787	1026.45
单顶吹	41	291.6	27.59	91.36	310.998	1026.50
单底吹	31	292.9	26.61	91.67%	310.540	1029.34

复吹试验工艺的钢铁料消耗比原工艺低 0.78kg/t，复吹方案 3 工艺及单独顶吹比原工艺降低约 4kg/t，所以复吹 CO_2 冶炼工艺更有利于减少钢铁料消耗，减少铁损，验证了物料平衡计算的结论。

钢铁料消耗减少主要有以下几方面原因：①试验工艺的渣中全铁含量降低 0.64 个百分点，渣中铁损减少，使更多的金属铁进入钢液，导致钢铁料消耗减少；②复吹 CO_2 冶炼工艺，使转炉火点区温度降低，烟尘铁损下降，所以钢铁料消耗减少；③熔池搅拌增强，熔池反应的动力学条件改善，促进了脱磷脱碳反应的进行，反应更接近平衡值，使金属铁更多地进入熔池，降低了金属铁的损失，减少了钢铁料消耗。

4）辅料消耗分析

辅料消耗是转炉炼钢成本的重要组成部分，辅料加入量对前期造渣脱磷、冶炼过程的喷溅情况和终点成分指标有重要影响。辅料消耗分析是将试验期间各炉次的辅料消耗按吨半钢进行折算，统计平均如表 9-27 所示。

表 9-27　吨钢辅料消耗量对比

项目	统计炉数	自产高钙活性石灰/(kg/t)	自产轻烧白云石/(kg/t)	冷固球团/(kg/t)	特级萤石/(kg/t)
原工艺	273	9.8451	1.6777	19.4520	1.7136
复吹试验工艺	107	10.0398	1.5950	18.0391	1.5942
下降量		−0.1947	0.0827	1.4129	0.1194

注：因烧结矿使用炉次特别少，不具有代表性，未列出。

由表 9-27 可知，顶底复吹 O_2-CO_2 底吹 CO_2 复吹冶炼工艺相比原冶炼工艺，轻烧白云石消耗减少 0.0827kg/t，冷固球团消耗减少 1.4129g/t，萤石消耗减少 0.1194kg/t，顶底复吹 CO_2 工艺的辅料整体消耗减少。

分析试验期间各炉次辅料的加入量，由于 CO_2 与熔池 C 反应是吸热反应，根据需要通过调整气体流量可以部分调控熔池温度，与传统转炉炼钢不同，不需要过多冷却剂如废钢、块矿、冷固球团等的加入，所以脱磷转炉顶底复吹 CO_2 的试验工艺的冷料加入量有所下降。另外，由于 CO_2 的比热容比空气和氧气大，喷入转炉的 CO_2 可以促进转炉炉内空间和熔池传热，有利于转炉前期化渣，所以可以减少萤石的加入。在辅料消耗方面，顶底复吹 CO_2 工艺节约了生产成本，改进了生产工艺。

5) 粗灰质量

将试验过程中冶炼炉次产生的粗灰进行称重，包括试验工艺和非试验工艺，得到每炉次粗灰的质量，进行统计平均，粗灰称重结果如表 9-28 和图 9-27 所示。

表 9-28　粗灰质量对比

工艺方案	炉数	粗灰质量/(kg/炉)
原工艺	32	296.09
复吹试验工艺	66	288.24

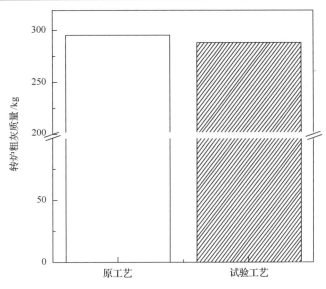

图 9-27　转炉粗灰质量对比

顶底复吹 CO_2 试验工艺比原冶炼工艺的粗灰产生量下降 2.65%，说明吹入二氧化碳可以抑制烟尘产生，并与钢铁料消耗下降的结论相吻合。

炼钢烟尘的形成主要包括两部分：一部分主要来源于熔池高温火点区金属的蒸发，即炼钢过程氧气流股直接冲击熔池反应区，与熔池中 C、Fe、Si、Mn 的放热反应产生 2500℃ 的高温火点区域，而金属铁的沸点为 2750℃，因此在氧气射流强烈的搅拌和熔池火点区高温条件下，一定数量的铁和铁的氧化物蒸发(简称蒸发理论)，形成浓密的粉尘随炉气从炉口排出；另一部分主要来源于氧气在熔池内部与碳反应产生大量 CO 气泡，铁液进入气泡并随气泡上浮，进入烟气中形成粉尘(简称气泡理论)。因此火点区温度与烟尘的产生量密切相关，顶吹射流中混入 CO_2 可以降低火点区温度，进而减少金属铁蒸发，另外 CO_2 反应生成的 CO 气泡也会带出金属铁，两种效应比较，火点区温度降低效果更明显，所以顶吹部分 CO_2 粗灰质量下降。

6) 炉气成分和气体消耗

将试验期间的转炉炉气中 CO 和 CO_2 含量统计，如表 9-29 所示。

表 9-29　转炉炉气成分

煤气成分平均值	炉数	炉气	
		CO 体积分数/%	CO_2 体积分数/%
原工艺	273	11.44	17.85
复吹试验工艺	107	11.03	19.49
复吹方案 3	26	12.79	19.27
单顶吹	41	8.89	19.87
单底吹	31	12.98	17.70

由于脱磷炉炉内熔池温度偏低，CO_2 喷入量较小，反应产生的 CO 对煤气成分影响有限，所以喷入的 CO_2 对煤气成分的改变不明显。

将试验期间气体消耗统计，如表 9-30 所示。

表 9-30　气体消耗

气体消耗平均值	炉数	气体消耗					CO_2 喷吹比例/%
		顶吹 O_2/m^3	吨钢 O_2/(m^3/t)	顶吹 CO_2/m^3	底吹 CO_2/(m^3/t)	吨钢 CO_2/(m^3/t)	
原工艺	273	2763	8.92				
复吹试验工艺	107	2796	8.98	301.70	218.64	1.67	15.68
复吹方案 3	26	2921	9.43	312.31	225.62	1.73	15.5

顶底复吹 CO_2 试验工艺，各炉次吨钢 CO_2 消耗平均为 $1.67m^3/t$，吨钢氧耗 $8.98m^3/t$，CO_2 占冶炼总气体用量的 15.68%，可以满足转炉热量需求，如果铁液热量充足，可以提高 CO_2 喷吹比例，进一步优化冶炼指标。

9.3　CO_2 用于电弧炉炼钢及炉外精炼工艺技术研究

9.3.1　CO_2 用于电炉喷吹过程的研究

1. 试验方案

1) 供氧模式

电炉底吹过程中，供氧主要由六种模式组成，如表 9-31 所示，根据不同渣况和时期选择性使用。

表 9-31　供氧模式　　　　　　　　　（单位：Nm^3/h）

模式	主氧	环氧	天然气
脱碳	2500	150	200
助熔一	2000	150	100
助熔二	1800	80	100
助熔三	1500	80	100
化渣	1000	50	100
保护	500	50	70

2）渣料

全铁冶炼工艺渣料由石灰、石灰石、镁球、白云石组成。（总渣量：3500～4000kg，其中：石灰，1500～2000kg，40%～50%；石灰石，1000～1500kg，30%～40%；白云石，500kg，15%；镁球，300～500kg，5%～10%）。

3）供气及取样方案

电炉底吹过程应控制好气体流量，为钢液脱碳升温及脱磷创造良好的动力学条件。Consteel 电炉底部布置 3 块透气砖，对比炉次采用底吹 Ar 进行搅拌，各底吹透气砖控制流量分别为 15L/min、15L/min、10L/min。实验炉次采用底吹 CO_2 替代原底吹 Ar 进行实验，底吹流量保持不变，进行对比研究。共进行 10 炉实验，其中底吹 Ar 和底吹 CO_2 各 5 炉，试验钢种全为 45 号钢。

电炉造渣后在前、中、后期各依次取渣样，分析冶炼过程中渣成分的变化，并于电炉冶炼终点取一钢样，分析终点成分。

4）过程操作要点

（1）前炉出钢后，填料，补炉，兑铁液前向炉内加入镁球 300～500kg。目的：增加炉渣中氧化镁含量，帮助熔化白灰，保护炉衬，同时降低渣温，防止兑铁过程溢渣严重。

（2）铁液兑至 20t 左右可开启氧枪调至中火模式进行吹炼，兑铁结束后加入石灰 500kg，并将氧枪调至脱碳模式，快速升温为脱磷、脱碳创造条件，发现炉门跑铁时可视情况降低供氧模式或调整炉体角度进行控制。

（3）氧气流量吹至 1000m^3 左右下第二遍渣料 500kg 石灰，氧气吹至 1500m^3 时炉内温度达到 1550～1570℃，具备去磷条件，这时根据渣况反复调整供氧模式，让炉内始终保持泡沫渣。

（4）生铁加入时机：熔池温度必须达到 1580～1620℃，熔池碳质量分数在 1.0%～2.0%，氧气流量达到 2000m^3 左右，开始进生铁，输料道速度为 50%～70%（视温度情况）。（在升温期可启动输料道，速度为 30%～50%，进至进料小车处停）同时下第三批渣料石灰 500kg（或石灰石 500kg），以及白云石 500kg。

（5）氧气流量达到 2700～3000m^3 生铁全部进完，加入第四批渣料白灰 500kg（或石灰石 500kg），并将模式降至中火模式吹渣，以保证快速去磷。

（6）氧气流量达到 3500m^3 左右时泡沫渣良好，取第一个炉中样分析，并测温，温度大于 1600℃ 可向炉内加入石灰石 500kg（防止样磷高），如冶炼磷要求较低钢种（$w([P]) \leqslant 0.015\%$），可补充白灰 500kg。

（7）当炉内渣况良好，可将氧气调至最大流量脱碳，升温，氧气流量达到 4000m³ 左右取第二个炉中样，当温度成分达到要求后向炉内喷碳粉造终渣，炉渣渣况稳定后出钢。

（8）几个关键点：加生铁温度为 1580～1620℃，熔池碳含量为 1.5% 左右；取第一个样温度不能低于 1550℃，并要及时有序放出高磷渣；取第二个样温度不能低于 1600℃。

2. 钢液成分分析

采用同一钢种进行实验，电炉冶炼工艺及操作制度不变，易知冶炼时间均在 50min 左右，出钢温度为 1680℃ 左右。冶炼终点成分如表 9-32 所示。

表 9-32　电炉冶炼终点钢液成分　　　　　　　（单位：%，质量分数）

实验序号	底吹	C	Mn	P	S	Cr	Ni	Mo
L13304446	Ar	0.04	0.11	0.018	0.022	0.15	0.05	0.03
L13304447	Ar	0.07	0.10	0.012	0.015	0.21	0.04	0.03
L13304448	Ar	0.11	0.15	0.017	0.015	0.12	0.03	0.02
L13304449	Ar	0.04	0.14	0.020	0.032	0.14	0.03	0.02
L13304450	Ar	0.21	0.13	0.015	0.020	0.08	0.02	0.02
L13304445	CO_2	0.05	0.06	0.015	0.020	0.12	0.06	0.04
L13304451	CO_2	0.06	0.11	0.014	0.010	0.12	0.03	0.02
L13304452	CO_2	0.14	0.14	0.017	0.020	0.15	0.03	0.02
L13304453	CO_2	0.15	0.15	0.020	0.020	0.06	0.01	0.01
L13304454	CO_2	0.26	0.14	0.021	0.015	0.07	0.01	0.03
平均值	Ar	0.094	0.126	0.016	0.021	0.140	0.034	0.024
	CO_2	0.132	0.120	0.017	0.017	0.104	0.028	0.024

从表 9-32 中可以看出，终点[C]含量波动较大，其中有两炉超过 0.20%，其他炉次都低于 0.15%，且底吹 CO_2 时平均[C]含量比底吹 Ar 时略高（0.038 个百分点）。实验炉次和对比炉次的[Mn]质量分数平均值为 0.12%～0.13%，[Ni]质量分数平均值在 0.03% 左右，[Mo]含量平均值为 0.024%，所以与底吹 Ar 相比，底吹 CO_2 对[Mn]、[Ni]、[Mo]元素含量基本不产生影响。对于[S]元素，底吹 CO_2 时平均质量分数由初始 0.041% 降到 0.017%，而底吹 Ar 时平均质量分数由初始 0.043% 降到 0.021%，脱硫效率提高了 19%，这是由于底吹 CO_2 气泡可与钢中[C]元素反应生成 2 倍 CO 气体，使得搅拌强度提高，从而利于脱硫。而对于[Cr]元素平均值，底吹 CO_2 比底吹 Ar 低 0.036 个百分点，因为在电炉冶炼条件下，底吹气体 CO_2 可与熔池中[Cr]发生反应，使得钢液中[Cr]元素含量减少。

　　在转炉冶炼终点，当碳含量大于 0.03%时，碳氧积的变化趋于平缓，而当碳含量过高时(大于 0.13%)，碳氧积值很高，碳氧积开始随着终点碳质量分数的增大而较明显增加。从图 9-28 可以看出，电炉终点碳氧积呈现和转炉终点相同的变化规律，同时，分析实验炉次和对比炉次，易知实验炉次的碳氧积比对比炉次高，其原因为底吹 CO₂ 时电炉终点[C]含量比底吹 Ar 时要高出 40%，而碳氧积只高出 11%，可以判断底吹 CO₂ 不会增加钢中[O]含量，有利于降低终点[O]含量。

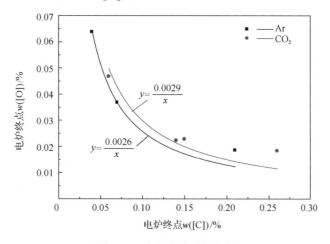

图 9-28　电炉终点碳氧积图

3. 渣样分析

　　在电炉前、中、后期各取一次渣样，分析成分，如图 9-29 所示。可以看出，底吹 CO₂ 时，渣中(SiO₂)[图 9-29(b)]在前、中期较低，后期基本与底吹 Ar 时较为接近，而渣中(CaO)[图 9-29(c)]在中期较高，前、后期和底吹 Ar 时较为接近，这使得电炉冶炼过程中渣保持较高的碱度[图 9-29(f)]，终点渣碱度增加了 0.2；同时渣中(FeO)[图 9-29(a)]较底吹 Ar 时低，在冶炼末期渣中(FeO)有增加的趋势，这是由于在碳含量相对较低的情况下，CO₂ 与[Fe]发生反应。高碱度和低(FeO)有利于脱硫反应的进行，这也与钢液中[S]含量的减少相对应，说明电炉底吹 CO₂ 在一定程度上提高了电炉的脱硫效率。

　　从图 9-29(d)可知，底吹 CO₂ 对电炉中[Al]的氧化没有影响，因为电炉冶炼是强供氧气氛，钢液中[Al]基本与[O]反应完全。从图 9-29(e)渣中(P₂O₅)成分变化可知，底吹 Ar 时，冶炼终点渣中(P₂O₅)含量较冶炼中期降低 1.07%，被还原成[P]元素通过钢-渣界面返回钢液中，增加了钢液中[P]含量；而底吹 CO₂ 时，冶炼终点渣中(P₂O₅)含量只比冶炼中期降低 0.06%，大大减少了渣中的磷回到钢液中。虽然炉渣中(FeO)减少不利于脱磷，但是 CO₂ 可参与钢中元素的反应，降低熔池温度，产生的大量 CO 气泡增强了熔池搅拌效果，改善了熔池的动力学条件，有利于脱磷。

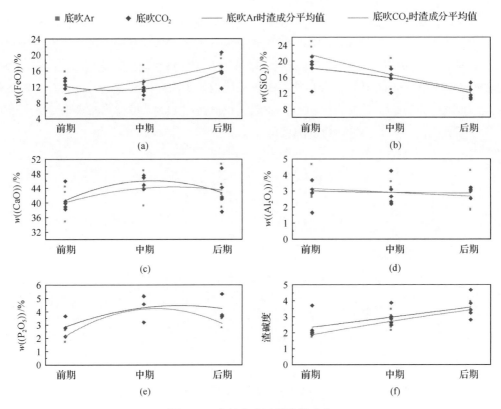

图 9-29　电炉底吹过程渣样成分

9.3.2　CO₂用于LF炉底吹过程的研究

1. 试验方案

1) 供气方案

供气方案如表 9-33 所示, 其中在精炼前期目的是加热化渣, 在中期达到脱氧、脱硫, 后期软吹、去夹杂。

表 9-33　供气方案

实验气体	气体组成	前期流量(L/min)	中期流量(L/min)	后期流量(L/min)
全吹 Ar	Ar	150～210	180～300	60～90
CO₂+Ar	2/3Ar	100～140	120～200	40～60
CO₂+Ar	1/3CO₂	50～70	60～100	20～30
CO₂+Ar	1/3Ar	50～70	60～100	20～30
CO₂+Ar	2/3CO₂	100～140	120～200	40～60
全吹 CO₂	CO₂	150～210	180～300	60～90

2) 供电制度

试验过程保持供电制度与现有工艺制度相同：精炼炉的供电制度视到站温度的高低而定。对温度的控制要合理，不能前期温度低，而是要在精炼炉保持一长段时间（送电时间不能小于 25min）高温精炼来保证夹杂物有足够的时间上浮排除。对于到站温度高（≥液相线+60℃）的钢液，应采用较低电压（7#、8#挡位）、较大电流（28000～32000A）送电，保证足够的送电时间，以利于钢液脱氧、钢渣界面反应的进行；对于到站温度低（≤液相线+20℃）的钢液应采用较高电压（5#、6#档位）、较大电流（30000～34000A）送电，以利于快速升温；新包、挖补包第一火要均匀升温，以保证包壁耐火材料温度的饱和，从而避免升温过快而导致的软吹及浇钢过程温降过大。

3) 造渣制度

试验过程保持造渣制度与现有工艺制度相同，通过早高碱度、流动性良好的还原性炉渣，达到脱硫及去除夹杂物的目的。具体为：高碱度精炼渣具有很高的脱硫、脱氧能力，可大量吸附 Al₂O₃ 夹杂。为保证精炼渣有足够的升温、脱氧、脱硫、钢液混匀及钢渣反应的能力，防止钢液吸气，精炼炉必须保证合适的渣量，一般为 1.5%～2.5%，精炼过程渣厚保持在 150～180mm，精炼渣必须具有良好的流动性和丰富的泡沫性，白渣保持时间≥35min，以利于夹杂物的充分上浮。

4) 取样方案

在 LF 炉进站及出站过程中分别取样测温，分析金属液的化学成分、气体含量及炉渣成分，实验结束后观察底吹透气砖的使用情况，进而研究 CO₂ 气体用于 LF 炉代替氩气完成底吹的冶金效果。取样方案如表 9-34 所示。

表 9-34　取样分析方案

取样阶段	进 LF	出 LF	分析项目
金属液	1 个	1 个	化学成分
炉渣	1 个	1 个	炉渣成分
气体样	1 个	1 个	气体成分

2. 钢液元素反应研究

1) 碳元素氧化研究

LF 炉精炼过程中要对钢液进行增碳，出钢碳含量与钢种要求相匹配，因此可通过分析增碳剂的收得率来研究底吹 CO₂ 气体与钢液内碳元素的反应情况。钢包精炼过程需要对钢液碳元素含量进行微调，分析过程考虑增碳剂、硅铁、高锰均可带入碳，未考虑电极带入钢液中的碳。精炼过程中钢液碳含量变化如表 9-35 所示。

表 9-35　钢液碳(质量分数)变化表

CO₂ 比例	炉号	钢液质量 /t	入站碳含量 /%	出站碳含量 /%	增碳剂质量 /kg	碳线 /m	高锰质量 /kg	总增碳量/kg	碳收得率 /%
1/3 比例 CO₂	12900339	70	0.41	0.45	30			29.22	0.96
	12900343	68	0.4	0.39		200		26.82	—
	12900347	68	0.36	0.44	60	100		71.84	0.76
	12900356	65	0.42	0.445	20			19.48	0.83
	12900360	68	0.43	0.45	20			19.48	0.70
	12900364	74	0.35	0.45	100			97.39	0.76
	12900368	72	0.35	0.45	80			77.91	0.92
2/3 比例 CO₂	12902570	67	0.37	0.44	50			48.7	0.96
	12902575	66	0.36	0.44	60			58.43	0.9
	12902581	73	0.38	0.45	80	110		92.66	0.55
	12902663	65	0.37	0.46	40	150	30	60.87	0.96
	12902569	68	0.39	0.44	40			38.96	0.87
	12902575	67	0.38	0.44	40	104		52.9	0.76
全吹 CO₂	12903251	68	0.41	0.44	30			29.21	0.81
	12903255	66	0.32	0.45	80	100	110	97.92	0.88
	12903247	66	0.26	0.45	140		100	142.34	0.88
	12903373	71	0.39	0.44	40		40	41.35	0.85
	12903377	69	0.39	0.44	50		50	51.69	0.67
	12903381	72	0.4	0.44	30		30	31.01	0.93
全吹 Ar	12900341	70	0.4	0.44	40			38.96	0.72
	12900345	67	0.37	0.45	60			58.43	0.92
	12900349	66	0.38	0.45	50			48.70	0.95
	12900352	70	0.36	0.44	60			58.43	0.96
	12900355	68	0.4	0.44	20	100		32.89	0.93
	12900358	68	0.41	0.44	20	150		39.59	0.52
	12900362	67	0.4	0.44	30			29.22	0.92
	12900366	66	0.43	0.45			30	4.44	—

　　通过计算可得增碳量及碳元素收得率,并计算各试验组次的平均收得率,作图 9-30 进行分析。

　　从图 9-30 中可看出,实验炉次碳元素平均收得率略有降低,降低幅度达到 0.6~1.6 个百分点,平均每炉增碳量约为 50kg,平均每炉碳氧化量在 0.3~0.8kg,与增碳量相比较少,从动力学角度分析,若传质为控速环节,碳氧化量明显多于实验所测值,进而说明碳传质及气体传质不是反应的控速环节,而碳元素与 CO₂ 气体化学反应是控速环节,限制了整个反应的进行。

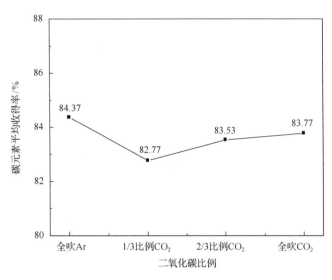

图 9-30 不同 CO_2 比例下碳元素平均收得率

2) 锰、铝元素氧化研究

钢液中锰、铝元素的还原性强且易于被氧化。因此,分析锰铝元素的变化可代表 CO_2 气体对钢液元素的氧化情况。

精炼过程中的锰、铝元素成分变化如表 9-36 所示。冶炼过程中 Mn 和 Al 均是通过转炉出钢过程中加入的合金获得的,从表中可以看出,除炉号为 12903251 的炉次入炉 Al 含量较低,主要原因为精炼过程中加入了 100kg 铝线,该炉次属于异常炉次,不计入研究过程,其余炉次均不加入含 Al 的物料。由于 Al 非常活泼,在加入过程中收得率非常低,仅为 30%～40%,因此,在计算 Al 氧化量时,不考虑喂铝线的炉次。计算各炉次的铝元素的平均氧化量及锰元素的平均氧化量,将计算结果作图 9-31 并分析如下,纯氩气时 Al 的损失量为 0.007%,底吹 $Ar+CO_2$ 气体和全吹 CO_2 气体 Al 的损失量均为 0.010%,两者相差 0.003 个百分点,说明钢包底吹 CO_2 气体对钢液的 Al 含量的影响较小,也反映出有微量的铝元素被氧化。两种工艺 Al 的损失变化均在钢种要求范围之内。

表 9-36 Mn 和 Al 元素氧化量表

CO_2 喷吹比例	炉号	钢液质量/t	入站锰质量分数/%	入站铝质量分数/%	出站锰质量分数/%	出站铝质量分数/%	高锰质量/kg	锰氧化量/10^{-4}%	铝氧化量/10^{-4}%
1/3 比例 CO_2	12900339	70	0.71	0.02	0.69	0.018		0.002	0.69
	12900343	68	0.67	0.037	0.66	0.028		0.009	0.66
	12900347	68	0.68	0.024	0.67	0.014		0.01	0.67
	12900351	68	0.62	0.019	0.62	0.014		0.005	0.62
	12900356	65	0.71	0.047	0.69	0.025		0.022	0.69
	12900360	68	0.63	0.023	0.63	0.015		0.008	0.63
	12900364	74	0.63	0.016	0.62	0.012		0.004	0.62
	12900368	72	0.64	0.03	0.62	0.017		0.013	0.62

续表

CO$_2$喷吹比例	炉号	钢液质量/t	入站锰质量分数/%	入站铝质量分数/%	出站锰质量分数/%	出站铝质量分数/%	高锰质量/kg	锰氧化量/10^{-4}%	铝氧化量/10^{-4}%
	12902570	67	0.62	0.02	0.61	0.013		0.01	0.007
	12902575	66	0.66	0.018	0.66	0.014		0.00	0.004
2/3 比例 CO$_2$	12902581	73	0.6	0.032	0.61	0.02		−0.01	0.012
	12902663	65	0.59	0.026	0.6	0.011	30	0.02	0.015
	12902569	68	0.66	0.029	0.65	0.018		0.01	0.011
	12902575	67	0.67	0.022	0.66	0.012		0.01	0.010
	12903251	68	0.62	0.01	0.62	0.014		0.00	−0.004
	12903255	66	0.62	0.031	0.62	0.015	110	0.12	0.016
全吹 CO$_2$	12903247	66	0.63	0.03	0.62	0.013	100	0.13	0.017
	12903373	71	0.63	0.032	0.62	0.011	40	0.06	0.021
	12903377	69	0.62	0.013	0.63	0.011	50	0.05	0.002
	12903381	72	0.64	0.012	0.63	0.016	30	0.04	−0.004
	12900341	70	0.7	0.03	0.69	0.025		0.01	0.005
	12900345	67	0.7	0.018	0.69	0.014		0.01	0.004
	12900349	66	0.75	0.03	0.75	0.025		0	0.005
全吹 Ar	12900352	70	0.67	0.022	0.65	0.014		0.02	0.005
	12900355	68	0.66	0.022	0.65	0.014		0.01	0.008
	12900358	68	0.64	0.021	0.64	0.015		0	0.008
	12900362	67	0.73	0.016	0.72	0.012		0.01	0.006
	12900366	66	0.68	0.024	0.63	0.011	50	0.05	0.011

如图 9-31 所示,考虑了补加的高锰使钢液锰含量增加,因此,在计算时将高锰带入的锰含量已考虑在内。分析钢液[Mn]元素氧化量,实验炉次略有降低,其中全吹 CO$_2$ 气体炉次降低幅度大 0.0067%,其原因为底吹 CO$_2$ 气体使搅拌加强进而增强渣钢反应,在精炼过程中强还原气氛下渣中部分氧化锰被还原至钢中,使钢中[Mn]略有增加,若传质为反应控速环节,将有较多的[Mn]元素被氧化,实验验证钢包底吹基本不会造成钢液元素的大量氧化,进一步说明钢中元素与 CO$_2$ 气体化学反应是控速环节。

分析可知:底吹纯氩气和底吹 Ar+CO$_2$ 气体及全吹 CO$_2$ 气体基本不氧化强还原性的元素,主要是由于钢包精炼过程中氩气属于惰性气体,不会和钢液中元素发生反应,是良好的搅拌气体;CO$_2$ 气体虽具有弱氧化性,但由于精炼过程熔池搅拌是通过底吹气体的带动产生的,CO$_2$ 气体在钢液中停留的时间仅为 1～3s,且钢液中强氧化性金属活度较小,因此,基本不会造成钢液元素的大量氧化。

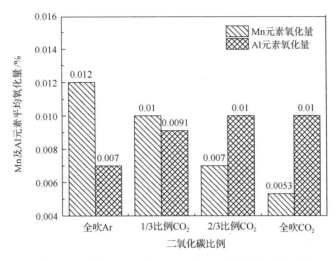

图 9-31 不同 CO₂ 比例下 Mn 及 Al 元素平均氧化量

3) 脱硫分析

LF 精炼过程脱硫主要是通过钢渣界面反应实现的，高碱度、低氧化性炉渣为脱硫创造了良好的热力学条件，底吹气体为脱硫反应提供充分的动力学搅拌条件，因此，采用底吹 Ar+CO₂ 气体对脱硫反应影响较小。在精炼过程中，可通过增加气体流量强化搅拌和造流动性良好的高碱度渣实现高效率脱硫，但同时需防止气体流量过大而吹开渣面，造成钢液裸露从而发生二次氧化，满足钢种生产的需要。

钢液脱硫情况如表 9-37 所示，从表中可以看出，混合喷吹 Ar+CO₂ 实验炉次钢液进站硫含量略高于对比炉次，而 CO₂ 气体全吹实验炉次进站硫含量略低于常规炉次，出站平均硫含量均在 10^{-3} 以下，全吹 Ar 炉次平均硫质量分数为 0.006%，混合喷吹 Ar+CO₂ 实验平均硫质量分数为 0.006%，而 CO₂ 气体全吹实验硫质量分数则在 0.003%，采用底吹 Ar+CO₂ 气体对 LF 脱硫反应影响较小，满足钢种生产的需要。

表 9-37 硫含量变化情况

CO₂ 比例	炉号	钢液质量/t	入站硫质量分数/%	出站硫质量分数/%	脱硫率/%
1/3 比例 CO₂	12900339	70	0.009	0.004	55.6
	12900343	68	0.023	0.009	60.9
	12900347	68	0.012	0.004	66.7
	12900356	65	0.011	0.004	63.6
	12900360	68	0.014	0.006	57.1
	12900364	74	0.006	0.003	50
	12900368	72	0.01	0.005	50
2/3 比例 CO₂	12902570	67	0.015	0.004	73.3
	12902575	66	0.017	0.004	76.5
	12902581	73	0.031	0.013	58.1
	12902663	65	0.011	0.004	63.6
	12902569	68	0.014	0.007	50
	12902575	67	0.013	0.004	69.2

续表

CO₂ 比例	炉号	钢液质量/t	入站硫质量分数/%	出站硫质量分数/%	脱硫率/%
全吹 CO₂	12903251	68	0.003	0.002	33.3
	12903255	66	0.025	0.006	76
	12903247	66	0.01	0.001	90
	12903373	71	0.013	0.004	69.2
	12903377	69	0.002	0.001	50
	12903381	72	0.002	0.001	50
全吹 Ar	12900341	70	0.023	0.01	56.5
	12900345	67	0.004	0.006	−50
	12900349	66	0.014	0.008	42.9
	12900352	70	0.019	0.006	68.4
	12900355	68	0.011	0.006	45.5
	12900358	68	0.011	0.003	72.7
	12900362	67	0.006	0.003	50
	12900366	66	0.007	0.006	14.3

　　经过计算，实验炉次和对比炉次脱硫率如图 9-32 所示，全吹氩气炉次平均脱硫率为 50%，1/3 比例混合喷吹 Ar+CO₂ 实验炉次脱硫率为 53.8%，而 2/3 比例混合喷吹 Ar+CO₂ 实验炉次脱硫率为 65.1%，CO₂ 气体全吹实验炉次脱硫率为 61.4%，均比常规对比炉次高。初步分析原因为混吹实验的搅拌效果较好，使该工艺的脱硫效果优于底吹氩气工艺。

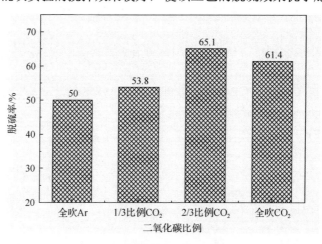

图 9-32　钢液精炼过程中脱硫率

3. 炉渣分析

　　LF 精炼炉精炼过程中造渣是决定钢液性能好坏的直接因素，冶炼过程中要求造流动性良好的高碱度、低氧化性炉渣，创造良好的还原气氛，为脱硫、脱氧和去除夹杂物创造有利条件，实验炉次和对比炉次出站的炉渣成分如表 9-38 所示。

　　LF 炉精炼造渣过程的核心任务是尽快形成 FeO 质量分数小于 1% 的强还原性渣，即白渣精炼。能否尽快形成白渣，并使钢液在还原气氛中有足够的精炼时间是保证钢液脱硫和净化钢液质量的关键。从表 9-38 中可知，12900343 炉冶炼过程出站炉渣中 FeO 质量分数高达 4.61%，属于异常炉次，分析过程不予考虑。

表 9-38　炉渣成分

CO$_2$ 比例	炉号	炉渣内各成分质量分数/%					炉渣碱度	渣指数
		SiO$_2$	CaO	MgO	Al$_2$O$_3$	FeO		
1/3 比例 CO$_2$	12900339	19.37	53.85	5.36	11.21	0.35	2.78	0.25
	12900343	15.36	53.8	4.65	14.91	4.61	3.5	0.23
	12900347	15.83	57.23	3.39	14.49	0.7	3.62	0.25
	12900351	19.11	53.92	5.5	12.23	0.28	2.82	0.23
	12900356	13.87	54.33	4.29	17.86	0.28	3.92	0.22
	12900360	21.17	52.13	3.66	13.06	0.54	2.46	0.19
	12900364	22.79	55.82	3.87	10.15	0.34	2.45	0.24
	12900368	16.57	53.91	4.7	15.71	0.36	3.25	0.21
2/3 比例 CO$_2$	12902570	17.3	56.65	6.68	13.13	0.47	3.27	0.249
	12902575	16.55	57.36	6.98	15.05	0.47	3.47	0.23
	12902581	19.9	59.81	4.94	12.47	0.23	3.01	0.241
全吹 CO$_2$	12903251	18.3	58.33	4.92	13.62	0.41	3.19	0.234
	12903255	17.4	59.75	8.05	14.29	0.29	3.43	0.24
	12903247	19.7	56.2	5.37	17.81	0.53	2.85	0.16
	12903373	15.2	53.85	7.6	17.04	0.27	3.54	0.208
	12903377	13.7	53.85	7.83	14.16	0.61	3.93	0.278
	12903381	9.6	54.64	8.05	19.12	0.27	5.69	0.298
全吹 Ar	12900341	17.35	55.96	7.85	16.38	0.35	3.23	0.197
	12900345	19.2	54.56	6.68	17.71	0.29	2.84	0.16
	12900349	17.7	56.2	5.81	18.34	0.35	3.18	0.173
	12900352	20.7	55.43	6.93	14.89	0.48	2.68	0.18
	12900355	13.3	53.85	7.6	16.97	0.55	4.05	0.239

　　从表中可知，出站时炉渣 FeO 含量分布在 0.28%～0.7%，经过计算，炉渣 FeO 含量如图 9-33 所示，全吹 Ar 炉次 FeO 质量分数平均为 0.4%，1/3 比例混合喷吹炉次 FeO 质量分数平均为 0.41%，2/3 比例混合喷吹炉次 FeO 质量分数平均为 0.39%，全吹 CO$_2$ 炉次 FeO 质量分数平均为 0.4%，渣中 FeO 含量变化较小，均满足精炼过程对炉渣还原性白渣的要求，说明 LF 炉底吹 CO$_2$ 气体不会造成钢液的烧损。精炼过程炉渣碱度波动幅度较大，其中 1/3 比例混合喷吹炉次出站时部分炉次的炉渣碱度较低，仅为 2.45，应在冶炼过程中补加石灰，同时应加入部分助熔剂，利于石灰的熔化，以利于脱硫反应进行。经计算全吹氩气炉次炉渣碱度平均为 3.20，1/3 比例混合喷吹炉次炉渣碱度平均为 3.10，2/3 比例混合喷吹炉次炉渣碱度平均为 3.25，全吹 CO$_2$ 炉次炉渣碱度平均为 3.77，略高于常规炉次，属于中等碱度，脱硫效果较好，可基本满足 45 号钢精炼过程对炉渣碱度的要求。

　　渣指数（CaO/SiO$_2$：Al$_2$O$_3$）是评价精炼渣碱度的一个重要指标，它反映了保证精炼渣一定的碱度下炉渣有适宜的流动性。研究表明，当渣指数为 0.2～0.4 时，硫的分配比高。

经过计算炉渣渣指数如图 9-33 所示，常规炉次和实验炉次炉渣的 FeO 质量分数均小于 0.7%，可初步认为虽然 CO_2 是弱氧化性气体，但基本不会造成钢液中 Fe 的氧化，满足精炼渣对炉渣还原性的要求。全吹 CO_2 气体部分实验炉渣 SiO_2 含量较其他炉次略高，导致渣指数略小于其他炉次，但不影响其冶金效果，1/3 比例混合喷吹炉次炉渣系数平均为 0.23，2/3 比例混合喷吹炉次及全吹 CO_2 炉次炉渣渣系数平均为 0.24，略高于常规炉次平均渣系数 0.19，且在 0.2～0.4，适当提高炉渣系数，在保证发泡性能的同时，可提高电能利用率、脱硫率及钢液质量。

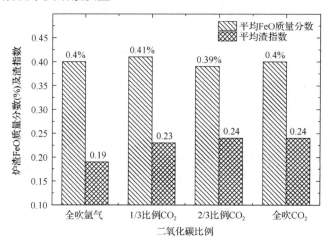

图 9-33　炉渣 FeO 含量及渣指数

4. 透气砖侵蚀研究

1）1/3 比例混合喷吹炉次透气砖侵蚀情况研究

上透气砖的使用情况如图 9-34 所示。经过测量可知，上透气砖侵蚀约 90mm，使用后的透气砖表面侵蚀高度基本相同，说明上透气砖各狭缝透气性能基本相当。由于透气砖是 20mm×20mm×0.2mm 的狭缝式透气砖，因此，使用后的透气砖表面出现凹凸不平的长条形结构，如图 9-34（b）所示。

(a) 侵蚀高度测量

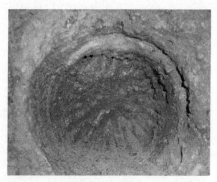

(b) 侵蚀表面

图 9-34　上透气砖的使用情况

观察下透气砖的使用情况，如图 9-35 所示。下透气砖侵蚀高度差别较大，最小侵蚀量仅为 70mm 左右，最大侵蚀量达到 115mm，中心部位侵蚀量为 90mm，平均侵蚀量为 93mm。

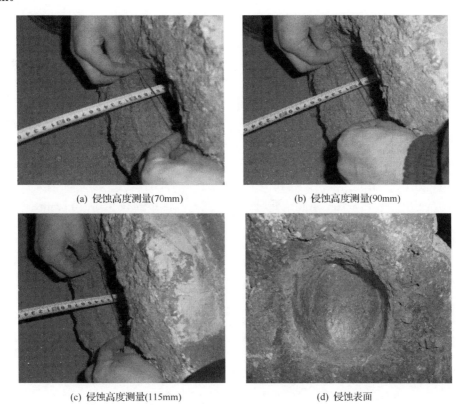

(a) 侵蚀高度测量(70mm)　　　　　　　　(b) 侵蚀高度测量(90mm)

(c) 侵蚀高度测量(115mm)　　　　　　　　(d) 侵蚀表面

图 9-35　下透气砖的使用情况

观察使用后的透气砖表面[图 9-35(d)]可知，表面侵蚀情况差异较大，表面侵蚀极不平整，主要是由于 12#钢包在实验第一炉时烤包温度过低，同时初始气体流量较小，导致透气砖部分狭缝堵塞，经过现场操作人员使用氧气进行吹扫清理后，透气砖的透气性基本恢复正常，因此，流量分布不均匀和吹扫强度不同导致侵蚀程度差异较大。

使用 12#钢包底吹 1/3 比例 CO₂气体和氩气的混合气体，8 炉总计侵蚀透气砖 90～93mm，平均每炉透气砖侵蚀量约为 11mm，与现场日常使用纯氩气进行底吹时侵蚀量相同。

通过对透气砖使用情况的观察分析和测量发现，底吹部分 CO₂气体不会加快透气砖的侵蚀，主要是因为钢包透气砖材质为铬刚玉质，主要成分为 Al₂O₃，还有少量 Cr₂O₃，这两种氧化物均不与 CO₂气体发生反应，因此，钢包透气砖的侵蚀主要是通过钢液侵蚀、气体与钢液温差造成的热震脱落、氧气清理吹扫等造成的，与 CO₂气体和氩气无关。

2) 2/3 比例混合喷吹炉次透气砖侵蚀情况研究

根据图 9-36(a)测量可知,上透气砖侵蚀约 95mm,使用后的透气砖表面侵蚀高度基本相同,说明上透气砖各狭缝透气性能基本相当。

由于透气砖是 20mm×20mm×0.2mm 的狭缝式透气砖,因此,使用后的透气砖表面出现凹凸不平的长条形结构,如图 9-36(b)所示。

观察下透气砖的使用情况可知,下透气砖侵蚀高度差别较大,最小侵蚀量仅为 95mm 左右,最大侵蚀量达到 118mm,平均侵蚀量为 106.5mm,如图 9-37 所示。观察使用后的透气砖表面[图 9-37(d)]可知,表面侵蚀情况差异较大,表面侵蚀极不平整,主要是由于 3#钢包在实验过程中初始气体流量较小,导致透气砖部分狭缝堵塞,经过现场操作人员使用氧气进行吹扫清理后,透气砖的透气性基本恢复正常,因此,流量分布不均匀和吹扫强度不同导致侵蚀程度差异较大。

使用 3#钢包进行底吹 2/3 CO_2 气体和 1/3 氩气的混合气体,10 炉(非实验 4 炉+实验 6 炉)总计侵蚀透气砖 95~106.5mm,平均每炉透气砖侵蚀量约为 9.5~10.6mm,与现场日常使用纯氩气进行底吹时侵蚀量相当。

(a) 侵蚀高度测量

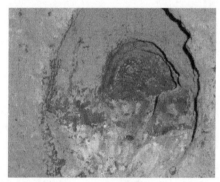

(b) 侵蚀表面

图 9-36 上透气砖的使用情况

(a) 侵蚀高度测量(118mm)

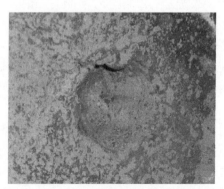

(b) 侵蚀表面

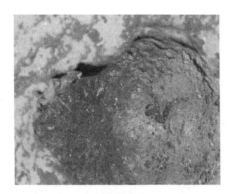

(c) 侵蚀高度测量(95mm)　　　　　　　　　(d) 侵蚀表面

图 9-37　下透气砖的使用情况

通过对透气砖使用情况的观察分析和测量发现，底吹部分 CO_2 气体不会加快透气砖的侵蚀，主要是因为钢包透气砖材质为铬刚玉质，主要成分为 Al_2O_3，还有少量 Cr_2O_3，这两种氧化物均不与 CO_2 气体发生反应，因此，钢包透气砖的侵蚀主要是通过钢液侵蚀、气体与钢液温差造成的热震脱落、氧气清理吹扫等造成的，与 CO_2 气体和氩气的种类无关。因此，在全吹 CO_2 气体实验时，为加快实验节奏，不采用同一钢包进行实验。

9.3.3　CO_2 用 RH 提升气精炼过程的研究

1. 供气方案

试验供气方案如表 9-39 所示。

表 9-39　供气流量汇总

炉号	供气介质	显示流量/(Nm³/h)	实际流量/(Nm³/h)	供气时间/min	供气总量/Nm³	冶炼工位	备注
17108747	Ar	100	100	17	28.3	1	全程氩气
17208168	CO₂	165~178	85	17	24.1	1	全程 CO₂
17308765	Ar	98	98	20	32.7	1	全程氩气
17308767	CO₂	165~174	83	20	27.7	1	全程 CO₂
17308769	Ar	100	100	18	30	1	全程氩气
17208292	CO₂	165~180	85	18	25.5	1	全程 CO₂
17108874	CO₂	120~170	70	18	21	1	全程 CO₂

2. CO_2 对钢液氢含量的影响

提升气体为氩气时，流量为 100Nm³/h，钢液中氢质量分数由进站经深真空处理后平均降低 $3.145 \times 10^{-4}\%$，平均脱氢率为 71%；提升气体为 CO_2 时，流量为 85Nm³/h(波动范围较大，不稳定)，氢质量分数经真空处理平均降低 $2.98 \times 10^{-4}\%$，平均脱氢率为 50%，其中脱氢量及脱氢率受进站钢液氢含量影响较大。此外，从表 9-40 中数据可看出，当 CO_2 作为 RH 提升气时，处理后钢液氢含量最低可降至 $1.78 \times 10^{-4}\%$，不如采用氩气脱氢的效果。从试验角度看：这主要由于流量计及操作等问题，致使 CO_2 气体流量不稳定且小于氩气流量，进而影响 RH 内钢液搅拌脱氢动力学条件。

表 9-40　试验结果

炉号	提升气体	气体流量/(Nm³/h)	进站 $w([H])/10^{-6}$	处理后 $w([H])/10^{-6}$	脱氢量/10^{-6}	脱氢率/%	深真空处理时间/min
17108747	Ar	100	4.9	1.27	3.63	74	17
17208168	CO_2	85	6.0	1.82	4.18	69.6	17
17308765	Ar	98	3.9	1.24	2.66	68	20
17308767	CO_2	83	4.0	1.78	2.22	55.5	20
17308769	Ar	100	未定	1.52			18
17208292	CO_2	85	3.7	1.85	1.85	50	18
17108874	CO_2	70	5.5	1.84	3.66	66.5	18

3. CO_2 对钢液温度的影响

由图 9-38 可知，RH 冶炼过程均会造成钢液温降，当采用 Ar 作为提升气时，真空处理结束后钢液温度平均下降 50℃左右，当采用 CO_2 作为提升气时钢液温度平均下降 46℃左右。这是由于 CO_2 氧化了钢液中的铝而释放一定热量，弥补了冶炼过程中的温降，因此 CO_2 作为提升气进行冶炼时钢液温降更小。

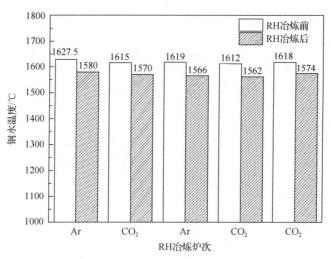

图 9-38　Ar 与 CO_2 提升气冶炼对钢液温度的影响

4. CO_2 对钢液夹杂物的影响

由图 9-39 可知，Ar 与 CO_2 作为 RH 提升气均可降低钢液夹杂物总数，综合考虑试验时 Ar 与 CO_2 流量以及 CO_2 与[Al]反应生成 Al_2O_3，同时对比以上五炉的数据可知，CO_2 去除钢液夹杂物能力略强于 Ar。

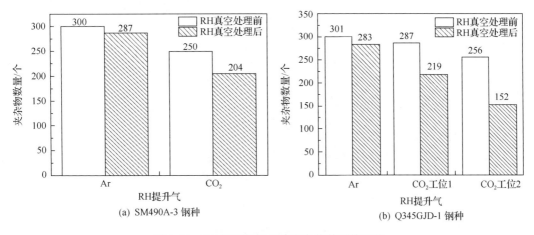

图 9-39　RH 提升气对钢液夹杂物数量的影响

利用全自动夹杂物分析仪统计夹杂物粒径分布，结果如图 9-40 所示。

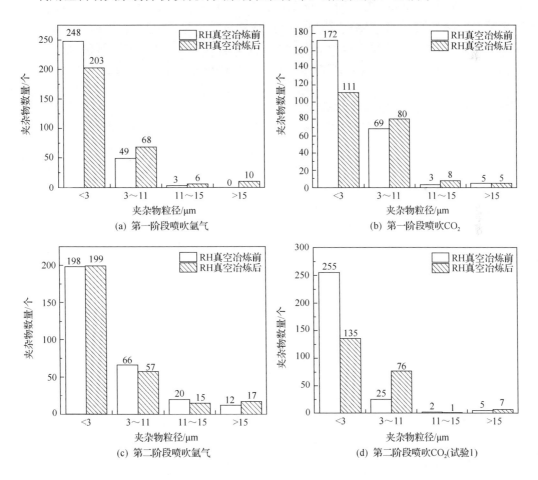

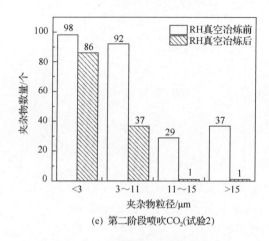

(e) 第二阶段喷吹CO_2(试验2)

图 9-40　冶炼前后夹杂物粒径分布

　　由图 9-40 可知，几炉试验钢种夹杂物粒径绝大多数小于 3μm，且(a)(b)(d)(e)四个炉次冶炼前后小于 3μm 的夹杂物均有所减少，(c)炉次冶炼前后小粒径夹杂物数量并无明显变化，原因可能是金相制样及检测存在偶然性结果(即检测时统计区域夹杂物分布不均匀)；而大于 10μm 的稍大粒径的夹杂物，在各炉次变化并不明显，其中(e)炉次的统计结果中大于 10μm 的夹杂物明显减少，这种现象仍待进一步研究考证。